7000 Jahre
Chemie

Nikol Verlagsgesellschaft mbH & Co. KG
Hamburg

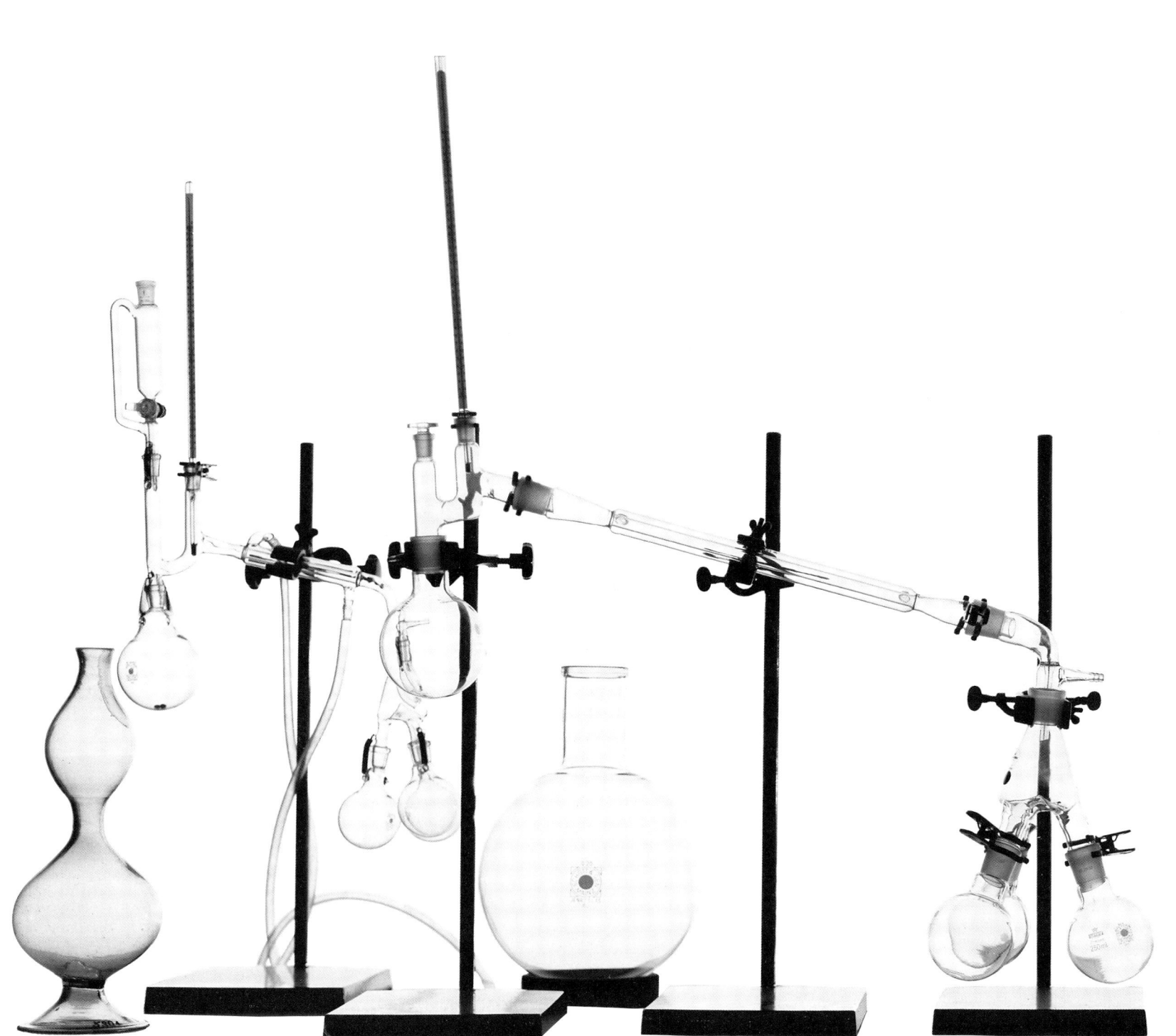

Otto Krätz

7000 Jahre
Chemie

Alchemie, die schwarze Kunst · Schwarzpulver · Sprengstoffe
Teerchemie · Farben · Kunststoffe · Biochemie und mehr

Von den Anfängen im alten Orient bis
zu den neuesten Entwicklungen im 20. Jahrhundert

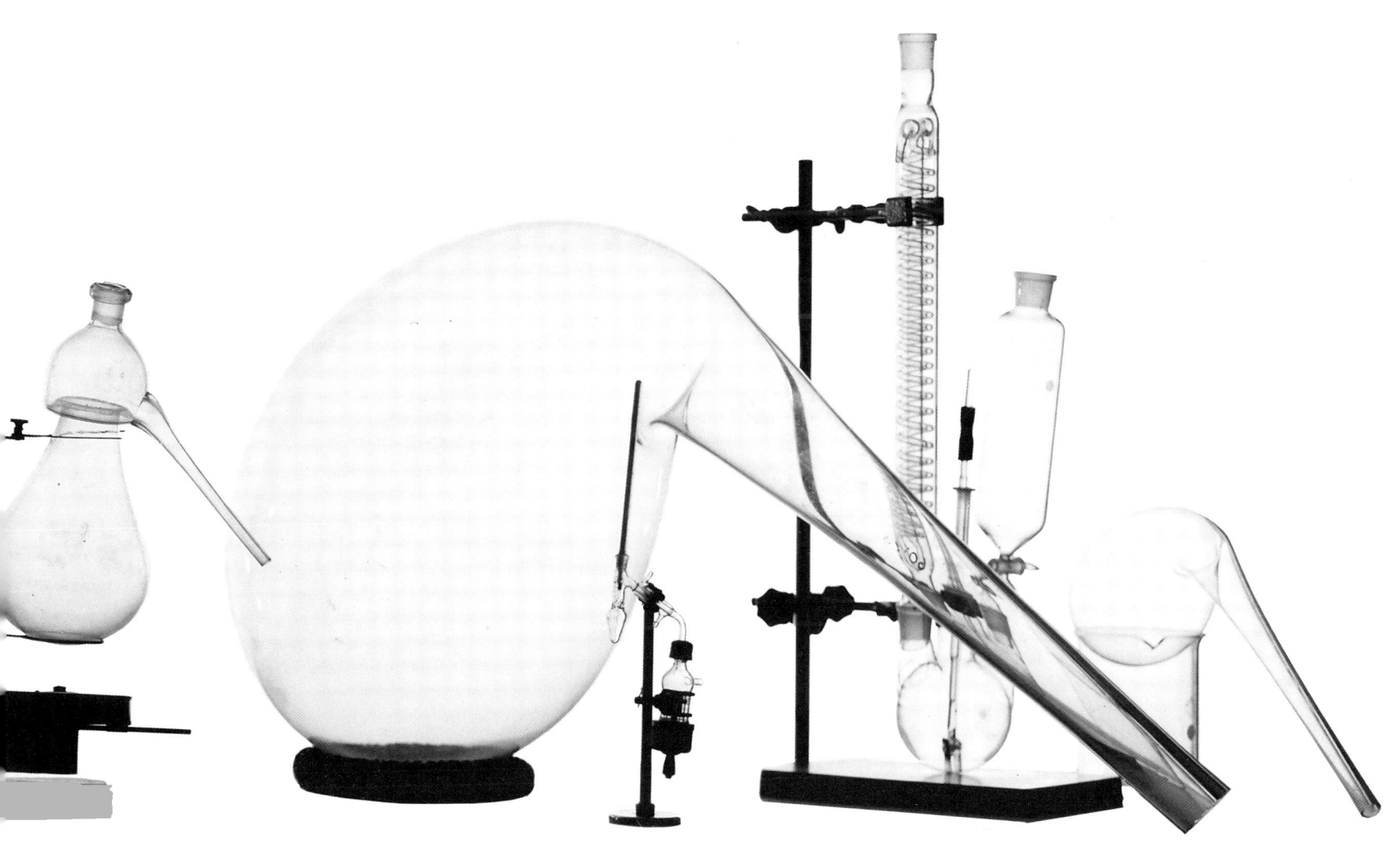

Dem Andenken des
Don Domenico Emanuele Cajetano,
Grafen Ruggiero, Prinzen von Salerno,
kurbayerischen Generalfeld- und Obristland-Zeugmeister,
dessen Umgang mit den Mächtigen dieser Erde mir trotz seines
betrüblichen Hinscheidens ein leuchtendes, doch leider nie erreichtes
Vorbild war – und ist.
Wo auch immer 1709 der Henker zu Küstrin seine von Raben zernagten
kärglichen Reste hingeworfen haben mag,
Gott der Herr wolle,
daß ihm die Erde leicht sei!

7000 Jahre Chemie

Lizenzausabe (1999) für Nikol Verlagsgesellschaft mbH & Co. KG,
Hamburg
Mit freundlicher Genehmigung des Verlags Georg D. W. Callwey GmbH & Co.,
München

© 1990 by Verlag Georg D. W. Callwey GmbH & Co., München
Alle Rechte vorbehalten, auch die des auszugsweisen Abdruckes,
der photomechanischen Wiedergabe und der Übersetzung.
All rights reserved.
Satz: Kastner & Callwey, München
Lithos: Fotolitho Longo, Frangart/Italien
Umschlaggestaltung: Callena Creativ GmbH, Jülchendorf
Abbildungen auf dem Einband:
A Visit to the Witch von Edward F. Brewtnall (1846-1902):
Harrogate Museums & Art Gallery/Bridgeman Art Library, London
The Discovery of Phosphorus by Henning Brand von
Joseph Wright of Derby, AKG, Berlin
2 Chemiker: Deutsches Museum, Bildarchiv, München
Stein des Löwen, AKG, Berlin
Forschungslabor in der Pharmaindustrie,
Superbild Internationale Bildagentur, Berlin
Druck: Westermann Druck, Zwickau
Printed in Germany

ISBN 3-933203-20-1

INHALT

DANK

All jenen, die mich dazu brachten, meinen Pegasus nicht nur zu satteln, sondern ihn auch tatsächlich zu besteigen und ihm zuletzt schließlich sogar die Sporen zu geben, sei sehr herzlich gedankt, insbesondere Frau Dr. Veronika Baur-Callwey, ohne deren ausdauerndes Geschick im Antreiben saumseliger Autoren dieses Buch nicht entstanden wäre.

Für liebevolle und geduldige redaktionelle und herstellerische Betreuung schulde ich Herrn Roland Thomas und Frau Dorothea Montigel großen Dank.

Frau Dr. Elisabeth Vaupel und Herr Dr. Claus Priesner haben mich mit Hinweisen, Ratschlägen und Kritik unterstützt, auch ihnen sei gedankt, ebenso Frau Helga Merlin, Frau Andrea Hölzl und Herrn Ludvik Vesely für ihre Hilfe bei der Suche nach Abbildungsmaterial und beim Korrekturlesen.

München, im Oktober 1990
Otto Krätz

EINFÜHRUNG

Alles, was uns umgibt, jegliche Materie, die unser Auge sehen kann – alles, wirklich alles ist letztlich Chemie: Das Wachsen der Blüten im Frühling ebenso wie das Braunwerden und Welken der Blätter im Herbst, die Kieselsteine unter unseren Füßen ebenso wie unser eigener Körper.

Jeder von uns vollführt, meist unbewußt, täglich zahlreiche chemische Handlungen – und sei es das Kochen, Backen und Braten der Nahrung; oder man bedient sich vielfältiger chemischer Substanzen von der Zahnpasta bis zur Schuhwichse. Und doch ist keine Naturwissenschaft beziehungsweise Technik bei der breiten Bevölkerung so unbekannt und meist auch so unbeliebt wie gerade die Chemie. Zum Teil hat dies historische Gründe: Zwar reicht keine andere Naturwissenschaft in ihren Anfängen so weit zurück. Schon lange bevor man anfing, Astronomie zu treiben, konnte man kochen oder Bier brauen. Aber keine andere Naturwissenschaft brauchte so lange und benötigte so viele Um- und vielleicht auch Irrwege, um zu einem klaren Gedankengebäude zu gelangen. Im nachhinein ist dieser Sachverhalt leicht zu erklären. Die scheinbar einfachen chemischen Vorgänge, die der Mensch seit über 10000 Jahren zu beherrschen glaubt, waren – betrachtet man sie vom Standpunkt unserer heutigen chemischen Theorie aus – in Wahrheit äußerst kompliziert. Es ist nichts Besonderes, ein Ei zu kochen. Zu erklären allerdings, warum das Eiweiß dabei hart wird und wie die Moleküle gebaut sind, die hier verändert werden, brachte einigen Männern der Wissenschaft – und leider nur einer Frau – den Nobelpreis. Selbst wenn man eine tatsächlich einfache chemische Reaktion vor sich hatte, zum Beispiel beim Brennen von Kalk, fehlte es jahrtausendelang am experimentellen Instrumentarium, um dem Reaktionsgeschehen messend beizukommen. Weder genügte ein rein deskriptives Vorgehen, das zum Beispiel in der Astronomie zu

erstaunlichen Erfolgen führte, noch konnte man aufbauend auf einfachen Grundsätzen langsam, aber sicher zu immer komplizierteren Verfahren fortschreiten, wie dies ein Kennzeichen der Mathematikgeschichte ist.

Die Geschichte der Chemie dagegen ist durch die seltsame Tatsache gekennzeichnet, daß – diktiert von allerlei Zufällen des Lebens – die Menschheit von kompliziertesten chemischen Reaktionen und Sachverhalten umgeben ist, deren rätselhaftes Geschehen zu einer Vielzahl von philosophischen und mythologischen Deutungsversuchen führte, und wofür man Jahrtausende brauchte, um erst im Verlauf des vorigen Jahrhunderts nach und nach die wirklich einfachen gedanklichen Fundamente der Chemie zu finden. Als man dann auf diesen aufbauen konnte, traten die Chemie und die chemische Technik in eine bis heute anhaltende explosive Entwicklungsphase. Kannte man vor der Mitte des vorigen Jahrhunderts nur einige hundert chemische Substanzen, so umfaßt heute unser chemisches Wissen an die achthunderttausend anorganische und über sieben Millionen organische chemische Verbindungen. Und täglich werden es mehr. Dieses Buch soll den mühsamen, aber auch abenteuerlichen Weg aufzeichnen, den die Menschheit durch ein Gestrüpp von lange unverständlichen Tatsachen gehen mußte, um ein tragfähiges Fundament der Chemie zu finden. Dabei soll stets untersucht werden, welcher historischer Anstöße es bedurfte, um ein weiteres Stück dieses Weges zu finden. Es soll aber auch gezeigt werden, wie zu allen Zeiten die Chemie im guten wie im schlechten in die allgemeine politische Lage und kulturelle Geschichte eingriff – oft ohne daß die Menschheit dieses Sachverhaltes bewußt gewahr wurde –, bis sie sich zu dem entwickelte, was sie heute ist: eine allgegenwärtige, extrem nützliche und trotzdem – vielleicht gerade deshalb – viel gefürchtete Naturwissenschaft beziehungsweise Technik, zu allen Zeiten faszinierend im mühsam errungenen Triumph der Erkenntnis, faszinierend in erfolgreichsten Nutzanwendungen. Der Faszination folgte stets der düstere Schatten der Sorge, die von diesen Erkenntnissen und Erfolgen eben doch auch ausgehenden Gefahren auf die Dauer erfolgreich zu beherrschen.

Goethes Gleichnis vom Zauberlehrling hat wohl in keinem Bereich menschlichen Strebens mehr mahnende Berechtigung als gerade angesichts des immerwährenden Ringens des Chemikers mit der Materie.

In Anbetracht des gewaltigen Faktenmaterials, das sich im Verlauf des letzten Jahrhunderts und insbesondere der vergangenen Jahrzehnte angehäuft hat, kann dieses Buch nicht mehr sein als der Versuch, die Entwicklung der Chemie vor dem Hintergrund von Ursachen und Wirkungen mit wenigen Strichen zu skizzieren. Angesichts des beschränkten Umfanges einerseits und andererseits in dem Bemühen, eben doch den Weg der Chemie von Anfang an durch die Zeitläufte aufzuzeigen, waren wir zu einer Auswahl des Dargestellten gezwungen. Bei weitem nicht alle bedeutenden Chemiker und nicht im entferntesten alle wichtigen chemischen Verbindungen konnten beschrieben werden. Der Leser möge dies verzeihen.

CHEMISCHE TECHNIK IM ALTERTUM

Das Bedürfnis des Menschen, sich zu schmücken, führte schon früh zu einem Aufblühen der Färbetechnik. Noch die »Blue Jeans« unserer Tage werden mit dem ältesten der Menschheit bekannten blauen Farbstoff, dem Indigo, gefärbt. Die antike Gewinnungs- und Färbetechnik mit diesem kompliziert zu handhabenden Farbstoff wurde uns von Vitruv, Dioskurides und Plinius überliefert. Man nimmt heute an, daß seinerzeit die wirtschaftliche Bedeutung dieses Farbstoffes eher begrenzt war, da er aus Indien importiert werden mußte und daher dementsprechend teuer war. Andererseits kannte man keinen weiteren blauen Farbstoff zum Färben von Geweben. Die Gewinnung des Indigo aus den Blättern der Indigopflanze ist erstaunlich schwierig. Wie wir heute wissen, enthalten die Blätter das farblose Glykosid Indikan, das durch eine nicht leicht zu beherrschende Hydrolyse im Wäßrigen in einen Zucker und das farblose Indoxyl zerlegt wird. Erst dieses Indoxyl oxidiert an der Luft auf der Faser zur blauen Farbe. Die färbende Küpe gewann man durch Aufschwemmen feinverteilter Pflanzenfasern in Urin, um so die Fermentierung zu erzielen. Man glaubte, daß der Urin alkoholisierter Männer für diese Farberzeugung besonders dienlich sei.

Der technisch bedeutendste rote Farbstoff des Altertums war der Krapp, der aus den Wurzeln der Färber-Röte gewonnen und von Ägyptern, Persern, Indern, Griechen und Römern zum Färben benutzt wurde. Hippokrates, Dioskurides und Galenus empfahlen Krapp auch als Heilmittel. Mit Krapp zu färben war ebenfalls eine schwierige Kunst. Auch hier mußte erst das Glykosid gespalten werden. Um die Farbe auf pflanzlichen Fasern eines Gewebes aufziehen zu lassen, mußte man diese mit Beizen wie Tonerde, Alaun oder Weinstein behandeln, was Rückwirkungen auf die erzielten Farbnuancen hat. Man kann nur vermuten,

auf welch trickreichen Wegen die Menschheit in grauer Vorzeit dieses schwierige und erst in jüngerer Zeit theoretisch gedeutete Verfahren gefunden haben mag.

Den roten Farbstoff Scharlach gewann man aus den Leibern weiblicher Tiere verschiedener Schildlausarten, deren färbende Substanz die Karminsäure ist. Die ersten, die sich des Schildlausfarbstoffes bedienten, waren die Phönizier, die diese Technik an Griechen und Römer weitergaben. Die Kermesläuse wurden auf bestimmten Eichenarten gehalten. Mit dem Beizenfarbstoff Scharlach färbte man Wolle, Seide, aber auch das rote Saffianleder.

Herausragendes Sozialprestige verlieh das Tragen von Purpur, das im alten Rom den Senatoren und den Kaisern vorbehalten war. Unerlaubte Verwendung von Purpur ahndete man mit der Todesstrafe. Den Farbstoff gewann man aus den Schnecken der Gattung Murex, die aus ihrer Hypobranchialdrüse große Mengen einer zunächst blaßgelben Flüssigkeit absondern, die im Sonnenlicht bald grün wird und endlich in Dunkelviolett oder Violettblau übergeht. Purpur wurde von den Phöniziern – wie die Legende berichtet – durch Zufall entdeckt, als ein Hund am Meeresstrand eine Purpurschnecke zerbissen hatte, worauf sich nach einiger Zeit seine Lefzen violett verfärbten. Antike Purpurfärbereien sind noch heute an den Küsten des Mittelmeeres durch ihre gewaltigen Halden von Schneckenhäusern zu erkennen. Man brauchte Hunderte von Tieren für wenige Gramm des Farbstoffes. Die Eroberung Konstantinopels durch die Türken 1453 brachte die Purpurfärberei der byzantinischen Kaiser zum Erliegen. 1464 ordnete Papst Paul II. an, daß die Gewänder der Kardinäle fürderhin mit Scharlach und nicht mehr mit Purpur zu färben seien.

Einen nur mäßig lichtechten gelben Farbstoff gewann man aus den Blüten des Färber-Saflors, eines einjährigen, in Kulturen gezogenen Krautes. Blüten dieser Pflanze fanden sich in Mumienkränzen Ameno-phis' I., eines Pharaos der 18. Dynastie. Mehr zum Färben von Gewürzen und Le-bensmitteln diente der gelbe Safran. Daneben kannte man noch den gelben Farbstoff Wau, den man aus den Blättern von Reseda luteola gewann, sowie die rote Orseille aus der Flechte Lichen rocella. Darüber hinaus wird in den antiken Quellen die Verwendung von Eichenrinde, Galläpfeln, Nuß-schalen, Ginster, Ochsenzunge und Heidelbeere sowie einer Reihe sprachlich nicht identifizierbarer Farbpflanzen beschrieben. Bedingt durch das große Interesse der Kunstgeschichte wissen wir über die Verwendung anorganischer Pigmente in den einzelnen Phasen der antiken Kunst außerordentlich gut Bescheid, nicht zuletzt, weil es der Archäologie gelang, Gräber antiker Maler zu öffnen, so daß originale Malpigmente für die Analyse zur Verfügung standen. Als Farbpigmente wurden folgende Substanzen verwendet: Kreide, Gips, Huntit, Ton, Bleiweiß, gelber Ocker, Auripigment, Massicot, roter Ocker, Zinnober, Mennige, Hämatit, Realgar, Malachit, Para tacamit, Chrysokoll, Grünspan, Ägyptisch-Grün, Ägyptisch-Blau, Ultramarin, Azurit, Pflanzen- und Holzkohle sowie Ruß. Die meisten der hier angeführten Stoffe kommen in der Natur vor. Vom chemischen Standpunkt sind besonders jene interessant, zu deren Produktion chemische Verfahren angewandt werden mußten. Durch Einlegen von Kupferplatten in Essig oder durch Einhängen von Kupferplatten in Essigdämpfe gewann man Grünspan. Aus Gemischen von Quarzsand, Soda, Kalk und Kupferverbindungen erschmolz man je nach den eingesetzten Mengenverhältnissen Ägyptisch-Blau oder -Grün.

Schon auf ägyptischen Keramiken fand sich Kobaltblau, ein Kobaltaluminat, das beim Brennen von weißem Ton und Kobaltverbindungen entsteht.

Chemisch-physikalische Kenntnisse benötigten auch die antiken Gold- und Silberschmiede. Plinius beschrieb das Granulieren von geschmolzenem Gold durch Eingießen in kaltes Wasser, auf dessen Grund sich die Goldkügelchen absetzen. Zum Aufbringen des Goldgranulates auf dem Schmuckstück und zum Verlöten sonstiger Goldschmiedearbeiten bediente man sich

raffinierter Löttechniken. Als besonders tauglich erwiesen sich früh bestimmte mineralische Kupferverbindungen, die dementsprechend unter dem Sammelbegriff Goldleim, »Chrysokolla«, zusammengefaßt wurden. Gold-Silber-Kupfer-Legierungen mit deutlich erniedrigtem Schmelzpunkt wurden als Lötmetalle eingesetzt. Das Feuervergolden durch Abdampfen des Quecksilbers aus einer aufgetragenen Goldamalgam-Schicht war eine häufig angewandte Kunsttechnik, die man auch zum Zusammenlöten von Goldobjekten nutzen konnte. Glühen von Gold mit Kohlenstaub erniedrigt den Schmelzpunkt des Goldes deutlich, weil sich – wie wir heute wissen – Goldcarbid bildet. Beim Glühen dieses Carbides entweicht der Kohlenstoff und hinterläßt eine nur aus Gold bestehende Verbindung der zusammengelöteten Objekte. Daneben waren Zinn-Blei-Lote üblich und der Einsatz von vielfältigsten Flußmitteln wie Olivenöl, Bienenwachs, Talg, Schweineschmalz, Kolophonium, Kolophonium-Fett-Mischungen, Honig, Harnstoff und Urin für das Löten mit Blei und Zinn bei niederen Temperaturen sowie Mischungen von Soda und Urin, von Soda mit Olivenöl, von Soda mit Borax, Harz und Seife; weiter Mischungen verschiedener Salze wie Soda, Pottasche, Natron, Kochsalz, Natriumsulfat sowie Seifen, Alaun und Borax zum Verbinden von Kupfer, Silber und Gold.

Selbst Imitationen von Vergoldungen waren bekannt. So überzog man Messinggegenstände mit einer Schicht aus Zinn, auf die man durch ein Blei-Zinn-Lot eine weitere Schicht aus Kupferkies, einem natürlichen Kupfereisensulfid, aufbrachte.

Die Lehre, daß die Seele so lange unsterblich bliebe, wie der Körper nicht verwesen würde, begründete die Kunst des Einbalsamierens im alten Ägypten. Gerne werden heute dahinter beträchtliche chemische Kenntnisse vermutet. Objektiverweise muß man aber zugeben, daß der Hauptfaktor für die Beständigkeit der Mumien im trockenen ägyptischen Klima zu suchen ist. Bei genauerer Betrachtung erweist sich die Mumifizierung als eine Art Pökelung der ausgenommenen Leiche in einer Salzlake und eine Stabilisierung der Oberflächen mit dünnen Asphaltschichten. Der konservierende Nutzen weiterer Zusätze ist umstritten; sie hatten nur rituelle Bedeutung.

2 Darstellung einer
römischen Färberei.
Man beachte die
muldenförmigen
Bleitische. Pompeji,
Fresko an dem Hause
des Marcus Vecilius
Verecundus

Für die Geschichte der Alchemie ist ein etwa um 200 n. Chr. auf Griechisch verfaßter Papyrus von Bedeutung, der ein Synonymenlexikon enthält, eine »Verdolmetschung aus den heiligen Schriften, wie sie die heiligen Schreiber verwenden, weil sie wegen der Neugier der Laien die Pflanzen... nach göttlichen Personen nennen«. Dieser Text ist geeignet, den Verdacht zu wecken, daß zumindest ein Teil der komplizierten alt-alchemistischen Nomenklatur schon von vornherein der bewußten Verschleierung pharmazeutisch-chemischer Begriffe diente, um die wahren Kenntnisse innerhalb eines ausgewählten Kreises halten zu können. So wurde Absinthium »Herz des Geiers« genannt, Eruca »Glied des Herakles« und Safran »Blut des Ares«.

Beträchtlichen Scharfsinn verwandte man in der Antike auf die Bekämpfung anstürmender Feinde durch Brandsätze. Bettete man Mischungen aus Hobelspänen, Sägemehl, Werg oder Baumwolle, die man zuvor mit Kolophonium imprägniert oder mit Erd- oder Leinöl getränkt hatte, in gebrannten Kalk, so entzündete sich diese heimtückische Anordnung bei leichtem Regen oder bei Tau von selbst. Dieses »vom Himmel gefallene Feuer« muß recht bedrohlich gewirkt haben. Auch schleuderte man mit rohem Erdöl gefüllte Tontöpfe gegen den Feind. Solche Granaten wurden durch nachgeschickte Brandpfeile entzündet. In nasser Umgebung wurden diese Feuertöpfe auch mit ungelöschtem Kalk zur gewissermaßen automatischen Entzündung ausgerüstet. Die Brisanz solcher Mischungen ließ sich durch den Zusatz von Salpeter beträchtlich erhöhen. Dieser war bekannt, da Kaliumnitrat in der Natur von Ägypten

über Indien bis Tibet nach der Regenzeit als Auswitterung immer dort vorkommt, wo tierische Exkremente auf kalihaltigem Boden in Gegenwart von Luft und Bakterien verwesen. Mit Hilfe des Salpeters ließen sich Brandsätze zur Erzeugung von Stichflammen entwickeln. So entstand das legendäre »Griechische Feuer«, das erstmals von dem Chronisten Theophanes beschrieben wurde, als er die Kriegsvorbereitungen des byzantinischen Kaisers Konstantin Pogonatus zum Feldzug des Jahres 671 schilderte. »... Damals suchte Kallinikos, Architekt aus Ilioupolis in Syrien bei den Römern Zuflucht. Er hat das Seefeuer hergestellt, die Boote der Araber in Brand gesetzt und mit allen Seelen verbrannt.« Um die psychologische Wirkung dieser spätantiken Wunderwaffe zu erhöhen, spien die Flammen aus »Siphons«, die am Bug der angreifenden Schiffe in die Mäuler metallener Fabelwesen eingearbeitet waren. Aufgrund neuerer Untersuchungen nimmt man an, daß das »Griechische Feuer« aus zwei Grundbestandteilen aufgebaut war, einer Art Treib- und einem Brandsatz.

Als Mischung von Holzmehl, Rohöl und Kolophonium in geschmolzenem Fischleim als Brandsatz, von Kaliumnitrat und Schwefel sowie Holzkohle als Treibsatz hat sich die verheerende Wirkung des »Griechischen Feuers« anhand byzantinischer Textstellen rekonstruieren lassen. Spätestens mit der Heimkehr von Richard Löwenherz von seinem Kreuzzug dürften die »wildes Feuer« speienden Rohre nach Westeuropa gekommen und auch in der Schlacht von Freteval (1194) gegen die Franzosen eingesetzt worden sein.

ALCHEMIE

Wenige Kapitel in der Geistesgeschichte der Menschheit sind gleichermaßen faszinierend und dabei gleichzeitig so schwer zu begreifen und zu durchschauen wie gerade die Alchemie. Dies hat eine Reihe von Gründen. Wie wir heute zu wissen glauben, reichen ihre Anfänge weit in die Frühzeit der Menschheit zurück. Für diese frühen Epochen fehlen dementsprechend schriftliche Quellen. Von damals bis heute hat die Alchemie aber in vielen Spielarten die geistige und technologische Entwicklung der Menschheit über Jahrtausende hinweg begleitet. Darüber hinaus war sie eine Geheimlehre, und in ihrem naturwissenschaftlichen Gehalt befaßt sie sich mit chemischen Prozessen, die der Mehrheit der heutigen Leser selbst dann schwer verständlich blieben, wenn sie nicht in geheimnisvoll-alchemistischer Sprachverkleidung dargeboten würden. So entzieht sich die Alchemie zwar einerseits einer einfachen Deutung, liefert aber andererseits noch heute für viele esoterische Lehrgebäude die Fundamente ihrer philosophischen Gedankenkonstruktionen.

Durch anthropologische vergleichende Studien über metallurgische Riten lebender primitiver Völker glauben wir zu wissen, wie die Anfänge beschaffen waren. Heute sieht man in der Alchemie das Überleben einer metallurgischen Liturgie, die sich – etwa seit Beginn der Eisenzeit – in mehr oder weniger geheimen Gesellschaften von Metallschmelzern und Schmieden gebildet hatte und zunächst mündlich überliefert wurde. Der archaische Mensch dachte – wie übrigens noch der Bergmann des 18. Jahrhunderts –, daß die Mineralien und Metalle im Schoß der Erde, und dieses Bild war durchaus sexuell gemeint, das heißt im Leib der Erdmutter gezeugt werden und wachsen. Diese, wie wir heute sagen würden, eher biologische Betrachtungsweise verlangte vom archaischen Menschen, daß er diese mystisch gedeuteten Vorgänge

durch die strenge Einhaltung kultischer Riten, durch körperliche und seelische Reinigung unterstützte und lenkte. So wurden Schmiede und Schmelzer zu den Schöpfern und Verbreitern von Mythologien, Riten und mythologischen Mysterien, die ihrerseits Metaphern darstellten für das beim Schmelzen und Schmieden Geschaute, aber auch für das im Ritus seelisch Erlebte. Man glaubt, daß sich die Angehörigen dieser Initiationskulte und frühen Geheimreligionen im vollen Einklang mit der Natur sahen, doch dabei wähnten, die Abläufe, wie das Wachsen der Metalle und die allmähliche natürliche Entwicklung ihrer Eigenschaften, lenken und beschleunigen zu können.

Aus solchen archaischen Gedanken heraus muß sich in der griechisch-hellenistischen Welt im Laufe der Zeit die Vorstellung vom »großen Werk« herauskristallisiert haben, das eine sich im Mineralisch-Chemischen widerspiegelnde, verkürzte Geschichte dieser Welt sein sollte, eine Schilderung ihrer göttlichen Schöpfung und ihrer allmählichen Vervollkommnung. Hier ist die Entstehung jener später so typischen alchemistischen Betrachtungsweise zu suchen, daß das metallurgische und schließlich das alchemistisch-chemische Handeln schlechthin das Abspiegeln unserer Welt und ihrer Schöpfung sei. Der »Makrokosmos« entspricht dem »Mikrokosmos« der jeweiligen metallurgisch-alchemistischen Handlung, die ihrerseits einwirkt auf die Seele des Schmelzers oder Alchemisten.

Erst ab dem 2. und dann vermehrt aus dem 3. Jahrhundert unserer Zeitrechnung besitzen wir endlich schriftliche Quellen, alchemistische Texte, die sich selbst aber bereits als späte Überlieferungen weit zurückreichender Erkenntnisse und Traditionen vorstellen. Betrachtet man diese Schriften genauer, so zeigt sich, daß es in dem damals griechischsprachigen Ägypten zu einer Zusammenfassung verschiedenster wissenschaftlicher, philosophischer, mystisch-religiöser und technischer Erkenntnisse und Vorstellungen des östlichen Mittelmeerraumes gekommen war, aufgepfropft auf die komplizierten polytheistischen Vorstellungen des alten Ägypten. So entstand aus der Verschmelzung stoischer, neuplatonischer und gnostischer Lehren mit der griechischen Naturphilosophie die Alchemie. Die Elementenlehre und die Mischungstheorie des Aristoteles (384–322) bildeten eine Art theoretischer Grundlage, wonach die vier nicht korpuskularen Elemente Erde, Wasser, Luft und Feuer verschiedene Zustandsformen derselben »prima materia«, der Grundmaterie, darstellen, die mit ihren wechselseitigen Umwandlungen ineinander die verschiedenen Substanzen unserer sichtbaren Welt aufbauen. Die griechische Naturphilosophie lehrte, daß es dem Menschen nicht vergönnt sei, einen natürlichen Prozeß künstlich durchzuführen. Nur wenn die Natur die Natur besiegt und sie damit selbst und mit ihr die Gottheit zum Gelingen beitragen, kann das Werk vollendet werden. Die natürlichen Bedingungen müssen dabei genauestens nachgeahmt und so zum Beispiel die Astrologie einbezogen werden. Bestimmte Operationen gelingen demgemäß nur bei bestimm-

ter Konstellation der Gestirne. Eine große Rolle spielte in der Antike der Mythos des sterbenden und wiederauferstehenden Gottes Osiris, entsprechend der Tatsache, daß das Wesentliche der Initiations-Mysterien die Teilnahme am Leiden, am Tode und an der Auferstehung eines Gottes war. So wie der Gott in den Mysterien mußten die mineralischen Stoffe leiden, sterben und zu einer neuen Daseinsform auferstehen. Die griechisch-ägyptische alchemistische Literatur sagt aus, daß die Wandlung, die das große Werk, den Stein der Weisen, zum Ziel hat, nur dann erreichbar ist, wenn die Materie vier Phasen durchläuft. Diese unterschied man nach den Farben, die die Ingredienzen dabei annehmen, nach »melansis« schwarz, »leukosis« weiß, »xanthosis« gelb und »iosis« rot. Das Schwarze, die »nigredo« der mittelalterlichen Autoren, symbolisiert dabei den Tod. Diese vier Phasen werden schon in der rein alchemistischen Schrift »Physika kai Mystika« des Pseudo-Demokritos, angeblich aus dem Besitz des legendären Uralchemisten Zosimos (2. bis 1. Jh.), erläutert.

Der Entwicklung vorauseilend sei schon hier mitgeteilt, daß sich später im Mittelalter eine christianisierte Form dieser Lehre entwickelte, die man heute in der Alchemiegeschichtsschreibung als Christus-Lapis-Parallele bezeichnet. Leiden, Tod und Auferstehung Christi stehen dann als Symbole für die Entstehungsphasen des Steins der Weisen.

ALCHEMIE IN CHINA UND INDIEN

Es ist ein historisches Phänomen, daß auch andere Kulturkreise eine Art Alchemie kannten. So nimmt man an, daß der Taoismus, die altchinesische Lehre vom Tao, dem Urgrund des Seins, jener geistigen, vorweltlichen, in sich ruhenden Substanz, ebenfalls auf die Bruderschaften der Schmiede zurückgeht. Entsprechend dieser Tradition brachte man im alten China der Schmiede, der Metallschmelze oder -gießerei ein Opfer dar. Der Guß eines magischen Gerätes verlieh Unsterblichkeit. Seit der 2. Han-Dynastie wurde diese aber demjenigen zuteil, der den »göttlichen Zinnober« zu bereiten wußte. Das Trinken einer Goldtinktur sowie das Verzehren von Zinnober

3　Alter chinesischer Hochofen mit seitlichem Schlackenabfluß und seltsam kastenförmiger Konstruktion des handbetriebenen Gebläses. Handschrift. Privatbesitz, München

升煉水銀

固濟

鐵空弓管

此水頭入

4 Große altchinesische Destillationsapparatur. Handschrift. Privatbesitz, München

machten den Alchemisten den Göttern gleich. Man suchte ein »Kraut der Unsterblichkeit«. Man forschte nach tierischen und pflanzlichen Substanzen, die mit Vitalität geladen sein sollten und als Ausgangssubstanzen für ein »Elixier der Jugend« dienten. Auch in China glaubte man an das Wachstum der Erze im Schoße der Erde, an die natürliche Verwandlung der Metalle ineinander und schließlich in Gold. Dieses besaß einen kaiserlichen Charakter, befand sich im »Mittelpunkt der Erde« und stand in mystischer Beziehung zum »chüeh« – darunter ist Realgar oder Schwefel zu verstehen –, zum gelben Quecksilber und zum künftigen Leben. So wurde es in einem Text des Jahres 122 v. Chr. beschrieben. Wie im hellenistischen Kulturkreis beschleunigt der Alchemist nur das natürliche Wachstum der Metalle im Rhythmus der Zeit. Um dies zu erreichen, mußte der Alchemist hundert Tage fasten, sich mit wohlriechenden Essenzen reinigen und dabei in Einsamkeit leben. Opferte man am Ofen, so ließen sich übernatürliche Geister herbeirufen. War dies gelungen, so verwandelte sich im Ofen das Zinnober in Gold, und wenn man aus diesem sozusagen alchemistischen, mit natürlichem nicht identischen Gold Trinkgefäße herstellte und daraus

trank, konnte man die Seligen auf ihrer Insel sehen, und wenn der Alchemist dann noch ein spezielles Opfer darbrachte, wurde er zu den Seligen entrückt.

Der altchinesischen Alchemie verdanken wir die Kenntnis einer historisch extrem wichtigen Chemikalie. Schon sehr früh fand man in China den Salpeter. Es ist wohl unbekannt, wann erstmals das später so benannte »Chinesische Feuer« aus einem Gemisch von Salpeter, Schwefel, Eisenfeile und geriebener Holzkohle brannte. Irgendwann zwischen dem 6. und 9. Jahrhundert, so nimmt man an, fanden taoistische Alchemisten bei der Suche nach dem Elixier der Unsterblichkeit eine Mischung, die dem späteren Schieß- oder Schwarzpulver entsprach, damals »Feuerdroge« – »huoyao« – genannt. Die weitere Entwicklung war recht militärisch: Etwa um 950 soll es in China eine Art erster Flammenwerfer gegeben haben, und bereits im 10. Jahrhundert kannte man Bomben und Granaten. Das erste friedliche Feuerwerk in China wird uns exakt datiert aus dem Jahre 1103 überliefert. Die Explosivkraft einer Pulvermischung steigt enorm, wenn man diese in einem geschlossenen Raum explodieren läßt. Dementsprechend wachsen aber auch die technologischen Probleme bei der Handhabung. Einfacher ausgedrückt: Man brauchte den Zeitraum zwischen dem 10. Jahrhundert und etwa 1280, um Gewehre und Geschütze zu entwickeln, die den Soldaten nicht schon beim ersten Schuß um die Ohren flogen.

Aus dem alten Indien wird über die Yogi- und Fakir-Legenden der Alchemisten berichtet. So können sie durch die Luft fliegen und sich unsichtbar machen. Durch Verzehr von Drogen und Mineralien im Verein mit einer Rhythmisierung des Atems schafften sie es, ihre Jugend zu verlängern, aber auch gewöhnliche Metalle in Gold zu verwandeln. Die indischen Worte für Alchemie lauten »rasec-vara-darcana«, was wörtlich übersetzt »die Wissenschaft vom Quecksilber« bedeutet, beziehungsweise »rasayana«, zu deutsch: »Weg oder Wagen des Quecksilbers«. Diese Bezeichnungen beschreiben die zentrale Rolle gerade dieses Metalls in der indischen Alchemie. Die Parallelen zu China beziehungsweise zur Geschichte der Alchemie im Mittelmeerraum und später in Europa sind unverkennbar.

Nur wenn der indische Alchemist über besondere »Kräfte des Yogi« verfügte, war er fähig, Alchemie auszuüben. Insbesondere sollte er den Gott Shiva verehren, denn dieser, so glaubte man, habe die Alchemie geoffenbart. Auch die anorganischen Substanzen wähnte der indische Alchemist belebt, sie waren wie jede andere lebende und scheinbar tote Materie nur verschiedene Erscheinungsformen eines Urstoffes. Der menschliche Körper, sein geistiges und körperliches Leben waren nur verschiedene Stadien ein und desselben kosmischen Prozesses. Die Berührung mit diesen Stoffen veränderte während der alchemistischen Arbeit die Seele des Alchemisten.

Es gilt als gesichert, daß es zwischen den wahrscheinlich zunächst unabhängig voneinander entstandenen Varianten der Alchemie in China, Indien und Nordägypten dank der Handelsbeziehungen Kontakte gegeben hat, die sich insbesondere später, als die hellenistische Antike unterging, durch den lebhaften Fernhandel der Araber intensivierten. Gerade den Arabern sollte aber bei der Weitertragung der Alchemie größte Bedeutung zukommen. Es haben sich nur wenige, und dann im Inhalt eher dürftige handschriftliche Texte über Alchemie im frühen Mittelalter finden lassen. An

5 Kleine holzgefeuerte Kuppelöfen zum Brennen chinesischer Keramik. Handschrift. Privatbesitz, München

sich ist dies gar nicht so besonders überraschend, denn dieser Mangel läßt den Schluß zu, daß es der klassischen Alchemie – aus welchen Gründen auch immer – zumindest nicht in herausragendem Umfang vergönnt war, das antike Rom zu erobern. Die klassische Alchemie war deutlich eher eine kulturelle Erscheinung des östlichen denn des westlichen Mittelmeerraumes gewesen. Da das europäische, lateinische Mittelalter aber auf Rom fußte und eben zunächst nicht auf Alexandrien, finden sich zwar in früheren mittelalterlichen Texten gelegentliche Hinweise auf die Alchemie, so zum Beispiel wenn sich Hildegard von Bingen (1098–1179) auf den geheimnisvollen Propheten Mercurius (das heißt Quecksilber) beruft, aber eben keine echten Bezüge auf wirkliches alchemistisches Gedankengut.

DIE ALCHEMIE BEI DEN ARABERN

Erst auf dem Umweg über die Araber kam die Alchemie nach Europa. Auf den Tod des Propheten Mohammed 632 n. Chr. folgte eine geradezu phantastische Ausbreitung des Islam, dem es ab 711 gelang, auf der Iberischen Halbinsel Fuß zu fassen. Im Jahr 929 begann mit dem Kalifat von Córdoba eine Hochzeit der islamisch-maurischen Kultur. Doch gerade in dieser blühte die Alchemie. Wie das Präfix »al« anzeigt, handelt es sich dabei um ein arabisches Wort mit nebenbei bemerkt reichlich unklarer Bedeutung.

In der hellenistischen Spätantike entstanden im 3. und 4. Jahrhundert die Schriften eines »Zosimos«, und Kommentatoren des 4. bis 7. Jahrhunderts schufen jenes »opus alchymicum«, das über die christliche Sekte der Nestorianer in den syrischen Kulturkreis getragen wurde. Es waren die Leibärzte der Kalifen wie auch Angehörige der Sabischen Sekte in Saran, die die ersten Textsammlungen zusammenstellten. Das nach dem legendären Gott und vermeintlichen Uralchemisten »Hermes-Trismegistos« später so benannte hermetische Gedankengut der Alchemie entsprach in besonders hohem Maße der geistigen Struktur des Islam. Die alchemistischen Schriften dieser Zeit, stets in blumenreicher Sprache gehalten, verweisen auf sagenhafte, prominenteste Verfasser, meist direkt auf

Hermes-Trismegistos. In dem Traktat »sirr alchaliqa« deutet dieser Gott selbst das Geheimnis der Schöpfung. Der Verfasser dieses Werkes, möglicherweise Apollonius von Tyana, folgte gläubig den von Hermes gegebenen Hinweisen und fand – so behauptete er wenigstens – im magischen Licht einer dunklen Höhle eine Tafel, die über die »Erschaffung der Natur« berichtet habe. Solche Vorbilder wurden seinerzeit oft kopiert. Schenkte man der damaligen Literatur Glauben, so wären die Gräber der Altvordern voll von Tafeln mit geheimnisvollen alchemistischen Bekenntnissen und Rezepturen gewesen. Es soll nicht unerwähnt bleiben, daß diese Tradition so etwas wie eine nachträglich spirituelle Rechtfertigung der Grabräuberei abgab. Eine ähnliche Legende rankte sich um einen Text, der als »Tabula smaragdina« in die Geschichte einging und als eine Art Glaubensbekenntnis der Alchemisten berühmt wurde. Angeblich ursprünglich auf einer Tafel aus Smaragd niedergeschrieben, wurde er schon im alten Arabien auf die Zeit des Kalifen al Ma'mon (813–833) datiert.

Mag der in mehreren Varianten überlieferte Text insgesamt reichlich unklar sein, in einem Punkt ist er scharf formuliert. Die Makrokosmos-Mikrokosmos-Parallele wurde wie folgt dargelegt: »... Das Oberste stammt vom Untersten... Der Zeugung des Makrokosmos entspricht die Zeugung des Mikrokosmos und dem Werk.« Daß diese Tafel in ihrer legendären Urform – in Wahrheit handelt es sich aber um eine hymnisch überarbeitete Passage aus dem »Buch der Ursachen« – ausgerechnet auf einer aus dem Edelstein Smaragd gefertigten Tafel geschrieben sein sollte, hatte für die einstigen Alchemisten tiefe symbolische Bedeutung. Mit der Alchemie verwoben war stets ein mystischer Edelsteinkult. Im jüdisch-christlichen Kulturbereich sollte die Erwähnung von Edelsteinen im II. Buch Exodus der Bibel bedeutsam werden, in dem die Edelsteine auf dem Amtskleid beziehungsweise Schild des Hohenpriesters beschrieben stehen, so wie jene Vision aus der Apokalypse des Johannes, in der die Verwendung edler Steine für die Grundmauern des himmlischen Jerusalem dargelegt wurde. In den anderen hier betrachteten Kulturkreisen gab es deutliche Parallelen. Entsprechend seiner mystischen Be-

deutung diente der Smaragd wie andere Edelsteine als Medizin.

In der »Turba philosophorum«, einem arabischen Traktat des 9. Jahrhunderts, wird der Analogiegedanke Makrokosmos-Mikrokosmos noch weiter ausgebaut: Die Zeugung ist das Symbol für die (chemische) Verbindung. Von der »prima materia« führt die Umwandlung zur Vollendung. Unter dem Titel »sirr al-asrar« – »Geheimnisse der Geheimnisse« – wurde dem griechischen Philosophen Aristoteles nachträglich eine arabische Kompilation untergeschoben. Angeblich von einem anonymen Finder nach langem Suchen auf einem dem Hermes geweihten Altar in einem nicht näher genannten Tempel gefunden, ist das Werk in Form von Briefen des Aristoteles an seinen Schüler Alexander den Großen abgefaßt. Dieser Text erreichte ab dem 12. Jahrhundert im christlichen Abendland eine einzigartige Berühmtheit. Besonders fruchtbar für die Entwicklung der Alchemie war jene Tradition arabisch-alchemistischen Schrifttums, die man später dem Gelehrten Abu Musa Gabir ibn Hayyan as-Sufi al-Azdi al-Umawi zuschrieb, der das literarische Vorbild des späteren legendären Alchemistenpseudonyms Geber abgab. Wahrscheinlich lehrte Gabir an einer hermetischen Schule des Imam Ga'far in der zweiten Hälfte des 8. Jahrhunderts. Die Gabir zugeschriebenen arabischen Texte dürften aber erst Ende des 9. Jahrhunderts entstanden sein.

Für den arabischen Alchemisten war die Alchemie das, was die Schöpfung für den Schöpfer war. Für beide, Schöpfer wie Alchemist, gelten die gleichen Naturgesetze, und sie arbeiten mit den gleichen Stoffen. Im Überblick kann man wenigstens zwei Phasen der arabischen Alchemie unterscheiden: eine etwas nüchterne, ältere, deren Exponent Gabir war. Er entwickelte ein System numerischer Beziehungen, aufgrund derer aus einfachen Stoffen die verschiedenen Substanzen aufgebaut werden. Zwar war dieser Gedankenansatz ebenfalls rein spekulativ, doch sollte er später, wie wir noch sehen werden, innerhalb der Chemie bedeutende Konsequenzen haben. In der zweiten Hälfte des 10. Jahrhunderts begründete Ibn Umail at-Tamimi die späte, zum Phantastischen neigende alchemistische Literatur Arabiens mit seinen Büchern

6 Raimundus Lullus, der legendäre spanische Franziskaner und Alchemist, vor jenem Baum, mit dem er logische Begriffshierarchien entwerfen wollte, umgeben von alchemistischen Tiersymbolen. Detlev Cluver: Historische Anmerckungen über die nützlichsten Sachen der Welt, Hamburg 1706

»Sendschreiben der Sonne an den Halbmond« und dem Werk »Vom Silberwasser und der Sternenerde«.

Gabir kannte Schwefel, Quecksilber und Arsen sowie Ammoniak und dessen Derivate. Salpetersäure wurde durch Erhitzen von Salpeter und Vitriol gewonnen. Das Glühen von Alaun erbrachte Schwefelsäure. Auch verstand man Königswasser herzustellen – »aqua regia« –, mit dessen Hilfe man Gold vom Silber trennen konnte.

Die Techniken des chemischen Arbeitens waren schon recht weit entwickelt. Man beherrschte die Destillation ebenso wie die Sublimation, Kristallisation und Umkristallisation sowie schließlich die Filtration. Dieser Epoche verdanken wir manches interessante Präparat wie Höllenstein (Silbernitrat), Pottasche, Kalilauge, Schwefelmilch und Quecksilberoxid. Manchmal verrät noch das Präfix »al« die arabische Herkunft, zum Beispiel Alkohol, aber auch Alkali und Alaun. Die Begriffe Soda, Salmiak und Elixier stammen ebenso aus jener Zeit. Es ist schwer, wirklich Genaues zu sagen, doch darf man annehmen, daß die Alchemie – wir konnten nur einen kleinen Teil echter oder vermeintlicher Verfasser anführen – innerhalb des arabischen Reiches überall verbreitet war.

ALCHEMIE UND KABBALISTIK IN SPANIEN

Die Araber waren geschickte Seefahrer und betrieben intensiven Handel mit China. Von dort kam der Salpeter in die Alchemie der Araber und in deren Militärwesen. So nannte Abdallah Ibn el Beitar im Jahr 1240 den Salpeter »Schnee von China«. 1258 wurden bei den Kämpfen um Bagdad Pfeile mit Raketen eingesetzt; diese Waffen trugen die Bezeichnung »Pfeile aus China«. Es waren also die Araber, die die Kunst der Herstellung von Schießpulver und Raketen nach Europa trugen.

Für die Entwicklung von Alchemie und Chemie in Europa sollte es sich als günstig erweisen, daß 1031 der letzte Kalif von Córdoba stürzte. Damit zerfiel die politische und militärische Einheit der Araber auf der Iberischen Halbinsel, und mehrere mohammedanische Kleinkönigreiche traten die Nachfolge an. Diese erwiesen sich gegenüber der »Reconquista«, der spanischen Wiedereroberung, als sehr viel weniger widerstandsfähig als das Kalifat. Zwar sollte es noch Jahrhunderte dauern, bis die letzten Mauren vertrieben waren; dies war sogar Gegenstand jenes bemerkenswerten Gelübdes oder besser jener Wette, die die Katholische Königin Isabella mit ihrem Schöpfer austrug, indem sie drohte, ihr Hemd nicht mehr zu waschen, bis der Islam besiegt sei. Als Gott sie erhörte, war ihr Hemd isabellenfarben. Jedenfalls nahm ab dem Ende des 12. Jahrhunderts die Alchemie ihren Weg über Spanien nach Zentraleuropa.

So militant sich der Islam gegenüber dem Reich der Andersgläubigen verhielt, so tolerant war er im Innern gegenüber anderen Glaubensgemeinschaften, sofern diese die Oberherrschaft des Islam nicht bedrohten. Über die Jahrhunderte islamischer Herrschaft hinweg gab es deshalb auch in Spanien immer noch starke Inseln mosaischen Glaubens. Die jüdische Religion erfuhr gegen die Jahrtausendwende eine stark mystische Entwicklung. Es entstand die später die Alchemie befruchtende und durchdringende Lehre der Kabbala. Die Rückeroberungen der arabischen Teile der Iberischen Halbinsel führten zu einer Ausbreitung spanisch-sephardischer Juden über ganz Spanien und Südfrankreich. Besonders wichtige Kabbala-Schulen bildeten sich in Gerona und Barcelona, aber auch in Marseille, Arles und Narbonne. Zwischen 1240 und 1280 entstand das kabbalistische Hauptwerk jener Zeit, das Buch »Sohar«, mit seiner berühmten Lehre von den zehn Stufen der göttlichen Manifestationen. Als dann 1492 – im gleichen Jahr, in dem Kolumbus Amerika entdeckte – die Juden endgültig aus Spanien vertrieben wurden, verbreiteten sich die Kabbala und die kabbalistische Alchemie, meist weitergetragen von jüdischen Ärzten, über ganz Europa.

Man müßte selbst gläubiger Esoteriker sein, um eine halbwegs gerechte Darstellung der mystisch-visionären Weltsicht der Kabbala geben zu können. Versucht man mühsam, ihren vielgestaltigen Lehrgehalt in alchemistischer Hinsicht zu konkretisieren, so bilden sich einige Schwerpunktbereiche heraus. Eine wichtige Rolle spielte in der Kabbala die Zahlenmystik beziehungsweise Buchstabenmagie. Jeder Buchstabe ist nicht nur Teil einer Wortsilbe, sondern stellt in sich eine Zahl dar, der wiederum eine symbolische Bedeutung zukommt. Schreibt man dementsprechend den Namen einer Chemikalie nieder, so steht nicht nur der nackte Name auf dem Papier, sondern eine geheimnisvolle, in Zahlen niedergelegte mystische Formel. Setzt man nun in eine chemische Reaktion mehrere Substanzen ein, so beginnt ein vertracktes Spiel von Zahlen und mythologischen Begriffen. Abgesehen vom Symbolgehalt liefert eine solche Darstellung mühelos die Möglichkeit, unbefugten Lesern den Sinngehalt des Textes durch wechselnde Codierungen vorzuenthalten. Dieser Sachverhalt erschwert das Lesen und Deuten alchemistischer Texte ungemein. An dieser Stelle sei aber schon vorausgeschickt, daß man hierin möglicherweise einen Keim für die später so erfolgreiche algebraische Darstellung der Chemie zu sehen hat.

Eine weitere Eigenheit der Kabbala war das Ordnen mystisch-alchemistisch-philosophischer Begriffe in Begriffshierarchien, zu deren graphischer Darstellung man sich der Form komplizierter leiter- oder baumähnlicher Gebilde bediente. Daneben entwickelte man die Vorstellung von einem System göttlicher, konzentrisch ineinandergefügter Sphären, gleichsam den Schalen einer Zwiebel entsprechend, innerhalb derer Gott, aber auch der Alchemist, schaffend auf- und niedersteigen konnte – und die als symbolische Darstellung der Welt und ihrer Schöpfung galten. So entstand die komplizierte Vorstellung von »Jehovas güldenen Ketten«, die diese Welt ans Jenseits heften. Es sei an dieser Stelle vorausgeschickt, daß dergleichen Vorstellungen sich später äußerst fruchtbar auf die Entwicklung eines Ordnungssystems der Chemie in Gestalt des Periodensystems der Elemente auswirken sollten. Die als konzentrische Kreise darstellbaren Sphären, besetzt mit Symbolen und Begriffen, ordnete man zuweilen auch auf ineinander drehbaren Scheiben an. Bis heute sind alchemistische Bücher Verkleidungen philosophischer und mystisch-religiöser Lehren vor dem Hintergrund chemischer Reaktionen. Alle Manipulationen mit der Materie sind dementsprechend in erster Linie bildhafte Beschreibungen asketisch-mystischer Übungen. Die verschiedenen Umwandlungen des Stoffes symbolisieren somit die geistige Entwicklung des eingeweihten Alchemisten, des Adepten. Von all dem fand sich zunächst – zu Beginn des 12. Jahrhunderts – im christlichen Abendland nichts oder nur sehr wenig, war man bis dahin ja nicht einmal im Besitz aller Schriften des Aristoteles. Dies änderte sich mit den Übersetzungsbemühungen der »Schule von Toledo«, etwa zwischen 1175 und 1185, unter der Ägide des Gerardus Cremonensis (um 1114–1187). Erst als man sich der Übersetzung arabischer Texte zuwandte, begann langsam die Übernahme arabischer Alchemie. In den enzyklopädischen Darstellungen des 13. Jahrhunderts wird das aus arabischen Quellen übernommene alchemistische Schriftgut breiter gefächert dargestellt, so bei Bartholomäus Anglicus, um 1230 bei Thomas von Chantimpré und um 1250 in der Enzyklopädie des Vinzenz von Beauvais. Gleichzeitig beginnt die Alchemie auch in die schöngeistige Literatur einzudringen. Zwischen 1230 und 1240 verfaßte Guillaume de Lorris in viertausend Versen den »Rosen-Roman«, der als erstes Werk der abendländischen schöngeistigen Literatur alchemistische Passagen enthält. Eine Fortsetzung dieses Werkes verfaßte Jean de Meung um 1280.

Eine zweite, zu Spanien parallele Nahtstelle für das Eindringen der Alchemie in das

7   Im Gegensatz zu heute waren die Schreibmaterialien früherer Jahrhunderte von erstaunlicher Haltbarkeit. Eine Seite aus der Worms-Frankenthaler Bibel, Frankenthal 1148. British Library, London

christliche Abendland bildete sich in der ersten Hälfte des 13. Jahrhunderts am Hofe von Palermo. Hier wirkte der schottische Gelehrte Michael Scotus (um 1180–1235), der vor 1220 als Übersetzer in Toledo arbeitete, dann nach weiten Umwegen nach Palermo übersiedelte und sich an noch nicht bearbeiteten Werken des Aristoteles versuchte. Er verfaßte eine alchemistische Abhandlung, die in Handschriften sowohl in Palermo als auch in Oxford erhalten blieb. Seit etwa 1200 gehört die Alchemie fest zum Kulturgut des christlichen Abendlandes und spielt eine große Rolle als autonome Naturphilosophie innerhalb der christlichen Religion. Ihr herausragendes Merkmal ist eine enge und unlösbare Verbindung zwischen praktischer, sozusagen chemischer Arbeit und mystischer Spekulation. Das erste kulturhistorisch gesicherte Zeugnis für einen Alchemisten stammt aus Deutschland. In einer Grabinschrift aus dem Jahre 1286 heißt es: »… Herr Ulrich zu der Sulzburg was gar ein seltzam mann mit viel khunsten vnd liss ir kheine vnversuecht. Er hat lang gealchameit, vnd vil damit verthon…«

DAS 13. JAHRHUNDERT

Seit dem 13. Jahrhundert gibt es eine eigenständige alchemistische Literatur und bekannte Verfassernamen im christlichen Abendland. Allerdings sind viele Schriften von unbekannten Autoren berühmteren »Autoritäten« untergeschoben worden. Der älteste uns überlieferte alchemistische Autor ist der Franziskaner Roger Bacon (1227–1292), der »Doctor mirabilis«. In jenen seiner Schriften, die wahrscheinlich echt sind, war er erstaunlich nüchtern, fast modern in seiner experimentellen Zielsetzung. »… Doch wenn die Erfahrung einmal gemacht ist, ist der Geist sicher und ruht sich im Licht der Wahrheit aus. Das heißt, die Schlußfolgerung reicht nicht aus, es bedarf der Erfahrung…« Sein Hauptwerk »Opus majus« enthält Rezepturen über Schwefelsäure, Scheidewasser und Schwarzpulver. Unter seinem Namen erschienen etwa achtzehn alchemistische Werke, bei denen es sich zum Teil um reine Kompilationen arabischer Texte handelt. Zwar glaubte Thomas von Aquin (1225 bis

1274) an die Alchemie, doch wurden ihm wohl alle Manuskripte, die seinen Namen tragen, nur zugeschrieben, darunter einige sehr bedeutende wie »Aurora consurgens«, ein Text, der in einer berühmten illustrierten Handschrift des 15. Jahrhunderts erhalten und wegen seiner alchemistischen Auslegung der Bibel interessant ist.

Der historische Raimundus Lullus (1235–1315), spanischer Edelmann und Offizier, trat nach einem ausschweifenden Leben in den Franziskanerorden ein. Auf seiner letzten Missionsreise nach Tunis wurde er von den Mohammedanern erschlagen. Es ist unter Alchemiehistorikern umstritten, wie viele alchemistische Handschriften unter seinem Namen überliefert sind. Die Angaben schwanken zwischen hundert bis viertausend. Diese Zahlen entstanden wohl durch Variationen handschriftlicher Abschriften der ihm vermutlich untergeschobenen Werke. Um die hohe Zahl seiner Schriften zu erklären, setzten seine Anhänger die Legende in die Welt, er sei seinem Martyrium nicht erlegen, sondern habe sich erholt, sei in London und Italien aufgetreten und erst 1353 gestorben. Dagegen glaubt man, daß etwa zwanzig alchemistische Schriften tatsächlich von dem berühmtesten Arzt seiner Zeit, Arnoldus von Villanova, verfaßt worden sind. Sein Lebensweg berührte zweimal jene magische Grenze zwischen arabischer und christlicher Kultur, über die die Alchemie zu uns kam. Als junger Mann studierte er in Barcelona. Er lehrte dann an den Universitäten Neapel und Montpellier, wurde von der Inquisition mit dem Bann belegt und weilte wiederholt am Hofe Friedrichs II. in Sizilien, um dann bei einem Schiffsunglück ums Leben zu kommen. Schon Johannes von Rupiscissa zitiert um 1350 aus Arnoldus' ältestem Werk »De secretis naturae« mit seiner Darstellung des alchemistischen Prozesses als Analogie zum Leiden, der Kreuzigung und Grablegung Christi. In dem Werk »Exempla de arte philosophorum« wird die Gleichsetzung von Christus mit dem Stein der Weisen besonders eindringlich anhand von Zitaten aus den Büchern der Propheten des Alten Testamentes dargelegt. Jeder Bibelspruch wird zunächst bezogen auf Christus und dann auf den alchemistischen Prozeß gedeutet. Als die wichtigsten Traktate Arnoldus' gelten: »Ro-

8 Das spätantike Schema der vier Elemente im Umkreis von »mundus-annus-homo« aus der Offizin des ältesten Straßburger Druckers Johann Menzelin. Darunter das gleiche Schema in einer künstlerisch abgewandelten Form aus der Offizin Zainer in Augsburg 1472.

sarius philosophorum«, »Lumen novum« und die »Epistola ad regem neapolitanum«, in denen er sich zu der aristotelischen Elementenlehre bekennt. Arnoldus führte Gold, Quecksilber und Schwefelverbindungen in die Heilkunde ein und beschrieb erstmals die Darstellung und das Verhalten von Mineralsäuren gegenüber Metallen. Er stand noch stark unter dem Einfluß arabischer Alchemie, vor allem der »Turba philosophorum«. Aus ihr stammte seine Vorstellung, der alchemistische Prozeß sei eine Trennung der Materie in Körper, Seele und Geist, in flüchtige und feste Bestandteile, in deren Reinigung und letztliche Wiedervereinigung.

Nach neueren Forschungen soll sich hinter dem Pseudonym »Geber« – der latinisierten Fassung des arabischen »Gabir« – der Franziskaner Paulus von Tarent verbergen, dessen Hauptwerk »Summa perfectionis magisterii« im späten 13. Jahrhundert entstand. Frühere Generationen von Chemiehistorikern wähnten ihn sogar mit dem historischen arabischen Alchemisten gleichen Namens – Gabir ibn Hayyan – identisch, wohingegen spätere ihn für dessen Übersetzer hielten und im 12. Jahrhundert ansiedelten. Geber war aber ein selbständiger, sehr erfahrener Praktiker, der in erster Linie die naturwissenschaftliche Seite der Alchemie betrachtete und zum Beispiel in nüchternen Worten Bau und Verwendung von Öfen, Aschenbädern, Retorten und Filtrationseinrichtungen beschrieb sowie chemische Arbeitsvorgänge wie Schmelzen, Sublimieren, Destillieren und Kristallisieren. Als erster legte er die Darstellung von Mineralsäuren dar und führte den Begriff »alkali« ein. Durch Lösen von Salmiak in Scheidewasser, das heißt Salpetersäure, gewann er das Königswasser, alchemistisch so benannt, weil es den König, also das Gold, löst, aber auch Schwefel.

ALCHEMIE IM 14. UND 15. JAHRHUNDERT

Im 14. und 15. Jahrhundert griff die Alchemie auch auf jene europäischen Länder über, die keinen unmittelbaren Kontakt zur arabischen Kultur hatten. Es entstand eine Vielzahl alchemistischer Schriften, auch in den jeweiligen Landessprachen und nicht mehr nur in Latein.

Daß die Alchemie sozusagen virulent wurde, zeigt sich auch in den sich nunmehr häufenden Verboten durch die Obrigkeit. Im Jahre 1317 erließ Papst Johannes XXII. eine Bulle gegen die Alchemie, obwohl er selbst Alchemist war und noch 1330 seinem Leibarzt Isnard größere Summen zur Anschaffung alchemistischer Geräte übergab. Dieser Papst ging in die Kirchengeschichte als Entdecker der Geldwirtschaft innerhalb der Kirchenverwaltung ein und soll dementsprechend bei seinem Tode immens reich gewesen sein, so reich, daß seine Zeitgenossen wähnten, er habe selbst eine alchemistische Schrift »Ars transmutatoria« verfaßt und sei eben durch deren Befolgung zu ungeheuerlichem Vermögen gelangt. Weitere Verbote gegen die Alchemie erließen 1380 Karl V. von Frankreich, 1404 Heinrich IV. von England, 1488 der Rat der Stadt Venedig und 1493 der Rat der Stadt Nürnberg.

Die Mehrzahl der Alchemisten dieser Zeit waren wohl Mönche. Offenbar blühte die Alchemie besonders im Orden des hl. Franziskus. In der zweiten Hälfte des 14. Jahrhunderts lebte im Kloster Auriac der Franziskaner Johannes von Rupiscissa, der 1357 von Papst Innozenz VI. für zwanzig Jahre in den Kerker gesteckt wurde und eine der verbreitetsten alchemistischen Schriften verfaßte: »Liber de consideratione quintae essentiae rerum omnium«. Die Quinta essentia, so lehrte er, läßt sich aus allen Substanzen erhalten, die man destillieren könne. Besonders schätzte er die Quintessenz des Weines, das »aqua ardens«, den Alkohol. Durch Kochen mit Essig und anschließende Destillation gewann er aus einem Antimonerz die leuchtend rote Quintessenz des Antimons.

Einen Höhepunkt der mystisch allegorischen Alchemie stellt das »Buch der Heiligen Dreifaltigkeit« dar, das der Franziskaner Ulmannus zwischen 1412 und 1416 unter Gotteszweifeln und Anfechtungen in Konstanz verfaßte, dem Burggrafen von Nürnberg, dem späteren Markgrafen von Brandenburg, widmete und einen Auszug Kaiser Sigismund übersandte. Zwar wurde das Werk später nicht gedruckt, ist aber in über zwanzig Handschriften und einer französischen Übersetzung überliefert.

Ulmannus besaß ungewöhnlich gute Kenntnisse der Chemie, beschrieb interessante Rezepturen und Geräte. Das Buch ist der Höhepunkt der mystisch-allegorischen Alchemie. Die »Tabula smaragdina« inspirierte ihn zum alchemistischen Symbol des Hermaphroditen. Es ist überliefert, daß zahlreiche Alchemisten späterer Zeiten dieses Werk besaßen und benutzten, so Leonhard Thurneisser, Herbrandt Jamsthaler und nicht zuletzt Conrad Creiling, von dem wir wissen, daß dessen Werk wiederum noch von Goethe benutzt worden ist.

ALCHEMIE IN DER LITERATUR IHRER ZEIT

Mindestens ab dem 13. Jahrhundert war die Alchemie im christlichen Abendland so verbreitet, daß sie zum Gegenstand der Literatur wurde. Zwar ist es umstritten, ob Wolfram von Eschenbach (um 1170–1220) bei der Darstellung des Grales alchemistische Texte benutzte, aber da andererseits der aus seinen Wunden blutende Christus und der dieses Blut auffangende Brunnen des Lebens geläufige alchemistische Metaphern waren, ist dies sehr wahrscheinlich. Dunkle Hinweise auf die Alchemie finden sich in den Liedern Heinrich von Meißens (1250–1318), genannt Frauenlob. Bei seinem Streit der »freien Künste« und »der meide kranz« ließ Heinrich von Mügeln (1320–1372) auch die »Alchimia« auftreten. »Hie Alchimie kündet das, / wie in naturen grunde was / …« Auch erwähnte er die Alchemie in seinen Sprüchen: » / … die geben kupfer goldes farbe reine, / und wie das öl sich twingen lat uß steine; / alchimiam ich meine, in der ich Geber herren fant. /«

Die meisten Schriftsteller der Hochliteratur des 14. Jahrhunderts sahen den Alchemisten eher negativ. In seiner »Divina Commedia« läßt Dante (um 1320) die Alchemisten gemeinsam mit den Fälschern in der tiefsten Hölle schmoren. Für Petrarca sind in seinem Werk »De remediis utriusque fortunae« (1354) Alchemisten Narren, die außer Blasebälgen, Zangen und Kohlen nichts in ihrem vom Ruß geschwärzten Kopf haben und deren Gesundheit und Frohsinn durch eine törichte Leidenschaft ruiniert werden. Geoffrey Chaucer zeichnete in seinen berühmten »Canterbury tales« (um 1390) einen durch die Alchemie heruntergekommenen Kleriker in zerlumpter Kleidung, schon von weitem an seinem durchdringenden Geruch erkennbar.

Ein alchemistisches Epos »Credo mihi seu Ordinall« (um 1477) verdanken wir einem Kammerherrn König Eduards IV. von England, Thomas Norton III., Teilhaber eines Handelshauses in Bristol.

Dessen Zeitgenosse George Ripley, Kanoniker in Oxford, der die Alchemie auf langjährigen Reisen durch Deutschland, Frankreich und Italien erlernt hatte, hinterließ eine in Latein abgefaßte 38strophige Allegorie in Form einer »Cantilena« (um 1471) mit erhabenen, aber dunklen Bildern.

Alchemistische Literatur trat häufig in literarischer Einkleidung in Form von Lehrgedichten auf, gewissermaßen als poetisch überhöhte Alchemietraktate, die aber auch in gewählter, gebundener Prosa abgefaßt sein konnten. Einige Beispiele mögen dies belegen. »Lamspring«, vielleicht ein Goldschmied aus Stade, der wohl um 1450 einen »Tractatus de lapide philosophorum« schrieb. 1488 verfaßte der Domvikar und Notar Johan Sternhals in Bamberg einen »Ritterkrieg«, der von einer allegorisch gemeinten Gerichtsverhandlung zwischen Gold und Eisen, Sol und Mars vor dem Gott Mercurius handelt.

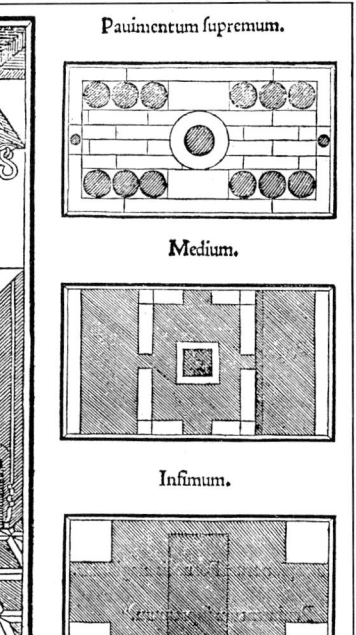

Pauimentum fupremum.

Medium.

Infimum.

10 Die wohl älteste gedruckte Konstruktionszeichnung eines Herdes für chemische Arbeiten. Mit den Schutzhandschuhen konnten die heißen Tiegel angefaßt werden, und mit der trickreichen Hebevorrichtung wurde der Deckel des Vorratsschachtes für Kohlen abgehoben. Ioannes Augustinus Pantheus: »Voarchadumia contra Alchimiam…«, Venedig 1530

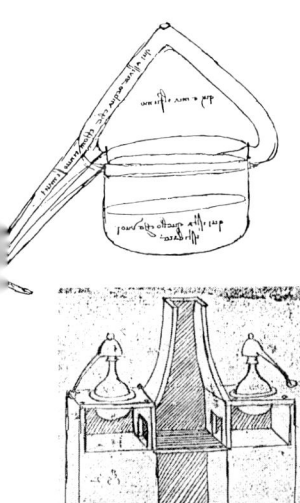

9 Konstruktionszeichnungen für einen chemischen Herd und einen mit fließendem Wasser gekühlten Destillierhelm. Leonardo da Vinci: Codex Atlantico, Madrid

11 Die Bereitung
der Druckfarben und
die Metallurgie des
Letternmaterials waren
bedeutende Probleme
der Chemie im ausge-
henden Mittelalter.
Buchdruckerwerkstatt,
Mitte 17. Jh., nach dem
Holzschnitt des
Abraham von Werdt.

DIE SCHWARZE KUNST

Eine ungelöste und bedingt durch Mangel
an Quellen wahrscheinlich nicht lösbare
Frage ist jene nach den alchemistischen
Betätigungen des Mainzer Patriziers Johannes Gensfleisch zur Laden genannt Gutenberg, der sich – wie man seinen Prozeßakten von 1455 entnehmen kann – in Straßburg mit einer »geheimen Kunst« beschäftigte. Dieser Ausdruck wurde stets verschieden gedeutet: Er habe sich im geheimen mit der Entwicklung der Buchdruk-
kerkunst beschäftigt, sagen die einen, er
habe Alchemie getrieben, sagen die anderen. Vielleicht stimmt beides. Kern seiner
großen Erfindung ist sein Handinstrument
zum Gießen beweglicher Lettern. Leider
verraten die Quellen nicht, wie Gutenbergs
Letternmetall wirklich beschaffen war,
doch wir wissen, daß man bald nach ihm –
und vielleicht auch schon er selbst – eine
bei rund 300 °C schmelzende Legierung
von Blei, Antimon, Wismut und Zinn eingesetzt hat. Besonders wichtig ist dabei der
Zusatz von Antimon, das die Lettern härtet
und so beim Druck gegen Abrieb schützt,
darüber hinaus auch das Schwinden der
Lettern in der Form nach dem Guß verhindert. Reines Blei paßgenau zu gießen, ist
nicht möglich. Da die Alchemisten vielfach
– wir werden später noch einmal darauf
zurückkommen – niedrigschmelzende Legierungen suchten, wäre eine Beeinflus-
sung Gutenbergs durch die Alchemie gut
vorstellbar. Merkwürdig ist, daß er noch
durch zwei weitere technische Betätigun-

gen bekannt wurde, über deren Details wir
aber ebenfalls nicht Bescheid wissen. Er
konstruierte eine Schleifmaschine für Edelsteine und stellte zusammen mit einigen
Teilhabern Spiegel für die Aachener Heil-
tumsfahrt her. Zwar wäre es ihm durchaus
zuzutrauen, daß er sich auf unterschiedlichen Gebieten erfolgreich zu bewähren
vermochte, denkbar wäre aber auch, daß es
zwischen diesen drei scheinbar so verschiedenen Arbeiten ein gemeinsames Element gab. So könnte man vermuten, daß
Gutenberg bei allen seinen technischen Bemühungen mit niedrigschmelzenden Legierungen experimentierte. Noch heute
wird zum Aufkitten eines zu schleifenden
Diamanten in der Schleifmaschine eine
Zinn-Blei-Legierung verwendet, deren Erfinder offenbar unbekannt ist. Möglicherweise hat Gutenberg zum Bau seiner Heil-
tumsspiegel Spiegelmetall und nicht Glas
verwendet. Original Gutenberg-Spiegel
sind leider nicht erhalten. Chemische Analysen des Metallgehaltes seiner Drucker-
schwärze aus seinen Werken – Originallet-
tern sind ebenfalls nicht mehr vorhanden –
ergaben einen erstaunlich hohen Anteil an
Kupfer, was Gutenbergs Letternmetall in
die Nähe der seit der Antike bekannten
Spiegelmetalle rücken würde.
Die junge Buchdruckerkunst sollte nicht
wenig zur weiteren Ausbreitung von Alchemie und Chemie beitragen. Bald schon entstand eine Fülle zunächst anonymer Destil-
lierbücher. Obwohl sich die Alchemie als
Geheimlehre gab, wurde eine Fülle alchemistischer Literatur veröffentlicht. Die erstaunlich hohe Zahl alchemistischer Buch-
titel läßt auf eine so breite Käuferschicht
schließen, daß die These entstand, es habe
neben jenen Alchemisten, die tatsächlich in
ihren Laboratorien gearbeitet haben, noch
den Typ des lesenden, des rein kontempla-
tiven Alchemisten gegeben.

CHEMIE HINTER KLOSTERMAUERN

Das Tradieren chemisch-praktischer Techniken aus der Spätantike in das christliche Abendland bis hin zum Ende des Mittelalters verdanken wir in vielerlei Hinsicht dem Mönchtum. Der hl. Benedikt gründete um 529 auf dem Monte Cassino ein Kloster, das dank der glücklichen Regel des jungen Ordens beispielhafte Bedeutung erlangte. Bereits im 7. und 8. Jahrhundert kam es zu einer Welle von Klostergründungen in Frankreich. Nach dem Verlöschen des spätantiken Bildungswesens in den Wirren der Völkerwanderungszeit wurden die Klöster zu den Trägern antiken und christlichen Bildungsgutes und ermöglichten damit einen ersten Höhepunkt von Wissenschaft und Kunst in der karolingischen Renaissance des 8. und 9. Jahrhunderts. Das Mönchtum drang in die vom fränkischen Reich neu besiedelten beziehungsweise eroberten oder angegliederten Räume vor und beteiligte sich intensiv an der Urbarmachung der weiten Sumpf- und Waldgebiete Westeuropas bis zur Elbe und der mittleren Donau. Bis zum Ende des 8. Jahrhunderts entstanden in diesem Raum rund eintausend neue Klöster. Die rauhe, oft feindliche Umgebung gestattete den jungen Klöstern kein ruhiges, dem rein Spirituellen zugewandtes Leben, sondern um überhaupt bestehen zu können, waren sie gezwungen, sich auch voll den praktischen Aufgaben zu stellen. Die Errichtung der Bauten, die Ausstattung an liturgischem Gerät, die Beschaffung religiösen Schrifttums, all dies mußten die Brüder eines Klosters nach Möglichkeit selbst beherrschen. Bei den damaligen schlechten Verkehrs- und Wirtschaftsverhältnissen bedeutete dies ein gerüttelt Maß an technischer Autarkie.

Dank archäologischer Untersuchungen wissen wir über die Zustände in frühen irischen Klöstern besonders gut Bescheid, in deren Werkstätten hochqualifizierte Handwerker arbeiteten. Schon während des 5. und 6. Jahrhunderts waren vom Kontinent die Glasverarbeitung einschließlich der Herstellung von Millefiorigläsern, die Kunst des Verzinnens und Versilberns, die Handhabung komplizierter Gußverfahren sowie die Filigrantechnik und die Herstellung polychromer Metallarbeiten übernommen worden. Im 7., 8. und 9. Jahrhundert standen in irischen Klöstern die Künste in hoher Blüte. Besonders pflegte man die Kalligraphie, die Buchmalerei und die Metallverarbeitung. Um all dies beherrschen zu können, bedarf es beträchtlicher praktisch-chemischer Kenntnisse.

Bis zum 12. Jahrhundert waren es die Klöster, in denen Bücher verfaßt beziehungsweise durch Abschreiben vervielfältigt und weitergetragen wurden. Das Verfassen und Abschreiben gelehrter Texte war Teil der benediktinischen Tradition. Wie ernst man diese Aufgabe nahm, läßt sich daran ermessen, daß man im Rahmen der clunyazensischen Reformbewegung den Schreibern

12 Nonne in klösterlicher Malwerkstatt. Holzschnitt aus den »Clarae mulieres« des Boccaccio, übersetzt von Heinrich Steinhöwel, Ulm 1473 (»Von den sinnrychen irluchten wyben«)

bemerkenswerte Privilegien innerhalb der Mönchsgemeinschaften zugestand. Um von der langwierigen Schreibarbeit nicht allzusehr abgelenkt zu werden, befreite man sie teilweise vom Chorgebet, dispensierte sie von der sonst für Mönche obligatorischen Erntearbeit und gestattete ihnen das Betreten der Küchen, damit sie ihre wächsernen Schreibtafeln in der Wärme glätten sowie das Wachs schmelzen beziehungsweise ihr Pergament trocknen konnten. Wachstäfelchen, das heißt gerahmte Holzbrettchen mit meist beidseitig aufgetragenen, mit metallenen Griffeln geritzten Wachsschichten, waren die Notizbüchlein jener Zeit.

Die ältesten Zeugnisse irischer Schrift sind sechs in Buchform zusammengebundene Wachstafeln mit eingeritzten Psalmentexten, die zusammen mit einem »stilus«, das heißt einem Schreibgriffel, im Moor Springmount gefunden worden sind. In der Kapitularbibliothek von Lucca wird die um 800 verfaßte Handschrift »Compositiones ad tingenda musiva« aufbewahrt, in der erstmals die Pergamentherstellung beschrieben wurde. Die Haut von Kalb, Schaf oder Ziege wurde mit scharfer Lauge gebeizt, man brachte sie in gebrannten Kalk, aufgeschlämmt oder gelöst in Wasser. Dabei wird die Haut entfettet, und die Haare des Tierfelles lockern sich, so daß sie sich mit einem Schabeisen entfernen lassen. Der Name leitet sich nach Plinius von jener Stadt – Pergamon – ab, in der dieses Material erfunden worden sein soll. Nachdem die Ptolemäer in Alexandria die größte Bibliothek des Altertums aufgebaut hatten, haben sie, laut Plinius, einen Ausfuhrstopp für Papyrus verhängt, um so den Aufbau eventuell konkurrierender Bibliotheken zu vereiteln. König Eumenes II. von Pergamon (197–158 v.Chr.) ließ nach einem anderen Schreibmaterial suchen, und man fand es schließlich im »Pergament«.

Praktische chemische Kenntnisse benötigt man auch zur Bereitung der Tinten. Seit dem 3. Jahrtausend v.Chr. sind rußhaltige Tinten bekannt. Plinius beschreibt Aufschwemmungen von Ruß in wäßrigen Lösungen von Pflanzengummis, wie Gummiarabikum und dergleichen. Diese Tintenlösungen sind bei längerem Stehenlassen nicht besonders haltbar, weil sie – wie wir heute wissen – leicht von Bakterien und Pilzen befallen werden. Zusätze, zum Beispiel von Kampfer oder Gewürznelken, sollen dies verhindern. Seit dem 3. Jahrhundert n.Chr. sind Eisen-Gallus-Tinten in Gebrauch. Sie setzen sich aus Eisen oder Kupfersulfat zusammen sowie aus Gerbstoffen, zum Beispiel Pflanzengallen, wiederum Bindemitteln und Wasser. Die Verwendung von Wein (Alkohol) oder Essig (hoher Säuregrad) beziehungsweise von Zusätzen soll die Tinte wiederum stabilisieren. Zur Hervorhebung von Überschriften und Initialen verwendete man Tinten, die ihre rote Farbe entweder dem Zusatz von Mennige oder von Zinnober verdankten. Über die Techniken der Buchmalerei des Mittelalters wissen wir recht gut Bescheid dank der Tatsache, daß sich insgesamt vier wichtige Handschriften, und diese zum Teil in mehreren Varianten, erhalten haben. Neben der schon erwähnten aus Lucca sind dies die verschiedenen Fassungen der »Mappae Clavicula« aus dem 10. Jahrhundert, der »Libri Eraclii de coloribus et artibus Romanorum« aus dem 11. Jahrhundert und insbesondere die 1774 erstmals von dem Dichter G. E. Lessing zum Druck beförderte »De diversibus artibus« des Theophilus Presbyter aus dem 12. Jahrhundert. Diese Werke faßten die Kenntnisse ihrer Zeit über Farb- und Bindemittel sowie deren Gewinnung und Herstellung zusammen und erläuterten die Verträglichkeiten der verwendeten Farben untereinander sowie den Aufbau von Farbschichten. Die Vorschriften sind häufig von einer erstaunlichen Exaktheit: »... Wenn du davon ein gewand oder eine andere Malerei machen willst... lege das Gold auf Pergament auf, vertiefe mit Tinte oder Indigo und helle auf mit Auripigment« (Theophilus Presbyter).

Ab dem 12. Jahrhundert haben wir zusätzliche Informationen aus Musterbüchern, die, für weltliche Schreiber und Maler bestimmt, nun nicht mehr in Latein, sondern in der jeweiligen Landessprache abgefaßt wurden. Aus diesen ergibt sich, daß insbesondere die natürlichen Mineralien Auripigment (gelbes Arsensulfid), Malachitgrün (basisches Kupferkarbonat), roter und gelber Ocker, Lapislazuli, Azur und das sogenannte Bergblau verwendet wurden. Daneben setzte man synthetische Farbstoffe ein. Zwar kommt Zinnober in der Natur vor – es gibt Zinnoberlager in Spanien –, es

13 Winand von Steeg, Gutachten zum Bacharacher Zollstreit, 1. H. 15. Jh. Bildnis des Johannes de Noët und Dietmar Treisa. Geh. Hausarchiv, München, Hs. 12, Fol. 3 v

ließ sich aber auch künstlich herstellen: »...Nimm 2 Teile reines Quecksilber, 1 Teil lebendigen Schwefel und gebe sie in ein enghalsiges Gefäß. Erhitze bei gelindem Feuer ohne Rauchentwicklung.« Zur Gewinnung von Bleiweiß hing man zu Blättern gehämmertes Blei über Essig auf. Zur Gewinnung von Grünspan benutzte man einen kleinen eichenen Holztrog, in den auf Holzkohle gebranntes Salz und darüber mit Honig eingeriebenes Kupferblech kamen. Das Ganze wurde mit Harn oder warmem Essig gefüllt und einige Wochen in einen Misthaufen gesteckt.

An organischen Farbmitteln wurde neben Purpur das aus den Weibchen der Kermesschildlaus durch Behandlung mit Alaun gewonnene purpurfarbene Karmin eingesetzt. Zusammen mit Essig oder Zitronensaft lieferte Kermes Vermiculum. Gelbtöne erhielt man mit Kalbsgalle entweder allein oder zusammen mit Safran beziehungsweise Schwefel oder Kreide. Für Schattierungen auf Grünspan sollten Säfte von Lauch, Schwertlilie oder Petersilie verwendet werden. Je nach Zusatz von Holzasche und Urin oder von ungelöschtem Kalk lassen sich aus Krebshaut Farbtöne von Braunrot bis Blauviolett erzielen. Wie in der Zeugfärberei lieferte Indigo Blau. In gewissem Umfang verwendete man auch Mischfarben aus den hier aufgezählten Substanzen, insbesondere für »Vergaut«, das heißt Grün. Eiweiß, Harz von Kirsch- und Pflaumenbäumen sowie Leim aus der getrockneten Schwimmblase des Störs beziehungsweise gequollenem zerspäntem Pergament nutzte man als Bindemittel.

Auch das Färben von Stoffen blühte im Umfeld der Kirche während des Mittelalters zunehmend auf. Ausgehend von der weißen spätrömischen Tunika, mit Bezug auf Farben und Symbolik der liturgischen Gewänder jüdischer Priester, entwickelten sich langsam seit dem 6. Jahrhundert die während des Meßopfers zu tragenden liturgischen Gewänder. In der Karolingerzeit begann die Zuordnung bestimmter Farben zu gewissen Kirchenfesten, doch scheint sich das Tragen von Farben anfänglich auf wenige Hochfeste wie Karfreitag, Ostern, Pfingsten und Weihnachten beschränkt zu haben. Im 12. und 13. Jahrhundert gewannen die liturgischen Gewänder eine ausgeprägte Farbigkeit. Um 1200 verfaßte Papst

Innozenz III. sein Traktat »De sacro altaris mysteria«, in dem er für die römische Kurie den Gebrauch der vier Farben Weiß, Rot, Grün und Schwarz sowie die Nebenfarbe Violett festlegte, neben einer Liste, zu welchen kirchlichen Ereignissen diese zu tragen seien. Zwar war diese Regelung nicht für die Gesamtkirche verbindlich, setzte sich aber im Laufe der Zeit mit mancherlei Varianten durch, wobei die Bedeutung von Violett zunahm. So entstand ein großer Bedarf an meist kostbarst ausgeführten Paramenten, worunter alle kirchlichen Textilien verstanden wurden, nicht nur Meßgewänder, sondern auch alle zur Bedeckung von Altar, Kanzel und liturgischen Geräten bestimmten Tücher.

Für die Tatsache, daß Metallarbeiten tatsächlich innerhalb eines Klosters ausgeführt worden sind, gibt es auch einige archäologische Beispiele. So hat man bei Grabungen im ehemaligen Kloster Nendrum in Irland einen Schmelztiegel mit Untersatz gefunden, der dem 8. bis 10. Jahrhundert zugerechnet wird. Schmelztiegel aus irischen Fundstätten weisen eine Vielfalt von Formen auf – beutelförmig, dreieckig oder mit flachem Boden – und besitzen manchmal Henkel und Deckel. Durch Analyse der Rückstände in den Tiegeln läßt sich erkennen, daß diese zum Erschmelzen von Kupferlegierungen, Edelmetallen, Email und Glas verwendet wurden.

Die Techniken klösterlicher Metallarbeiten kennen wir dank der »Schedula diversarum artium« des Theophilus Presbyter besonders gut (1122/23). Theophilus, von dem man heute mit einiger Sicherheit annimmt, daß er mit dem Goldschmied Rogerus von Helmarshausen identisch ist, war kein Theoretiker, sondern ein Fachmann, der die einzelnen Arbeitsvorgänge aus seiner eigenen Tätigkeit heraus beschrieb. Von ganz besonderem Reiz ist dabei die Tatsache, daß von Roger hergestellte Kunstwerke erhalten sind, wie ein kleiner Tragaltar für den Paderborner Bischof Heinrich von Werl oder das sogenannte Modoald-Kreuz. Auf diese Weise ist es möglich, das in der Schedula Mitgeteilte mit dem originalen Produkt zu vergleichen. Im einzelnen teilt uns »Theophilus, der niedrige Priester, Knecht der Knechte Gottes« mit, wie zu seiner Zeit edlere Metallarbeiten ausgeführt wurden, für die vielerlei chemische

14   Ausschnitt aus der Worms-Frankenthaler Bibel, Frankenthal 1148. British Library, London, MS. Harley 2803, Bd. I, Fol. 104 v

Hilfsoperationen notwendig waren, wie man an folgendem Rezept einer Metalltinte sehen kann: »… Nimm Zinn, schmilz es mit Quecksilber zusammen, stelle es hin, damit es erstarrt, und zerreibe es im Mörser mit salpetrigem Alaun und Knabenurin. Davon wird es flüßig; und wenn es die Dicke von Schreibtinte angenommen hat, schreibe damit. Ist es getrocknet, zerreibe für sich Safran mit reinem Leim. Überschreibe damit was du schon geschrieben hattest.« Ausführlichst beschäftigte sich Theophilus mit dem Bau von Glasöfen, dem Ausgangsmaterial, der Gewinnung, Färbung und Verarbeitung von Glas sowie mit dessen Bemalen und dem Einbrennen von Farben. Seine Angaben waren dermaßen exakt, daß es auf seine Beschreibung hin gelang, den von ihm verwendeten Ofen zu rekonstruieren, ebenso seinen Kühl- und Streckofen. So empfahl er, Bleiglas aus Asche, Kochsalz, Kupfer und Blei – letztere in Form ihrer Oxide, wie wir heute sagen würden – einzusetzen. Da seinerzeit Glasscheiben für Fenster, insbesondere Kirchenfenster, in Bleiruten gefaßt wurden, beschäftigte er sich umfänglich mit der Praxis des Bleigusses. Ebenso systematisch beschrieb er die Arbeiten mit Edelmetallen, wobei er dem Schmelzen und Löten von Silber und Gold wie der Verzierung mit Niello besondere Aufmerksamkeit zuwendete. Niello ist eine Art anorganischer Kunststoff zum Ausfüllen eingravierter Tiefen, den man durch Zusammenschmelzen von Silber, Kupfer, Blei und Schwefel erhält – chemisch gesehen ein Gemisch schwarzer Sulfide.

Bei aller Nüchternheit seines fast rein technologischen Textes kommen auch bei Theophilus einige alchemistische Anklänge vor, so wenn er im Kapitel XLVIII des III. Buches die Herstellung von spanischem Gold unter anderem aus »dem Pulver des Basilisken« beschreibt. Nun ist Basiliskenasche schwierig zu beschaffen, denn der Blick dieses Fabelwesens – ein in einem Schlangenschwanz endender Hahn – tötet, wie sein giftiger Atem alles Wachstum in seiner Umgebung zerstört. Theophilus erzählt nun ein kompliziertes alchemistisches Märchen, wie zunächst Hähne sich gegenseitig begatten, deren Eier dann durch Kröten ausgebrütet werden. Die daraus schlüpfenden Basilisken verbrenne man und erhalte so die gewünschte Asche.

Gemeint ist jedoch ein ebenso altes wie trickreiches Verfahren, denn hinter dem Decknamen »Basilisk« verbirgt sich in Wirklichkeit Zinkoxid oder Galmei. Glüht man Kupfer mit Galmei, so färbt es sich golden, weil die Oberfläche in Messing verwandelt wird. Der beigegebene scharfe Essig hat die Wirkung, das Zinkoxid in Zinkacetat überzuführen. Das »Menschenblut« verwandelt sich bei diesem Verfahren dank der hohen Temperatur in Blutkohle, die das beim Glühen der Lösung wieder entstehende Zinkoxid zu Zink reduziert. Damit hat man hier ein besonders schönes Beispiel einer alchemistischen Chiffrierung vor sich, dessen Lösung die Herausgeber der »Schedula« einem Beispiel von J. B. Porta (1713) verdanken, wo es heißt: »Man speise den hanen und gebe ihm auf jede Untz zwei Körnlein zu essen: Wobey man ihn zugleich tractiren muß mit den Blumen, so die Venus lieb hat…«

Porta selbst löste dieses alchemistische Rätsel, wonach der Hahn eine Mischung von Kristallpulver und Messing sei und »…die Speise als crocus martis, unter welchen Planeten der hanen eigentlich gehöret, die Blumen als Grünspan, der von Kupfer gemacht wird und aus den Kupffer-Blechlein wie Blumen heraus blühet…« Nebenbei eine Anleitung zum Lesen vertrackter alchemistischer Texte.

15 In den Klosterapotheken wurde eine Fülle flüssiger Medizinen bereitgehalten. Auf dieser Emailplatte (Jean Laudin, 1663–1729, Limoges) sind über 200 Gefäße zu erkennen. Tonsurschnitt der Mönche in einer Klosterapotheke. Staatliche Ermitage, Leningrad

PULVER UND SALPETER

Blickt man auf die Geschichte der Alchemie im Mittelalter zurück, so ist unübersehbar, daß eine Vielzahl, vielleicht sogar die Mehrheit der seinerzeitigen alchemistischen Autoren dem Orden der Franziskaner angehörten. Oberflächlich betrachtet ist dies aus zwei Gründen höchst verwunderlich. Einmal hätten das Armutsideal des hl. Franziskus und die dementsprechend große Ärmlichkeit des jungen Ordens, dessen Regel 1223 vom Papst bestätigt worden war, einer Hinwendung zur Alchemie im Wege stehen müssen. Zwar ist durchaus vorstellbar, ja wahrscheinlich, daß sich aus den hochentwickelten Werkstätten der Klöster der alten Orden und deren Klosterapotheken funktionstüchtige Laboratorien herausentwickelt haben, doch für die Franziskaner traf dies zumindest im ersten Jahrhundert ihres Bestehens nicht zu. Die Franziskaner hatten keinen besonders weitgehenden Bedarf an funktionstüchtigen Klosterwerkstätten. Der zweite, wohl gewichtigere Grund war, daß der hl. Franziskus selbst gegenüber den Wissenschaften einen skeptischen, eher ablehnenden Standpunkt eingenommen hatte.

So sollte man erwarten, daß die Bedingungen für ein Aufblühen der Alchemie im Orden der Franziskaner eher ungünstig gewesen seien. Daß dies dann aber ganz offensichtlich völlig anders kam, hatte wiederum wenigstens zwei Ursachen: Schon der hl. Franziskus selbst war genötigt gewesen, an seiner eher antiwissenschaftlichen Haltung gewisse Korrekturen anzubringen, da er nicht zu Unrecht einsah, daß eine gediegene »wissenschaftliche« Ausbildung den Erfolg seiner Brüder in Predigt und Mission erhöhen würde. Darüber hinaus verlieh das von ihm vertretene Armutsideal seinem Orden, wahrscheinlich von ihm nicht so gesehen und vielleicht auch nicht gewollt, eine große sozialpolitische Stoßkraft, die gerade diesen Orden für die jungen Intellektuellen seiner Zeit ungeheuer attraktiv werden ließ. So lag der Unterricht an den Universitäten von Paris und Oxford zunächst in den Händen von Weltgeistlichen, die dann aber nach und nach in großer Zahl unter Beibehaltung ihrer Lehrstühle das Ordenskleid der Franziskaner annahmen. Robert Grosseteste (gest. 1253), Bischof von Lincoln, wurde zum Begründer der Franziskanerschule in Oxford. Alexander von Hales trat 1236 in den Orden ein und öffnete damit den Franziskanern den Weg an die Universität. Der hl. Bonaventura (1221–1274) verankerte endgültig das Studium im Orden, das entweder an den Hohen Schulen oder an Schulen des Ordens gepflegt werden konnte.

Diese Entwicklung allein kann aber nicht die Hauptursache für die Hinwendung zur Alchemie gewesen sein, denn diese könnte man auch dahingehend interpretieren, daß der Orden sich eben nur dem intellektuellen Niveau der übrigen Geistlichkeit angepaßt habe. So wird man den letztlichen Grund für die Anfälligkeit gerade dieses Ordens in den Eigenheiten der Spiritualität des hl. Franziskus zu suchen haben, der aus froher, fast kindhafter Frömmigkeit heraus eine neue Art religiöser Lyrik entwickelt hatte, deren berühmtestes Beispiel sein »Sonnengesang« (1324) war. Allzuleicht ist man geneigt, in seinen Predigten an Blumen und Tiere eine eher naive Form der Frömmigkeit zu sehen. Aber er lebte in der Unmittelbarkeit der Natur, Dinge und Tiere waren für ihn gleichsam Personen. So vermittelte der hl. Franziskus seinen Brüdern ein neues Verhältnis zur Natur und damit wohl auch zu dem, was wir heute Naturwissenschaft nennen.

Der theologischen Ortsbestimmung der Franziskaner wurde hier deshalb so viel Raum gewährt, weil sich gerade an diesen Orden eine eigenartige Legende knüpft – nämlich daß ein Franziskaner namens Berthold Schwarz um 1370 das Pulver erfunden habe. Wie immer man diese Legende bewerten mag, so sagt sie doch aus, daß offenkundig für die Menschen des ausgehenden Mittelalters beziehungsweise der Frührenaissance die Verknüpfung des Ordens des hl. Franziskus mit der Alchemie so selbstverständlich war, daß diese Legende, wie historisch begründet sie auch immer sein mag, absolut glaubhaft schien. Wie bereits dargelegt, war das Pulver jedoch im Orient längst erfunden und seine Kenntnis bis in Schriften des Franziskaners Roger Bacon vorgedrungen, der 1265/66 in seiner »Epistola« das erste Pulverrezept des christlichen Abendlandes und das »fliegende Feuer«, das er aber ausdrücklich als Spielzeug für Kinder bezeichnete, festgehalten hat. Fast zur gleichen Zeit beschrieb der Dominikaner Albertus Magnus in »De mirabilis mundi« neben dem Pulver auch einen Knallkörper und eine Art einfache Rakete. Kriegsgeschütze werden in Europa erstmals in einer florentinischen Urkunde vom Februar 1326 erwähnt und fast gleichzeitig in einer Buchmalerei in einer Handschrift des Walter von Milimete für Eduard III. von England dargestellt, der bald darauf Salpeter, Schwefel und Blei für seine Armee kaufen ließ; gezeichnet wurde ein stark gebauchtes kleines »Flaschengeschütz«. Aus Kampfberichten und Pulverrechnungen läßt sich schließen, daß 1331 vor Cividade in Friaul, 1334 vor Meersburg und 1346 bei Cressy in Nordfrankreich Pulverwaffen zum Einsatz kamen. Schußweite und Durchschlagkraft dieser handgebohrten kleinen Geschütze waren gering. Der erste kriegsentscheidende Einsatz mit 75 kg schwere Steinkugeln verschießender, mauerbrechender Artillerie als Schiffsgeschütz erfolgte 1379 in der Schlacht von Chioggia, in der die Venezianer unter dem Dogen A. Contarini die Blockade der Lagune durch die Genuesen aufbrachen. Nach venezianischen Quellen war diese neue furchterregende Waffe eine deutsche Erfindung. Nun verlief die Entwicklung sehr schnell. Leichte Steinbüchsen, die auch in der Feldschlacht einsetzbar waren, fanden nach 1420 in den Hussitenkriegen Anwendung. Der zu den Muslimen übergelaufene Feldzeugmeister Urban goß für Sultan Mohammed II. dreizehn gigantische bronzene Steinbüchsen, mit denen dieser im Mai 1453 Byzanz eroberte. Um diese gewaltigen Geschütze in Stellung zu bringen, waren zweihundert Männer und hundertvierzig Zugochsen notwendig. Verschossen wurden Steinkugeln von 340 kg Gewicht. Dergleichen Schreckliches hatte die Welt vorher nicht gesehen. Vierzehn Jahre nach dem Fall von Byzanz schrieb der Chronist Kritoboulos: »So ist das Wesen dieser Maschinen unbegreiflich und ungeheuerlich. Die alten Herrscher und Generale kannten dergleichen nicht... Sie sind eine neue Erfindung, vor 150 Jahren von einem Deutschen oder Kelten gemacht...« Diese Daten deuten darauf hin, daß die eigentliche Erfindung nicht in der Rezeptur des Pulvers schlechthin gelegen hat, sondern in der Entwicklung mauerbrechender Artillerie. Jüngere Untersuchungen legen als Kern der »Berthold-Schwarz-Legende« nahe, deren – in des Wortes ursprünglichster Bedeutung – durchschlagende Wirkung könne im Übergang vom losen »Mehlpulver« zum gekörnten Pulver und in der Konstruktion besserer Geschütze gelegen haben. Nach einigen Quellen des 15. und 16. Jahrhunderts könnte dies die Leistung eines Alchemisten namens Berthold Anklitzen gewesen sein, der als Alchemist und Metallurge ein Feuerwerksbuch verfaßt hat, sich dann in den Schutz eines Klosters zurückzog und dabei den Klosternamen »Konstantin« annahm. Ab 1380 habe sich dann Berthold als Mönch nach Böhmen zurückgezogen und sei dort, wie Franz Helm aus Köln 1532 in seinem Feuerwerksbuch angibt, im Jahre 1388 vom böhmischen König Wenzel hingerichtet worden. Details von Fakten und Lebenslauf werden noch diskutiert.

Faßt man die Problemstellung zusammen, so läßt sich zwar feststellen, daß die Franziskaner in die Geschichte des Pulvers verwickelt waren, daß aber die Legende, sie hätten sozusagen die Kriegsführung mit Kanonen erfunden, eben gerade nicht stimmt. So drängt sich eine andere Deutung auf, nach der man die Pulvererfindung den Franziskanern in einer gegen die Bettelorden gerichteten Propaganda nur angedichtet hatte. Die sozialpolitische Sprengkraft dieses Ordens konnte etablierten politischen Kräften jener Zeit nicht immer sympathisch sein. Damit hätte man eine bösartig-intellektuelle Tat als typisch für den Orden gebrandmarkt und noch zu erwartende, von diesem Orden in weiterer Zukunft ausgehende Gefahren aufgezeigt.

Diese These gewinnt an Glaubhaftigkeit, wenn man sie im Vergleich mit anderen Anti-Ordenslegenden sieht, insbesondere mit dem Kampf der Aufklärung gegen die der Rosenkreuzerei verdächtigten Jesuiten. Keine chemische Substanz wurde für die Geschichte der abendländischen Menschheit ähnlich wichtig wie das Schießpulver. Seine militärische und politische Bedeutung wollen wir hier nicht diskutieren, sondern uns der Betrachtung sonstiger kulturgeschichtlicher Nachwirkungen zuwenden. Die Gefahr, die von der militärischen Nutzung ausging, war so offenkundig, daß die friedlichere Nutzung mehr im Hintergrund blieb und nicht so recht bemerkt wurde. Es gilt als sicher, daß bereits im 14. Jahrhundert damit begonnen wurde, besonders hartes Gestein in Bergwerken zu sprengen, und daß diese Technik im 15. Jahrhundert bereits allgemein verbreitet war. Doch nicht nur im Bergbau schoß man, es begannen die ersten Versuche, schwer zu befahrende Wasserläufe gerade zu sprengen; so hat man zum Beispiel im 15. Jahrhundert wiederholt die Schiffbarkeit der Tiroler Ache für Flöße durch Wegsprengen von Klippen verbessert. Gegen Ende des 15. Jahrhunderts versuchte man – übrigens vergebens –, die Klippen bei Fall in der Isar zu sprengen. Das Flößen auf den Flüssen nördlich der Alpen war damals für den alpenüberschreitenden Verkehr außerordentlich wichtig. In Gebirgsgegenden wurden hin und wieder Straßen durch Sprengung verbreitert.

16 Nicht nur Raketen und Schwärmer gehörten zu einem Feuerwerk, die Rahmendekoration wurde häufig durch hell- und hochbrennende Feuertöpfe geschmückt, in denen trickreichst gemischte Öle brannten. Theaterfest in Wien auf dem Teich der Favorita, um 1660.

DAS LUSTFEUERWERK

Mit der Erfindung der Feuerwaffen kam auch das »Lustfeuerwerk« auf, das seit jenem ersten, das zu Pfingsten 1379 in Vicenza abgebrannt wurde, bis heute nichts von seiner Attraktivität verloren hat. Jeder kennt diese eigenartige Erregung, die vom Zischen und Heulen der Raketen, vom Prasseln der Schwärmer und vom dumpfen Donnern der Kanonenschläge ausgeht. Raketen und Bomben zivil umzufunktionieren, lag nahe. So konnte sich über die Jahrhunderte hinweg eine traditionsreiche Kultur der Feuerwerkerei entwickeln, die im herzoglichen Burgund des späten Mittelalters ihren ersten Höhepunkt fand. In Renaissance und Frühbarock war das päpstliche Rom das große Zentrum der Feuerwerkskunst. Beginnend mit dem 16. Jahrhundert war über vierhundert Jahre lang an hohen kirchlichen Feiertagen die »Girandola«, das große päpstliche Riesenfeuerwerk, über der Engelsburg zu sehen. Schon früh baute man Feuerwerke in geistlich-szenische Handlungen ein. Bei den nächtlichen Osterprozessionen erschien zum Beispiel 1589 eine Teufelsfigur im Sprühreifen und 1592 eine Engelsgestalt in einem mit Sprengsätzen bestückten Lichterkranz. Zu Ehren des neuen Papstes Innozenz X. wurde im November 1644 auf der Piazza Navona ein Berg mit einer Arche auf dem Gipfel und einer Taube mit einem Ölzweig auf dem Dach errichtet. Die »Festmaschine« warf Feuerpfeile und Brandbomben und Flammen aus, bis sie sich schließlich selbst in Rauch auflöste. In der Zeit des Barock kam man auf die Idee, Feuerwerke in die Handlung von Theaterstücken einzubauen – gewissermaßen als die letzte nicht mehr zu überbietende Form der Apotheose. So formte sich das »drama di fuoco«, das Feuerwerksdrama. Einen frühen Höhepunkt erreichte diese neue Kunst in München, wo noch vor den großen Barockfesten Ludwigs XIV. das große »Churfürstlich Bayrische Frewden-Fest« mit »Medea Vendicativa«, einem »drama di fuoco«, am 1. Oktober 1662 aufgeführt wurde. Die ersten sieben Bilder dieses Feuerdramas spielten auf einer 360 Fuß breiten und 77 Fuß hohen Bühne, die auf Flößen in der Isar schwamm. Für die Schlußapotheose wurde die Bühne weiter in den Fluß hinausgezogen, um so für die »Naumachie«, ein Wassergefecht, Raum zu gewinnen und für das Feuerwerk zusätzliche Spiegelungen auf der Wasseroberfläche. Um die Art des Dargebotenen zu charakterisieren, sei der zweite Akt herausgegriffen: Jupiter schleudert mit Blitzen Phaeton ins Wasser hinab, dessen von vier Pferden gezogener Wagen stürzend Feuer fängt und unter lautem Krachen Häuser und Bäume in Brand setzt. Die darstellenden Schauspieler durften beispielsweise in einem Chor der armen Seelen im Fegefeuer auf feuerspuckendem Boden tanzen. Wollte man den Einsatz pyrotechnischer Mittel weiter steigern, mußte man zu mit Seilzügen ferngelenkten Großpuppen übergehen. Unter Ludwig XIV. in Frankreich beziehungsweise August dem Starken in Sachsen erblühte die Lustfeuerwerkerei in neuer Pracht. Höfische Feste waren ohne sie nicht denkbar. Alle Erfolge und Jubiläen regierender Herrscher wurden pyrotechnisch begangen, größte und gefährlichste Feuerwerke zur Ergötzung der Bevölkerung abgebrannt. So feierte man 1748 den Vorfrieden von Aachen mit einem gigantischen Feuerwerk, zu dem Händel seine »Feuerwerksmusik« schrieb und aufführte, wobei allerdings auch die Haupttribüne Feuer fing und unter Verlusten an Zuschauern niederbrannte. Inszeniert wurde dieses Spektakel von Petronio Ruggieri, dem Begründer einer ganzen Dynastie von Feuerwerkern. Claude Fortuné Ruggieri war dann kaiserlicher Hoffeuerwerker Napoleons, und da dieser sich in einem immerwährenden Krieg von Schlacht zu Schlacht und Friedensschluß zu Friedensschluß zu Tode siegte, hatte Ruggieri reichlich zu tun. Selbst deutsche Duodezfürsten hatten ihre »Staatschemiker«, zu deren Aufgaben es gehörte, Feuerwerke zu inszenieren. Der Dichter Justinus Kerner beschrieb in seinen Erinnerungen einen württembergischen Staatschemiker, dessen Raketen aber weniger den Himmel und dafür mehr die Zuschauer trafen. Auch Jahrmarktscharlatane pflegten sich bei ihren circensischen Darbietungen – zum Beispiel beim Seiltanz – mit Feuerwerkskörpern zu umgürten. Angeblich hat P. Ruggieri das Einarbeiten von Feuerwerkskörpern in die Kostüme von Schauspielern entwickelt. In seinem Roman »Was wird er damit machen?« beschreibt der englische Romancier Bulwer-Lytton eine Theateraufführung auf dem Jahrmarkt, in welcher eine Schauspielerin »sich scheinbar in Brand setzend, von Funkenregen umhüllt« abtritt. Die Kunstreitertruppe Tourniaire war in der ersten Hälfte des vorigen Jahrhunderts auf dergleichen spezialisiert und bot dem staunenden Publikum einzigartige Kunstwerke: »Ritter Hugo mit dem Flammenschwert, oder der Triumph in den höllischen Feuerschranken« oder »Die Befreyung Alcesten aus der Macht Plutos durch Herkules den Kühnen in brillantem Feuerwerk und bei großer Beleuchtung« (Augsburg 1821).

Durch Befestigen von Feuerwerkskörpern auf feststehenden Gerüsten ließen sich Schrift, Initialen, Wappen, aber auch Köpfe, ganze Landschaften und – durch Hintereinanderbauen mehrerer solcher Rahmenwerke – Abfolgen von Bildern, ja sogar Handlungen darstellen. So gab es zum Beispiel ein »Feuerwerksgerüst« von 125 Metern Breite und 50 Metern Höhe, erbaut von J. G. Stuwer im Wiener Prater, das, von 1777 bis 1872 regelmäßig benutzt, sozusagen bespielt wurde. Es waren Professoren der Chemie, die das Feuerwerk zu seiner gefährlichsten, aber auch leuchtendsten Vollendung führen sollten. C. L. Berthollet schlug 1786 vor, den Salpeter durch noch stärkere, brisantere Oxidationsmittel zu ersetzen, zum Beispiel durch Kaliumchlorat, was unmittelbar zu einem tödlichen Unfall führte. Dieser konnte aber nicht verhindern, daß man weiter zum Kaliumperchlorat und zum Ammoniumperchlorat überging. Damit wurden die Feuerwerke noch gefährlicher, aber auch noch brillanter und lauter. Der Einsatz von Magnesium nach 1860 und von Aluminium nach 1888 steigerte die Brillanz der Feuererscheinungen abermals. Die Theorie der Spektralanalyse durch R. W. Bunsen führte zu einer besseren Beherrschung der Flammenfärbung. Definierte Zumischungen flammenfärbender Salze verbreiterten die Farbpalette.

Noch heute werden herausragende Jubiläen durch große Feuerwerke begangen, so 1983 die Hundertjahrfeier der New Yorker Brooklyn Bridge, 1986 der 100. Geburtstag der Freiheitsstatue in New York und 1987 der 70. Jahrestag der Oktoberrevolution in Moskau. 1983 kamen über eine Million Zuschauer zum »Teatro de Fogo« André Hellers in Lissabon, Köln und Berlin.

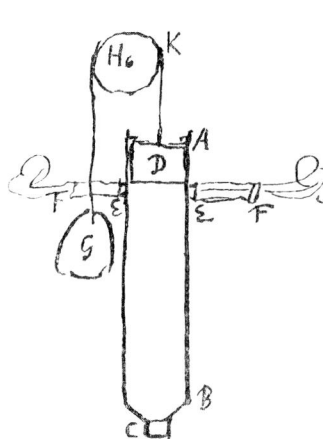

17 Pulverkraftmaschine. Handskizze von Christiaan Huygens, 22.9.1673. C. Huygens: Oenores Complites, Bd. 7, um 1675

18 Herstellung von Feuerwerkskörpern. Encyclopédie von Diderot und d'Alembert, 1751–1772

SALPETER UND KALTE FREUDE

Die Menschheit verdankt in ihrer kulturgeschichtlichen Entwicklung der Chemie des Salpeters eine einzigartige Köstlichkeit: das Speiseeis. Gemische aus Natureis und geschabten Früchten kannten schon die alten Römer. Doch um im italienischen Sommer Eis vom schneebedeckten Vesuv nach Rom zu bringen, brauchte es ziemlich flinke Läufer, die sich nicht jedermann leisten konnte. Da Eis im Sommer als unwahrscheinlicher Luxus galt, muß für die Menschen früherer Zeiten die Entdeckung der künstlichen Kälte ebenso wunderbar gewesen sein wie für uns heute beispielsweise der Flug zum Mond. So erregte es einiges Aufsehen, als 1550 der spanische Arzt Blasius Villafranca in Rom die Beobachtung veröffentlichte, daß sich Wasser abkühlte, wenn man Salpeter darin löste, und daß man mit Hilfe dieser kühlen Lösung nun wiederum Getränke kühlen kann, die man in speziellen Gefäßen in die Kühllösung eintaucht. Salpeter ist nun keineswegs das einzige Salz, an dem sich diese Erscheinung beobachten läßt; da diese Entdeckung nun aber erstmalig gerade am Salpeter gemacht wurde, nimmt man an, daß sie von südamerikanischen Indianern stammt, weil es in Chile große natürliche Lagerstätten gibt. Auch ist bei dem dort herrschenden Klima der Bedarf an gekühlten Getränken besonders groß. Wahrscheinlich haben die spanischen Eroberer diese Beobachtung mit nach Europa gebracht. Ein anderer spanischer Arzt schrieb 1578 diese Entdeckung allerdings einigen Galeerensklaven zu, die beim Pulvermischen – loses Mehlpulver konnte auf Schiffen erst vor dem Gefecht gemischt werden, da es dazu neigte, durch die Schaukelei des Seeganges zu entmischen –, von Durst geplagt, herumexperimentiert hätten und auf diese Weise zu gekühltem Wasser kamen. 1607 veröffentlichte dann der neapolitanische Arzt und Professor Latinus Tancredus ein Experiment, bei dem er nun nicht Salpeter in Wasser löste, sondern Salpeter mit gestoßenem Wassereis mischte. Das Gefäß mit diesem Gemisch setzte er nun in ein weiteres, nur mit Wasser gefülltes Gefäß, worauf dieses Wasser innerhalb kurzer Zeit gefror. Doch immer noch gewann man nur reines Eis. Zur Erfindung des Speiseeises fehlte nur noch ein kleiner Schritt, nämlich der Gedanke, statt Wasser ein wohlschmeckendes Gemisch einzufrieren. Doch diese Entwicklung ließ nicht lange auf sich warten, und schon 1626 gab S. Santorio in Venedig einen Kommentar zu den Werken des Avicenna heraus, in dem das Einfrieren von Wein beschrieben wurde. Auch erkannte er, daß man statt des Salpeters auch gewöhnliches Salz verwenden könne. Die Erscheinung der Lösungskälte, wie wir heute sagen, rief nun die Wissenschaft auf den Plan. Robert Boyle fand, daß auch Vitriol, Alaun und Salmiak in Wasser gelöst kühlen, und er entdeckte, daß Salpetersäure ebenfalls kühlend wirkt. Das »synthetische« Eis war zunächst ein besonderer Luxus der Fürstenhöfe. So kam die seltsame und extravagante Mode auf, Getränke in aus klarem Eis geformten Gefäßen zu reichen, das heißt, man verwendete Becher oder Pokale aus reinem Wassereis. Möglicherweise entstand das erste richtige Speiseeis in Neapel, wo schon früh Eis in Waffeltüten auf Bällen und in Theatern verkauft wurde. Die medizinischen Schriftsteller des 17. Jahrhunderts waren der Ansicht, daß Speiseeis auch als Medizin wirke. So glaubte man, daß die jährlichen Fieberepidemien in Sizilien vor der Einführung des Speiseeises einige tausend Menschen mehr im Jahr hinweggerafft hätten als später, da jeder im Sommer Speiseeis in Mengen aß. Nach einigen Quellen soll aber das eigentliche Speiseeis auf den in Paris lebenden Zuckerbäcker Procope Conteaux zurückgehen, der um das Jahr 1660 auf die Idee gekommen sein soll, die kurz zuvor erfundene Limonade – übrigens, wie der Name sagt, zunächst nur unter Verwendung von Limonen bereitet – zu gefrieren. Etwa seit 1676 gab es dann in Frankreich den Berufsstand der Limonadiers, die außer Limonaden, worunter man schon bald alle alkoholfreien kalten Erfrischungsgetränke verstand, auch Speiseeis herstellten. Von da an spielte das Speiseeis auf den Tafeln der Mächtigen eine große Rolle, für die im Laufe des 18. Jahrhunderts neben dem Wassereis die Eiscremes entwickelt wurden. Ein bedeutender später »Klassiker« in Eisrezepten war H. v. Pückler-Muskau (1785–1871), der der Welt das »Halbgefrorene« schenkte.

19 Chymische Hochzeit. Michael Maier: Viatorium…, 1618

Eigentlich widerspricht es dem Charakter einer Geheimlehre wie der Alchemie, wenn ihre Werke gedruckt werden. Dieser Einwand wurde schon im 16. Jahrhundert erhoben, als alchemistische Werke immer häufiger verlegt wurden und offenbar reißenden Absatz fanden. Als Gegenargument wurde stets vorgebracht, daß der Nichteingeweihte auch mit den schriftlichen Anleitungen nichts anzufangen wüßte. Der einst wohl eher intime Zirkel von Alchemisten wurde aufgebrochen zugunsten einer offenbar nach Tausenden zählenden Leserschaft. Die Alchemie begann das breite Publikum zu erobern. Selbst Fürsten wie Großherzog Francesco I. von Medici (1541–1587), Kurfürst August von Sachsen (1526–1586) mit seiner Gemahlin Anna von Dänemark oder Landgraf Moritz von Hessen-Kassel (1572–1632) arbeiteten in ihren Laboratorien. Francesco von Medici versuchte sich in der Nachahmung chinesischen Porzellans und entwickelte das sogenannte mediceische Porzellan. Aus dem Laboratorium des hessischen Landgrafen hat sich ein prachtvoller chemischer Ofen erhalten. Andere Fürsten des 16. und frühen 17. Jahrhunderts wie Johann Georg und Joachim II. von Brandenburg umgaben sich mit Alchemisten ebenso wie die Herzöge Julius und Heinrich Julius von Braunschweig-Wolfenbüttel. Gleichfalls zu nennen sind Herzog Ernst von Bayern, Franz II. von Sachsen-Lauenburg, Landgraf Moritz der Gelehrte von Hessen-Kassel, wie dessen Vorgänger Wilhelm IV., ebenso Herzog Friedrich von Württemberg. Wären die historischen Quellen besser erhalten, würde es wahrscheinlich schwerfallen, einen der Alchemie wirklich unverdächtigen Herrscher dieser Zeit zu finden.

Das große herausragende Beispiel für die Rolle der Alchemie am Hofe eines großen Fürsten ist aber fraglos Kaiser Rudolf II. Eine entscheidende Rolle am Hofe des Kaisers spielte Tadeas Hajek, Arzt und Botaniker, Chemiker und Alchemist. 1576 lernte er bei der Krönung Rudolfs in Regensburg den Astronomen Tycho Brahe kennen. Tycho hat nie etwas Alchemistisches publiziert, jedoch wissen wir aus den Darstellungen seiner berühmten Sternwarte Uraniborg, daß sich in deren Kellerräumen wohlausgerüstete Laboratorien befanden. Stets umgab sich der Kaiser mit einer Vielzahl von Alchemisten, die vor ihrer Anstellung jeweils bei Hajek eine Prüfung ablegen mußten. Schon Hajeks Vater Simon, ein Prager Gelehrter und Sammler alter Literatur, hatte in seinem Hause ein alchemistisches Laboratorium. Als die beiden englischen Gelehrten John Dee und Edward Kelley am Hofe des Kaisers weilten, wohnten sie bezeichnenderweise gerade in diesem Hause und hielten dort auch ihre spiritistischen Séancen ab. S. T. Buceck v. Falckenberg diente Rudolf als »in den Metallen und Edelsteinen mächtig beschlagener Inquisitor«. A. Boethius de Boodt, Begründer einer systematischen Mineralogie, stand in Rudolfs Diensten. Der kaiserliche Beichtvater Dr. J. Pistorius hatte sich ausführlich mit der jüdischen Kabbala beschäftigt; 1587 veröffentlichte dieser in Basel den ersten Band eines leider nicht vollendeten Kompendiums kabbalistischer Texte. Bei des Kaisers Hang zur Alchemie konnte es nicht ausbleiben, daß auch zwielichtige Adepten seine Nähe suchten wie der Abenteurer und vermeintliche Graf Hieronymus Scotus, der 1583 an den Hof des Kaisers gekommen war und mit der Behauptung auftrat, er sei im Besitz des Steines der Weisen und übernatürlicher Kräfte. Er galt seinen Zeitgenossen als zweiter Doktor Faustus, erfreute sich eine Zeitlang der ausgesprochenen Gunst des Kaisers und verschwand, als der Boden zu heiß wurde. Das Bindeglied zur alten Alchemie war der spanische Botschafter Don Guillen de San Clemente, der sich selbst für einen Nachfahren von Raimundus Lullus hielt. Dieser hochgebildete und vielbelesene Mann weilte 27 Jahre lang am Hofe des Kaisers. Auf sein Betreiben hin war John Dee eingeladen worden. Daß Rudolf selbst praktizierender Kabbalist war, zeigte sich, als man 1928 seinen Sarg öffnete und sich ein merkwürdiger, aus Gold und Email gearbeiteter Ring fand. Zwischen jeweils zwei Edelsteinen erscheint ein Stern-

20 Alchemistische Allegorie des Weltenbaues.

bild auf einer diesem Tierkreiszeichen zugeordneten Kennfarbe: Zwischen Diamant und Saphir der Steinbock, zwischen Saphir und Smaragd die Waage, zwischen Smaragd und Rubin der Krebs und zwischen Rubin und Diamant der Wassermann. Der Steinbock hat die Emailfarbe Blau, Waage und Wassermann Grün, der Krebs Weiß. In der Innenfläche des Ringes ist ein Goldband eingelegt, auf dem die Namen der Erzengel Gabriel, Michael, Uriel und Ariel eingraviert sind sowie das Wort AGLA, eine Ligatur der kabbalistischen Invokation. Der Kaiser besaß ein fast acht Zentimeter hohes Glöcklein, ähnlich jenen, die man zur Messe zu verwenden pflegt, das angeblich »von mehrerley metall« ist und Darstellungen der sieben Metalle oder Planeten trägt, nebst Symbolen für die Parallele Makrokosmos-Mikrokosmos. Dargestellt wird die chymische Hochzeit, die alchemistische Konjunktion im königlichen Brautgemach. Ganz ungewöhnlich ist der große dunkelblaue Saphir, der über dem Kreuz auf dem Bügel der Kaiserkrone angebracht wurde, die sich Rudolf anfertigen ließ. Ungewöhnlich deshalb, weil auf Kronen des christlichen Abendlandes üblicherweise die höch-

ste Erhebung dem Kreuz gebührt. Daher ist dieser Sachverhalt als symbolische Darstellung der Christus-Lapis-Parallele gedeutet worden. Ein Amulett in Form einer Brustplatte der Hohenpriester Israels mit zwölf Edelsteinen, denen durch Gravierung die zwölf Tierkreiszeichen, zwölf Engel und die zwölf Söhne Jakobs zugeordnet sind, weist den Kaiser zusätzlich als Anhänger kabbalistischer Steinmagie aus.

Aber nicht nur Rudolf beschäftigte sich mit Alchemie. Auf fast allen Schlössern des böhmischen Adels gab es Laboratorien und entstand alchemistische Literatur wie die illuminierte Handschrift »Rosarium philosophorum« des J. Griemiller v. Trebsko (1578).

In den Jahren 1599 bis 1604 gab der Ratskämmerer und Pfannenherr J. Thölde, ansässig im thüringischen Frankenhausen und zeitweilig Berghauptmann der Fürstbischöfe von Bamberg, vier Bücher heraus, die bald darauf sehr berühmt werden sollten. Zweihundert Jahre später sollte sie der junge Liebig noch studieren. Es handelte sich um »Ein kurz Summarischer Tractat, Fratris Basilii Valentini Benedictiner Ordens / Von dem ganz großen Stein der Uralten…« (1599); »De occulta philosophia Oder Von der heimlichen Wundergeburt der sieben Planeten und Metallen…« (1603); »Von den natürlichen und übernatürlichen Dingen. Auch von der ersten Tinctur, Wurtzel und Geiste der Mineralien…« (1603). Im Jahre 1604 folgte das berühmteste Werk, der »Triumph Wagen Antimonii«. Heute ist es nahezu unumstritten, daß Thölde diese Werke selbst verfaßte und sie dem vermeintlichen Autor, dem legendären Benediktinermönch, nur untergeschoben hat. Über die Frage, warum Thölde freiwillig auf den Ruhm verzichtete, selbst als Autor der wohl meistgelesenen alchemistischen Texte der Neuzeit in Erscheinung zu treten, kann man nur rätseln. Vielleicht glaubte er, daß der experimentierende Alchemist zum Erscheinungsbild eines Pfannenherrn und Ratskämmerers nicht so recht passen würde, wahrscheinlicher ist indessen, daß er sich so religiöser Anfeindung entzog. Möglicherweise verbirgt sich hinter dem Pseudonym aber eine Art alchemistisch-philosophisches Programm. Beide Namen waren damals im Benediktinerorden ganz ungebräuchlich und in dieser Zusammenset-

Anmerckungen MDCC VI.   201

Hiſtoriſche Anmerckungen/
Uber die nützlichſte Sachen der Welt.
XXVI. Woche. 29. Junii 1706.

Von der finſtern/ verderblichen Hölle des Schwarms der Alchymiſten/ auf was Art die blinden Gold- und Silbermacher ihre geſchwefelte Metaphyſie ausarbeiten/ und zuletzt von dem Cerbero belohnet werden.

21 Der entsprechend der »Dreierdenlehre« dreiköpfige Drache der Alchemie frißt den Alchemisten in dessen vom Verfall bedrohten Laboratorium. Detlev Cluver: Historische Anmerckungen…, Hamburg 1706

ren erschienen fast zweihundert weitere Schriften mit Angriffen und Verteidigungen vermeintlicher Anhänger und Gegner. Aus diesen nicht klar überblickbaren Anfängen heraus entwickelte sich ein weitverzweigtes Netz von Geheimbünden mit humanistisch-ethischen, kultur- und sozialreformerischen Tendenzen, die sich dann später in okkultistisch-theosophische Richtungen bewegten. 1667 bezeugte Leibniz die Existenz einer rosenkreuzerischen Gesellschaft in Nürnberg. Im 18. Jahrhundert begannen alchemistisch-spiritistische Gesellschaften unter dem Zeichen des Rosenkreuzes förmlich zu wuchern und gewannen stärksten Einfluß auf die Freimaurerei, was zum Beispiel am Hofe Friedrich Wilhelms II. von Preußen gegen Ende des 18. Jahrhunderts zu höchst eigenartigen Verhältnissen führen sollte. Die gegenüber dem König angewandten Zaubertricks sind unter anderem Gegenstand von Schillers »Geisterseher«. Rosenkreuzerische Freimaurerlogen und Vereinigungen existieren noch heute.

Die Mystiker des 16. und 17. Jahrhunderts, vor allem Valentin Weigel und Jakob Böhme, verfaßten in paracelsistisch-alchemistischer Tradition stehend neben einigen echten alchemistischen Schriften mystische Dichtungen, die von alchemistischem Gedankengut getragen und im alchemistischen Wortschatz gestaltet wurden. Noch Angelus Silesius gebrauchte in seinem »Cherubinischen Wandersmann« alchemistische Wörter und Begriffe, um mit ihnen seine mystischen Erkenntnisse auszudrücken.

Weigel wirkte unter anderem noch auf Leibniz, und Böhme beeinflußte noch den deutschen Idealismus und die Naturphilosophie der Romantiker.

Zu den Wegbereitern der Rosenkreuzerei in England gehörte der Universalgelehrte, Alchemist und Mystiker Robert Fludd (1574–1592). Selbst Kreise des englischen Herrscherhauses wurden von dieser Bewegung erfaßt. Herausragendes Beispiel ist Prinz Ruppert, eine Art Playboy seiner Zeit, Tennisspieler, Offizier und rosenkreuzerischer Alchemist. Noch heute erinnert das Prinzmetall, eine goldähnliche Legierung, an ihn.

Stellvertretend für viele der Alchemie verfallenen Mitglieder der europäischen Hoch-

zung auch völlig unwahrscheinlich, da sie besonders in dieser Kombination an zwei häretische Kirchenväter erinnerten.

J. V. Andreä (1586–1654) gilt als der eigentliche Begründer einer nach ihrem legendären Schöpfer Christian Rosenkreuz (angeblich 1378–1484) benannten alchemistischen Geheimgesellschaft der Rosenkreuzer. Andreä gab zwei berühmte Schriften heraus: »Chymische Hochzeit des Christian Rosenkreuz…« und die »Confession der Fraternität des Ordens vom Rosenkreuz…«, die zunächst als Handschriften kursierten, aber ab 1613 mehrfachst im Druck erschienen. Diese Werke waren an die »Häupter, Stände und Gelehrten« Europas gerichtet und riefen diese auf, sich der Bewegung anzuschließen und zu einer Verbesserung dieser Welt beizutragen. Dieser sozusagen »freimaurerische« Impetus erwies sich als sehr erfolgreich. Innerhalb von zehn Jah-

aristokratie des 17. Jahrhunderts sei hier näher auf Christine von Schweden eingegangen, die als »persönlicher Souverain« in Rom lebte. Mit dem Kardinal Decio Azzelino unterhielt sie einen von Eifersucht und Alchemie beherrschten Briefwechsel. Zusammen mit dem Marchese di Palombare glaubten sie an den Stein der Weisen. Die Königin korrespondierte mit Glauber. Von 1670 bis zu ihrem Tode 1689 hielt sie sich P. A. Bandiera als Hofalchemisten, der in ihrer »Destillatur« unter ihrer und des Kardinals Anleitung experimentierte.

Das meiste, was von der Hocharistokratie chemisch-alchemistisch getrieben wurde, wurde nie publiziert. Eine der wenigen Ausnahmen bildete das Laboratorium von Philippe, Herzog von Orléans, des Regenten von Frankreich nach dem Tode Ludwigs XIV. Die chemischen Bemühungen Philippes wurden von dem »kleinen« Herzog »Saint Simon« überliefert:

»… Der Duc d'Orléans pflegte sich … mit Chemie und Alchemie zu beschäftigen, nicht etwa um Gold zu machen, worüber er stets nur spottete, sondern um sich mit diesen Experimenten die Zeit zu vertreiben. Er ließ sich ein gutausgerüstetes Laboratorium einrichten, holte einen Chemiker von großem Ruf, der Homberg hieß… Der Herzog sah ihm bei seinen Experimenten zu, legte auch oft selbst Hand an…« W. Homberg war ein Chemiker von europäischem Ruf, der 1702/10 seine »Essais de chimie« herausbrachte, in denen er sich systematisch mit den Prinzipien Salz, Schwefel und Quecksilber auseinandersetzte; der Hombergsche Phosphor trägt noch heute seinen Namen. Der Forscher gilt als der erste, der die Neutralisation von Säuren messend verfolgt hat.

Der vom intellektuellen Niveau her gesehen sicherlich bedeutendste Alchemist seiner Zeit war der als Physiker und Mathematiker bekannte Sir Isaac Newton. Über das Treiben in seinem Laboratorium wissen wir durch den Bericht eines Gehilfen Bescheid. »… Seine Ziegelöfen machte und änderte er selbst (als ob er zu dieser Arbeit geboren sei)… Er ging sehr selten vor zwei oder drei Uhr zu Bett, manchmal nicht vor fünf oder sechs, lag vier oder fünf Stunden, besonders im Frühling und beim Fall des Laubes, zu welchen Zeiten er gewöhnlich sechs Wochen in seinem Laboratorium ver-

brachte, wo das Feuer selten bei Tag und Nacht ausging; er saß eine Nacht auf und ich die andere, bis er seine chemischen Experimente beendet hatte, in deren Durchführung er überaus genau, streng und exakt war.« Die Fährnisse der Chemie bedrohten auch einen Newton. »Sein Labor brannte mit einem Teil seiner Aufzeichnungen nieder, und es dachte jeder, er würde toll werden, er wurde darüber so beunruhigt, daß er einen Monat lang nicht mehr derselbe war…«

Daß Newton in der geheimnisvollen Sprache der Alchemie voll bewandert war, möge folgendes aus dem Lateinischen übertragene Zitat belegen: »Löse den grünen geflügelten Löwen in dem Sale Centrale der Venus auf, und das Destillierte ist der Geist des grünen Löwen, das Blut des grünen Löwen ist die Venus; der babylonische Drache, der alles durch sein Gift tötet, dennoch von den Tauben der Diana durch Besänftigung besiegt, ist Quecksilber. Neptun mit dem Dreizack führt die Philosophen in den Garten der Wahrheitssucher ein. Also ist Neptun ein wäßriges Minerallösungsmittel.«

In seinem Kommentar zur »Tabula smaragdina« bezeichnete Newton den universalen, aktiven Geist als den Mercurius der Phi-

22 Ein Spezialgebiet alchemistischer Betätigung war die Bereitung von Hexensalben. Hans Baldung Grien (1484–1545), Die Hexen.

losophen, der durch Hermes verkörpert werde. Die Alchemie war mit ihren kreativen Prozessen für Newton der Beweis für Gottes fortlaufendes Handeln in der Welt der Materie. Er entwickelte eine komplizierte Theorie der Materie. Durch systematische metallurgische Experimente, die man vielleicht als den Versuch einer Synthese des Quecksilbers interpretieren kann, strebte er danach, möglichst niedrig schmelzende Legierungen zu entwickeln. »Newtons Lot« aus Blei, Zinn und Wismut schmilzt bei 94,5°.

Ein genialer Betrüger, aber gleichzeitig eben auch kenntnisreicher Alchemist und Chemiker war der Graf von Saint-Germain (gest. 1784), der es verstand, Ludwig XV. von Frankreich für die Chemie zu interessieren. Wir wissen darüber durch den Bericht seines Widersachers Casanova, der die seltsame Rolle des vermeintlichen Grafen zwischen industrieller Chemie und reiner Scharlatanerie trefflich schilderte: »... Der König hatte ihm dort (im Königsschloß Chambord) eine Wohnung angewiesen und hunderttausend Franc ausgesetzt, um in aller Freiheit an der Herstellung von Farben arbeiten zu können, die den französischen Tuchfabriken die Überlegenheit gegenüber den Fabriken aller anderen Länder sichern sollten. St.-Germain hatte den Herrscher verführt, indem er ihm im Trianon ein chemisches Laboratorium einrichtete, wo er sich zuweilen amüsierte, obgleich seine Kenntnisse in der Chemie unbedeutend waren; ... Die Bekanntschaft des Adepten war dem Herrscher von der gefälligen Marquise (M. de Pompadour) vermittelt worden, sie hoffte, ihm die Langeweile zu vertreiben, indem sie ihm Geschmack an der Chemie beibrachte. Übrigens glaubte die Marquise, von St.-Germain das Wasser der Jugend empfangen zu haben, und wollte ihm dafür irgendeinen großen Vorteil verschaffen...«

Casanova, der selbst über beträchtliche chemische Kenntnisse verfügte, hielt den Grafen »für einen großen Chemiker«. Neben den schon erwähnten Färbekünsten, seinen Schönheitsmitteln und einem »Lebenselixier« gab er vor, noch über Geheimmittel für die Bereitung von Metallen, aber auch von Diamanten zu verfügen. Eigentlich gehörte Casanova mehr in das Kapitel über Betrugsalchemie, war es ihm doch

vergönnt, eine der prominentesten aristokratischen Alchemistinnen seiner Zeit zu einem überaus kostspieligen Versuch einer alchemistischen Wiedergeburt zu verführen. Auch sonst betätigte sich Casanova als alchemistischer Betrüger. So hatte er versucht, dem Prinzen Carl von Kurland ein fingiertes Rezept zur Darstellung von Gold zu verkaufen, und war diesem unter anderem bei der Besorgung einer »Damentinte« behilflich, das heißt einer Spezialtinte zum Abfassen eventuell kompromittierender Liebesbriefe, die schon nach einigen Tagen völlig verblaßte. Der Prinz benutzte diese Tinte aber zum Zeichnen von Wechseln.

Casanova verdanken wir eine eingehende Beschreibung des Laboratoriums der Marquise J. d'Urfé. Auf der Suche nach der Transmutation bediente sich die Marquise der modernsten Möglichkeiten ihrer Zeit und bezog auch das damals gerade neuentdeckte Metall Platin in ihre alchemistischen Studien ein. Inwieweit die seltsamen erotisch-alchemistischen Handlungen und Gewänder einem damals breit geübten alchemistischen Ritus entsprachen oder Casanovas Phantasie entsprangen, ist schwer zu beurteilen.

Insgesamt läßt sich feststellen, daß sich die ausgehende Alchemie seit Ende des 18. Jahrhunderts bis zur Gegenwart zu einem Gegenstand der Literatur entwickelte. Eine Darstellung der Alchemie in bürgerlich-pietistischen Kreisen überliefert uns 1877 J. H. Jung-Stilling in seiner Autobiographie: »... Ich kann versichern, daß Stillings Neigung zur Alchemie niemalen den Stein der Weisen zum Zweck hatte; ... sondern ein Grundtrieb in seiner Seelen... war ein unersättlicher Hunger nach Erkenntnis der ersten Urkräfte der Natur...«

Daß die der Alchemie gewidmeten Stunden Goethes fruchtbare Auswirkungen auf sein dichterisches Schaffen hatten, ist durch die Faust-Dichtung hinlänglich bekannt. Ob seines schwierigen und schwer durchschaubaren Inhaltes heute wesentlich weniger beliebt ist »Das Märchen« (1795). Diese Dichtung erschreckte die Zeitgenossen durch eine extrem verschlüsselte, alchemistische Symbolik. Wie man sich verhalten sollte, wenn man unter mehr oder weniger betrügerische Alchemisten und Goldmacher gefallen war – »oh, wer ist mehr in dieser Leute Händen gewesen als ich...« –,

23 Titelblatt zu
Johann Georg Agricola:
Commentaria et
observationes...

lehrte A. v. Knigge in seinem oft verkannten »Über den Umgang mit Menschen« (1790): »Unter den Abenteurern unsrer Zeit spielen die Geisterseher, Goldmacher und andere mystische Betrüger keine unbeträchtliche Rolle...«

Die Dichtung der Romantik wurde über weite Strecken von der Alchemie getragen. Man denke nur an die Novelle »Der Sandmann« von E. T. A. Hoffmann und insbesondere an »Das Märchen vom goldenen Topf«, das eigentlich nur für Kenner alchemistischer Symbolik voll verständlich ist. Die Elementargeister des Paracelsus, insbesondere die Wassergeister, erstanden in der Novelle »Undine« von de la Motte Fouqué aufs neue, die von E. T. A. Hoffmann beziehungsweise Lortzing vertont wurde.

Ein inniges Verhältnis zur Alchemie entwickelte auch der Dichter der »Blauen Blume« der Romantik, Fr. v. Hardenberg (Novalis). »Die Nachtwachen von Bonaventu-

ra«, wahrscheinlich von E. A. Klingemann 1805 verfaßt, enden in einer schauerlichen Friedhofsszene mit der Öffnung eines Alchemistengrabes. In der »Handschrift von Saragossa« führte der polnische Adelige Jan Potocki 1803/14 seine Leser in die durchaus zeitgenössisch gesehene Welt spanischer Kabbala und Alchemie.

Daß in dem weiten Tableau der Werke Balzacs einige Male Alchemie eine tragende Rolle spielt, liegt auf der Hand. Um 1877 dienten düstere Laboratmosphäre und der Stein der Weisen Wilkie Collins als Hintergrund für eine schauerliche Mordgeschichte in »Der geheimnisvolle Palazzo« (1877). Weniger bekannt ist, daß es unter den Literaten der jüngeren Zeit auch praktizierende Alchemisten gab. Herausragendes Beispiel hierfür ist A. Strindberg, der uns die Beschreibung selbst durchgeführter Experimente hinterlassen hat.

Auch in unserem Jahrhundert ist die Flamme der Alchemie nicht ganz erloschen. 1926 hatte die große alchemistische Oper unserer Zeit in Brünn Premiere: »Die Sache Makropulos« von Leoš Janáček. Die Handlung des Librettos spielt zwar in der damaligen Gegenwart, aber die zugrundeliegende Vorgeschichte handelt von einem Alchemisten am Hofe Kaiser Rudolfs II., der seinen Hofalchemisten zwingt, ein Lebensverlängerungselixier an dessen Tochter zu erproben, die so ein 300jähriges Leben erleidet, von dessen schließlichem Ende das Werk handelt.

Noch nach dem letzten Weltkrieg erlebte auch der französische Essayist Michel Butor einen Zugang zur Geschichte der Alchemie bei seinem Besuch auf Schloß Harburg bei Donauwörth in der Bibliothek der Fürsten von Donaueschingen. Die versponnene spätalchemistische Atmosphäre dieser Zeit schilderte er in dem köstlichen Büchlein »Bildnis des Künstlers als junger Affe« (1967). Butor verdanken wir eine einfühlsame Studie »Die Alchemie und ihre Sprache« (1966). Auf die Rolle der Alchemie in den Werken von Umberto Eco hinzuweisen, verbietet sich bei deren Ruhm und Verbreitung nahezu von selbst.

CHEMISCHE BETRÜGER

Mochten die religiösen Zielsetzungen der Alchemie noch so edel und erhaben sein, so steckte in ihr doch eine ungeheure Versuchung. Sollten jene Prozesse der Substanzveredelung, wenn man sie gewissermaßen profaniert im großen betriebe, nicht zu ungeheurem Reichtum führen können? Diese Frage haben sich wohl im Laufe der Jahrhunderte sehr viele kleine und große Betrugsalchemisten und deren meist fürstliche Auftraggeber gestellt.

Bereits im Jahre 1329 befahl Eduard III. von England, wenn nötig mit Gewalt, zwei Alchemisten an seinen Hof zu bringen. Man nimmt an, daß diese gezwungen wurden, minderwertiges Silbergeld herzustellen, das der König in seinen Auseinandersetzungen mit Frankreich dringend benötigte. Im 15. Jahrhundert wurde von einem getauften Juden namens Paul berichtet, einem Gefolgsmann Bischof Adalberts von Bremen, der behauptete, er habe in Byzanz die Kunst erlernt, aus Kupfer rotes Gold zu machen, und der vorgab, er wolle in Hamburg für die Errichtung einer öffentlichen Münze sorgen, in der man statt Silberpfennige mit seiner Hilfe Goldbyzantiner prägen könne.

Von da an sollten bis hinein in die jüngste Vergangenheit betrügerische Chemie und Alchemie ein Gegenstand der Rechtsgeschichte bleiben. Es ist im nachhinein nicht immer einfach zu sagen, wo die Grenzen zwischen seriöser und betrügerischer Alchemie tatsächlich verliefen. Immer jedoch kamen Alchemisten einen Hofstaat teuer zu stehen. Wenn zum Beispiel von Friedrich III. von Dänemark behauptet wurde, er habe in einem Laboratorium einige Millionen Taler verbraucht, so muß er deshalb nicht zwangsläufig immer Opfer von Betrügern gewesen sein. Es ist nicht besonders schwierig, bei der Arbeit in einem Laboratorium viel Geld auszugeben. Andererseits muß für jeden Alchemisten die Versuchung groß gewesen sein, sich durch Vorspiege-

lung von Goldmacherkünsten beziehungsweise durch die Bereitschaft, als Komplize fürstlicher Falschmünzerei zur Verfügung zu stehen, ein warmes Plätzlein am Ofen eines gutbeheizten Laboratoriums zu sichern. So kam es, daß im Laufe der Zeit so viele kleine und große Betrugsalchemisten auftraten, daß ihre vollständige Aufzählung schwierig werden würde. Daher sollen im folgenden nur besonders herausragende besprochen werden wie zum Beispiel der angebliche venezianische Graf Marco Bragadino, der für sein gegebenes und nicht eingehaltenes Versprechen, er könne für den bayerischen Herzog Gold machen, 1591 unter einem mit Flittergold beklebten Galgen geköpft wurde. Seine Spießgesellen hängte man, und seine beiden großen, verdächtig schwarzen Hunde – als angebliche Höllengeister vielleicht die Vorbilder für den schwarzen Pudel des Magiers Faust bei Goethe – wurden unter dem Galgen erschossen. An einem Gerüst aus 25 Zentner Eisen – gerade jener Menge dieses Metalls, von dem er behauptet hatte, er könne es in Gold verwandeln – ließ Herzog Friedrich von Württemberg 1597 seinen Alchemisten Hohnauer in einem mit »Goldschaum« verzierten Gewand hängen. Friedrich war dermaßen erbost, daß er sich die Hinrichtung 3000 Gulden kosten ließ. Der durch G. Hohnauer verursachte Schaden allerdings wurde auf 200 000 Taler beziffert. Der Herzog ließ diesen Galgen zur weiteren Verwendung gleich stehen, und tatsächlich wurde er auch für die Hinrichtung einiger weiterer Alchemisten benutzt. Goldflitter war nicht unbedingt als Verhöhnung des zu Richtenden gedacht, sondern nach den damaligen Rechtstraditionen sollte die Strafe die zu sühnende Tat »spiegeln« (Talionsprinzip), wenn man auch vor Verspottung des Delinquenten nicht zurückschreckte. Mit der Behauptung, er könne Quecksilber (Mercur) zu Gold »fixieren«, hatte über zehn Jahre lang Ch. W. Krohnemann, später wegen alchemistischer Verdienste in den Freiherrnstand erhoben, den Markgräflichen Hof in Bayreuth und einige prominente Bürger hingehalten, bis er 1686 in Kulmbach hingerichtet wurde. Die Schrift auf seinem Galgen lautete:

»Ich war zwar, wie Mercur fix gemacht, bedacht;
Doch hat sich's umgekehrt und ich bin fix gemacht.«

Gemessen an der Größe des literarischen Nachruhms und an der Tatsache, daß er noch späteren Verteidigern als einer der wirklich echten Adepten der Alchemie galt, war der wohl bedeutendste Betrugsalchemist seiner Zeit der Neapolitaner Don Dominico Emanuele Caetano Graf Ruggiero,

24 Jahrmarkt-Quacksalber pflegten Medizinen zu verkaufen, die gegen den Biß giftiger Schlangen schützen sollten. Um dies auch zu demonstrieren, ließen sie sich vor Publikum von Giftschlangen beißen, denen man allerdings zuvor die Zähne ausgebrochen hatte. Anonymer Kupferstich, 16. Jh.

der nach einer abenteuerlichen, durch gegen ihn erlassene Steckbriefe erzwungenen Wanderung über Verona, Venedig, Mailand, Genua und Barcelona in Madrid von dem dortigen bayerischen Gesandten dem Kurfürsten Max Emanuel empfohlen wurde, der damals in Brüssel residierte. Caetano zeichnete sich dadurch aus, daß ihm kleinere Ansätze, Gold zu machen, stets gelangen. Ein vom Kurfürsten selbst unternommener Großversuch endete allerdings in einer Explosion. Nach zwei Fluchtversuchen überstellte man den Grafen nach München beziehungsweise Burghausen, wo er sich aber frei bewegen konnte. Obwohl ihm Max Emanuel einen hohen Rang in der bayerischen Armee verliehen

hatte, wurde er schließlich auf der Burg Grünwald festgesetzt, von wo er einige Male zu entkommen vermochte. Die Niederlage des Kurfürsten in der Schlacht von Höchstädt 1704 brachte ihm schließlich die Freiheit, die er nutzte, um Kaiser Leopold beziehungsweise Johann Wilhelm von der Pfalz zu dienen.

Bei der Krönung Friedrichs I. hatte man in Königsberg durch Herolde Tausende von Talern unters Volk werfen lassen, obwohl der Staat völlig verschuldet war. Da die Minister des Königs, die Grafen Wittgenstein und Wartensleben, selbst alchemistische Ambitionen hegten, hatte Caetano leichtes Spiel, als er 1705 nach Berlin kam. Trotz konspirativen Taktierens mit dem englischen Schatzkanzler, der königlich-schwedischen Regierung und der Königin von Polen verfing er sich in den Netzen der preußischen Justiz und endete in einem Kleid aus »guldnem Zindel« 1709 am Galgen zu Küstrin. »Arbeit / Armuth und Gestanck / Rauch und Kälte und zuletzt den Strick / Zahlet in der Alchemie der Betrüger List und Tück…«, hieß es in einem zeitgenössischen Flugblatt vom »spectaculösen und erbärmlichen Ende des beruffenen Goldmachers Cajetani«.

Der Galgen blieb dem wohl für die europäische Kulturgeschichte wichtigsten Betrugsalchemisten erspart, nicht aber lebenslange Haft: Angeblich hatte der 14jährige Apothekengehilfe J. F. Böttger von dem wandernden griechischen Mönch und Alchemisten Lascaris die Kunst der Transmutation gelernt. Bei dem Versuch Friedrichs I., sich 1701 des jungen Goldmachers in Berlin zu bemächtigen, entfloh dieser nach Sachsen und wurde hier gezwungen, für August den Starken Gold und auch Silber herzustellen, was nach zeitgenössischen Berichten schließlich in kleineren Ansätzen auch gelungen sein soll. Jedenfalls wird noch heute in Dresden ein angeblich von Böttger 1713 erschmolzener Gold- beziehungsweise Silber-Regulus aufbewahrt. Da aber auch ihm die Golddarstellung im großen nicht gelingen wollte, wurde er inhaftiert und nach längeren Mißerfolgen dazu gebracht, bei der von E. W. v. Tschirnhaus angeregten Suche nach einer Möglichkeit, chinesisches Porzellan herzustellen, mitzuarbeiten. Da diese Bemühungen von August dem Starken mit Nachdruck gefördert wurden, und dank systematischer Suche nach geeigneten Erden – nach älterer Literatur half der Zufall etwas nach – gelang es, eine Kaolinlagerstätte zu finden. Im März 1709 kündigte Böttger August dem Starken die Herstellung des »rothen porcellain« und des »guten weißen porcellain« an. Der König benannte eine Prüfungskommission, auf deren günstiges Urteil hin im Januar 1710 eine Porzellanmanufaktur gegründet wurde, die nach ihrer Verlegung nach Meißen zu Weltruhm aufblühte. Erstmals wurde zur Leipziger Messe 1713 weißes europäisches Hartporzellan zum Verkauf angeboten. Zwar erfreute sich nun Böttger der Gunst seines Königs, aber so weit, daß dieser ihm die volle Freiheit wiedergeschenkt hätte, ging das Vertrauen nicht.

25 Tod des Alten und chymische Hochzeit. Michael Maier: Viatorium…, 1618

Da Böttger die erhofften Goldmengen nicht zu beschaffen vermochte, wurde schließlich August der Starke Opfer eines weiteren Alchemisten, des Offiziers J. H. v. Klettenberg, der dem Herzog Wilhelm Ernst von Sachsen-Weimar vorgespiegelt hatte, mittels eines von ihm bereiteten Wassers lasse sich das in Erzen enthaltene »flüchtige« edle Metall, das man nach den gewöhnlichen Verfahren nicht gewinnen könne, nach einem nur ihm bekannten Prozeß ausziehen und mit einer geheimen »Solution präcipieren«, das heißt fällen; der erhaltene Niederschlag lasse sich dank eines von ihm

entwickelten Schmelzflusses zu Edelmetall schmelzen. August dem Starken versprach er, eine Universaltinktur anzufertigen, welche »die unreifen Metalle in feines Gold tingire«. Schließlich entwickelte sich das typische Spiel: Auf erhaltene Vorschüsse folgten längere und schließlich erfolglose Fluchtversuche und im März 1720 die Enthauptung auf dem Königstein. Dieser Lebenslauf wäre nicht besonders erwähnenswert, wenn nicht nach der Überlieferung Klettenberg seine alchemistische Bibliothek einem Bruder vermacht hätte, dessen Enkeltochter Susanna Katharina von Klettenberg in die Literaturgeschichte eingegangen ist. Zusammen mit dem Fräulein von Klettenberg unternahm der junge Goethe im Winter 1768/69 »hermetische Studien«. Aus Susanna Katharinas Unterhaltungen und Briefen formte schließlich Goethe »Die Bekenntnisse einer schönen Seele« in Wilhelm Meisters Lehrjahren. Letztendlich ist es müßig, darüber zu spekulieren, inwieweit wir Goethes Faust-Dichtung der Klettenbergschen Bibliothek verdanken.

Zwar stand der Soldatenkönig Friedrich Wilhelm I. der Alchemie skeptisch gegenüber. Als Kronprinz hatte man ihn gezwungen, an Stelle Caetanos probeweise Gold zu machen. Caetano gab vor, daß er selbst dem Experiment nicht zu nahe kommen wolle, doch hatte der Erfolg des eigenen Probeansatzes den Kronprinzen wohl nicht zu überzeugen vermocht. Wieweit dagegen dessen Sohn, Friedrich der Große, in die Alchemie verstrickt war, ist umstritten, wohl weil Alchemistisches dessen erhabenes Bild ein wenig zu trüben vermöchte. Sein Minister v.d. Horst behauptete später, vom König selbst gehört zu haben: »… Er habe Geld an Alchymisten gegeben, damit sie Versuche anstellten, und Er selbst habe die Erfolge dieser Versuche auf das Genaueste beobachtet … Goldmacherey ist eine Art von Krankheit; sie scheint oft durch die Vernunft eine Zeitlang geheilet, aber dann kommt sie unvermuthet wieder und wird wirklich epidemisch. Bei Fredersdorf (der Geheime Kämmerer des Königs) hatten sich hier in Potsdam Alchymisten gemeldet; ich glaubte fest daran und ließ mich mit ihnen ein. Bald verbreitete sich das Gerücht dieser Unternehmungen durch die ganze Garnison, und es war kein Fähnrich in Potsdam, der nicht hoffte, durch Alchymie seine Schulden zu bezahlen…«

Ein besonders vielseitiger Betrüger mit gewissermaßen europäischem Format war A. Graf Cagliostro (alias A. Balsamo), der durch seine Verwicklung in die Halsbandaffäre das Seine zum Untergang des französischen Königshauses in der Großen Revolution beitrug. Die für ihn typische Verquikkung von Alchemie mit der Freimaurerei macht ihn besonders interessant. Sein Repertoire reichte vom »Elixier ewiger Jugend« – zahlreiche im vorigen Jahrhundert vertriebene kosmetische Präparate trugen die Aufschrift »à la Cagliostro« – über Vermehrung beziehungsweise Wachsenlassen von Diamanten bis zur Transmutation des Goldes. Seine Figur diente Goethe 1791 als Vorlage für seinen »Großkophta«.

Zwar trat nach und nach die eigentliche, sozusagen klassische Alchemie in dergleichen Betrügereien mehr und mehr in den Hintergrund, die Betrugsaffären wurden sozusagen chemischer. Was früher der Begriffsnebel der Alchemie beim Einlullen der Opfer geleistet hatte, übernahm nach und nach die klassische Chemie. Die Affären als solche hörten indessen bis heute nicht auf. Zwei karlistische spanische Offiziere und ein Erzpriester boten noch in den sechziger Jahren des vorigen Jahrhunderts Kaiser Franz Joseph ein Verfahren zur Darstellung von Gold an. Offenbar war die Sache so geschickt eingefädelt, daß unter der Aufsicht eines bedeutenden Professors der Chemie, A. Schrötter, ein Probeexperimentieren in der Hofburg unternommen wurde. Im Gegensatz zu früheren Zeiten ließ man die Täter aber hinterher laufen, um politisches Aufsehen zu vermeiden.

Das Ende des vorigen Jahrhunderts war die große Zeit der Diamantensynthesen. Da man allmählich lernte, hohe Drücke technisch zu beherrschen, kam allgemein die Hoffnung auf, die Zukunft würde dem synthetischen Diamanten gehören. Diese Erwartungshaltung fand zum Beispiel ihren Niederschlag in der Erzählung »Stern des Südens« von Jules Verne (1884) und »Der Diamantenmacher« von H.G. Wells. H. Moissan entwickelte Elektroöfen, mit deren Hilfe man Temperaturen von über 3000 °C erreichen konnte. Moissansche Elektroöfen dienten H.F. Lemoine zu seinen vorgeblichen Darstellungen hochkarä-

tiger Diamanten, für die die größte Diamantenhandelsgesellschaft der Welt, »De Beers«, an unzugänglicher Stelle in den Pyrenäen eine Fabrik bauen wollte. 1908 kam es zum Prozeß gegen Lemoine, der sich dem zu erwartenden Schuldspruch durch die Flucht entzog. In seinen »Pastiches et mélanges« verfaßte Marcel Proust hinreißende literarische Variationen über die Affäre Lemoine. Professor O. Hönigschmid – der Fachmann seiner Zeit für Atomgewichtsbestimmungen – entlarvte 1929 vor einem Münchner Gericht den Goldmacher F. Tausend als Schwindler, der die nationalistisch-politischen Ziele des Generals Ludendorff hätte finanzieren sollen. Der Reichsführer SS, H. Himmler, wurde das – allzu leichte – Opfer des Ingenieurs K. Malchus, der vorgab, aus dem Sand von Prittlbach an der Amper mittels geheimer und geheimnisvoller Verfahren Gold isolieren zu können. Zwar endete der Betrüger im KZ Dachau, doch lebte sein faszinierendes Projekt auch ohne ihn noch eine Weile weiter, bot es doch für viele durchaus seriöse Wissenschaftler die Chance, jüngere Mitarbeiter durch Freistellungen im Rahmen dieses Vorhabens über den Krieg retten zu können und an den beträchtlichen bereitgestellten Mitteln zu partizipieren.

Spätere Betrügereien nehmen sich da eher harmlos-bürgerlich aus, wenn auch das Grundmuster erhalten bleibt: Man verspricht etwas Chemisches, was der Geschäftspartner nicht so ohne weiteres durchschauen kann, und sucht nach Erhalt eines beträchtlichen Vorschusses, oder wenn der Boden zu heiß zu werden anfängt, das Weite. So verschwand im Dezember 1954 der Schwede Goldesberg aus Paris, nachdem er für die Preisgabe eines neuen, aber eben nicht existenten Rezeptes für eine besonders dauerhafte Rostschutzfarbe zur Vorfinanzierung der Produktion 100 Millionen – allerdings alter – Franc erhalten hatte. Der Hintergrund dieses Schwindels liegt in der Tatsache, daß mittlerweile die Kosten der rund alle sieben Jahre fälligen Neuanstriche des Eiffelturmes die einstigen Baukosten um ein Mehrfaches überstiegen.

PRAKTISCHE CHEMIE BIS ENDE
DES 18. JAHRHUNDERTS

Der aus Siena stammende Renaissance-Ingenieur V. Biringuccio ließ 1540 in Venedig sein Werk »De la Pirotechnia libri X« erscheinen, bei dem es sich nicht nur um ein Buch der Metallurgie handelte, sondern auch um die erste gedruckte Darstellung der anorganisch-chemischen Technik und der angewandten Chemie. Biringuccio beschrieb die Herstellung und Reinigung von Gold, Silber, Kupfer, Blei, Zinn, Messing, Eisen und Stahl. Entgegen vielen Zeitgenossen verneinte er die Möglichkeit der Transmutation. Ausführlichst schilderte er Herstellung und Verwendung der sogenannten Halbmetalle Quecksilber, Schwefel, Antimon, der Pyrite, des Alauns, Arseniks, Realgars, Zinnobers, Auripigments, Salpeters, Salmiaks, Soda, Borax, des Glases und Kochsalzes, wobei er auch alle notwendigen Röst- und Schmelzprozesse, Destillationen und Sublimationen darlegte. Detailliert beschrieb er die Darstellung der Salpetersäure aus Salpeter und Alaun oder Vitriol in Tonkolben, die in Aschebädern erhitzt wurden, so daß die Säuredämpfe in Vorlagen aufgefangen werden konnten.

Dem Arzt und Naturforscher Th. B. von Hohenheim (1493–1541), der sich Paracelsus nannte, gelang es, zu einem »chemischen« Verständnis der Medizin zu kommen. Er faßte die Funktionen des menschlichen Körpers als chemische Umwandlungen auf, wobei unter Einwirkung eines hypothetischen Fermentes saure oder alkalische Produkte entstehen, deren Mengenverhältnis zueinander über Gesundheit oder Krankheit des Patienten entscheide. Als Konsequenz dieser Lehre wagte er den Einsatz von Sulfiden der Halbmetalle, insbesondere die Verwendung von Antimonsulfid als Medikament, und erzielte damit durchaus sensationelle Heilerfolge. Da er und seine Schüler die Therapie nach einiger Zeit maßlos übertrieben, geriet die von Paracelsus begründete Iatrochemie bald in Mißkredit, da allzu viele Patienten Schaden

nahmen. Trotzdem gilt es festzuhalten, daß Paracelsus einen Grundstein zum letztlich dann doch erfolgreichen chemischen Verständnis der modernen Medizin gelegt hat. Daß in der Renaissance die technische Chemie in der Hauptsache im Schatten der Metallurgie blühte, kann man auch an den Werken des L. Ercker von Schreckenfels (1530–1594) beziehungsweise G. Agricola (1494–1555) sehen. In zahlreichen Schriften beschäftigte sich Agricola mit der Gewinnung von Mineralien und Metallen, wobei er sich gegen die Alchemie wandte und nur das wirklich belegbare Erfahrungsgut gelten ließ, das aus der Antike und der arabischen Welt überliefert worden war. In seinem 1556 erschienenen Hauptwerk »Vom Bergkwerck XII Bücher« gab er eine geschlossene Darstellung der Methoden der Probierkunst zur Prüfung der Erze. Er empfahl, metallurgisch-analytische Untersuchungen stets messend mit Waage und

26 »Fauler Heinz« (d.h. mehrere, in diesem Fall drei Destillieröfen um einen zentralen Vorratsschacht für die Holzkohle), Destillieröfen und flacher »Galeerenofen«. Johann Georg Agricola: De re metallica, libri XII, Basel 1556

27 Treibherd. Johann Georg Agricola: De re metallica, libri XII, Basel 1556

Gewicht zu verfolgen, und er beschrieb auch Untersuchungsmethoden für Wässer. Bis zur Entwicklung einer wirklich eigenständigen, industriellen technischen Chemie war der Weg noch weit. In den Berufsdarstellungen des 16., 17. und 18. Jahrhunderts wurde der Chemikus, der Chemiker oder Chemyst stets als Angehöriger eines handwerklichen, unzünftigen Berufsstandes ohne akademische Ausbildung geschildert, der sich in einem bescheidenen kleinen Labor mit meist nur wenigen Mitarbeitern auf die Herstellung weniger Präparate spezialisierte. Grundlage der Produktion waren meist altüberlieferte Rezepturen, die sich im Laufe der Jahrhunderte zuweilen durch Abschreib- oder sonstige Fehler verschlechterten oder verkomplizierten. Daß diese Darstellung der technischen Chemie als unzünftiges Handwerk stimmen kann, sieht man u.a. am Beispiel der Grünspanherstellung Mitte des 18. Jahrhunderts in Montpellier: Fast jede Hausfrau ging dem Gewerbe der Herstellung dieser Mineralfarbe nach, wobei jährlich immerhin insgesamt zwischen neun- und zehntausend Zentner produziert wurden.

So geht man wohl nicht fehl in der Annahme, die Urform der chemischen Fabrik habe über die Jahrhunderte hinweg so ausgesehen wie das Laboratorium des Apothekers Homais in Flauberts Roman »Madame Bovary«, in dem zwar einerseits jenes tödliche Giftpräparat zubereitet wurde, dem die

unsterbliche Titelheldin zum Opfer fallen sollte, in dem sich aber auch die gesamte Familie des Apothekers und dessen Gehilfen zur herbstlichen Großherstellung von Johannisbeergelee zusammenfanden.

Ebenso wie die holländischen und deutschen Säure- und Präparatefabriken beschäftigte die berühmte chemische Fabrik von Lukavic in Böhmen im 18. Jahrhundert nur einige wenige Arbeiter.

Im 17. Jahrhundert war Amsterdam – neben Venedig – ein Zentrum des Chemikalienhandels und deren Bereitung. Damals blühte in Amsterdam die Raffinierung von Zucker, Kampfer, Borax und Schwefel sowie die Herstellung von Lackmus, Bleiweiß, Smalte und Quecksilberverbindungen und die Fabrikation von fetten und ätherischen Ölen, Spirituosen, Seife, Wachs etc. Im chemiefreundlichen Klima Amsterdams schuf auch J. R. Glauber (1604–1670) sein berühmtes, kameralistisch orientiertes Werk »Teutschlandts Wohlfahrt«, in dem er anmahnt, gerade in Deutschland die chemische Produktion auf eine breitere, besser organisierte und mit hinreichendem Kapital ausgestattete Grundlage zu stellen. Glaubers Ruf verhallte aber weitgehend ungehört, obwohl er sich selbst recht erfolgreich mit der Salpeterbereitung, mit Metallurgie, der Glasbereitung, der Färberei – insbesondere der Nuancierung von Farbstoffen mit Säure und Alkali –, der Gewinnung von Essig, Branntwein, Weinstein und Weinhefen beschäftigt hatte. Sein Hauptverdienst lag auf dem Gebiet der präparativen, meist pharmazeutischen Laboratoriumstechnik.

Für vieles war damals die Zeit noch nicht reif. J. J. Becher (1635–1682), ein kühner Projektemacher mit barocker Persönlichkeit und farbigem Lebenslauf, reichte das erste englische Patent zur Verkokung der Kohle mit der Gewinnung von Gas und Teer ein, doch hatte dies noch keine praktischen Folgen. Mit chemisch-technischen Problemen hatte sich auch der Leibarzt und Hofalchemist des Herzogs von Orléans, der holländische Arzt W. v. Homberg (1627 bis 1691), beschäftigt und beispielsweise über die Herstellung von Tuschen, Lacken, Firnissen und die Metallscheidung gearbeitet. Der geniale Gelehrte R. Boyle (1627–1691) hat sich mit der Salmiakfabrikation und der Färberei auseinandergesetzt.

28 Siegel des Johann Rudolph Glauber (1604–1670) mit alchemistischen Symbolen, von einem Lorbeerkranz umgeben.

SCHWEFELSÄURE

Eine frühe Grundchemikalie war die Schwefelsäure. 1744 entdeckte der sächsische »Bergrath« J.B. Barth die Sulfurierbarkeit des Farbstoffes Indigo und führte dieses Verfahren in die Wollfärberei ein. Schon vor der Mitte des 18. Jahrhunderts gab es in Nordhausen zwei Fabriken für Oleum. J. Ch. Bernhard entwickelte 1744 das Darstellungsverfahren rational weiter. Schon 1751 wurde dieses sächsische Vitriolöl über Frankfurt, Bremen und Nürnberg weitergehandelt. Seit 1551 brannte man in Bodenmais »Nordhäuser-Schwefelsäure« aus Eisenvitriol in irdenen Kolben; außerdem wurde hier sogenannter Potée hergestellt – im wesentlichen handelte es sich um Eisenoxid –, der als rote bis rotbraune Mineralfarbe, aber auch als Schleifmittel in der Spiegelfabrikation diente. Die »Potéewerke« lieferten außerdem noch Eisen- und Kupfervitriol. 1778 entstand in Lukavic in Böhmen eine Vitriol- oder Vitriolölfabrik, die sich zur ersten »Chemischen Fabrik« Böhmens entwickelte, deren fünf Beschäftigte auch noch Salpetersäure, Berggrün, Caput Mortuum und Kupfersulfat herstellten. 1792 eröffnete J.B. Starck seine »Mineralwerke« bei Pilsen. Starck hatte als junger Baumwollweber die Nutzanwendung der Schwefelsäure als Hilfsstoff bei der Bleicherei erkannt. 1800 betrieb er bereits 35 große Galeerenöfen zur Destillation von »Vitriolstein«, einem Gemisch von Eisen- und Aluminiumsulfaten. Als Rückstand verblieb in den Retorten rotes Eisenoxid.

Die Entwicklung der industriellen Schwefelsäuredarstellung – also nicht von Vitriolöl – begann in England. 1750 entdeckte F. Home in Edinburgh, daß sich Schwefelsäure vorteilhaft als Ersatz von Sauermilch beim Absäuern der zu bleichenden Leinwand oder Baumwolle benützen läßt. Die Dauer der Bleiche wurde dabei von zwei bis drei Wochen auf etwa zwölf Stunden abgekürzt. Die erste Fabrik in unserem Sinne errichtete 1736 der etwas zweifelhafte Quacksalber »Dr. Ward« in Richmond bei London. Die Apparatur bestand aus einer Anzahl großer Glasballone, die in einem Sandbad saßen. In die Ballone goß man etwas Wasser, brachte in den Hals eine rotglühende Blechschale, die eine Mischung von Schwefel und Salpeter enthielt,

30 Galeerenofen zum Destillieren von Schwefelsäure.

verschloß nun mit einem Holzstopfen und ließ von Zeit zu Zeit frische Luft ein.

1746 erfand J. Roebuck (1718–1794) die Bleikammer. Um die ortsansässige Leinenindustrie zu beliefern, legten Roebuck und Garbett 1749 in Prestonpans in Schottland eine Fabrik an, in der 1813 nicht weniger als 108 kleine Bleikammern betrieben wurden. 1772 kam es in Battersea in London zu einer großen Anlage mit 72 zylindrischen Kammern. Anfänglich besaß Roebuck eine Art Monopol auf industrielle Schwefelsäure, weil er sein Bleikammerverfahren geheimhielt. Durch verräterische Angestellte wurde es jedoch weitergetragen, so daß Ende des 18. Jahrhunderts in Glasgow über sechs sowie acht weitere Fabriken in Birmingham arbeiteten. Als 1788 die Chlorbleiche aufkam, zu deren Ausgangssubstanzen ebenfalls Schwefelsäure gehört, stieg die Produktion abermals stark an. 1815 wurden in England bereits 3000 Tonnen Säure produziert. Die Schwierigkeit der Versendung konzentrierter Säuren in Frachtpostkutschen begünstigte die Entstehung vieler vergleichsweise kleiner Fabriken. Das erste französische Unternehmen für »englische Schwefelsäure« entstand in Rouen. Zunächst arbeitete man noch mit Glasballons, ging aber 1769 ebenfalls zur Bleikammer über. Weitere Fabriken in Javelle bei Paris und Montpellier folgten. Frankreich produzierte Anfang des 19. Jahrhunderts bereits 200 000 Zentner im Jahr. A. de la Follies schlug 1774 vor, Wasser dampfförmig in die Kammern einzubringen, und Clément und C.B. Desormes erkannten 1793, daß der Salpetersäure lediglich eine katalytische, sauerstoffübertragende Wirkung zukommt, und führten in das Bleikammerverfahren den kontinuierlichen Luftstrom ein. In Deutschland blieb man lange beim Vitriolöl. Ab 1787 wurde die

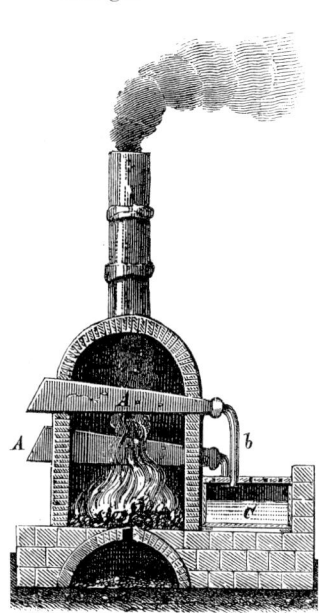

29 Ofen zum Sublimieren von Schwefel. Rudolph Wagner: Die chemische Technologie

Schwefelverbrennung in Glasballons auch in Berlin praktiziert und 1812 die erste Bleikammer bei Leipzig in Betrieb genommen. Natürliche Schwefellagerstätten begannen daher immer wichtiger zu werden. Das galt insbesondere für den sizilianischen Schwefel, dessen monopolisierter Handel zeitweilig in den Händen eines einzigen französischen Handelshauses lag, das seine Monopolstellung zu beträchtlichen Preisanhebungen bei seinen hauptsächlich englischen Abnehmern ausnutzte. Die britische Regierung reagierte 1838 mit Flottendemonstrationen in der Straße von Messina, die als Internationale Schwefelkrise in die Geschichte eingehen sollten. Dieses Ereignis brachte die englische Industrie dazu, vom sizilianischen Schwefel abzugehen und sich den heimischen Abbränden pyritischer Erze zuzuwenden.

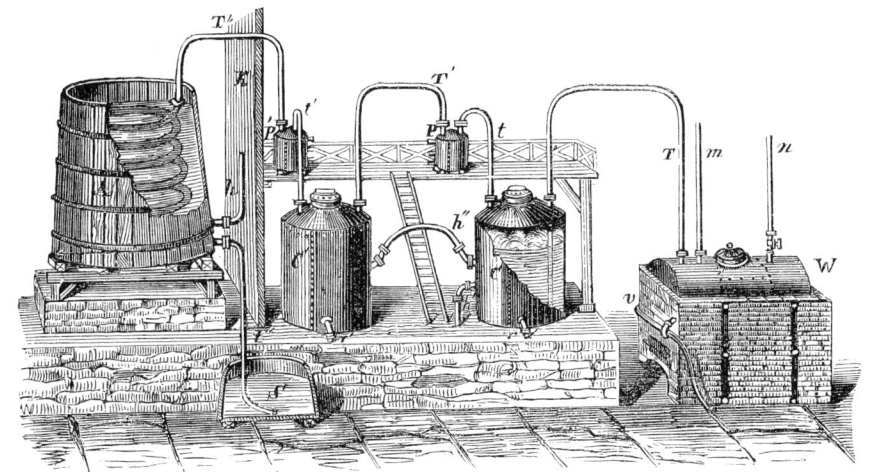

31   Bereitung von Salpetersäure.

SALPETER

Da in der Kriegsgeschichte Europas immer größere Heere auftraten und immer mehr Artillerie zum Einsatz kam, stieg der Bedarf an Salpeter, der lange aus Indien bezogen worden war. Damit wuchs die Bedeutung der heimischen Salpetergewinnung. Es gab einmal die Möglichkeit, den durch Bodenverunreinigung, durch Jauche und Fäkalien sich an Mauern abscheidenden »Mauersalpeter« abzukratzen. Da die Bevölkerung das »Ernten« dieses Salpeters durch staatliche Organe zum Beispiel an den Innenwänden von Häusern naturgemäß ungern sah, mußten Salpeterkommissionen gelegentlich mit militärischer Bedeckung

anrücken. Daneben wurde »Plantagensalpeter« in einem reichlich unappetitlichen Verfahren hergestellt. Dabei überließ man in Erdgruben tierische Abfälle und kalkhaltige Erde längere Zeit der Zersetzung. Erde von Friedhöfen, Abfälle von Schlachtereien, Schlamm aus Teichen, Mist, Kot, Blut und Urin wurden in Gruben öfters mit Jauche oder Urin übergossen. Nach etwa zwei Jahren laugte man unter Einsatz von Asche beziehungsweise Pottasche aus, dampfte dann ein und ließ auskristallisieren. Erst 1837 wurden eher zufällig die natürlichen Salpetervorkommen in Chile entdeckt und dann mit großen Segelschiffen um Kap Hoorn nach Europa gebracht.

Die Fabrikation von Salpetersäure behielt bis weit ins 19. Jahrhundert ihren kleingewerblichen Charakter bei, ihre Herstellung war eine Sache der Destillateure, Wasserbrenner und Apotheker. Nur in Holland gab es eine große Brennerei mit einer Jahresproduktion von 20 000 Pfund. Auch die älteste chemische Fabrik Bayerns, die 1788 gegründete Fabrik von Fikentscher in Marktredwitz, stellte Salpetersäure her; daneben widmete sie sich der Darstellung von pharmazeutischen Präparaten und Chemikalien, insbesondere von Phosphor, Benzoesäure und Quecksilberpräzipitat. Ursprünglich dürfte es sich ebenfalls um einen pharmazeutischen Kleinbetrieb gehandelt haben. Durch einen Besuch Goethes ging dieser Betrieb wegen einer Bodenverschmutzung mit Quecksilber als frühes Beispiel in die Geschichte der Umweltrechtsprechung ein.

Zur Herstellung von Salpetersäure wurde Salpeter mit einer Mischung aus Eisenvitriol, Ton oder Bolus (seltener Alaun) aus tönernen Kruken destilliert. Für die Cochenille-Färberei war ein Gehalt an Salzsäure günstig, ebenso für Messingarbeiten. Stärkste Salpetersäure verwendeten die Kürschner zum Abfleischen der Bärenhäute, zum Beispiel für Grenadiermützen. Die Hutmacher verwendeten Salpetersäure zum Verfilzen und waren mit die bedeutendsten Abnehmer. 1730 zeigte sich, daß sich durch eine Lösung von Quecksilber in Salpetersäure eine bessere Verfilzung erreichen läßt. Im übrigen wurde Salpetersäure im großen Umfang als Bestandteil des Scheidewassers und bei der Kupferstecherei benötigt.

32   Nachdem im 19. Jh. die Schmiedbarkeit des Platins entdeckt worden war, baute man Destillationsapparate aus diesem Metall.

Bleicher, Seifensieder und Glashersteller hatten einen stets steigenden Bedarf an Soda beziehungsweise Pottasche; zwischen beiden Substanzen wurde damals nicht scharf unterschieden.

Der Bedarf an Soda nahm permanent zu, das Aufkommen an Holz und damit an Asche rapide ab. Daher legte man in Frankreich in der zweiten Hälfte des 18. Jahrhunderts um Frotignan, Narbonne und Aigues-Mortes Plantagen von Pflanzen an, deren Asche besonders reich an Soda war, wie Brennesselarten. In Großbritannien und Irland verbrannte man zu diesem Zweck »Kelp«, das heißt Seetang. Der Bedarf an Soda beflügelte bald die Wissenschaftler. 1775 setzte die französische Akademie der Wissenschaften einen Preis für ein zufriedenstellendes Verfahren zur Soda-Synthese aus. N. Leblanc beschäftigte sich seit 1784 mit der Darstellung von Soda und fünf Jahre später hatte er jenes Verfahren gefunden, das noch heute seinen Namen trägt. Zunächst stellte er Natriumsulfat her, das er dann mit Holzkohle und Kalkstein in Öfen kalzinierte, um so rohes Soda zu erhalten. Mit der Unterstützung des Herzogs von Orléans und einiger weiterer Teilhaber gründete er 1791 eine Fabrik in St. Denis. Im November 1793 endete der Herzog als »Philippe égalité« unter dem Fallbeil der Guillotine. Im Streit um die Besitzverhältnisse wurde Leblanc, dem man ungerechterweise auch den Preis der Akademie vorenthielt, ruiniert und endete 1806 durch Selbstmord. Die Soda-Industrie erlebte rasch eine ungeheuerliche Blüte. In den vierziger Jahren des vorigen Jahrhunderts schätzte man die Produktion von Soda nach Leblanc in Frankreich auf 45 000 Tonnen im Jahr und in Großbritannien auf 132 000 Tonnen. Erst durch die Soda-Synthese nach Leblanc war es möglich, Glas in großen Mengen zu erschmelzen. Man schätzt, daß zur Herstellung der Glasscheiben in der Orangerie Friedrichs des Großen in Sanssouci die Buchenasche von über 50 Hektar Wald eingesetzt werden mußte. Die für das 19. Jahrhundert so typische Glasarchitektur mit ihren Kristall- und Ausstellungspalästen wäre ohne Leblanc nicht möglich gewesen.

Das Bleichen war ein besonders wichtiger Arbeitsvorgang der alten Textilindustrie, bei dem man jede Menge Sonnenschein, Buttermilch und pflanzliches Alkali benötigte. 1756 empfahl der schottische Medizinprofessor D. Home, die Buttermilch durch Schwefelsäure zu ersetzen, womit er für diese einen neuen Verwendungszweck gefunden hatte. C. Scheele entdeckte 1770 das Gas Chlor und beschrieb seine an sich einfache Darstellung durch Umsetzung von Kochsalz mit Schwefelsäure, womit er abermals für diese einen neuen Verwendungszweck gefunden hatte. 1786 entdeckten C. L. Berthollet und H. B. de Saussure die

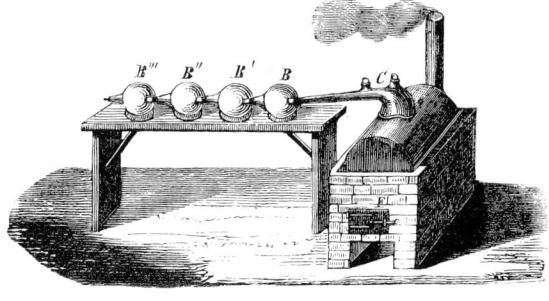

33 Darstellung von Brom.

bleichende Wirkung des Chlors. Ihre Anregung wurde in Rouen wie auch in Wien umgehend realisiert. In Wien war es der Freund und Förderer Mozarts, I. v. Born, angeblich das Vorbild des Sarastro in der Zauberflöte, der durch einen Strohmann – ihm selbst wäre dies als Beamten verwehrt gewesen – eine Chlorbleiche betreiben ließ. J. Watt, der neben seinen Dampfmaschinen beträchtliche chemische Interessen zeigte und als Erfinder des ersten Kopierverfahrens in die Geschichte einging, führte zusammen mit P. Copland diese Bleichmethode in Schottland ein. Reines Chlorgas ist aber für die meisten Textilien viel zu aggressiv. A. Baumé (1728–1804) erzielte eine zufriedenstellende Bleichung der Seide durch Behandeln mit einer Lösung von Salzsäure in Alkohol. In Javelle leitete man Chlor in kalte Pottasche-Lösung und stellte so eine Kaliumhypochloritlösung dar, die ab 1795 als »eau de Javelle« in den Handel kam und sich breiter Anwendung erfreute, obgleich das seit 1799 hergestellte Bleichpulver, genauer das Kalciumhypochlorit, billiger war. Mit Hilfe dieses Bleichpulvers ließ sich das Bleichen von Baumwolle innerhalb einer Woche bewerkstelligen.

CHEMIE AUF DEN JAHRMÄRKTEN

Der Alltagsmensch früherer Jahrhunderte hatte kaum Gelegenheit, Chemie und Alchemie überhaupt zu bemerken. Alchemisten, ob seriös oder nicht, pflegten sich eher zu verstecken. Die chemischen Betriebe jener Zeit hatten Angst, man könne ihre Produktionsgeheimnisse ausspionieren, und waren dementsprechend bestrebt, Neugierige aus ihren Laboratorien fernzuhalten.

Tatsächlich erlebten frühere Generationen die Chemie vorzugsweise auf dem Jahrmarkt. Der heutige Rummelplatz zeigt leider nur mehr einen schwachen Abglanz der einstigen Herrlichkeit. Eine hoch organisierte medizinische Versorgung der gesamten Bevölkerung, die Zeitungen und das Fernsehen haben ihn seiner einstigen Aufgaben beraubt. Damals hatte der Jahrmarkt, besonders auch in ländlichen und abgelegenen Gebieten, die Bevölkerung mit Waren, mit ärztlicher Hilfe, Medikamenten, aber auch mit Unterhaltung zu versorgen. Diese merkwürdige Kombination von Aufgaben führte über viele Jahrhunderte, ja Jahrtausende hinweg zu einem bestimmten Typ des Jahrmarktunternehmers, dem Quacksalber.

Woher das Wort »Quacksalber« stammt, ist nicht sicher, möglicherweise leitet es sich von quecksilberhaltigen Salben ab, die dieser unter das Volk brachte, nach anderer Meinung soll es sich um ein verändertes »quick« im Sinne von »schnell« handeln. Wie auch immer, jedenfalls waren Quacksalber nichtniedergelassene Ärzte, die im Umherziehen praktizierten und auch Heilmittel vertrieben.

Wie lange es Quacksalber gibt, wissen wir nicht genau. Das erste Beispiel ist jedenfalls aus dem antiken Griechenland überliefert: ein gewisser Alexander, der selbst Heilmittel zusammenbraute, Wundersalben fabrizierte sowie zauberhaft wirkende Elixiere, die er im Herumziehen auf Marktplätzen, auf denen er seine Bude aufgeschlagen hatte, vertrieb. Nebenbei wahrsagte er seinen Kunden die Zukunft. Das Kennzeichen von Quacksalbern ist die Beherrschung äußerst publikumswirksamer Anpreisungstricks. Alexander hatte einen besonders eindrucksvollen ersonnen. Er geriet bei seinen Ansprachen an das Publikum so in Trance, daß ihm der Schaum vor dem Mund stand. Mißtrauische vermuteten schon damals, er habe durch Kauen von Seifenkraut ein wenig nachgeholfen. In Trance pflegte er die nahende Wiedergeburt des Gottes Asklepios zu verkünden, die er dann auch prompt selbst inszenierte. Er rannte zu einem Teich, sang Hymnen auf den Gott und schöpfte mit einer Schale ein Gänseei. Dieses Ei hatte er vorher präpariert. Es enthielt eine kleine Schlange, und die notwendige Öffnung war mit Wachs und Bleiweiß geschickt kaschiert. Er zerbrach das Ei und wies die Schlange als vermeintliche Reinkarnation des Gottes Asklepios vor. Durch gezielte Vertauschung mit immer größeren Schlangen wuchs »Asklepios« schnell zu furchterweckender Größe an. Da Alexander auch ein geschickter Bauchredner gewesen sein soll, konnte sein Gott bald Fragen aus dem Publikum beantworten und bei seinen Wahrsagereien mitspielen. Diese Darbietung bewies schon eine ziemliche Perfektion.

Bedingt durch den Mangel an Quellen wissen wir über weite Zeiträume des Mittelalters recht wenig über das Schicksal der Quacksalber. Ab dem 17. Jahrhundert ist ihr Wirken gut dokumentiert. Bedeutende Quacksalber – klassisches Beispiel in Deutschland ist der heute noch bekannte Doktor J. A. Eisenbarth (1661–1727), dessen Operationen dank Sterilisierung seiner chirurgischen Instrumente in der Flamme meist gelangen – unterhielten ganze Kompanien mit eigenen Hilfsärzten, Händlern, Zauberern, Seiltänzern, Feuerspeiern, Musikkapellen und Theatertruppen. In seiner Glanzzeit soll Doktor Eisenbarth über eine

Truppe von etwa hundertachtzig Mitarbeiter verfügt haben. Sein ganz besonderer Stolz war der Besitz von zwei Dromedaren. Manchmal verfaßten bedeutende Dichter die Stücke solcher Quacksalbertruppen. So hat zum Beispiel C. Goldoni (1707–1793) zeitweilig für den berühmten »L'Anonymo« Theaterstücke geschrieben. Vor der Jahrmarktbude, auf einem hohen Gerüst, wurde Theater gespielt, gezaubert, musiziert, wurden aber auch Patienten behandelt. Vor den Augen eines schadenfrohen Publikums zog man Zähne, stach den Star und führte chirurgische Eingriffe aus. Den zeitlichen Ablauf dieser Darbietungen muß man sich in etwa so vorstellen: Einen Akt lang spielte man Theater, dann schnitt man Steine, nun spielte man wieder einen Akt lang Theater, dann verkaufte man Hustensaft oder »brach« Zähne, und das ging lange so fort, denn die Theaterstücke der Quacksalbertruppen waren reich an Akten. Dank einem raffinierten Sinn für morbide Theatralik pflegte man den Patienten so dem Publikum zuzuwenden, daß alle Zuschauer den Eingriff voll miterleben konnten. Da die Quacksalber und ihre Gehilfen auch Medizinen herstellten und verkauften, mußten sie über recht bedeutende chemische Kenntnisse verfügen, was dazu führte, daß eine ganze Reihe chemischer Zaubertricks und Schauexperimente in ihr Repertoire gehörte, das sie ihrem Publikum neben den altüberlieferten Zaubereien aus der Gaukeltasche vorführten. Für uns Nachgeborene ist die innere Logik dieses bunten Treibens zunächst etwas unverständlich, doch wird bei näherer Betrachtung der Zusammenhang recht einfach. Um den Absatz einer bestimmten Medizin zu fördern, ist es verkaufspsychologisch von Vorteil, die Anpreisung dieser Ware mit einem passenden chemischen oder auch physikalischen Trick zu untermalen: So diente das Feuerschlucken oder das Feuerspeien als Anpreistrick für den Verkauf von Brandsalben. Die Mundschleimhäute mußten dabei durch spezielle Salben geschützt werden. Das Sprengen von Ketten und Zerreißen von Münzen sollte den Verkauf von Stärkungsmitteln unterstützen. Eine Münze läßt sich aber nur durchreißen – und eine Kette nur sprengen –, wenn man heimlich zuvor eine Art Sollbruchstelle mit Säure angeätzt hat. Besonders beliebte Schießtricks wie das

34 Quacksalber mit seinem »Pickelhering« mit Seiltänzern auf dem Jahrmarkt. Es gab tatsächlich Quacksalber, die nicht nur Ärzte und Chirurgen waren, sondern die in ihren eigenen Truppen außerdem als Artisten, zum Beispiel Seiltänzer, auftraten. Anonymer Kupferstich, 18. Jh.

leicht auszuführende Ausschießen – wobei in Wahrheit eine Kerzenflamme nur durch das Mündungsfeuer der Pistole ausgeblasen wird – beziehungsweise das An- oder Weiterschießen einer Flamme (dabei wird der Docht der nichtbrennenden Kerze mit weißem Phosphor präpariert) förderten den Verkauf von Medizinen, die den Käufer schußfest machen sollten. Naturgemäß versagten solche Medizinen zuweilen in der Praxis, doch scheint dies nicht sonderlich gestört zu haben. Dem gleichen Ziel diente die sogenannte »Passauer Kunst«, das Erschießen einer Person auf offener Bühne, wobei die Pulverwaffen mit Kugeln aus speziellen Quecksilberlegierungen geladen wurden. Diese Amalgamkugeln waren dermaßen weich, daß sie während des Fluges durch den Widerstand der Luft gewissermaßen zerbröselten und so ihr Opfer nicht erreichten. Es soll jedoch vorgekommen sein, daß bösartige Zuschauer heimlich die Amalgamkugeln gegen echte austauschten »und diese bewiesen ihre Kraft wie gewöhnlich«. Das Durchstechen eines Menschen mit einem Degen – die Damaszenerklinge wurde im Inneren einer gebogenen, unter dem Hemd versteckten Bleiröhre um den Bauch des Opfers herumgelenkt – untermalte reichlich drastisch den Verkauf blutstillender Präparate. Das Ganze wurde von Musik begleitet, und der Quacksalber und seine Gehilfen traten in prächtiger Gewandung auf.

Im Laufe der Zeit lockerte sich naturgemäß der logische Zusammenhang zwischen Medizin und Darbietung etwas, was nicht zuletzt daran lag, daß die Jahrmarkttruppen auf die naheliegende Idee verfielen, die von ihnen beherrschten Tricks in die Handlungen ihrer Theaterstücke einzubauen. Daneben gab es auch Quacksalber ohne Truppen wie zum Beispiel »Manfredi, den Wassertrinker«, einen Kleinquacksalber des 17. Jahrhunderts, der nur wenige Tricks beherrschte, diese aber perfekt: das getrennte Ausspeien verschiedener Flüssigkeiten (Branntwein, Milch, Öl, etc.), das Tragen eines schweren Steines nur mit dem Haarschopf und ähnliches. Er verkaufte nur eine einzige Medizin, »einen Balsam vor den verderbten Magen«.

Die Jahrmarktquacksalber waren in früheren Jahrhunderten dermaßen häufig, daß sich ihre Darstellungen auf Tausenden von Gemälden und Kupferstichen erhalten haben. Oft wurde die Gestalt des Quacksalbers auch literarisch verarbeitet, so in »Volpone« von Ben Jonson (1572–1637) oder im »Jahrmarktsfest von Plundersweilern« von Goethe. Der längst verklungene musikalische Reiz läßt sich noch erahnen, wenn man der Auftrittsarie des Quacksalbers Dulcamare in der Oper »Der Liebestrank« von Donizetti lauscht.

Die Verbesserungen der öffentlichen Gesundheitsfürsorge in Europa ließen im Verlauf des vorigen Jahrhunderts die Quacksalber seltener werden, doch es gab sie noch. 1853 beschrieb Liebigs Tochter Agnes das Auftreten eines Jahrmarktscharlatans in der Nähe von Frascati in einem Brief an ihren Vater: »… sehe ich plötzlich auf dem Markt einen offenen Wagen halten, auf dessen Bock zwei phantastisch gekleidete Trommler einen gewaltigen Lärm vorführen, und drum herum die Bauern und Bäuerinnen… Jetzt schwiegen die Trommler, und aus dem Wagen erhob sich ein schwarzbärtiger Mann in goldgesticktem türkischem Anzug… (Wir) hörten nun wie dieser, der Wunderdoktor, nicht allein Zahnweh, – nein, jedes Übel und jede Krankheit, welche er alle mit lauter Stimme und Gestikulationen ausrief und andeutete – heile, – u. das mittelst eines aromatischen Öles – ›Ich habe mit diesem Öl Seine Maje-

stät, den König von Neapel geheilt.‹ – Letzteres in feierlichem Ton. Darauf es still wird wie zuvor u. die Bauern sperren die Mäuler auf. – / Nun fangen die Trommler wieder an. Er hält das Fläschchen in die Höhe –: ›und kostet nur einen Paulini (etwa 12 Kreuzer)‹ – Aber dieses Zuströmen hättet ihr sehen sollen… Es war ein Charlatan in der Vollkommenheit.« An dieser Stelle sollte man eingestehen, daß der Jahrmarkt der Familie Liebig so fremd nicht war. Aus den Briefen des jungen Liebig an seine Eltern wissen wir, daß Liebigs Vater, von Beruf Materialist – oder wie wir heute sagen würden: Händler von pharmazeutischen Rohmaterialien – mit eigenem Laboratorium, Phiolen mit dem »Blut des Heiligen Januarius« herstellte. Dabei wurde in kleinen Phiolen trickreich das Wunder der Verflüssigung des Blutes dieses Heiligen durch Schütteln und Erwärmen imitiert. Vermutlich belieferten Liebigs mit diesem damals klassischen kleinen Schauversuch ihrerseits Jahrmarkthändler.

Siegfried Lenz schilderte in seinem Roman »Heimatmuseum« 1978 einfühlsam einen ostpreußischen Quacksalber, den er wohl selbst noch in seiner Jugendzeit erlebt hatte. Dieser Quacksalber – und dies entspricht auch den sonstigen Gepflogenheiten – besaß ein eigenes Laboratorium. Wir wissen aus früheren Beschreibungen, daß diese Laboratorien im allgemeinen identisch waren mit den Winterquartieren der Truppen. Siegfried Lenz verdanken wir eine literarisch überhöhte Beschreibung eines solchen Quacksalberlaboratoriums:

»… Ohne Unterlaß schleppten sich mehrfarbige Dämpfe aus seinem sogenannten Laboratorium, in allen Räumen blühte Nebel, über unserem Haus standen Wölkchen von bengalischem Reiz. Tag und Nacht kochte es in seiner geheimnisvollen wissenschaftlichen Küche, es briet, gluckerte und schmolz dort, gelegentlich hallten gemäßigte Explosionen zu uns herauf, und in Stichflammen wurden Gerüche entbunden, die uns farbig tagträumen ließen…«

Daß das chemische – übrigens auch physikalische – Treiben der Quacksalber auf den Jahrmärkten für die Entfaltung der Chemie im 19. Jahrhundert so überaus bedeutend werden sollte, lag an einem eigenartigen Popularisierungseffekt. In dem Bestreben, den Jahrmarkt zu entlarven, erschien in der

Tradition der Aufklärung eine Fülle von enthüllender Literatur, in der namhafte Gelehrte wie zum Beispiel J.C. Wiegleb (1732–1800) mit seiner »Natürlichen Magie« das scheinbar geheimnisvolle Treiben auf den Jahrmarktbuden rational erklärten. Doch die Hoffnung, diesem Spuk so ein Ende zu bereiten, trog gewaltig. Ganz im Gegenteil trugen diese Enthüllungen beträchtlich zu dessen Popularität bei. Die Publikation der Rezepturen wirkte auf das Bildungsbürgertum zu Beginn des vorigen Jahrhunderts ungeheuer anregend. Viele junge Leute experimentierten in ihren Mußestunden anhand der Wieglebschen Anleitungen. Die dazugehörigen Apparaturen konnte man im Versandhandel erwerben, die Firma Bestelmeyer in Nürnberg lieferte Geräte und Chemikalien. Liest man ihre Briefe und Tagebücher genau, so kann man erkennen, wie intensiv romantische deutsche Dichter jener Zeit, zum Beispiel Jean Paul und insbesondere E.T.A. Hoffmann, aber auch Carl Grosse und der junge Friedrich Schiller, durch die zahlreichen »Natürlichen Magien« dieser Zeit beeinflußt wurden. Es mag für uns heute verblüffend sein, aber um Hoffmanns großen Zauberspiegel mit rund fünfzig Tricks sein eigen nennen zu können, mußte man bei Bestelmeyer fünfundfünfzig Karolinenthaler (ca. 5000 DM) anlegen – zwar ein kleines Vermögen, das aber Vergnügen bereitete. Die Tatsache, daß Hoffmann in der Novelle »Der Sandmann« den Untergang eines kleinen Privatlaboratoriums, verursacht durch eine Explosion, schilderte, vermochte nicht sonderlich abschreckend zu wirken.

Auf diese Weise wurde ein beträchtliches Interesse für die Naturwissenschaften und die Chemie geweckt. Dank der enthüllten Jahrmarktzaubereien gelangten chemische Kenntnisse auf breiter Front in den Besitz von Laien. In dieses Bild paßt es auch, daß zum Beispiel der österreichische Kanzler K.W. Fürst von Metternich (1773–1859) in seinen Mußestunden nur so zum Spaß experimentierte. Es ist gefährlich, dieses chemische Hobby-Laborieren einfach abzutun, denn es läßt sich zeigen, daß Metternich für chemische Fragestellungen durchaus empfänglich war; noch der alternde Fürst, von der 48er Revolution auf sein legendäres Weingut Johannesberg vertrieben, ließ sich ohne weiteres dazu

herbei, mit Justus von Liebig Kunstdüngerexperimente zu unternehmen, und hatte nichts dagegen, von diesem propagandistisch ausgebeutet zu werden.

In einem Fall kann man direkte Auswirkungen des Jahrmarkts auf die klassische Chemie aufzeigen. So heißt es in Liebigs Erinnerungen an seine Jugendzeit:

»… Auf dem Markte in Darmstadt sah ich einem herumziehenden Händler allerlei ab, wie er Knallsilber zu seinen Knallerbsen machte. An den rothen Dämpfen, die sich bildeten, als er sein Silber auflöste, sah ich, daß er Salpetersäure dazu nahm und dann eine Flüssigkeit, mit der er den Leuten schmutzige Rockkragen reinigte und die nach Branntwein roch…«

Liebig machte die gesehenen Versuche zu Hause nach und noch als junger Wissenschaftler beschäftigte er sich mit der Chemie der knallsauren Verbindungen. F. Wöhler fand dann für das von ihm untersuchte Silbercyanat die gleichquantitative Zusammensetzung, die Liebig und Gay-Lussac für das Knallsilber ermittelt hatten. Jeder der beiden jungen Forscher hielt die analytischen Ergebnisse des jeweils anderen für falsch, aber jeder der beiden hatte recht gehabt. 1830 verallgemeinerte Berzelius diese Beobachtungen und schuf den neuen Begriff »Isomerie« für chemische Verbindungen, die die gleiche Bruttoformel haben, aber vollkommen verschiedene Eigenschaften und Reaktionsweisen zeigen. Wie sich später in der zweiten Hälfte des vorigen Jahrhunderts zeigen sollte, haben isomere Verbindungen verschiedene Strukturformeln.

DIE CHEMISCHE DEMONSTRIERKUNST

Die Alchemie war eine Art Geheimlehre, die so gut wie ausschließlich in geschlossenen Zirkeln weitergegeben wurde. Zwar gab es – wie erwähnt – eine reiche alchemistische Literatur, die man auch in der Buchhandlung kaufen konnte, aber keinen öffentlich zugänglichen Unterricht. Die Kenntnisse der chemischen Handwerke und der kärglichen Anfänge der chemischen Industrie trug man im Stil unzünftiger Handwerke weiter. Zwar konnte man bei einem Unternehmer – zum Beispiel einem Destillateur – lernen, aber sehr im Gegensatz zu heute mußte bis weit ins vorige Jahrhundert der Lernende an seinen Lehrherrn Lehrgeld bezahlen. Das weitergereichte Wissen war somit eine Art Ware, die bezahlt werden mußte, und dementsprechend nicht dazu bestimmt, billig oder gar unentgeltlich unter die Leute gestreut zu werden. Ein Unterricht an Schulen und Universitäten fand nicht oder nur in äußerst kleinem Rahmen statt. Dies bedeutete, die Professoren bildeten wenige ausgewählte Studenten in ihren Laboratorien aus. Die Studiengänge und deren Inhalte waren, falls überhaupt, nicht besonders scharf definiert. Dies blieb im allgemeinen so bis zur Mitte des vorigen Jahrhunderts.

Diese Tradition des sich nach außen Abschirmens war in Zeiten ohne funktionierenden Patentschutz und einer relativ langsamen, wenn auch stetigen Entwicklung der Chemie leicht verständlich: Konnte einem doch die Beherrschung einiger, vielleicht im Detail gar nicht so besonders komplizierter chemischer Tricks bei der Produktion von Pharmazeutika und Chemikalien einen beachtlichen technologischen Vorsprung vor etwaigen Konkurrenten verschaffen. Zwar gab es Ansätze, um zu einem breiteren und auch offeneren Unterricht der Chemie zu kommen, doch konnten sich diese bezeichnenderweise nicht durchsetzen. Daß dennoch ein öffentlicher Unterricht der Chemie entstehen sollte, verdan-

ken wir der Tatsache, daß die Chemie als Hilfswissenschaft für Medizin und Pharmazie in der Renaissance immer wichtiger wurde. Die Zahl der Ärzte nahm zu, und neue Ausbildungsformen mußten gefunden werden.

Die Entwicklung der chemischen Demonstrierkunst ist untrennbar verbunden mit der Geschichte einer berühmten Institution, deren Name und zugrundeliegende Idee mit der Chemie zunächst scheinbar nichts zu tun haben: dem »Jardin du Roi« in Paris. 1572 hatte der Dichter, Historiker, Botaniker und Alchemist Jacques Gohory (oder Gohorri, gest. 1576) – als Naturforscher ein Gefolgsmann von Paracelsus – einen botanischen Garten angelegt. Zweck solcher Gärten war die Hege von Heilkräutern für die medizinisch-pharmazeutische Nutzung. Da man aber aus den Heilpflanzen die Medizinen erst bereiten mußte, baute man in den Gärten auch pharmazeutische Laboratorien. Nach dem Tode von Gohory verfiel zwar sein Garten wieder, man beschloß jedoch, das Areal nach dem Vorbild von Montpellier – dort gab es eine alte medizinische Hochschule, an der König Heinrich IV. 1593 einen botanischen Garten hatte anlegen lassen – neu zu gestalten. 1626 gründeten die beiden Leibärzte Ludwigs XIII., Jean Heroard und Guy de Brosse, den »Jardin Royal des Plantes Medicinales«. Wie man aus der Bezeichnung deutlich se-

36 Die Kombination medizinisch-chemische Forschungsstätte mit botanischem Garten war im 18. Jh. weit verbreitet. Auch das Anatomiegebäude der Universität Ingolstadt, errichtet 1723, enthielt im Erdgeschoß ein chemisches Laboratorium. Kupferstich, Th. Sondermayer.

hen kann, handelte es sich um eine Gründung mit pharmazeutischer Zielsetzung. Der Garten wurde auch zunächst von Brosse als »Superintendant« bis 1635 geleitet. Sein übernächster Nachfolger war dann der große Gelehrte G. L. L. Graf von Buffon (1707–1788), der den »Jardin du Roi«, wie er bald genannt wurde, jahrzehntelang von 1739 bis 1778 leitete.

Man hatte dem Jardin du Roi die Aufgabe übertragen, lehrend und anregend auf die Apotheker zu wirken. Es ist hierbei wichtig festzuhalten, daß die Pharmazie ein Lehrberuf war. Zwar konnte man der pharmazeutischen Lehre ein Hochschulstudium anfügen, mußte dies aber nicht. So sollten sich nun Apotheker in den Kursen des Jardin du Roi aus- und weiterbilden lassen. Dies wiederum hatte zur Folge, daß der »Garten« anfing, eine Organisationsform ähnlich der einer Hochschule anzunehmen, und so entstanden ganz spezielle Amtsbezeichnungen wie »garde et demonstrateur du cabinet du Roi«, und man fing auch bald damit an, Professoren einzustellen, wobei »Professeur« im Rang stets höher stand als »Demonstrateur«. Doch kam es in jenen Zeiten durchaus vor, daß gute Vortragende, die private Vorlesungen in ihren eigenen Räumlichkeiten hielten, sowohl den Professoren des Jardin als auch den Demonstratoren die Schau stahlen. Ein berühmtes Beispiel hierfür sind die Privatvorlesungen von N. Lemery (1645–1715), der zwar am Jardin Chemie studiert hatte, selbst aber privat unterrichtete. 1675 veröffentlichte er sein größtes Werk, den »Cours de chymie«, das in fünf Sprachen übersetzt über hundert Jahre Gültigkeit hatte. Es scheint so, als wäre er der erste gewesen, der für Hörer aller Stände vortrug. Unter seinem Publikum befanden sich auch Damen und Studenten fremder Fakultäten. Zwar mußte man am Jardin und selbstverständlich auch in solchen Privatvorlesungen bezahlen, aber jeder, der zu zahlen bereit war, durfte auch hören. Nicolas Lemerys Sohn Louis (1677–1743) hatte die Kunst des chemischen Schauexperimentierens von seinem Vater erlernt und hielt seit 1708 Chemievorlesungen am Jardin du Roi, erhielt aber erst 1731 sein Patent als Demonstrateur.

Die Liste berühmter Professoren und Demonstratoren ist lang. Erwähnen muß man

37 Vorlesungsapparatur zur Entwicklung von Acetylen. Julius Adolph Stöckhardt: Die Schule der Chemie, Braunschweig 1870

jedoch G. F. Rouelle (1703–1770), einen Pharmazeuten ländlicher Herkunft, der jahrzehntelang von 1742 bis 1768 als Demonstrateur am Jardin wirkte. Seine Kleidung und seine Art des Vortrages wurden von seinen Zeitgenossen als etwas exzentrisch empfunden, dabei wurde er aber hoch geschätzt. Auch übte er jenen feierlichen Stil des Auftritts des Vortragenden, wie ihn auch später noch – wenn auch mit einer anderen Kleidermode – die Professoren des vorigen Jahrhunderts, zum Beispiel Liebig, pflegen sollten. Er betrat den Hörsaal stets »comme il faut« mit bunter Weste und Überrock, auf dem Kopf die gepuderte Perücke und unter dem wohlabgezirkelten Arm den Dreispitz. Doch regelmäßig geriet er beim Lesen und Experimentieren dermaßen in Rage, daß er vor dem Publikum nach und nach Hut, Perücke, Rock und Weste ablegte, um nur noch in Hemdsärmeln, mit zerzaustem Haarschopf, begeistert und begeisternd, aber derangiert, zu experimentieren. Dabei assistierte ihm sein jüngerer Bruder Hilaire, der ihm auch als Demonstrateur nachfolgen sollte. Rouelle ging als Lehrer von Lavoisier und Proust in die Geschichte ein. Unter Rouelle erreichten die chemischen Experimentalvorlesungen am Jardin gewissermaßen Weltformat; es gab an anderen Institutionen und in anderen Ländern nichts wirklich Vergleichbares. Und wenn irgendwo vor Publikum experimentiert wurde, dann hatte der Jardin du Roi direkt oder indirekt Pate gestanden.

Ein weiterer Höhepunkt der Experimentierkunst wurde am Jardin unter einem berühmten Doppelgestirn erreicht: P. J. Macquer (1718–1784), von Haus aus Arzt – auch er hatte am Jardin studiert –, betrieb zusammen mit A. Baumé (1728–1804) ein pharmazeutisches Privatlaboratorium, in dem Präparate für den Verkauf hergestellt, aber auch öffentliche Vorlesungen abgehalten wurden. Diese hatten einen beträchtlichen Erfolg, denn Macquer war ein blendender Chemiedidaktiker und Baumé ein glänzender Demonstrator. Der Jardin du Roi reagierte auf diese Herausforderung, indem man das Doppelgestirn integrierte und anstellte; 1771 ernannte man Macquer zum Professeur und Baumé zum Demonstrateur. Damit stieg der Jardin du Roi zu einem neuen Höhepunkt der Experimen-

38 Alessandro Graf Volta (1745–1827) hatte, um das 1776 von ihm entdeckte Sumpfgas zu analysieren, das nach ihm benannte Voltasche Knallgaseudiometer entwickelt, das zur Vermeidung von Ablesefehlern später vielfach verfeinert wurde. Deutlich erkennt man die beiden Elektroden am rechten, durch einen Hahn geschlossenen Rohr, um die Gasreaktion durch einen elektrischen Funken zu zünden. Das zweite Rohr und der Hahn links unten dienen zur Herstellung des Druckausgleichs in der Sperrflüssigkeit.

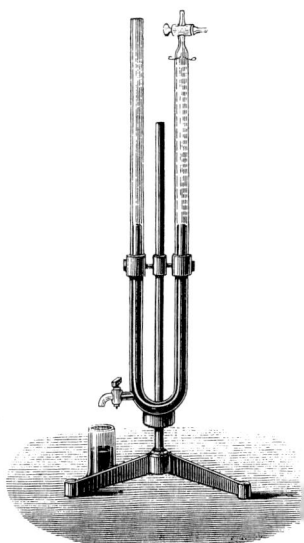

tierkunst auf. Baumé hat später gesagt, daß er Macquer fünfundzwanzig Jahre als Demonstrateur gedient habe, daß sie beide zusammen sechzehn große Kurse abgehalten hätten, und in jedem dieser Kurse nicht weniger als zweitausend Experimente vor Publikum unternommen worden seien. Für sich allein, so fügte er noch hinzu, habe er zehntausend Experimente vor Zuhörern ausgeführt. Macquer verfaßte mit seinem »Dictionnaire de Chymie…« (1766) das erste große chemische Nachschlagewerk, das, in viele Sprachen übersetzt, auf die Entwicklung der Chemie großen Einfluß hatte.

Der »verspielte Zeitgeist«, der die zweite Hälfte des 18. Jahrhunderts kennzeichnete, kam der Entwicklung großartiger Schauvorlesungen und bombastischer Experimente sehr entgegen. Es wurde üblich, Naturwissenschaftler als eine Art Zauberkünstler und Entertainer bei Hoffesten auftreten zu lassen, was diese wiederum zu besonders aufwendigen und verblüffenden Schauexperimenten anspornte.

Chemievorlesungen begannen Ende des 18. Jahrhunderts theatralisch aufzublühen. Manche Privatgelehrten pflegten sie zur eigenen Belustigung zu veranstalten. Wurde man von der Familie des wohl bedeutendsten Chemikers des 18. Jahrhunderts, A. L. Lavoisier, in Paris zum Diner gebeten, so mußte man erst eine Stunde Experimentalvorlesung – manchmal mehr – über sich ergehen lassen, auch wenn einem nicht danach zumute war. An der Bayerischen Akademie der Wissenschaften (gegr. 1764) wurden nach französischem Vorbild Experimentalvorlesungen für Physik und Chemie von dem Schottenmönch M. von Imhoff gehalten, wiewohl das alte München vorher naturwissenschaftlich tiefste Provinz gewesen war. Er zeigte die klassischen Versuche der »pneumatischen Chemie«. Imhoff maß die Zusammensetzung der Luft und experimentierte mit explodierenden Gasgemischen. Kurfürst Karl Theodor von Bayern verfügte, daß an der Landesuniversität Ingolstadt von dem dortigen Professor für Chemie, L. Rousseau, Chemie für Hörer aller Fakultäten gelehrt werden sollte. Diese Vorlesung war Pflicht. Der Kurfürst hoffte, daß es auf diese Weise möglich sein müsse, der weiteren Verbreitung des Aberglaubens in Bayern Einhalt zu gebieten.

Zwar darf bezweifelt werden, daß dies wirklich glückte, doch gelangten auf diese Weise auch Studenten anderer Fakultäten in den Genuß chemischer Kenntnisse. Es läßt sich zeigen, daß dies einige Male glückliche Folgen hatte, zum Beispiel beim Studenten der Kameralistik A. Senefelder.

Im Weimar Goethes organisierte Nikolaus Scherer eine öffentliche Experimentalvorlesung, die – wiewohl vom Landesvater, dem Großherzog Karl August, unterstützt und gefördert – sich in erster Linie an ein bürgerliches Publikum richtete. Sie erfreute sich größter Beliebtheit. Der Literat Joseph Rückert schrieb 1799 nicht ohne Spott: »… Man spricht jetzt in Weimar von nichts als Gas, Oxigena, brennbaren Stoffen, leicht- und strengflüssigen Dingen. Alle Weimaraner und Weimaranerinnen scheinen Chemiker und Weimar ein großer Schmelzofen werden zu wollen…« Experimentelles Ungeschick Scherers brachte die Vorlesungen zum Erliegen: »… Und endlich liefen einige seiner Versuche so übel ab, daß ein großer Teil der Umstehenden mit verbrannten Gesichtern und Kleidern nach Hause zu gehn, den Verdruß hatte…«

Man darf annehmen, daß die zunächst fast rein französische Tradition der großen chemischen Experimentalvorlesung auch auf Sir Benjamin Thompson, Graf von Rumford, ausstrahlte. Seine etwas ungestüme Beteiligung an der Innenpolitik der Vereinigten Staaten während des Unabhängigkeitskrieges hatte ihn gezwungen, nach Europa zu emigrieren. In den Jahren 1784 bis 1795 stand er in den Diensten des bayerischen Kurfürsten und lernte so den Lehrbetrieb an der Münchener Akademie der Wissenschaften kennen. Ab 1795 lebte er dann in England – er ehelichte übrigens die Witwe Lavoisier – und gründete dort die »Royal Institution«, die in erster Linie zur Ausbreitung chemischer Kenntnisse der arbeitenden Bevölkerung gedacht war. Doch entwickelten sich die Vorlesungen sehr schnell zu einer modischen Unterhaltung der Wohlhabenden. Ein wenig lag dies am »snob appeal« des ersten Direktors der Royal Institution, (Sir) Humphry Davy (1778–1829), den man bei der Gründung 1801 als Dozenten und Direktor des Laboratoriums berufen hatte sowie als Mitherausgeber des Journals der Royal Institution. Dank Davy, aber auch insbesondere durch

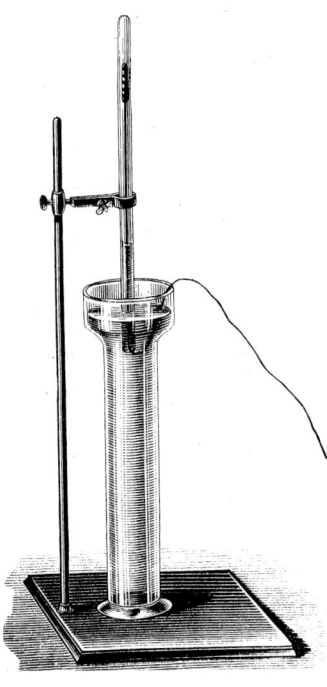

39 Zündung eines Gasgemisches in einem Voltaschen Eudiometer mit Hilfe eines eingeführten Zündkabels.

dessen Schüler M. Faraday (1791–1867), der 1813 Davys Assistent geworden war, und den man bereits vier Jahre später zum Direktor berief sowie 1827 zum Professor der Chemie, erlangten die Vorlesungen der Royal Institution Weltruhm. Besonders populär waren die sogenannten Penny-Vorlesungen für jedermann, so benannt nach dem eher symbolisch gemeinten Eintritts-

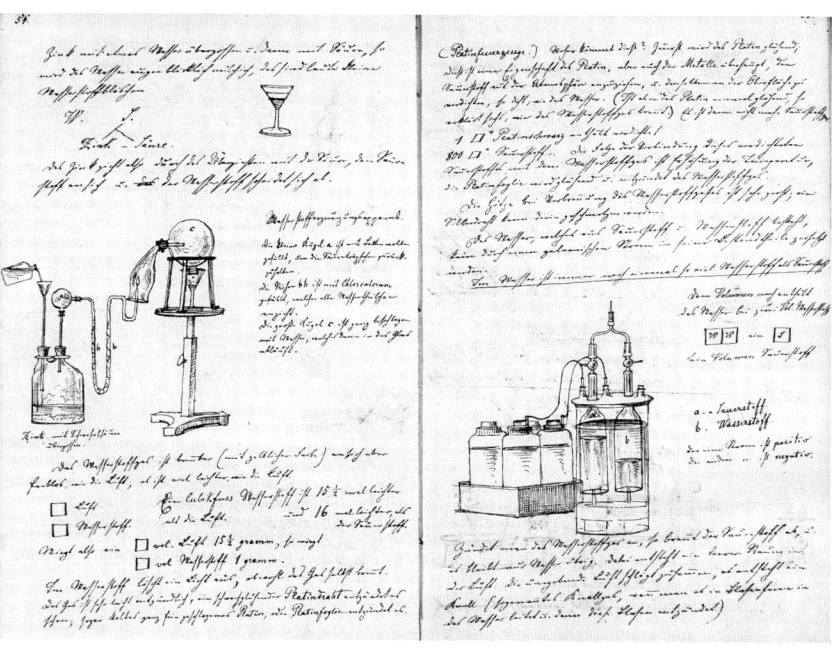

40 Der spätere Architekt Friedrich Thiersch (1852–1921) schrieb als Student in jungen Jahren Liebigs große Experimental-Vorlesung an der Universität München mit. Manuskript im Privatbesitz von Nachkommen Liebigs

preis. Da die Royal Institution aber Vorlesungen für Hunderte, manchmal Tausende von Hörern veranstaltete, kamen trotzdem beträchtliche Summen zusammen. Noch heute berühmt ist der klassische Text einer kleinen Vorlesung, die Faraday für Kinder hielt: »Die Naturgeschichte einer Kerze«, die immer noch als liebenswerter Klassiker der Chemiedidaktik nachgedruckt wird.

Besonders glanzvoll waren jene Vorlesungen, die J. J. v. Berzelius in den zwanziger Jahren des vorigen Jahrhunderts in ordensbestückter Akademieuniform vor der schwedischen Königsfamilie hielt, deren Damen in tiefstdekolletierten Hofroben und deren Herren in Galauniformen mit Degen erschienen waren. Der jugendliche F. Wöhler assistierte ihm.

Die große Wende hin zur chemischen Experimentierkunst vor Publikum bewirkte in Deutschland erst Liebig, der seine chemische Ausbildung in jungen Jahren dank einem großzügigen Stipendium der großherzoglich hessischen Regierung in Paris vervollkommnet hatte und dadurch in den

Bannkreis der Professoren des »Jardin des Plantes« geraten war. Professor für Chemie war zu Liebigs Zeit der berühmte L. N. Vauquelin (1783–1829), dessen liebenswertem Charakter Balzac in seinem Roman »Cäsar Birotteau« ein Denkmal gesetzt hat. Nachfolger Vauquelins wurde Liebigs großer Lehrer und späterer Freund J. L. Gay-Lussac (1778–1850). Als Liebig 1824 auf die Empfehlung A. von Humboldts nach Gießen berufen wurde, richtete er sich in einer kleinen ehemaligen Kaserne ein Laboratorium ein, in dem er aufbauend auf Anregungen von J. B. Trommsdorf erstmals einen Lehrplan für Chemiestudierende entwarf; eingebettet in einen Vorlesungszyklus gab es die obligate Ausbildung im Laboratorium. Grundzüge dieser Liebigschen Ausbildungsmethode haben sich bis heute erhalten. Nach seiner Berufung an die Akademie beziehungsweise an die Universität München 1852 nahm er im Jahr darauf die Tradition der großen »Abendvorlesungen« vor Hörern aller Stände wieder auf, die sich aber zu einem großen gesellschaftlichen Ereignis entwickelten. Für Liebig und seine Zeitgenossen überraschend wurden sie besonders von den Damen der Münchener Gesellschaft besucht. Es war eine Dame, Josephine, die Frau des Münchener Hofmalers Karl Stieler, der wir eine Mitschrift dieser Vorlesungen verdanken. Doch auch in Liebigs großen Vorlesungen zeigte die Chemie ihr Doppelgesicht. Anfang April 1853 hielt Liebig auf besonderen Wunsch der Königinnen Therese und Marie von Bayern in Anwesenheit weiterer Prinzen und Prinzessinnen und des Hofes eine große Vorlesung: »… In dieser… gab es einen heillosen Schrecken. Liebig hatte das schöne Experiment der Verbrennung von Schwefelkohlenstoff in Stickoxydgas gemacht; das staunende Entzücken seines Publikums über das prachtvoll aufblitzende hellblaue Licht veranlaßte ihn, das Experiment zu wiederholen. Statt des überraschenden, aber unschuldigen Lichtblitzes gab es eine furchtbare Detonation, die unter heftigem Knall die Flasche zerschmetterte und die Trümmer weit umherschleuderte. Alles war starr. Die Königin Therese blutete aus einer zollangen Wunde auf ihrer Wange. Prinz Luitpold war auch durch einen Glassplitter am Scheitel verwundet… Liebig selbst war an mehreren Stellen ver-

41 Adolf Wilhelm Hermann Kolbe (1818–1884) ließ sich 1867/68 eines der größten und modernsten Hochschullaboratorien seiner Zeit bauen, das bis weit in unser Jahrhundert hinein stilbildend wirkte. Als Motto für seinen Hörsaal hatte Kolbe ein Bibelzitat gewählt, das von messenden Chemikern schon seit Jahrhunderten gerne gebraucht worden war. H. Kolbe: Das chemische Laboratorium der Universität Leipzig, Braunschweig 1878

wundet, die größte Gefahr hatte ein Zufall von ihm abgewendet: ein mächtiges, scharfes Glasstück steckte fest in dem Deckel seiner goldenen Tabaksdose in der Hosentasche; ohne die schützende Dose hätte der Splitter wohl die Schenkelarterie durchschneiden müssen…« Doch die Beteiligten faßten sich schnell: »… Die Königin Marie war ein Engel der Beruhigung für alle…«, und schon wenig später schrieb Liebig: »…Die Wunden sind geheilt, und wir sind eminent interessant geworden…«

An den Hochschulen, in einem gewissen Umfang auch an den Gymnasien, wurden aufwendige Experimentalvorlesungen in praktisch allen Zweigen der Chemie gehalten. Zur Vorbereitung wurden eigene Assistenten angestellt, denen ihrerseits eigene Gehilfen zur Verfügung standen. Die Professoren wetteiferten in der Entwicklung besonders eindrucksvoller und aussagekräftiger Vorlesungsexperimente. Dies blieb so bis in die Zeit nach dem Zweiten Weltkrieg. Eine allgemeine Hinwendung zur chemischen Theorie und eine kostenbewußtere Hochschulpolitik ließen die großen Experimentalvorlesungen der Chemie in den Hintergrund treten und brachten diese fast zum Verschwinden. Reste der Tradition des öffentlichen chemischen Schauexperimentierens vor Publikum gibt es aber noch. Es waren die großen naturwissenschaftlich-technischen Museen, die diese Tradition weitertrugen. Das Palais de

la Découverte in Paris, entstanden in den Jahren der Französischen Revolution, zeigte schon im vorigen Jahrhundert und zeigt auch heute noch zahlreiche chemische Experimente, die von ganzen Heerscharen von Demonstratoren vorgeführt werden. Noch immer gibt es in England die Royal Institution. Das South Kensington Museum, das jetzige Science Museum in London, veranstaltet Experimentalvorträge. Eine eigenartige Entwicklung nahm das chemische Experimentieren im Deutschen Museum in München (gegründet 1906), wo der Besucher eine ganze Anzahl Experimente durch trickreiche Hebelwerke in Gang setzen konnte. Da aber bald findige Schüler auftraten, die durch geschickte Manipulation dieser Hebel mit einem Minimum an Aufwand ein Maximum an Unordnung erzeugen konnten, findet der Besucher heute nur mehr einen Druckknopf vor, dessen Betätigung ein chemisches Experiment in einem verglasten Versuchsstand in Gang setzt. Die Bedingungen des Experimentes zu variieren ist ihm daher verwehrt. Daneben veranstaltet das Deutsche Museum mit Hilfe von Gastreferenten immer noch Experimentalvorlesungen. Diese Tradition geht letztlich auf die »Urania« in Berlin zurück, deren öffentlicher Vorlesungsbetrieb auf den Gründer des Deutschen Museums, Oskar von Miller, anregend wirkte.

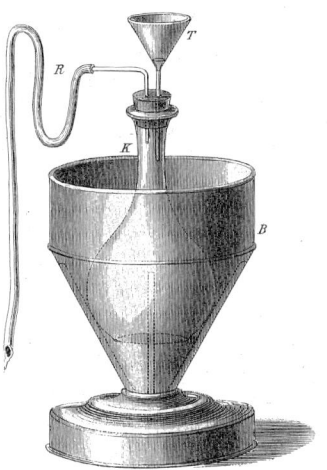

42 Gasentwicklungsapparatur.

DIE ENTFALTUNG DER WISSENSCHAFTLICHEN THEORIE SEIT DEM 18. JAHRHUNDERT

Eines der wichtigsten chemischen Grundprobleme war die Suche nach einer Erklärung der Verbrennung. Nach J. J. Becher sollte seine »terra pinguis« (brennbare Erde) eine chemische Substanz in aller brenn- und verkalkbaren – heute würden wir sagen: oxidierbaren – Materie sein, die beim Verbrennen beziehungsweise Verkalken daraus entweichen würde. Unter Bildung eines Kalkes verstand man den Übergang von einem Metall zu seiner Sauerstoffverbindung, dem Oxid. Diese »terra pinguis« war zwar als Substanz nicht nachweisbar und somit rein hypothetisch, mit ihrer Hilfe jedoch gelang Becher ein annähernd bescheidener systematischer Ansatz, der dann von G. E. Stahl verbessert und verfeinert wurde. Die »Drei-Erden-Lehre« Bechers konnte sich wohl auch wegen gedanklicher Schwerfälligkeiten nicht allgemein durchsetzen: Es war irgendwie zu befremdlich, die leichte, lodernde Flamme einer Verbrennung gedanklich mit dem Begriff »Erde« zu korrelieren. Daher ersann Stahl, abgeleitet vom griechischen »Phlox« – die Flamme – den Begriff »Phlogiston«. Es ist in allen brennbaren Substanzen enthalten. Bei der Verbrennung – Oxidation – verläßt das von der Flamme transportierte Phlogiston den brennenden Körper und wird von der umgebenden Luft aufgenommen. Dort konnten es Blätter und Hölzer der belebten Welt absorbieren, es konnte aber auch durch eine »Reduktion« wieder zum Metall zurückgeführt werden, zum Beispiel, wenn man einen Metallkalk – ein Oxid – mittels Holzkohle reduzierte. Diese Reduktion war ja ein allgemein bekannter Vorgang, der in jedem damals mit Holzkohle betriebenen Hochofen ablief. Stahl ordnete die Metalle auch nach der Leichtigkeit der Dephlogistierung in die Reihe: Zink, Eisen, Kupfer, Blei, Zinn, Quecksilber bis zum schwer verkalkbaren Silber.

Trotz aller Unzulänglichkeiten – zum Beispiel konnte die Phlogistontheorie nicht die in Experimenten beobachtete Gewichtszunahme bei der Verbrennung der Metalle erklären – herrschte sie bis zum Ende des 18. Jahrhunderts. Daß sie dann nach langen Kämpfen doch zusammenbrach, lag an einer Reihe bemerkenswerter experimenteller Beobachtungen.

Einer der bedeutendsten Begründer der Gaschemie, St. Hales, wurde von H. Walpole ein wenig boshaft »a poor, good, primitive creature« genannt. Diese etwas herbe Würdigung und die Tatsache, daß ihm einige ganz große Entdeckungen schon zum Greifen nahegelegen hatten, ihm aber entgingen, verfinsterten später den Ruhm von Hales. Er war Pfarrer in Middlesex und nahm seine seelsorgerischen Aufgaben sehr ernst, lehnte allerdings eine ehrenvolle Berufung zum Kanonikus der Kathedrale von Windsor ab, da er wohl zu Recht glaubte, dann weniger Zeit für seine chemischen Experimente zu haben.

Sein ganz großes und nicht zu unterschätzendes Verdienst war die Einführung und Verfeinerung von Gerätschaften zur Handhabung von Gasen, insbesondere die sogenannte Halessche oder pneumatische Wanne. Diese war an sich ein höchst einfaches, aber bis dahin eben nicht systematisch eingesetztes Gerät. In einem mit Wasser gefüllten Becken steht ein umgekehrtes hohes Glasgefäß, ebenso mit Wasser gefüllt, in das von unten durch ein Röhrchen eingeleitetes Gas aufsteigt und so isoliert werden kann, daß es sich nicht mehr mit Luft vermischt. Hales erhitzte nacheinander Kohle, Tabak, Zucker, Pyrit und andere Stoffe und fing die Gase auf, ohne sie indessen näher zu charakterisieren. Trotz dieses Versäumnisses bleibt es sein Verdienst, die physiologische Chemie der Pflanzen als einer der ersten untersucht zu haben, wobei er erkannte, daß ohne frische Luft Pflanzen nicht wachsen mögen. »Vegetable Statics...« (1727) wurde zu seinem wohl bedeutendsten Werk.

43 Ein wichtiges chemisches Reinigungsverfahren ist die Sublimation; hier wird auf einem Kohleöfchen erhitzt. Die sublimierten Kristalle setzen sich auf der Innenseite des kleinen Kamins ab.

Das besondere Kennzeichen des schottischen Gelehrten J. Black war seine in modische, elegante Herrenkleidung gehüllte, kränkliche Gestalt und der berühmte Regenschirm aus grüner Seide. Vielleicht lag es an seiner kränklichen Konstitution, daß er ein kräftiges Kalkwasser zum Auflösen von Gallensteinen entwickelte. In die Geschichte der Gaschemie ging er durch die Erkenntnis ein, daß Kalk und Magnesia beim Erhitzen eine »fixe Luft« – dies ist der alte Ausdruck für Kohlendioxid – abgeben und dabei einen Massenverlust erleiden, ohne allerdings ihren alkalischen Charakter zu verlieren. Wie wir heute wissen, bilden sich dabei die stark alkalischen Oxide des Kalziums und Magnesiums. Diese »Kalke« sind in der Lage, die »fixe Luft« auch wieder aufzunehmen, das heißt, der Vorgang ist reversibel. Übergoß Black Magnesia mit Säuren, so entwich ebenfalls »fixe Luft«, die gleiche, die er auch im Rauch einer brennenden Kerze, über Gärbottichen und in ausgeatmeter Luft nachweisen konnte.

Wenige Gelehrte des alten England entsprachen in so hohem Maße jenem Bild, das sich kontinentale Europäer von spleenigen englischen Aristokraten machen, wie der »Right Honourable« H. Cavendish. Die immense Wohlhabenheit dieses Sprosses eines der reichsten Häuser Englands konnte man dem »Reichsten der Gelehrten und dem Gelehrtesten der Reichen«, wie Zeitgenossen ihn nannten, allerdings beim besten Willen nicht ansehen. Lord Brougham meinte: »His dress was in the oldest fashion.« Doch diesem Sonderling verdankte die Chemie des 18. Jahrhunderts ihre größten Erfolge. Der große Durchbruch kam mit seiner ersten Veröffentlichung »Experiments on Factitious Air« (1772), in der er erstmalig von der Existenz »künstlicher Luft«, das heißt von Gasen berichtete, die mit der natürlichen Luft nicht identisch waren, deren Charakter als Gasgemisch mehrerer Gase man damals noch nicht erkannt hatte. Cavendish verbesserte die Halessche Wanne, indem er Quecksilber als Sperrflüssigkeit einsetzte, um so die Absorption der Gase an Wasser zu vereiteln. Er setzte in einer verschlossenen, gekröpften Retorte, die mit einer pneumatischen Wanne verbunden war, verdünnte Schwefel- oder Salzsäure mit den Metallen Eisen,

Zink oder Zinn um und erhielt so ein neues und bis dahin nicht bekanntes Gas, das er »inflammable air« nannte, die sogenannte brennbare Luft, unseren heutigen Wasserstoff. Cavendish wähnte irrtümlich, mit diesem Gas habe er endlich reines Phlogiston gefunden. Zur Unterscheidung der brennbaren Luft von der fixen Luft dienten ihm die Dichtebestimmungen der Gase. 1772 schrieb er an J. Priestley, er habe normale Luft in einer geschlossenen Apparatur über glühende Holzkohle geleitet und die durch die Verbrennung entstandene fixe Luft (CO_2) in Ätzkali aufgefangen, dabei sei ihm aber ein Gas übriggeblieben, das die Verbrennung nicht unterhalten konnte, in dem sich auch nicht mehr atmen ließ, und dessen spezifisches Gewicht kleiner war als das der Luft. Wie wir heute wissen, hatte er damit den Stickstoff entdeckt, doch kam ihm D. Rutherford im gleichen Jahr bei der Publikation zuvor. Rutherford hatte bei Black in Edinburgh im Rahmen einer medizinischen Doktorarbeit eine Reihe brutaler Experimente unternommen. Er war auf die Idee gekommen, im Innern einer größeren pneumatischen Wanne einen physiologischen Versuch ablaufen zu lassen. In einem vorgegebenen, nach außen in der Glasglokke abgeschlossenen Luftraum hielt er eine Maus, die den atembaren Bestandteil der Luft wegatmete. Nach der Absorption des durch die Atmung entstandenen Kohlendioxids verblieb eine »Luft«, in der man nicht atmen konnte und die die Verbrennung nicht unterhielt.

1774 hatte F. Fontana, Professor an der Universität von Florenz, eine überaus interessante chemische Reaktion gefunden, mit deren Hilfe man den Anteil des atembaren Teiles der Luft messen konnte. Er baute die pneumatische Wanne zum sogenannten »Eudiometer« aus, einem »Luftgütemesser«. In einer kleinen Retorte übergoß er Kupferspäne mit Salpetersäure und erhielt ein farbloses Gas, das man damals »Salpeterluft« nannte. Von dieser »Luft« fing er in einem verschließbaren Röhrchen eine definierte Menge auf, ebenso in einem zweiten eine größere Menge normaler Luft. Vermischte er diese beiden »Lüfte« über Wasser in einer pneumatischen Wanne beziehungsweise in einem Eudiometer, so bildeten sich zunächst braune Lüfte, die aber vom Wasser der Sperrflüssigkeit verschluckt wurden, und übrig blieb wiederum eine »Luft«, in der man nicht atmen konnte. Heute ist bekannt, daß bei der Reaktion von Salpetersäure mit Kupfer Stickstoffmonoxid entsteht, das im Gemisch mit Sauerstoff zu höheren Stickoxiden weiterreagiert, die ihrerseits mit dem vorhandenen Wasser Säuren bilden. Mit dieser Apparatur konnte man, wenn auch nicht besonders genau, die Güte der Luft messen, indem man den atembaren Anteil wegfing und das Restvolumen maß. Es wurde nun regelrecht zur wissenschaftlichen Reisemode, mit einem Fontanaschen Eudiometer möglichst überall die Güte der Luft zu messen, in fernen Ländern ebenso wie an abgelegenen Orten. Fontana selbst vermaß 1775 die Luftgüte in der St. Paul's Cathedral zu London in Abhängigkeit von luftverschlechternden Faktoren wie Weihrauch oder Leichen in der Gruft und erhielt bemerkenswert falsche Ergebnisse. Unter Cavendishs genialen Händen arbeitete dieses Instrument sehr viel genauer, und er wunderte sich, daß vierhundert an verschiedenen Orten unternommene Messungen zu immer gleichen Werten führten. Daraus schloß er, daß die Luft nicht so unterschiedlich zusammengesetzt sei, wie die Ärzte seit Jahrhunderten behauptet hatten, wenn sie lehrten, die schlechte Luft, »mal aria«, mache die gleichnamige Krankheit. An dieser Stelle sei ein wenig innegehalten und eine kulturhistorische Auswirkung betrachtet, die die Chemie jener Jahre ungeheuer populär machen sollte: der Luftballon, mit dessen Hilfe es erstmals gelang, eine jener Grenzen zu überschreiten, von denen man geglaubt hatte, daß Gott der Herr sie dem Menschen für immerdar gezogen habe. Der alternde J. W. v. Goethe hat in seinen »Sprüchen in Prosa« der damaligen Begeisterung ein Denkmal gesetzt:

»... Wer die Entdeckung der Luftballone miterlebt hat, wird ein Zeugniß geben, welche Weltbewegung daraus entstand, welcher Antheil die Luftschiffer begleitete, welche Sehnsucht in so vielen tausend Gemüthern hervordrang, an solchen längst vorausgesetzten, vorausgesagten, immer geglaubten und immer unglaublichen, gefahrvollen Wanderungen Theil zu nehmen, wie frisch und umständlich jeder einzelne glückliche Versuch die Zeitungen füllte, zu Tagesheften und Kupfern Anlaß gab, wel-

chen zarten Antheil man an den unglücklichen Opfern solcher Versuche genommen. Dieß ist unmöglich selbst in der Erinnerung wieder herzustellen...«

Auch wird die Welt kleiner, wenn man sie von oben betrachtet, und so konnte Jean Paul 1800 in seinem »Des Luftschiffers Gianozzo Seebuch« erfolgreich ironisch der gewonnenen Weite des Himmels die Kleinkariertheit damaliger politischer Verhältnisse entgegenstellen.

Schon 1766 hatte Black gefunden, daß eine mit brennbarer Luft gefüllte dünne Blase in die Atmosphäre aufsteigen könne. Er hielt dies aber nur für eine Spielerei ohne technische Anwendungsmöglichkeit und verfolgte daher diese Beobachtung nicht weiter. Ebenso erging es anderen Forschern wie T. Cavallo und T. C. Lichtenberg, die zwar 1782 Seifenblasen zum Fliegen brachten, aber eben keinen richtigen Ballon. Dies gelang erst durch die Entdeckung eines nicht existierenden Gases, der sogenannten »Montgolfierischen Luft«. Hierzu eine Beschreibung aus dem Jahre 1793:

»... Die große Erfindung der ärostatischen Maschinen ward im August 1782 von zweyen Brüdern, St. und J. Montgolfier, Papiermanufakturisten... gemacht... (Sie) kamen durch das Beyspiel der in der Luft schwebenden Wolken auf die Idee eine durch Kunst erzeugte Wolke in eine undurchsichtige Hülle einzuschließen, wobey sie auch den Gedanken miteinmischten, daß die

44 Anlage zur Bereitung von Wasserstoff aus Zink und Säure mit einer Apparatur zum Waschen des Wasserstoffs zum Füllen von Wasserstoffballons.

Leichtigkeit dieser Wolken durch die Electricität werde befördert werden können. Es gelang dem älteren Montgolfier, im November 1782 zu Avignon ein hohles Parallelepipedum von Taffet, von 40 Cubikfuß Inhalt, nachdem es innwendig durch brennendes Papier erhitzt worden war, an die Decke des Zimmers steigen zu sehen…«

Die Annahme der beiden Brüder, sie hätten durch Verbrennen von Papier oder Stroh ein neues, besonders leichtes Gas hergestellt, war zwar ein Irrtum, doch ihre Idee erwies sich in des Wortes doppelter Bedeutung als tragfähig.

Die Sensation sprach sich in Windeseile herum. Allerdings blieb das Verfahren zunächst noch unklar: »… Der Ruf von dieser staunenswürdigen Entdeckung verbreitete sich bald. Weil aber die Mittel, derer sich die Montgolfiers bedienten, nicht sogleich bekannt wurden, fielen die Pariser Naturforscher auf die Vermutung, der Versuch zu Annonay werde sich mittels brennbarer Luft (d. h. Wasserstoff) nachmachen lassen. Charles, Professor der Physik zu Paris, verfertigte mit Hilfe der Gebrüder J. und N. Robert, zweier geschickter Mechaniker, eine Kugel von Taffet, mit Firniß aus elastischem Harz überzogen, welche mit brennbarer Luft aus Eisen und Vitriolöl gefüllt wurde und am 27. August 1783 am Champ de Mars aufgelassen wurde…«

Dieser erste Aufstieg eines unbemannten Wasserstoffballons ist in verschiedener Hinsicht bemerkenswert. Die ahnungslosen Zeitgenossen dieses epochalen Ereignisses erlebten unfreiwillig etwas mit, was eigentlich nur mit dem abstrusen Geschehen in Science-Fiction-Romanen vergleichbar ist. Dies begann schon bei der Füllung des Ballons. Da man Schwierigkeiten hatte, die für die damalige Zeit enorme Menge Wasserstoff zu erzeugen, füllte man ihn über vier Tage hinweg in Raten, im Werkstatthof der Gebrüder Robert:

»… Am vierten Tage schwebte der zu zwei Dritteln gefüllte Ballon, an Seilen gehalten, frei in Roberts Werkstätte, und es galt nun, die ganze Maschine auf das Marsfeld zu bringen, wo die Aufsteigung stattfinden sollte. Der Transport erfolgte in der Stille der Nacht vom 27. auf den 28. August 1783; auf eine Tragbahre gebunden, von Fackelträgern und einer Abteilung Scharwache begleitet, bewegte sich die Maschine langsam durch die Straßen dahin. Das nächtliche Schauspiel hatte so etwas Absonderliches und Geheimnisvolles, daß man Leute aus dem Volke, die auf Arbeit gingen, vor dem Zuge auf die Knie fallen sah, weil sie irgendeine geheimnisvolle Prozession vermuteten…«

Bis fünf Uhr nachmittags brauchte man am 28. August, um den Ballon vollends zu füllen. Da angeblich 200000 Menschen den Aufstieg sehen wollten, gab man ihm zur gefälligeren Erscheinung ein recht rundes Aussehen. Das heißt, man füllte ihn zu stark, was zu einem späteren Platzen während des Fluges führte. 45 Minuten nachdem er unter gewaltigem Jubel und Kanonendonner abgeflogen war, fiel der inzwischen geplatzte Ballon etwa drei Meilen von Paris wieder herab: »… Er fiel unter einen Haufen Bauern aus dem Dorfe Gonesse, die natürlich von dem Wesen einer solchen Erscheinung nicht die geringste Idee hatten und in nicht geringe Angst gerieten. Die meisten waren der Meinung, der Mond sei vom Himmel herabgefallen. Als aber das runde Ding sich machtlos vor ihnen herumwälzte, kamen sie von ihrem Schrecken bald zurück und beeilten sich, dem Unhold mit Mistgabeln, Dreschflegeln und anderen ländlichen Waffen vollends den Garaus zu machen. Der schöne Ballon, welcher so viel Kopfzerbrechen, Mühe und Geld gekostet, ward jämmerlich zerstochen und zerrissen, zuletzt noch an den Schweif eines Pferdes gebunden und eine Stunde Weges querfeldein über Äcker, Wege und Gräben geschleift. Die Regierung erließ infolge dieses Streiches, der ungeheures Aufsehen erregte, eine belehrende und beruhigende Bekanntmachung…«

Beide Ereignisse legen eindringlich dar, wie sich die menschliche Einstellung während des Heraufkommens des naturwissenschaftlich-technischen Zeitalters ändern mußte.

Nun begann zwischen den Erfindern, den Gebrüdern Montgolfier einerseits sowie Charles und seinen Freunden andererseits, eine Art Wettrennen. E. Montgolfier war Augenzeuge dieses gelungenen Versuches von Charles gewesen. Er rastete nicht, und so wagte J. F. Pilâtre de Rozier, Verwalter des naturgeschichtlichen Kabinettes des Grafen der Provence, eines Bruders König Ludwigs XVI., den ersten bemannten Ballonflug. Man hatte eine herrlich bemalte, zwanzig Meter hohe »Montgolfiere« mit 14 Meter Durchmesser bauen lassen, mit einer umlaufenden Galerie, auf der sich Rozier frei bewegen konnte. Unter der Ballonöffnung befand sich eine Glutpfanne, die von der Galerie aus beschickt wurde. König Ludwig XVI. verweigerte zunächst seine Erlaubnis zum Start, denn er hatte so wenig Vertrauen zu der Sache, daß er vorschlug, zwei zum Tode verurteilte Verbrecher zu begnadigen, wenn diese den ersten bemannten Flug auf sich nähmen. Doch am 21. November 1783 erfolgte der Aufstieg mit Pilâtre de Rozier und dem Marquis d'Arlandes. Die Türme von Notre-Dame sollen von oben ganz schwarz ausgesehen haben, so dicht waren sie von Schaulustigen besetzt. Der Zufall wollte es, daß der Ballon so über diese Kirche hinwegflog, daß sein Schatten im Sonnenlicht auf die Kirche fiel, was die Zuschauer als eine Art künstlicher Sonnenfinsternis erkannten.

Am 2. Dezember 1783 erhob sich die erste ganz mit Wasserstoff gefüllte »Charlière«. Charles und Robert erreichten nur eine Höhe von annähernd 300 Metern und landeten in der Ebene von Nesle kurz nach Sonnenuntergang. Der 70 kg schwere Robert stieg als erster aus der Gondel. Daraufhin schoß der nicht verankerte Ballon mit dem noch an Bord befindlichen Charles in eine Höhe von 3400 Metern. Charles erlebte als erster Mensch den Sonnenuntergang zweimal am gleichen Tag. Wenig später landete auch er sicher und wohlbehalten. Mit diesem aufsehenerregenden Beginn des Ballonzeitalters war die Chemie der Gase ungeheuer populär geworden. Dank weiterer spektakulärer Entdeckungen sollte sie es auch bleiben.

Ein vielseitiger und unruhiger Geist war J. Priestley, der sich bereits 1767, nachdem er in einer ärmlichen Pfarre in Leeds die Stelle eines Hilfspredigers erhalten hatte, nebenher mit Gasuntersuchungen zu beschäftigen begann. 1773 wurde er Vorleser und Bibliothekar – »literary companion« – von Lord Shelburne, der neun Jahre später Premierminister werden sollte, und wandte sich nun ausschließlich der Chemie der Gase zu. Es sollten dies seine fruchtbarsten Jahre als Forscher und politischer Schriftsteller werden. Priestleys Eintreten für die Ziele der Französischen Revolution brachte ihn allerdings bald in Schwierigkeiten und trieb ihn in die Emigration. Bis zu seinem Tode 1804 in Northumberland/Pennsylvania war er ein überzeugter Anhänger des Phlogiston. Dies ist deshalb so bemerkenswert, weil die Menschheit ihm – und übrigens fast zur gleichen Zeit C. W. Scheele – die Entdeckung des für die chemische Theorie so unendlich wichtigen Gases Sauerstoff verdankt. Da Priestley in berechtigtem Stolz alle Phasen der Entdeckung festgehalten hat, weiß man über die Umstände bestens Bescheid. Am Montag, dem 1. August 1774, erhitzte er in dem winzigen Laboratorium seines Wohnhauses in Calne mit Hilfe einer Brennlinse im Sonnenlicht Quecksilberoxid im Innern einer geschlossenen Apparatur in einer pneumatischen

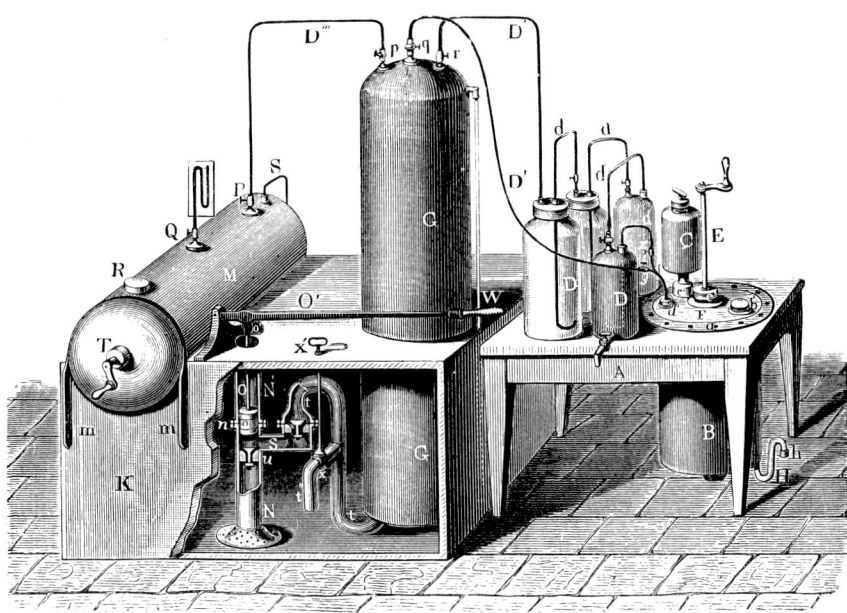

Wanne und erhielt ein bis dahin unbekanntes Gas, das die Verbrennung in stärkerem Maße als normale Luft unterhielt und das von ihm als »dephlogistierte Luft« bezeichnet wurde. Leider gelangte er nicht zur Erkenntnis des elementaren Charakters dieses neuen Gases, denn Priestley huldigte der Anschauung, daß es nur eine Luft schlechthin gäbe und sich die verschiedenen beobachtbaren »Lüfte« nicht in ihrer Substanz, sondern nur in den dieser Substanz aufgeprägten Eigenschaften unterscheiden würden. Damit wurde es ihm unmöglich, die Phlogistontheorie gewissermaßen durch Umkehrung richtigzustellen, und er öffnete Lavoisier den Weg zu dessen späterem Ruhm.

45 Apparatur zur Bereitung künstlicher Mineralwässer, d.h. zum »Schwängern« von wäßrigen Lösungen mit Kohlendioxid.

Priestley war ein ausgesprochen systematischer Forscher. 1774 fand er bei der Umsetzung von Kochsalz mit Schwefelsäure das Gas Chlorwasserstoff. Bei der Reaktion von Salmiak und Kalk erhielt er Ammoniak. Ein Jahr später fand er die Gase Schwefeldioxid und Siliciumtetrafluorid und 1799 schließlich noch das Kohlenmonoxid. Er beschäftigte sich auch mit Sumpfgas, das heißt mit Methan, das er durch Auffangen von Gasblasen mittels Herumstochern im Sumpf kleiner Tümpel gewann. Seine Forschungen über die Löslichkeit von Gasen in Wasser führten ihn zu einer Erfindung, für die ihm die Menschheit ewigen Dank schuldet: Er war der erste, der auf die Idee kam, Kohlensäure auf Erfrischungsgetränke zu pressen. Schon bald blühten allenthalben in Europa »Anstalten zur Herstellung synthetischer Mineralwässer« auf. Die Industrie der Erfrischungsgetränke trat ihren bis heute anhaltenden Siegeszug an, das »Coca-Cola-Zeitalter« begann sich am Horizont abzuzeichnen. Wichtiger für die Biologie waren allerdings seine pflanzenphysiologischen Untersuchungen. Er kam auf die Idee, Pflanzen – zum Beispiel wilden Wein – in eine vollständig mit Wasser gefüllte Halessche Wanne zu stecken und diese Versuchsanordnung ins Sonnenlicht zu stellen. War die Sperrflüssigkeit kohlendioxidhaltig, das heißt, wenn sie »fixe Luft« – im Sprachgebrauch jener Zeit – enthielt, so füllte sich der obere Teil der pneumatischen Wanne mit der neuen dephlogistierten Luft. Diese Forschungen Priestleys verliefen parallel zu jenen des niederländischen Arztes und Naturforschers J. Ingenhousz und waren wohl von diesem freundschaftlich angeregt. Ingenhousz fand 1779 erstmals, daß alle grünen Teile einer Pflanze schlechte Luft reinigen, indem sie im Sonnenlicht, aber eben nur im Sonnenlicht »dephlogistierte Luft« abgeben. Die Menge des darin enthaltenen Sauerstoffes erwies sich als proportional der Dauer und der Intensität des Sonnenlichtes. In einem geringeren Ausmaß verläuft in der Dunkelheit der gegenteilige Prozeß, das heißt, die Pflanzen verbrauchen Sauerstoff und scheiden Kohlendioxid ab. Damit entdeckte Ingenhousz die Tag- und Nachtatmung der Pflanzen.

Dem italienischen Aristokraten A. Graf Volta war es vergönnt, die Gaschemie ihrem geräuschvollen Höhepunkt entgegenzuführen. Der neuentdeckte Wasserstoff bildet im Gemisch mit der Luft das sogenannte Knallgas, das bei Zündung unter heftiger Detonation zu Wasser verbrennt. Für diese gefährliche Reaktion schuf Volta 1777 ein geeignetes Experimentiergerät in Gestalt der elektrischen Pistole – er nannte sie »bombarda electrica« –, indem er in einen konservendosenähnlichen Blechzylinder eine für diesen Zweck erfundene Zündkerze einbaute. Füllte man diese Pistole mit einem Gasgemisch, verschloß die Mündung der Waffe mit einem Ball oder einer Kugel und ließ über die Pole der Zündkerze einen Funken überspringen, so gab es eine Explosion. Mit diesem Gerät ließen sich die Mischungsverhältnisse von Gasen, unter denen diese am besten miteinander reagierten, relativ leicht ermitteln. Die Bombarda electrica entwickelte sich bald zu einem äußerst beliebten Demonstrationsgerät in Schauvorlesungen. Die Tatsache, daß dieses recht schlichte Instrument von Volta gewissermaßen als Anzeiger für den ersten elektrischen Telegraphen dienen sollte, ist kulturhistorisch besonders bemerkenswert. Volta war recht wohlhabend, besaß ein Schloß in Mailand und einen Herrensitz in Como, was ihn auf die Idee brachte, seine Besitzungen durch eine Freileitung mit Kupferdraht zu verbinden und beispielsweise in Mailand die Drähte mit einer geladenen Leydener Flasche zu berühren, um in Como einen Knall auszulösen. Auf diese Weise dachte er, Botschaften übermitteln zu können. Der Versuch blieb nur geplant, denn da Volta noch über keine Porzellanglocken zum Aufhängen der Drähte verfügte, scheiterte er an Isolierungsschwierigkeiten. Außerdem wäre es ein zwar lauter, aber eben doch eintöniger Telegraph gewesen. Volta entwickelte noch ein weiteres Instrument, das sich im häuslichen Alltag bürgerlicher Wohnkultur bis in die 70er Jahre des vorigen Jahrhunderts halten sollte und das in unzähligen technischen Varianten fast über hundert Jahre lang in den Handel kam: Voltas elektrisches Feuerzeug.

Seine bedeutendste Erfindung, die »Voltasche Säule«, erwies sich von größter theoretischer Wichtigkeit. Ausgehend von Galvanis Froschschenkelversuch hatte er die Entstehung elektrischer Energie an kleinen elektrischen Elementen mit jeweils verschiedenen Metallpolen beobachtet. Diese Experimente führten ihn 1793 zur elektrochemischen Spannungsreihe der Metalle. Die elektrische Leistung eines einzelnen solchen Elementes blieb jedoch vergleichsweise bescheiden. Erst durch Übereinanderschichten von Plattenpaaren aus Kupfer und Zink, die jeweils durch eine mit verdünnter Schwefelsäure getränkte Filzscheibe getrennt waren – sozusagen viele elektrische Elemente in Serie geschaltet –, gelang es, zu wesentlich stärkeren elektrischen Strömen zu kommen. Die Voltasche Säule und die sich davon ableitenden sonstigen elektrischen »Batterien« führten im 19. Jahrhundert noch zu zahlreichen wichtigen Entdeckungen.

Der wohl einflußreichste Chemiker des 18. Jahrhunderts war A. L. Lavoisier, der zwar als Jurist promoviert hatte und als Anwalt am Pariser Parlament eingetragen war, doch als solcher nie auftrat. Dank Heirat wurde er »fermier«, das heißt Steuerpächter; 1775 berief man ihn zum Direktor der Staatlichen Salpetergewinnung und der Schießpulverproduktion, nebenher betätigte er sich zusätzlich als Bankier. Chemie war für ihn eine Art Zeitvertreib, dem er allerdings mindestens drei Stunden täglich nachging, assistiert von seiner Frau, die auch das Labortagebuch führte. Seine Wohlhabenheit ließ ihn zum besten Kunden der Pariser Instrumentenbauer werden. Lavoisiers wissenschaftlicher Ruhm war 1768 bereits so groß, daß er in die Akademie der Wissenschaften aufgenommen wurde und damit Mitglied vieler wissenschaftlich-technischer Kommissionen der Akademie beziehungsweise des Königreiches wurde. Er arbeitete im Rahmen dieser Kommissionen intensiv an der Verbesserung der katastrophalen hygienischen Verhältnisse in Paris mit. Da es damals in der französischen Hauptstadt noch keine Kanalisation gab, handelte es sich ebenfalls vorzugsweise um gaschemische Probleme. Wenn man dem Pariser Essayisten L. S. Mercier glauben darf, so hatten die Arbeiten dieser Kommissionen durchaus Erfolg:

»… Die Forschungen der Chemiker haben die Zahl der Unfälle, die sich beim Leeren der Gräben und Jauchegruben ereignen, zu senken vermocht. Heute kennt man die Beschaffenheit der so lange verkannten giftigen Dämpfe und weiß auch, wie ihre gefährlichen, ja mörderischen Auswirkungen zu bekämpfen sind. So mehren sich denn die Errungenschaften der Chemie von Tag zu Tag und tragen, großen Nutzen bringend, zum Wohl der Menschheit bei. Und häufiger denn je holen sich die Behörden Rat bei diesen nützlichen Kennern der Naturgeschichte…«

Lavoisier bewies mit der Waage, daß die bei einer chemischen Reaktion beteiligten Substanzen insgesamt erhalten bleiben. Wenn sich trotzdem Gewichtsab- oder -zunahmen beobachten lassen, so bedeutet dies immer, daß gewissermaßen unbemerkt die umgebende Luft entweder mitreagiert hat beziehungsweise eine Substanz an diese abgegeben wurde. Unter dieser Prämisse untersuchte er auf breiter Front Verbrennungsvorgänge. Zuweilen unternahm er extrem aufwendige, sensationellste Experimente. 1772 verbrannte er im Brennpunkt einer riesigen Brennlinse, die aus hohlgeblasenen, mit Terpentin gefüllten Kugelkalotten aufgebaut war, einen Diamanten im Sonnenlicht und wies durch Auffangen des entstandenen Kohlendioxids nach, daß dieser lediglich aus reinem Kohlenstoff besteht. Er unternahm umfangreiche Versuchsreihen, in deren Verlauf er Metalle in einem abgeschlossenen, definierten Raum mit einer vorgegebenen Menge Luft verkalkte, das heißt oxidierte. Dabei erkannte er, daß nur der zur Atmung taugliche Teil der Luft auch geeignet ist, die Metalle zu verkalken. Diese Beobachtung war aber nicht im Einklang mit der herrschenden Phlogistontheorie, von der sich Lavoisier mehr und mehr zu lösen begann. Dabei kam ihm zugute, daß Priestley eine Reise nach Paris unternommen hatte und sich die beiden Forscher bei dieser Gelegenheit kennengelernt hatten. Der etwas treuherzig-biedere Priestley berichtete Lavoisier reichlich arglos von seinen eigenen Forschungen. Im Gegensatz zu Priestley überblickte dieser aber die Tragweite der Entdeckung der »dephlogistierten Luft«, die er in einer seltsam sprachschöpferischen Laune griechisch-französisch in »Oxygène« = Sauerstoff umbenannte. 1877 erhitzte er in einer gekröpften Retorte, deren Öffnung in einer pneumatischen Wanne endete, Quecksilberoxid und gewann so Sauerstoff,

46 Füllung eines kleinen Luftballons an einem Gasometer.

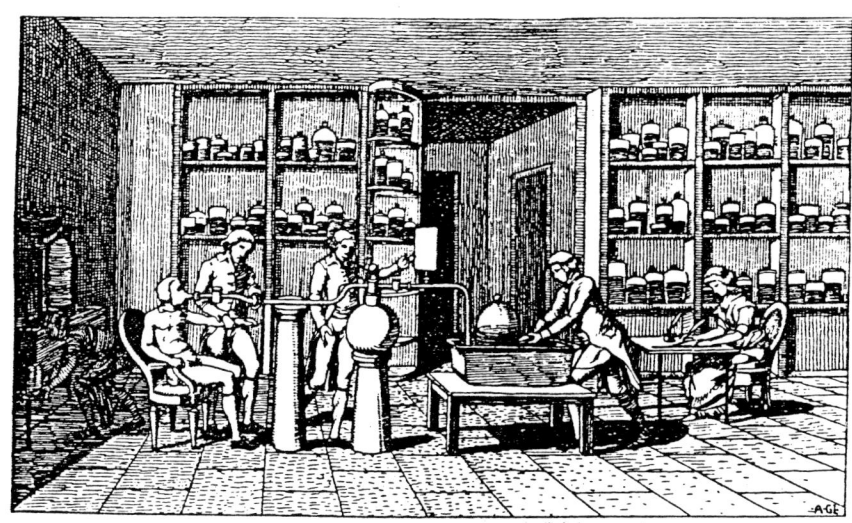

47 Atmungsversuch mit einer Gasentwicklungsapparatur und einer pneumatischen Wanne im Laboratorium Lavoisiers. Madame Lavoisier protokolliert. Sie zeichnete auch die Versuchsskizzen zu den Publikationen ihres Mannes. Antoine Laurent de Lavoisier: Mémoires de Chimie, Paris 1792

der sich wieder mit reinem Quecksilber zu Quecksilberoxid umsetzen ließ. Für diese Reaktionen schuf und definierte er die beiden Ausdrücke »Oxydation« und »Reduktion«. Die Reaktionen Quecksilber – Sauerstoff und die beiden neudefinierten Begriffe wurden zu den Grundsteinen der sogenannten Sauerstofftheorie, die allerdings fast noch ein Vierteljahrhundert brauchen sollte, um sich wirklich durchzusetzen.

Dank Priestley und Cavendish kannte man zwei neue Gase. Was sich ergab, wenn man beide in einer geschlossenen Apparatur so umsetzte, daß man trotz der Explosion das erhaltene Produkt auch messen konnte, bewies 1783 erst Lavoisier. Das Ergebnis war schlichtes Wasser. Damit konnte er zeigen, daß Wasser kein »weiter zerlegbarer chemischer Körper« sei, wie man damals sagte – das heißt ein chemisches Element nach heutigem Sprachgebrauch –, sondern ein zusammengesetzter chemischer Körper, also eine chemische Verbindung, wie man heute sagt. Wenn man Wasser synthetisieren konnte, so mußte es sich auch zerlegen oder analysieren lassen. Dies gelang Lavoisier in einem bemerkenswerten Experiment. Er ließ in einem gemauerten Kohlebecken für glühende Kohlen einen eisernen Flintenlauf einmauern, der mit kleingehackten Eisennägeln gefüllt war. Sobald das Eisen glühte, wurde Wasser mittels Trichter und Schlauch in das glühende Eisen gegossen. Es zeigte sich, daß das Wasser mit dem Eisen unter Bildung von Rost, das heißt Eisenoxid, reagierte. Dabei entstand ein Gas, nämlich Wasserstoff, das Lavoisier in einer pneumatischen Wanne auffing. Um seine Beweisführung für seine

neue Sauerstofftheorie unanfechtbar zu machen, reduzierte er den so erhaltenen Rost in Glühhitze mit Wasserstoff und erhielt so wieder Eisen und Wasser, wodurch die Bewciskette geschlossen war. Diese Experimente galten vielfach als die Geburtsstunde der modernen Chemie. Sehr zum Ärger der deutschen Chemiker kleidete A. Wurtz, Professor an der Sorbonne, erfüllt von nationalem Stolz, diese Begebenheit 1869 in die klassischen, aber provokanten Worte: »Die Chemie ist eine französische Wissenschaft und wurde von Lavoisier unsterblichen Angedenkens begründet.«

Lavoisiers Methode, aus Wasser und glühendem Eisen Wasserstoff herzustellen, fand übrigens umgehend Aufnahme in die Praxis. Die von Charles entwickelten »Charlieren«, also Wasserstoffballons, waren reichlich gefährlich: Es war damals schwierig, für große Wasserstoffmengen, wie man sie zum Füllen eines Ballons benötigte, funktionstüchtige Waschanlagen zu bauen. Da Wasserstoff durch die Umsetzung von Schwefelsäure mit Metall hergestellt wurde, blieben immer Säuretröpfchen in dem gewonnenen Wasserstoff. Die Ballonhüllen jedoch bestanden aus lackiertem beziehungsweise gummiertem Taft oder Seide, und so fraß die Säure Löcher in

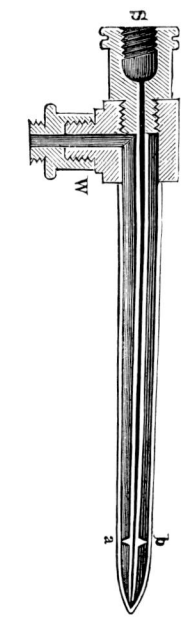

48 Düse für ein Knallgasgebläse nach C. Hare.

die Hülle, was zum Absturz der Ballons führen konnte. Lavoisiers Verfahren war zwar teurer, lieferte dafür aber sauberen Wasserstoff. So wurden insbesondere militärische Luftballons in der Armee Napoleons mit Wasserstoff gefüllt, der nach dem Lavoisier-Verfahren gewonnen worden war. Napoleon setzte erstmals in der Schlacht von Fréjus (1797) einen Fesselballon zur Aufklärung oder zum Leiten des Feuergefechtes ein. Später wurde das Luftschifferbataillon allerdings wieder abgehalftert, weil sich Gewinnung des Wasser-

49 Apparatur zur Darstellung von reinem Wasserstoff durch die Reaktion von Wasser mit glühendem Eisen.

stoffes und Transport halbgefüllter Ballons auf Pferdewagen insbesondere in waldigen Gegenden als zu verlustreich erwiesen.

1785 versuchte sich Lavoisier erstmals an der Analyse organisch-chemischer Verbindungen, wie sie damals so gut wie ausschließlich von der belebten Natur geliefert wurden und vorzugsweise aus Kohlenstoff und Wasserstoff bestehen. Er schlug nun eine organisch-chemische Elementaranalyse vor, in der der Kohlenstoff zu Kohlendioxid und der Wasserstoff zu Wasser vollständig verbrannt werden sollten. Durch Auffangen und Abwägen der Verbrennungsprodukte läßt sich die Zusammensetzung der verbrannten chemischen Verbindung berechnen. Zwar scheiterte Lavoisier bei seinen analytischen Bemühungen nicht zuletzt an der übertriebenen Kompliziertheit seiner Apparaturen, doch dieser Gedanke führte im 19. Jahrhundert – und führt auch heute noch – zu beträchtlichen Erfolgen. Lavoisier schuf 1787 gemeinsam mit C.L. Berthollet und L.B. Guyton de Morveau eine neue »Méthode de nomenclature chimique«, die Grundform der noch heute üblichen systematischen Nomenklatur. Während früher eher alchemistische Namen verwendet wurden – wie »Caput mortuum« (Totenkopf) für Eisenoxid und dergleichen –, schuf Lavoisier eine Nomenklatur, deren Namen zugleich auch die eine chemische Verbindung aufbauenden Elemente benennen sollten und die im Kern noch heute für anorganische Verbindungen gebraucht wird. Man sagt zum Beispiel Eisensulfat und meint ein Salz, das sich aus Eisen und Schwefelsäure bildet.

Doch all seine Verdienste vermochten den Steuerpächter Lavoisier 1794 nicht vor dem Fallbeil der Guillotine zu retten.

Nicht nur Gase wie das 1774 von C. Scheele entdeckte aggressive Chlor wurden im 18. Jahrhundert neu gefunden. Nachdem man jahrtausendelang erst sieben, später noch einige zusätzliche Metalle gekannt hatte, hagelte es auf einmal eine Unzahl neuer Metalle. 1735 stellte G. Brandt erstmals metallisches Kobalt dar, dessen Verbindungen allerdings schon lange bekannt gewesen waren; 1742 folgte das Zink durch G. Schwab; 1748 fand A. de Ulloa auf einer Expedition nach Ecuador, die der Meridianvermessung und der Festlegung des »natürlichen« Metermaßes dienen sollte,

das Platin; 1751 gewann A. F. Cronstedt das Nickel, dessen Anwendung aber erst gegen Ende des vorigen Jahrhunderts aufblühen sollte. Diesen Metallen folgten 1782 das Molybdän, entdeckt von H. Hjelm, sowie das Tellur, dessen Entdecker M. H. Klaproth ist. Die Gebrüder d'Elyuar untersuchten 1783 Wolframit aus Zinnwald und fanden darin das Wolfram, das schon bald darauf von F. Raspe, dem heute leider vergessenen Erstverfasser des Münchhausen, als Zusatz zu Stahl empfohlen wurde. Aus der Pechblende von Joachimsthal isolierte M. H. Klaproth 1789 erstmals das für die Geschichte der Menschheit so furchtbare und folgenschwere Uran. L. N. Vauquelin fand 1798 das spätere Lieblingsmetall der Automobilisten, das hell und hart glänzende Chrom. J. B. Richter wurde, als er 1785 an der Universität Königsberg studierte, mit der strengen Aussage des Philosophen Kant konfrontiert, der lehrte, daß die Chemie keine Wissenschaft sei, da sie keine Mathematik enthielte. Dies brachte Richter dazu, 1789 mit einer Dissertation zu promovieren, die sich eben gerade mit dem Nutzen der Mathematik für die Chemie auseinandersetzte. 1792/93 erschienen seine »Anfangsgründe der Stöchyometrie oder Meßkunst chemischer Elemente«. Darin wies er nach, daß eine Mischung zweier chemisch neutraler Salzlösungen ebenfalls neutral ist. Er bestimmte in zahlreichen Messungen, welche Mengen von Basen und Säuren chemisch neutrale Salze bildeten und gewann so das Gesetz der Verbindungsgewichte, das heute in der folgenden Fassung zitiert wird: »Die Gewichtsmengen zweier Elemente (oder ganzzahliger Vielfacher davon), die mit der gleichen Menge eines dritten Elementes reagieren, reagieren auch miteinander.« Sein aus den Aphorismen Salomos übernommener Wahlspruch: »Gott hat alles nach Maß, Zahl und Gewicht geordnet« verführte ihn aber auch zu genialen Einfällen, die mehr induktive Ahnung darstellten als naturwissenschaftliche Wirklichkeit, so wenn er behauptete, daß die stöchiometrischen Zahlen aller Säuren und Basen in sich Glieder mathematischer Reihen seien. Dieser Gedanke war zwar so gesehen nicht richtig, befruchtete aber Überlegungen, die ein dreiviertel Jahrhundert später zum Periodensystem der Elemente führen sollten.

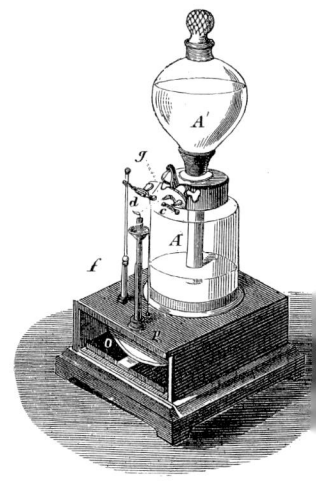

51 Alessandro Graf Volta (1745–1827) entwickelte 1777 das nach ihm benannte Feuerzeug, das in unzähligen Variationen nachgebaut wurde. Durch Peitschen eines Harzkuchens mit einem Katzenschwanz wird eine Harzscheibe elektrostatisch aufgeladen. In einem aufgelegten Blechdeckel läßt sich eine Gegenladung induzieren, die man über eine Funkenstrecke erden kann. Schickt man durch diese Funkenstrecke gleichzeitig einen aus Zink und Säure gewonnenen Wasserstoff, so erhält man eine Flamme.

50 Johann Wolfgang Döbereiner (1780–1849) fand 1823 die katalytische Entzündung von Wasserstoff an der Luft am Platinkontakt und entwickelte hieraus das »Döbereinersche Feuerzeug«.

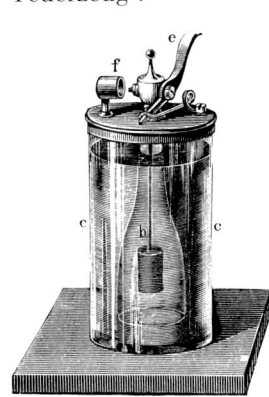

DER GROSSE DURCHBRUCH DER CHEMISCHEN THEORIE IM 19. JAHRHUNDERT

Nach dem extrem langsamen Entwicklungsverlauf früherer Zeiten wurde der Zustrom neuen chemischen Wissens nun immer schneller. Jahrhundertelang hatte man nur vermutet, daß bestimmte Erden wahrscheinlich unbekannte Metalle enthalten könnten. So hatte auch Lavoisier angenommen, daß Pottasche und Soda ganz offenkundig chemische Verbindungen sein mußten. Unter den Händen von H. Davy kam nun der große Erfolg der Voltaschen Säule. Durch die Entdeckung des Lachgases berühmt geworden, unternahm er 1807 als Direktor der Royal Institution in London ein an sich bestürzend einfaches Experiment. Er legte einen größeren Pottaschekristall auf eine kleine Platinplatte, die mit dem negativen Pol einer starken Batterie verbunden war, und brachte einen Platindraht, der seinerseits zum positiven Pol der Batterie führte, an den an der Luft feucht gewordenen Kristall und schloß den Stromkreis. Sofort ließ sich die Entstehung, aber auch die fast augenblickliche Verbrennung des neuen Metalls Kalium an der Luft beobachten. Noch heute pflegt man an der Royal Institution diesen prächtigen, aber gefährlichen Versuch vor Publikum zu zeigen. Auf dem gleichen Weg fand Davy im Soda das Natrium und ebenso aus den entsprechenden Verbindungen 1898 die Elemente Calcium, Magnesium, Barium und Strontium. Lavoisier hatte einst behauptet, daß jede Säure Sauerstoff enthalten müsse. 1810 bewies Davy, daß der Chlorwasserstoff zwar eine Säure sei, aber trotzdem keinen Sauerstoff enthielt und daß nicht Sauerstoff, sondern Wasserstoff der charakteristische Bestandteil der Säuren sei. Davy entdeckte aber auch technisch Nutzbares, so die katalytische Wirkung des Platins auf Gasreaktionen. 1815 entwickelte er die noch heute bekannte Davysche Sicherheitslampe für Kohlenbergwerke, mit deren Hilfe die Entstehung schlagender Wetter durch das Übergreifen der Lampenflamme auf die methanhaltige Grubenluft mit einem die Flamme umgebenden Kupfernetz vermieden wird. Die englische Flotte verdankte ihm außerdem das Beschlagen der hölzernen Außenhaut ihrer Schiffe mit Kupferplatten, um den Pflanzenbewuchs der Schiffsböden zu verhindern.

Die Betrachtungen über die Löslichkeit von Gasen in Flüssigkeiten führten J. Dalton, Lehrer für Mathematik an der Warrington Academy in York, 1803 zu einer grundlegenden Tabelle der Atommassen, auf der die späteren, noch heute gültigen Atomgewichtstabellen aufbauen. 1804/08 fand er das für das Verständnis chemischer Reaktionen grundlegende Gesetz der multiplen Proportionen, wonach die Massen zweier Elemente, die sich miteinander zu verschiedenen Verbindungen vereinigen, im Verhältnis einfacher ganzer Zahlen zueinander stehen. Dalton war der erste, der als Bezugseinheit für die Berechnung der relativen Atommassen das leichteste Element, Wasserstoff, als Basis wählte. Ein Teil sei-

52 Jöns Jacob Freiherr von Berzelius (1779–1848), der wohl bedeutendste Chemiker in der ersten Hälfte des vorigen Jahrhunderts, vor einer extrem niedrigen, auf drei Stativen aufgebauten Destillationsapparatur.

ner experimentellen Ausrüstung ist heute noch erhalten, und man kann nur staunen, mit welch schlichten Hilfsmitteln er zu seinen grundlegenden Resultaten kam. Daß er Lehrer war, ist an der häufigen Verwendung leerer Tintenfässer zu erkennen, die er in seine ärmlichen Apparaturen einbaute. Sein berühmter Wahlspruch, den er 1810 seinem Hauptwerk »A new System of Chemical Philosophy« voranstellte, besagte, daß er nur beschreiben wolle, was er durch eigene Beobachtung erfahren habe. Er stellte eine verbesserte Atomtheorie vor, wonach jedes Element aus gleichartigen Atomen aufgebaut sei, die eine unveränderliche und für dieses Element charakteristische Masse haben und vermutlich Kugelgestalt zeigen würden. Hinter dieser Vermutung steckte seine schlichte, aber erfolgreiche Philosophie, daß immer, wenn man in den Naturwissenschaften nicht ganz genau Bescheid wisse, die jeweils einfachste Annahme die wahrscheinlich zutreffendste sei. Die Zukunft sollte ihm recht geben. Die chemischen Verbindungen bauen sich durch die Vereinigung der Atome verschiedener Elemente nach einfachen Zahlenproportionen auf. Dalton führte zur Kennzeichnung der Elemente bereits Symbole mit algebraischer Bedeutung ein, das heißt, sie repräsentierten bestimmte Gewichts- oder Volumenverhältnisse.

Vielen seiner Zeitgenossen muß der Denkansatz, die einfachste Annahme sei immer auch die wahrscheinlichste, nicht besonders eingeleuchtet haben, denn nur so ist zu verstehen, daß die Chemie bis in die 70er Jahre des vorigen Jahrhunderts um gedankliche Klarheit ringen mußte, obwohl eines ihrer wichtigsten Fundamentalgesetze tatsächlich die einfachst denkbare Annahme darstellt. Ohne diese Grundregel wäre die Chemie noch viel schwerer durchschaubar, als sie es ohnehin ist. 1811 veröffentlichte A. Avogadro, Graf von Quaregna, seine heute berühmte Abhandlung über seinen »Versuch einer Methode, die relativen Massen der Elementarmoleküle der Stoffe aus dem Verhältnis, in dem sie in Verbindungen eintreten, zu bestimmen«. In diesem Werk formulierte er seine Regel, die in heutiger Diktion aussagt: »Gleiche Volumina verschiedener Gase enthalten bei gleichem Druck und gleicher Temperatur die gleiche Anzahl von Molekülen.« Avoga-

dro unterschied in seiner Sprache nicht zwischen Atom und Molekül, sondern zwischen Molekül und »molécule intégrante«. Diese Regel erklärt mühelos das Verhalten der Gase und gestattet, die Molekülmassen gasförmiger Verbindungen zu berechnen.

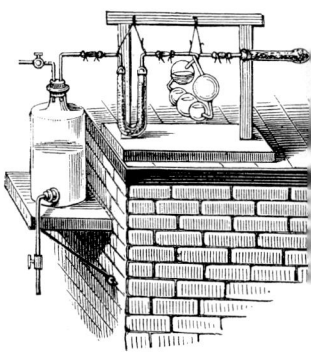

Einer der ganz großen Chemiker des 19. Jahrhunderts war der Schwede J. J. Berzelius, der als Professor an der Chirurgischen Hochschule in Stockholm wirkte. Er war ein exzellenter Experimentator, dessen praktische Arbeitstechnik für sein Jahrhundert stilbildend war. Er empfahl die Verwendung von Reagenzgläsern, Bechergläsern, kleinen gläsernen Trichtern – die später sogenannten Analysentrichter –, von Spritzflaschen und Stativen zum Aufhängen der Destillationsapparaturen über dem Ölbrenner, den er zur sogenannten Berzeliuslampe (oder Berzeliusbrenner) verbesserte. Daß er und sein Labor für die chemische Arbeitstechnik so stilbildend werden konnten, ist deshalb so merkwürdig, weil er meist zusammen mit seiner Köchin Anna in Küche und Wohnzimmer arbeitete. 1819 entwickelte er seine elektrochemische Theorie, deren Grundlage die inzwischen bestätigte Annahme war, daß sich verschiedene Atome dann zu einem Molekül vereinigen, wenn ihre kleinsten Teilchen verschieden elektrisch geladen sind. Dementsprechend teilte er die chemischen Körper in elektropositive und elektronegative ein. Er legte dar, daß die Neutralisation auf dem Ausgleich entgegengesetzter Elektrizitäten beruhe. Um diese Ansicht zu systematisieren, ordnete er die Elemente in eine elektrochemische Spannungsreihe, die über weite Strecken schon Ähnlichkeit mit unserer heutigen Elektronegativitätstabelle hat. 1813 erfand er die noch immer gültige Zeichensprache der Chemie, indem er die Anfangsbuchstaben der jeweiligen Elementnamen als Symbole nahm. Durch Hinzunahme von Zahlenindizes entwickelte er die später sogenannten Summenformeln chemischer Verbindungen und wandte diese in Reaktionsgleichungen an. 1836 schuf er den Begriff Katalyse für die Beschleunigung einer chemischen Reaktion durch scheinbar nicht an ihr teilnehmende Substanzen. Wesentlich besser als Lavoisier handhabte Berzelius seine organisch-chemische Analyse, deren endgültige Vervollkommnung J. Liebig vorbehalten blieb.

53 In der organischen Kohlenstoff-Wasserstoff-Analyse nach Liebig wird in einem verschlossenen Verbrennungsrohr eine definierte organisch-chemische Substanz mit oxidierenden Zuschlägen verbrannt. Das entstandene Kohlendioxid wird in Kalilauge in einem Liebigschen »Fünfkugelapparat« aufgefangen, der zusammen mit einem mit Kalziumchlorid gefüllten Rohr für die Bestimmung des entstandenen Wassers an einem kleinen Galgen hängt. Das aus der Flasche am Ende der Apparatur auslaufende Wasser saugt Luft durch das Verbrennungsrohr, wenn am Ende der Analyse die Spitze des Rohres abgebrochen wird.

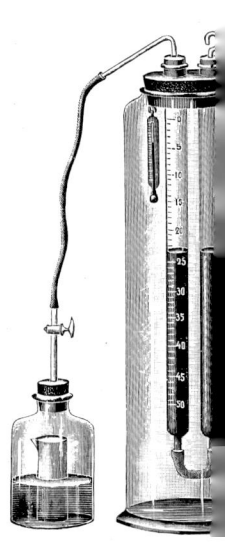

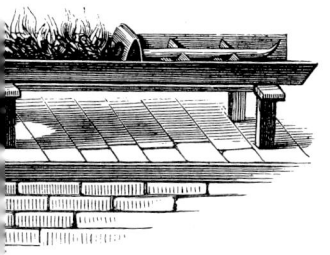

Der zu seiner Zeit einflußreichste Chemiker Frankreichs war J. B. Dumas, der im 2. Kaiserreich Napoleons III. zeitweilig Landwirtschaftsminister und Münzmeister von Frankreich und eine Art Freund–Feind Liebigs war. Er entwickelte 1827 eine Dampfdichtebestimmung flüchtiger Stoffe, bei welcher in einem Kolben von definiertem Inhalt eine gegebene Menge eines flüchtigen Stoffes vollständig verdampft. Dieses Experiment gestattet die Messung von Molekulargewichten.

Klassiker der chemischen Literatur müssen nicht unbedingt durch sprachlich schöne Titel auffallen. Die »Anleitung zur qualitativen chemischen Analyse oder systematisches Verfahren zur Auffindung der in der Pharmazie, den Künsten und Gewerben häufiger vorkommenden Körper für Anfänger« von C. R. Fresenius erlebte von 1842 bis 1895 insgesamt 16 Auflagen. Der Liebig-Schüler Fresenius stellte hier erstmals den anorganischen Trennungsgang mit Schwefelwasserstoff vor, der erst in den 70er Jahren dieses Jahrhunderts durch neue und materialsparende Methoden verdrängt wurde. Fresenius gründete bei Wiesbaden ein Institut zur Ausbildung von nichtakademischen Chemieberufen, das heute noch besteht. Er ersann Methoden zur Analyse von Mineralwässern und dergleichen, noch heute findet man seinen Namen bei einer Vielzahl von Wässern auf den Flaschenetiketten.

Besonders schwierig gestaltete sich die Lösung der Frage nach dem Aufbau organisch-chemischer Moleküle. Ursprünglich verstand man unter organischer Chemie ausschließlich die Chemie von Substanzen aus der belebten Natur. Nach und nach weitete sich dieser Begriff dergestalt, daß alle Moleküle mit einem Grundgerüst von Kohlenstoffatomen dazugehören. Organisch-chemische Moleküle haben häufig sehr große und komplizierte Summenformeln und gehen zunächst schwer begreifbare Reaktionen ein. 1832 erschien Liebigs berühmte Arbeit über das Benzoylradikal, die Liebig gemeinsam mit seinem Freund F. Wöhler angefertigt hatte. Von dieser Publikation sagte Wöhler später selbst, daß sie einen Weg »… in dem dunklen Wald der organischen Chemie eröffnet habe«. Zuvor wußte man über die Gesetzmäßigkeiten im Aufbau organisch-chemischer Verbindun-

gen so gut wie nichts. Liebig und Wöhler fanden, daß man das Öl der bitteren Mandeln nacheinander in Benzoesäure, Benzoylchlorid, Benzamid und Benzoesäureester überführen könne, wobei ein Grundbestandteil der Benzoylverbindungen quer durch diese Überführungsreaktionen erhalten blieb: das »Benzoylradikal«. Liebigs Freund-Feind Dumas beschrieb diesen Sachverhalt verallgemeinernd in folgendem eingängigen Satz: »… Denn um aus drei oder vier Elementen diese Unzahl verschiedener Verbindungen hervorzubringen… hat die Natur einen Weg eingeschlagen, ebenso einfach wie unerwartet; sie hat mit diesen Elementen Verbindungen erzeugt, die selbst wieder alle Eigenschaften der Elemente besitzen…« Doch schon zwei Jahre später modifizierte Dumas diese Meinung und stellte 1834 selbst die sogenannte Substitutionstheorie auf, die auf seiner Entdeckung beruhte, daß man drei Wasserstoffatome der Essigsäure durch drei Chloratome ersetzen konnte und so die Trichloressigsäure erhielt. Diese Anschauungen entwickelte er 1839 zu der später so bezeichneten älteren Typentheorie. Die Eigenschaften einer organisch-chemischen Verbindung sind nach Dumas von der Struktur und nicht von der Zusammensetzung allein bestimmt.

Als E. Frankland 1853 Professor für Chemie am Owens College in Manchester war, definierte er die »Sättigungskapazität der Elemente«. Hinter diesem komplizierten Begriff verbarg sich die Tatsache, daß sich zum Beispiel Kohlenstoff im Methan mit vier Wasserstoffatomen verbindet und keine Verbindung zwischen einem Kohlenstoffatom und Wasserstoffatomen bekannt ist, bei der die Zahl vier je überschritten wurde. Aus dieser Erkenntnis entwickelte er den sogenannten Valenzbegriff, wonach ein Kohlenstoffatom vier definierte Bindungen zu vier verschiedenen Wasserstoffatomen aufbaut und so vier Valenzen hat. Damit legte er ein wesentliches Fundament zur sogenannten Strukturchemie, zu deren eigentlichem Architekten A. Kekulé wurde, der seine akademische Laufbahn beziehungsvollerweise mit einem Architekturstudium begonnen hatte. 1858 erschien seine berühmte Arbeit: »Über die Konstitution und die Metamorphosen der chemischen Verbindungen und über die chemische Na-

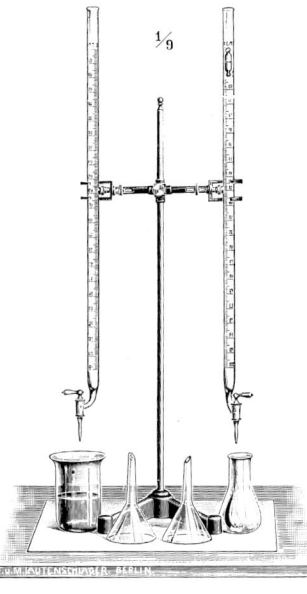

55 Karl Friedrich Mohr (1806–1879) gilt als Vollender der ursprünglich in Frankreich entwickelten Maßanalyse. Auf ihn geht die bis vor wenigen Jahren übliche Form der Bürette zurück.

54 Ernst Otto Beckmann (1853–1923) verbesserte das auf den Franzosen Dumas zurückgehende Verfahren zur Bestimmung von Molekulargewichten aus den Dampfdrücken.

tur des Kohlenstoffes.« Kekulé legte dar, daß sich die einzelnen Atome in einem Molekül zu einer definierten Struktur ordnen, daß eben kein undefiniertes Chaos herrsche oder gar freie Beweglichkeit. Er baute auch die ersten Strukturmodelle und verwendete dazu Stricknadeln, mit denen er die Atome symbolisierenden Wollknäuel zusammensteckte.

Kekulés Schüler J. H. van 't Hoff nutzte unfreiwillige Mußestunden – er war arbeitsloser Junglehrer – zur Entwicklung des Tetraedermodells des Kohlenstoffatoms. Die Grundidee dabei ist, daß sich die vier Valenzen des Kohlenstoffes maximal abstoßen und dementsprechend in die vier Ecken eines Tetraeders weisen. Da sich jedes Kohlenstoffatom so verhält, hat dies deutliche Konsequenzen für den räumlichen Aufbau von Verbindungen. Van 't Hoff gab so den Anstoß zur Entwicklung der Stereochemie. Wenn nun statt Wasserstoffatomen vier andere Atomgruppierungen, die untereinander nicht gleich sind, am Kohlenstoffatom stehen, so kommt man zu sogenannten asymmetrischen Kohlenstoffatomen, die die optische Aktivität organischer Verbindungen bedingen und zu zahlreichen Isomerien Veranlassung geben. E. Erlenmeyer schuf 1862 die Theorie, daß sich Kohlenstoffe nicht nur mit einer einfachen, sondern auch mit einer Doppel- oder gar Dreifachbindung vereinen und neben dem Äthan – in der alten Nomenklatur Äthylen – Acetylen bilden können. Mit dieser Theorie der Mehrfachbindungen bei ungesättigten – weil eben mit weniger Wasserstoffatomen ausgestatteten – Kohlenstoffatomen wies Erlenmeyer Kekulé den Weg zur Benzoltheorie oder vielmehr zur Benzentheorie. Mit ihr konnten die Beständigkeit und herausragende Eigenschaften des einfachsten aromatischen Kohlenwasserstoffes erklärt werden, der als Ausgangsstoff für chemische Synthesen von Wichtigkeit ist.

Für uns Nachgeborene nicht ohne weiteres verständlich, fiel es den Chemikern und auch den Physikern des vorigen Jahrhunderts extrem schwer, Grundbegriffe wie Atom und Atomgewicht, Molekül und Molekulargewicht sowie Äquivalent und Äquivalentgewicht zu definieren. Analytische Schwierigkeiten erhöhten die Probleme. Die zahlreichen scheinbaren Ausnahmen vereitelten immer noch die Anerkennung

des Satzes von Avogadro, der immerhin schon ein halbes Jahrhundert bekannt gewesen war.

Die Rettung aus dieser Verwirrnis verdankt die Chemie einem sizilianischen Revoluzzer, S. Cannizzaro. In der Revolution 1848/ 49 diente er der aufständischen sizilianischen Regierung erst als Artillerieoffizier, dann als Minister für Munitionsbeschaffung. Als der Aufstand blutigst niedergeschlagen wurde, mußte er fliehen und wurde in Abwesenheit zum Tode verurteilt. So war er gezwungen, sich nach Paris zu begeben, wo er am Jardin des Plantes arbeitete. 1858 verfaßte er ein kleines Büchlein, das Chemiegeschichte machen sollte: »Abriß aus einem Lehrgang der philosophischen Chemie«. 1860 hatte man, um die verschiedenen chemischen Ansichten einer gemeinsamen Klärung zuzuführen, einen Chemikerkongreß nach Karlsruhe einberufen. Scheinbar war dieses Treffen ein Mißerfolg, denn eine Einigung wurde nicht erzielt. Cannizzaro hielt ebenfalls einen Vortrag, aber erst nachdem er sein schmales Bändchen verteilt hatte, das die meisten Kongreßteilnehmer erst auf dem Nachhauseweg lasen, trat die erwünschte Klärung der Begriffe ein. Er arbeitete exakt den Unterschied zwischen Atom und Molekül heraus und lehrte, daß es zwischen chemischen und physikalischen Molekülen keinen Unterschied gäbe, wie manche behauptet hatten. Und energisch verteidigte er die Regel von Avogadro, der er damit zum Durchbruch verhalf, insbesondere da er sich experimentell ihrer scheinbaren Ausnahmen annahm und diese erklärte. Vor allem legte er die Rolle der zweiatomigen Gase wie Wasserstoff dar. Die Anomalie im thermischen Verhalten von Ammoniumchlorid führte ihn zur Definition der thermischen Dissoziation. Er untermauerte auch die Bedeutung der Molekulargewichtsbestimmung aus der Messung der Dampfdichten nach Dumas. Auch Cannizzaros persönliches Schicksal wandte sich zum Besseren. Da er Garibaldi und dessen Zug der Tausend nach Sizilien gefolgt war, erhielt er 1861 eine Professur in Palermo. Nach dem Zusammenbruch des Kirchenstaates 1870 wurde er Professor an der Universität Rom und Senator des Königreiches Italien und somit ein in jeder Hinsicht erfolgreicher Revolutionär.

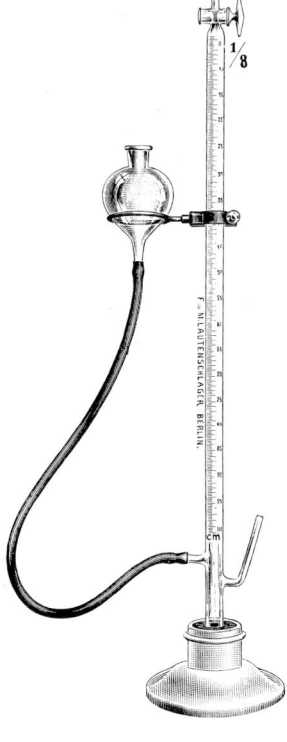

56　Jean-Baptiste André Dumas (1800–1884) entwickelte die Stickstoffbestimmung der organisch-chemischen Analyse und schuf für diese eine Gasbürette mit Druckausgleich.

58　Der auf den Schweden Berzelius zurückgehende Laborarbeitsstil unter Verwendung von Stativen setzte sich unter Weiterentwicklung bis in unsere Tage durch. Mit an Stativen festgeschraubten Ringen, Klammern, Muffen und festgeschraubten Bunsenbrennern kann man fast jede nur denkbare chemische Versuchsanordnung leicht aufbauen.

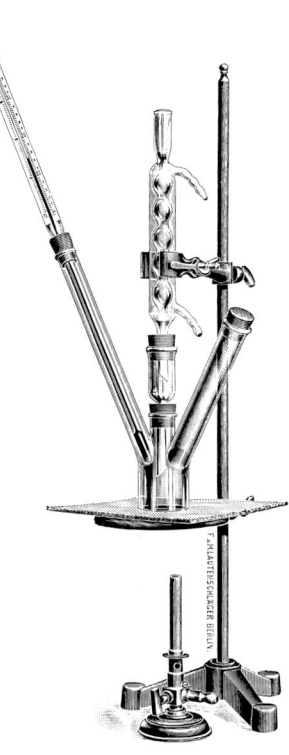

Der ganz große Experimentator des vorigen Jahrhunderts war R.W. Bunsen. Ihm war es gegeben, großartigste wissenschaftliche Erfolge mit bescheidensten, aber raffiniertest eingesetzten Mitteln zu erreichen und neue, von ihm entwickelte experimentelle Methoden umgehend auf den unterschiedlichsten Gebieten anwenden zu können. So stellte er sich 1855 die Frage nach der Intensität des Himmelslichtes in Abhängigkeit von Tages- und Jahreszeiten und nach deren Wirkung auf chemische Reaktionen. Als Indikatorreaktion wählte er die durch Bestrahlung mit sichtbarem Licht recht stürmisch verlaufende Chlor-Knallgas-Reaktion – in Bunsens stark experimentell gefärbter Vorstellungswelt die weitaus schönste Reaktion überhaupt, die »Mona Lisa« der Chemie. Um Lichthelligkeiten überhaupt untereinander vergleichen zu können, entwickelte er das Fettfleckphotometer. In einer nicht zu überbietenden Schlichtheit besteht es lediglich aus einem kleinen Holzrahmen und einem darin eingespannten Blatt Papier mit Fettfleck, der auf einer Meßskala zwischen zwei Lichtquellen so lange hin- und hergeschoben wird, bis er nicht mehr erkennbar ist. Um mit diesem Gerät sinnvoll arbeiten zu können, brauchte Bunsen eine standardisierte Beleuchtungsquelle. Er wählte einen unter reproduzierbaren Bedingungen brennenden Gasbrenner. Die Vereinfachung dieses Brenners führte zum legendären Bunsenbrenner, der bis weit nach dem Zweiten Weltkrieg die klassische Wärmequelle chemischer Laboratorien bleiben sollte. Die Überlegung, wie man diesen kleinen Gasbrenner optimal nutzen könnte, führte ihn gemeinsam mit G.R. Kirchhoff zur Entwicklung der Spektralanalyse – der Beobachtung leuchtender Flammen im Spektroskop –, mit deren Hilfe er sich umgehend auf die Suche nach unbekannten Elementen machte und sie auch fand. Bei der Aufarbeitung von sage und schreibe 44 Tonnen Dürkheimer Sole fand er 1860 das Element Caesium; in dem Glimmermineral Lepidolith entdeckte er 1860 das Rubidium. Auch die Namen dieser beiden Elemente stammen von ihm: In Mußestunden las er klassische Schriftsteller im Original, und so nannte er die von ihm gefundenen Elemente nach den Farben besonders charakteristischer Spektrallinien und wählte dazu als

Wortstamm Adjektive, die seinerzeit Aulus Gellius benutzt hatte, um die Farbenspiele am Abend- und Nachthimmel über Athen zu beschreiben. Schon 1841 hatte er ein elektrisches Element entwickelt, in dem Kohle und Zink in Chromschwefelsäure tauchen – das »Bunsen-Element«, das über längere Zeit mit gleichbleibender, relativ hoher Spannung elektrischen Strom liefert. Trotz der unangenehmen Handhabung der Chromschwefelsäure wurde das Bunsen-Element zu gewaltigen Batterien zusammengebaut und in der Technik breit genutzt. Kaiser Napoleon III. zum Beispiel ließ seine Gartenfeste mit offen brennenden Kohlebogenlampen beleuchten, deren Energie aus gewaltigen Bunsen-Batterien stammte. Aber auch das Licht für die Nachtschichten des Baues der Champs-Élysées und der neuen Seine-Brücken kam letztlich aus Bunsen-Batterien. Selbst König Ludwig II. von Bayern ließ in seinen Prunkschlitten eine Bunsen-Batterie einbauen, um bei nächtlichen Fahrten die über dem Gefährt schwebende Krone elektrisch beleuchten zu können. Bunsen beobachtete auch als erster, daß Magnesium mit leuchtend heller weißer Flamme verbrennt, und schuf damit das Blitzlicht für ganze Generationen von Photographen. Seine Werke über Analytik blieben zwei Generationen von Chemikern richtungweisend.

Merkwürdig und im nachhinein fast unverständlich ist Bunsens Ablehnung des »Periodischen Systems der chemischen Elemente«, durch das die Namen L. Meyer und D.I. Mendeleev unsterblich wurden. Letztlich war das Periodensystem jedoch das Werk vieler. 1817 hatte J.W. Döbereiner, der chemische Berater Goethes, entdeckt, daß das Äquivalentgewicht von Strontium den Mittelwert der Äquivalentgewichte von Calcium und Barium bildet. Döbereiner sah in diesem Sachverhalt ein allgemeines Prinzip und fand bis 1829 die weiteren »Triaden« Lithium-Natrium-Kalium sowie Schwefel-Selen-Tellur und Chlor-Brom-Jod. L. Gmelin weitete diese Triaden 1827, 1843 und zuletzt 1852 auf eine Vielzahl von Gruppierungen aus, die er graphisch so anordnete, daß auch der jeweilige Bezug zur Elektronegativität erkennbar sein sollte. Diese Tabelle wurde von dem Engländer J.H. Gladstone vervollkommnet. Aufbauend auf Betrachtungen des Franzosen

57 Vor der Einführung der modernen spektroskopischen Methoden waren die Bestimmungen der Schmelz- und Siedepunkte die wichtigsten Hilfsmittel, um eine chemische Verbindung zu charakterisieren.

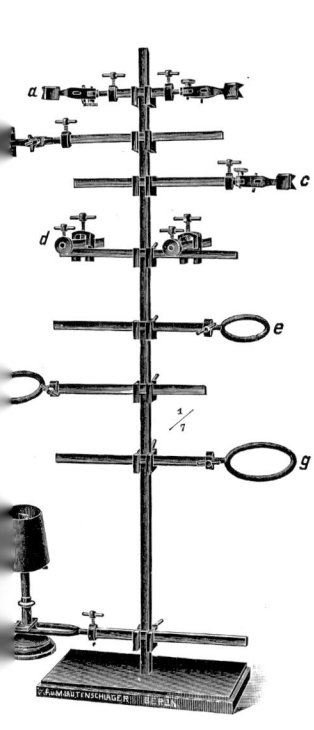

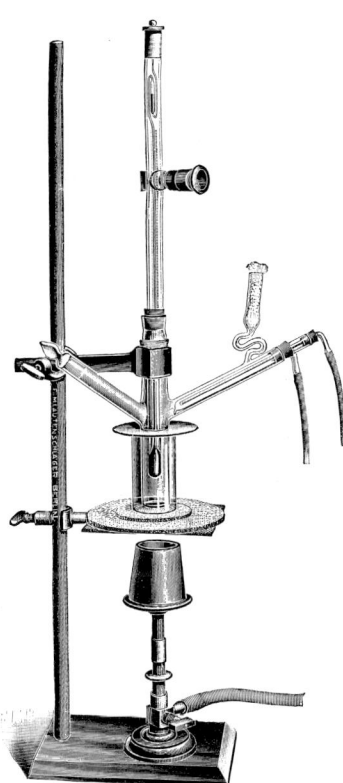

59 Apparat zur Bestimmung der Siedepunktserhöhung nach Beckmann.

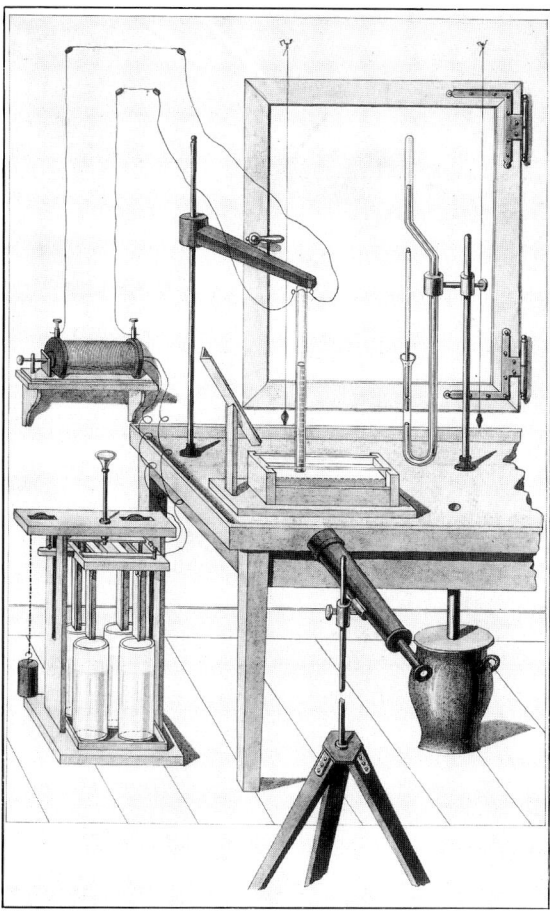

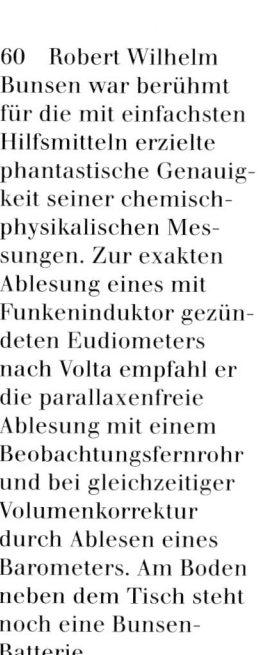

60 Robert Wilhelm Bunsen war berühmt für die mit einfachsten Hilfsmitteln erzielte phantastische Genauigkeit seiner chemisch-physikalischen Messungen. Zur exakten Ablesung eines mit Funkeninduktor gezündeten Eudiometers nach Volta empfahl er die parallaxenfreie Ablesung mit einem Beobachtungsfernrohr und bei gleichzeitiger Volumenkorrektur durch Ablesen eines Barometers. Am Boden neben dem Tisch steht noch eine Bunsen-Batterie.

J. B. A. Dumas (1851 und 1857), des Amerikaners J. P. Cook, des Deutschen E. Lenssen (1857), der Engländer W. Odling (1857), J. Mercer (1858) und C. Lea (1860), des Franzosen A. E. Beguyer de Chancourtois (1862) mit seiner »Vis tellurique«, dem »Gesetz der Oktaven« des Engländers J. A. Newlands – merkwürdigerweise auch ein Gefolgsmann Garibaldis – und dem »natürlichen System« des Deutsch-Amerikaners G. D. Hinrichs (1864) fanden schließlich der Deutsche L. Meyer und der Russe D. I. Mendeleev zur endgültigen Gestaltung des Periodensystems. Diese Entwicklung nach 1860 wäre allerdings ohne die erfolgreichen Bemühungen um die Klärung der Grundbegriffe durch den Italiener Cannizzaro nicht möglich gewesen.

Die schließliche Durchsetzung des Periodensystems war den mutigen Voraussagen Mendeleevs zu verdanken, der Lücken in seinem System mit noch nicht gefundenen und noch zu erwartenden chemischen Elementen identifizierte und überaus scharfe Prognosen über die Eigenschaften dieser Elemente und deren Verbindungen wagte. Seine Voraussagen wurden durch die Ent-deckung der chemischen Elemente Scandium, Gallium und Germanium bestätigt. Obwohl der Satz von Avogadro so etwas wie das Fundament war, auf dem das Periodensystem ruhte, war die Frage, wieviele Moleküle eines Gases sich denn nun tatsächlich in einem vorgegebenen Raumvolumen befänden, noch völlig offen. 1865 berechnete J. Loschmidt die »Größe der Luftmoleküle« mit Hilfe der kinetischen Gastheorie, die R. Clausius und J. C. Maxwell 1857 begründet hatten. Zum ersten Mal wurde der Durchmesser von Molekülen relativ genau kalkuliert und so ein Schätzwert der Anzahl der Moleküle eines Gases pro Milliliter gewonnen. 1893 publizierte A. Werner seinen »Beitrag zur Konstitution anorganischer Verbindungen«, mit dem er die sogenannte »Koordinationslehre« begründete, nach der sich große Molekülkomplexe – daher später meist nur »Komplexchemie« genannt – bilden können, die durch sogenannte »Nebenvalenzen« zusammengehalten werden können. Eine Vielzahl von chemischen Phänomenen, die mit der klassischen Strukturlehre nicht deutbar waren, fand nun einleuchtende Erklärungen. Es zeigte sich, daß »chemische Komplexe« in fast allen Bereichen der Chemie eine große Rolle spielen, insbesondere aber auch in der Biochemie. Werners Forschungen wurden 1913 mit dem Nobelpreis belohnt.

Tiefgreifende Probleme unserer Zeit begannen sich 1892 abzuzeichnen, als A. H. Becquerel, Professor an der École Polytechnique in Paris, die Einwirkung phosphoreszierender und luminiszierender Substanzen auf Photoplatten zu studieren begann und dabei 1896 entdeckte, daß Salze des Metalls Uran Photoplatten auch in absoluter Dunkelheit zu schwärzen vermögen. M. und P. Curie belegten diese Erscheinung mit der Bezeichnung »natürliche Radioaktivität«. Becquerel erhielt den Nobelpreis 1903. Es gelang dem Ehepaar Curie dank systematischer Durchmusterung von Mineralien, besonders intensiv strahlende Pechblende aus Joachimsthal zu finden. Nachdem sie äußerst zeitraubende und schwierige Trennungsoperationen entwickelt hatten, entdeckten die beiden 1898 in der Pechblende zwei neue radioaktive Elemente, das Polonium und das Radium. Studien über deren Zerfall brachten tiefgreifende Aufschlüsse über den Bau der Materie.

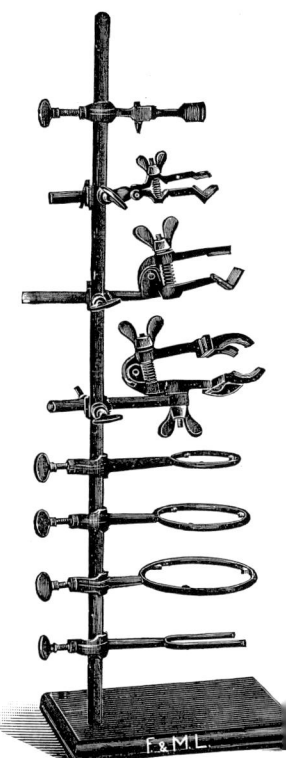

61 Stativ mit Zubehör.

LITHOGRAPHIE UND PHOTOGRAPHIE

Da Kurfürst Karl Theodor von Bayern an der Landesuniversität Ingolstadt Chemie gegen Ende des 18. Jahrhunderts zum Pflichtfach für alle Hörer verfügt hatte, kam auch Alois Senefelder, Student für Rechts- und Kameralwissenschaft, zu chemischen Kenntnissen. Zunächst allerdings war ihm dies nicht nützlich, denn er wollte Dichter und Schauspieler werden und schloß sich der fahrenden Theatertruppe M. v. Webers, des Vaters des Komponisten K. M. v. Weber, an. Um sich die Druckgestaltung von Programmen und Eintrittskarten zu erleichtern, führte der ältere Weber ein kleines chemisches Laboratorium mit. Da er sorglos Chemikalien in unetikettierten Flaschen aufbewahrte, trank eines Tages sein Sohn Karl Maria versehentlich konzentrierte Salpetersäure, verlor so seine Singstimme und wandte sich ganz dem Komponieren zu. Senefelder erwarb in der Weberschen Truppe seine ersten Kenntnisse graphischer Techniken, und da sich für seine hochdramatischen Bühnenwerke kein Verleger finden wollte, entschloß sich der junge Dichter, sie im Eigenverlag herauszubringen. Um jedoch seine Experimente mit Tief- und Hochdruck auf Kalkstein finanzieren zu können, kam ihm auf strapaziösen Umwegen schließlich der Einfall, daß er es mit dem Druck von Notenblättern versuchen könne. Noten wurden damals durch Kupferstichdruck vervielfältigt, was sehr teuer war. Zielstrebig suchte Senefelder nun einen Komponisten, der bereit war, ihm für den Druck eigener Noten Geld vorzuschießen. So erschien 1796 das erste Werk F. Gleißners: der von »hochgeätztem Stein« gedruckte »Feldmarsch der churpfalzbairischen Truppen für acht Kreuzer«. Die Kunde von dieser preiswerten neuen Druckart verbreitete sich rasch und brachte viele Aufträge für religiöse Erbauungsbildchen. Diese serienmäßige Kitschproduktion bedingte nun schnell verfertigte, auf Stein gezeichnete Vorlagen für die Steinät-

zung. Senefelder sah sich gezwungen, seine ungenügenden zeichnerischen Qualitäten mit chemisch-technischer Genialität zu kompensieren und ersann so ein Kopierverfahren, das seitenverkehrte Kopien von seitenrichtigen Originalen ergab, die er dann seitenverkehrt abschreiben oder abzeichnen konnte. Doch auch dieses Verfahren war ihm zu langsam, und deshalb versuchte er, Originale direkt seitenverkehrt auf den Stein zu kopieren. So entwickelte er schließlich die endgültige Form des »chemischen Steindrucks«, ein phantastisch einfaches und sicheres Flachdruckverfahren.

Der Chemismus der Lithographie beruhte nach Senefelder auf den Gesetzen der chemischen Verwandtschaft, doch konnte er selbst sein geniales Verfahren nur empirisch beschreiben. Heute ist bekannt, daß der Kalkstein besonders feinporig sein muß, damit seine Oberfläche sehr leicht Wasser beziehungsweise Fett aufnehmen kann. Zeichnet man auf der sauber geschliffenen Oberfläche mit fetthaltiger Tusche, so verbinden sich die in der Tusche enthaltenen Fettsäuren mit dem Calciumkarbonat des Steines zu Calciumsalzen der Fettsäuren. Dieser »fettsaure Kalk« ist fettanziehend (lipophil) und wasserabstoßend (hydrophob). Wird jener Oberflächenteil des Steines, der keine Zeichnung trägt, mit einer sauren Gummiarabikum-Lösung behandelt, so werden diese Stellen fettabstoßend (lipophob) und wasseranziehend (hydrophil). Da die fettsaure Zeichnung wasserabstoßend ist, kann man die Gummiarabikum-Lösung einfach über die Oberfläche streichen. Nach der Befeuchtung des Steines nehmen beim Einfärben nur die gezeichneten Stellen Druckfarbe an; nur diese Stellen drucken dann in der Presse ab. Die Lithographie erlangte innerhalb recht kurzer Zeit eine erstaunliche Verbreitung: Dank der immens hohen Herstellungsgeschwindigkeit wurden Tagesbefehle der

62 Erste Steinzeichnung Senefelders aus dem Jahre 1797. Es handelt sich um eine Steinätzung, noch nicht um eine Lithographie. Er selbst schrieb über die Bedeutung dieses Bildchens: »... Ein in Musik gesetztes Lied auf die feuersbrunst von Neuötting in Baiern, welches ich... druckte, und wobey sich ein kleines Vignetchen, ein brennendes haus vorstellend befand, veranlaßte Herrn Steiner, von mir einige kleine Bilder zu einem Katechismus auf Stein zeichnen zu lassen...« A. Senefelder: Geschichte der Steindruckerey

Armeen nur noch lithographiert; zur Freude aller Bürokraten konnte man in früher nie gekannten kurzen Zeiten neue Formulare herstellen; mit ihrer Hilfe ließen sich alte Werke detailgetreu faksimilieren. Ein Hauptanwendungsgebiet der Lithographie blieb der Notendruck. Besonders früh wandte sich die Firma André in Offenbach der lithographischen Verbreitung von Partituren zu. Die Inhaber dieser Firma waren Jugendfreunde Goethes, und dieser entwickelte sich zu deren liebevollstem Propagandisten. Kein Dichter nach ihm liebte es so sehr, faksimilierte Gedichte von »seiner Hand« zu verschenken.

63 Innenansicht einer lithographischen Anstalt.

Die Lithographie wurde bald zu einer eigenständigen Gattung der graphischen Kunst. Anfänglich lehnten sich die Zeichner noch sehr an vorhandene Kunsttechniken an, doch gelang es bald, einen speziell auf die lithographische Technik zugeschnittenen Stil zu schaffen. Wohl als erstem gelang dies F. de Goya mit seinen berühmten Stierkampfblättern, nach 1830 traten vor allem französische Künstler hervor (D. A. Raffet, E. Delacroix, J. L. T. Gericault und andere). Die Lithographie machte auch neue Plakatgestaltungen möglich, wie insbesondere H. de Toulouse-Lautrec zeigte. Es entstand ein neuer Typ lithographierter Zeitschriften, die sich besonders zur Verbreitung politischer Karikaturen eigneten, die berühmteste war »Charivari« und deren bedeutendster Mitarbeiter H. Daumier. Da sich die Lithographie auch besonders zur schnellen Herstellung von Flugblättern mit Karikaturen eignete, verlieh ihr dies bedeutende politische Akzente. Eines hatten die Entdecker und Erfinder der neuen graphischen Techniken des vorigen Jahrhunderts gemein: Sie hielten sich alle, gemessen am künstlerischen Standard ihrer Zeit, für schlechte Zeichner. So auch J. N. Niépce. Von 1793 an versuchte er zusammen mit seinem Bruder Claude, die in der Camera obscura für das Auge sichtbaren Bilder irgendwie festzuhalten. Dann begann ihn Senefelders Lithographie zu faszinieren. Ebenso wie dieser versuchte er, fehlende eigene Zeichenkünste zu kompensieren, und beschäftigte sich intensiv mit Verfahren, fremde Vorlagen auf den Stein zu übertragen. Er begann – wie viele vor ihm – mit Silberchlorid als lichtempfindlicher Substanz zu arbeiten, scheiterte aber ebenso an dem ungelösten Problem, das immer noch lichtempfindliche Bild zu fixieren und wandte sich daher einer anderen Chemikalie zu: »… Das Licht wirkt… chemisch auf verschiedene Stoffe ein. Es wird von ihnen absorbiert und gibt ihnen neue Eigenschaften. So vermehrt es die natürliche Dichtigkeit einiger dieser Stoffe; es macht sie sogar fest und mehr oder weniger unlöslich, je nach der Dauer oder Intensität seiner Einwirkung … Die erste Substanz… die zur Erzeugung am unmittelbarsten beiträgt, ist der Asphalt oder Bitumen (Judenpech)…«

Die dem Sonnenlicht ausgesetzten Partien werden hart, die unbelichteten Asphaltflächen bleiben weich und können ausgewaschen werden. So entsteht ein Bild. Anfänglich arbeitete Niépce mit Lithosteinen, ging dann auf Kupfer- und Zinkplatten über, auf die er die Asphaltschicht auftrug und mit Firnis transparent gemachte Kupferstiche kopierte. 1827 gelang ihm auf diese Weise die erste noch heute erhaltene Reproduktion eines Porträt-Kupfers, das den Kardinal Amboise darstellt. Niépce versuchte auch erstmals, seine mit Asphalt lichtempfindlich gemachten Lithosteine als Photoplatte in einer großen Camera obscura zu verwenden. Am 16.9.1824 gelang es ihm, den Blick aus dem Fenster seines Arbeitszimmers auf die Befestigungsanlagen seines Schlosses auf einer Aufnahme festzuhalten. Dem heutigen Betrachter dieses ersten Photos der Welt gibt dieses zunächst

64 Photographisch-chemische Laborausrüstung mit einer Dunkelkammer-Petroleumlampe mit dunkelrotem Glaszylinder, Trockengestell und Chemikalien aus einem Versandhauskatalog.

Rätsel auf, denn die überlange Belichtungszeit von mehr als acht Stunden verursachte durch die Wanderung der Sonne seltsame Lichteffekte. Niépce war es gelungen, ein »Lichtbild« festzuhalten, aber die Unempfindlichkeit seiner photographischen Schicht setzte der weiteren Entwicklung seines Verfahrens enge Grenzen.

Ein etwas boshafter Chronist hat die künstlerische Laufbahn des zweiten großen Erfinders der Photographie, des Theater- und Dioramenmalers L. J. M. Daguerre, eher negativ beurteilt. »Dieser Werdegang läßt… mit Sicherheit darauf schließen, daß er durchaus nur ein mittelmäßiger Künstler war…« Durch seine theatralischen Dioramen war er jedoch in einem gewissen Umfang berühmt. Auch er forschte nach zeichnerischen Hilfsmitteln und wandte sich so der Suche nach photographischen Methoden zu, die sich über Jahrzehnte hinzog und schon früh zu bescheidenen, aber eben nicht fixierbaren Erfolgen führte. Im Dezember 1829 hatte er mit Niépce einen Partnerschaftsvertrag abgeschlossen; die beiden experimentierten getrennt, tauschten aber die Ergebnisse aus. 1833, nach dem Tode von Niépce, trat dessen Sohn Isodore in den Vertrag ein, trug aber selbst zur weiteren Entwicklung nichts bei, so daß die Vollendung des ersten photographischen Verfahrens eine Leistung von Daguerre blieb. Nachdem es ihm geglückt war, durch die Entdeckung des latenten Bildes die Belichtungszeit von acht Stunden auf zwanzig bis dreißig Minuten zu reduzieren, wagte er sich an die kommerzielle Nutzung des Verfahrens. Der Versuch, durch eine Subskription das nötige Kapital zusammenzubringen, mißlang, und so wandte er sich an den großen Naturforscher D. F. Arago, der auch gleichzeitig Politiker war, und weihte diesen Ende 1838 in das Verfahren ein. Dank Arago kam es zu einem einzigartigen Vorgang. Man schloß einen Vertrag, in dem der französische Staat die Entdeckung gegen Leibrenten für die Erfinder und ihre Familien ankaufte, um sie ohne Patentschutz der Öffentlichkeit zu schenken. D. F. Arago selbst stellte in einem großen Vortrag am 19. August 1839 in der Akademie der Wissenschaften die Daguerreotypie der Öffentlichkeit vor.

Für das Daguerresche Verfahren brauchte der Photograph drei verschiedene Vorrichtungen. Vor der Aufnahme mußte er sich zunächst die lichtempfindliche Platte selbst herstellen. Eine gereinigte, plane Kupferplatte wurde hierzu in einem verschließbaren Kästchen Joddämpfen ausgesetzt. Auf der Oberfläche der Platte bildete sich dadurch eine lichtempfindliche Schicht von Silberjodid. Nun kam die Platte in eine Kassette, dann in die Kamera (wo sie nach Gefühl belichtet wurde: ca. 25 Minuten) und anschließend in einen Quecksilberkasten, auf dessen Boden eine mit zwei Pfund Quecksilber gefüllte Eisenschale stand, die durch eine Spirituslampe erhitzt wurde. Der aufsteigende Quecksilberdampf entwickelte das latente Bild und machte es sichtbar. Zur Entfernung des noch vorhandenen Jodes wurde die Platte in einer wäßrigen Lösung von unterschwefelsaurem Natron gebadet und so fixiert. Um das entstandene Bild besser sichtbar zu machen und die Aufnahme gleichzeitig ein wenig zu schützen, wurde sie anschließend noch mit einer Goldchloridlösung behandelt und so mit einer spiegelnden Goldschicht überzogen. Ein positives Bild sah das Auge des Betrachters allerdings nur dann, wenn die Daguerreotypie in einem bestimmten Winkel betrachtet wurde. Dank der immensen propagandistischen Fähigkeiten Daguerres verbreitete sich sein Verfahren in kürzester Zeit über ganz Europa und erfreute sich durch erstaunlich scharfe Bilder so großer Beliebtheit, daß es dem eigentlichen Vorläufer des heute geübten Silberchlorid-Positiv/Negativ-Verfahrens ausgesprochen schwerfiel, sich durchzusetzen.

65 Originelle tragbare Dunkelkammer eines Straßenphotographen, die sich von der breiten Hutkrempe herabrollen läßt. Anonyme Karikatur 1856

Auch der Erfinder dieses Verfahrens war ein schlechter Zeichner und deshalb an einer photographischen Alternative interessiert. So hatte F. Talbot sich 1833 beim Landschaftszeichnen einer Wollastonschen Camera lucida bedient, einem Spiegelapparat, der es dem Zeichner erspart, das kontrollierende Auge vom Blatt zu erheben. Offenbar befriedigten ihn jedoch die Ergebnisse nicht, denn er begann mit photographischen Versuchen, denen er sich dank seiner Wohlhabenheit voll widmen konnte. Er arbeitete mit Silberchlorid auf Papier. 1839 gelang ihm das Fixieren mit Kochsalz- beziehungsweise Kaliumjodidlösungen. Noch im gleichen Jahr schlug er »Ferrocyankali« oder schwefelsaures Natrium als weitere Fixiermittel vor sowie die

Verwendung von Bromsilberpapier. 1840 gelang es ihm, das latente Bild auf Jodsilberpapier mit Hilfe von Gallussäurelösungen sichtbar zu machen. Damit hatte auch Talbot brauchbare Belichtungszeiten erreicht. Wenngleich seine Bilder aus sekundären technischen Gründen nicht so scharf waren wie jene Daguerres, eigneten sie sich doch durch die Verwendung von Papier sehr viel besser für Reproduktionen. 1844 konnte Talbot das erste photographisch illustrierte Buch erscheinen lassen: »The Pencil of Nature«, dem im folgenden Jahr die »Sun Pictures in Scotland« folgten. Die mangelnde Schärfe der Aufnahmen und Kopien auf Papier ließ sich durch die Einführung einer transparenten Trägerschicht für das Silberhalogenid von Kollodium auf Glas beseitigen. Kollodium ist ein Gel, bestehend aus Nitrozellulose in einem Alkohol-Ether-Gemisch; F.S. Archer entwickelte es 1851. Nun war es nur noch ein vergleichsweise kleiner Schritt über das »nasse« (selbst vor der Aufnahme zu präparierende Platten) und das »trockene« (vorbereitete Platten) Kollodiumverfahren zu den beschichteten Filmen. Anfänglich mußte man photographische Bilder zur Illustration von einem Zeichner oder Stecher kopieren lassen, da es zunächst nicht gelang, Photographien unmittelbar auf eine Druckplatte zu bekommen.

Die Eigenschaft des Kaliumbichromates, zusammen mit Papier lichtempfindlich zu werden, entdeckte 1838 der englische Chemiker M. Ponton. Er tränkte Papier mit einer Kaliumbichromatlösung, ließ es im Dunkeln trocknen, legte hierauf dann auf nicht allzu dickem, lichtdurchlässigen Papier gedruckte Kupferstiche oder Zeichnungen und setzte das Ganze dem Licht aus. Dabei entstanden, bedingt durch die Braunfärbung des Chromatpapiers am Licht, helle Silhouetten auf gelblichbraunem Grund. Zum »Fixieren« genügte es, die Bilder ins Wasser zu legen und das Bichromat auszuwaschen. Ein ähnliches Verfahren entwickelte 1840 A.E. Becquerel. Er mischte eine Auflösung von Kaliumbichromat mit Stärkekleister. Auch Talbot selbst beschäftigte sich 1853 mit der Lichtempfindlichkeit des Bichromates, doch gelang es ihm nicht, und es ist auch später nicht gelungen, mit Bichromat zu kurzen Belichtungszeiten zu kommen. Doch er hatte be-

obachtet, daß Leim oder Gelatine im Gemisch mit Bichromat beim Belichten ein noch intensiveres braunes Bild ergeben und daß die belichteten Partien der Gelatine weder in kaltem noch in heißem Wasser löslich sind. Mit der Anwendung dieses Verfahrens auf einer Trägerplatte aus Kupfer, die nach dem Abwaschen der unbelichteten Gelatine mit Eisenchloridlösung tief geätzt wurde, hatte er eine auf photographischem Wege gewonnene Druckplatte. Talbot selbst gelang es zwar nicht, zu wirklich einwandfreien Abbildungen zu kommen, doch regte er den französischen Chemiker A. Poitevin an, ein Pigmentdruckverfahren zu entwickeln, das dann von M. Woodbury verfeinert wurde.

Der große Durchbruch des Lichtdrucks zu einem bedeutenden technischen Verfahren kam mit den Arbeiten J. Alberts in München. Dieser knüpfte an die Ergebnisse seiner Vorgänger an und fand insbesondere eine einfachere Variante, um die Gelatineschicht fest an ihre Unterlage zu binden. Bei der Einwirkung von Licht auf ein Gemisch von Bichromat und Gelatine wird diese nicht nur durch das entstehende Chromsalz gegerbt, sondern es entsteht auch Sauerstoff, dessen Gasperlen die Oberfläche der Gelatine runzeln. Albert gelang es durch eine Feinabstimmung der Rezeptur, eine extrem gleichmäßige Runzelung oder Körnung der gegerbten Gelatineoberfläche zu erzielen, und er erhielt so einen optimalen Druckträger, der immerhin bis zu 3000 Druckvorgänge aushielt. Damit war ein Photorepro-Druckverfahren hoher Qualität gefunden worden, das bis in die jüngste Vergangenheit für Kunstdrucke Bedeutung besaß. Aus Lithographie, Photographie und Lichtdruck entwickelte sich die heute bekannte, fast unendliche Fülle graphischer Techniken bis hin zum Offsetdruck auf rotierenden Gummibändern beziehungsweise -walzen.

Die Photographie ihrerseits wurde damals umgehend immens populär. Allenthalben gab es Lobeshymnen auf sie, sogar Papst Leo XIII. verfaßte 1877 ein lateinisches Gedicht, dessen Verse ganz im Geiste humanistischer Bildung gehalten waren. Apelles von Kolophon galt in der Antike als der größte Maler schlechthin.

66 Balgenphotokamera für Rollfilme aus einem Versandhauskatalog.

O mira virtus ingeni!
Novumque monstrum!
imaginem
Naturae Apelles aemulus
Non pulchriorem
pingeret.

(O wunderbare
Geistesmacht!
Ein neu Gebilde der
Natur,
Wie selbst Apelles'
Meisterhand
Es schöner nicht hervor-
gebracht!)

MODERNE SPRENGSTOFFE

67 Patrone mit Schießbaumwolle.

A. Sobrero, ein Schüler Liebigs, stellte 1847 in Turin durch Einwirkung eines Salpetersäure-Schwefelsäure-Gemisches auf Glyzerin das Nitroglyzerin her. Er brauchte nicht besonders lang, um herauszufinden, daß er einen hochbrisanten Sprengstoff mit völlig unberechenbarer Explosivität und extremer Empfindlichkeit gegenüber Schlag und Erschütterung gefunden hatte. Sogar sein äußeres Erscheinungsbild mußte unter seinen Forschungen leiden: »...Ein Tropfen (wurde) in einem Probierrohr erhitzt und explodierte dabei mit solcher Heftigkeit, daß die Glasscherben mich tief ins Gesicht und Hände schnitten und auch andere verletzten, die in einiger Entfernung im Zimmer standen...« Es gelang Sobrero nicht, das Nitroglyzerin so weit zu zähmen, daß man es als Sprengstoff verwenden konnte, doch erkannte er – wie der holländische Chemiker J. E. de Vrij –, daß Nitroglyzerin physiologische Wirkungen hatte, und es wurde schon bald gelöst in verdünntem Alkohol als Herzmittel eingesetzt. Noch heute verwendet man es bei Angina pectoris, Lungenödem, Koronarsklerose und anderen Indikationen. Die ungeheure Gefährlichkeit konnte den jungen Schweden A. Nobel jedoch nicht davon abhalten, ausgerechnet die Eigenschaften dieser Substanz zu erforschen. 1861 gewährte ihm der Finanzier Napoleons III., der Bankier J. Pereire in Paris, einen Kredit über 100000 Franc. Ob sich der Kaiser selbst empfehlend ins Mittel gelegt hat, ist nicht überliefert, aber nicht unwahrscheinlich. Napoleon III. war ein begabter Hobby-Chemiker, der sich seine siebenjährige Festungshaft in Ham durch Einrichtung eines kleinen Labors in seiner Zelle und durch chemische Experimente verkürzt hatte. In dieser Zeit hatte er sich insbesondere mit Elektrochemie beschäftigt, und wahrscheinlich stammte seine Schwäche für moderne Chemie und Metallurgie von daher. So war er ein großer Freund des neuen Leichtmetalles Alumi-

nium, das er in Form von Aluminiumschmuck zu verschenken pflegte. Die Adler der kaiserlichen Feldzeichen waren ebenso aus Aluminium wie die Harnische der berittenen kaiserlichen Garde.

Es erwies sich zunächst als völlig unmöglich, Nitroglyzerin gezielt zu einem bestimmten Zeitpunkt zu zünden. Um diese Schwierigkeit zu meistern, entwickelte Nobel das Prinzip der Initialzündung, bei der eine Ladung schwieriger zu zündenden Sprengstoffes durch eine kleine Menge eines leichter und sicherer entzündbaren Explosivstoffes gezündet wird. Dies war der größte Fortschritt in der Sprengstofftechnik seit Erfindung des Schwarzpulvers. Nobel verwendete als Initialzünder Knallquecksilber, blieb aber zunächst noch beim flüssigen Nitroglyzerin. 1864 flog seine Fabrik in Helenborg in die Luft, unter den Toten befand sich auch sein jüngster Bruder. Bei dieser Explosion zeigte sich allerdings auch, daß Nitroglyzerin zu Erdbewegungen tauglich war. Als extrem gefährlich erwies sich der Transport des Nobelschen Sprengöles. 1865 explodierte auf der Reede von Panama der Dampfer »European« unter Mitnahme von 47 Menschen und seiner teilweise aus Nitroglyzerin bestehenden Ladung. 1866 wurde Nobels deutsche Fa-

68 Maschine zur Herstellung von Zündkapseln.

brik Krümmel in der Nähe von Hamburg fast völlig vernichtet. Nobel versuchte nun, die Gefährlichkeit des Nitroglyzerins zu vermindern, indem es durch Absorptionsmittel in eine feste Form gebracht wurde. Im Spätherbst 1866 erprobte er Kieselgur, eine pulvrige Kieselsäuremasse aus Panzern abgestorbener Diatomeen und unternahm mit diesem neuen Stoff persönlich Sprengungen in Bergwerken bei Dortmund. Das Dynamit beziehungsweise Nobels Sicherheitspulver war gefunden, es konnte in Patronen abgefüllt sicher in Bohrlöcher eingebracht werden. Im ersten Jahr nach der Erfindung stellte Nobel elf Tonnen her, 1874 bereits über 3000 Tonnen – Dynamit entwickelte sich zu dem Sprengstoff schlechthin, seine Anwendung erhöhte die Förderleistungen von Kohle- und Erzbergwerken »schlagartig«.

Die wahre historische Bedeutung des Dynamits lag aber woanders. Der atemberaubend schnelle Ausbau der Verkehrswege im vorigen Jahrhundert wäre ohne den Einsatz von Dynamit nicht machbar gewesen. So wurde der Bau des St.-Gotthard-Tunnels (1872–82) ermöglicht sowie Unterwassersprengungen am Hellgate-Felsen im East River vor New York (1876–85), der Durchstich des Kanals von Korinth (1891 bis 1893) und die Schiffbarmachung der

70 Ohne die Erfindung des Dynamits wäre die ungeheure Ausweitung des Eisenbahnverkehrs in nur wenigen Jahrzehnten des vorigen Jahrhunderts nicht möglich gewesen.

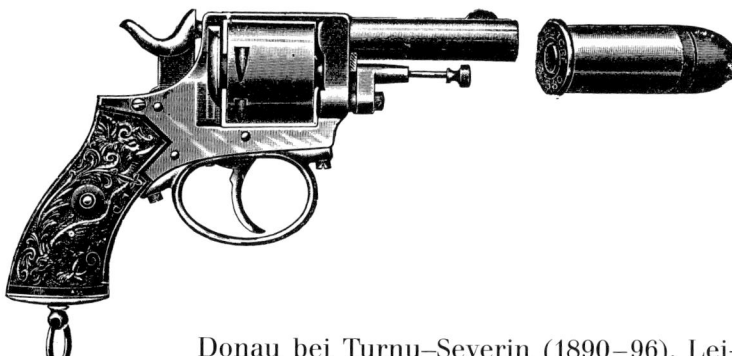

69 Revolver und Patrone aus einem Versandhauskatalog.

Donau bei Turnu–Severin (1890–96). Leider wurde es auch zur militärischen Mode, Bomben und Granaten mit Dynamit zu füllen. Für viele praktische Anwendungen wäre eine plastischere Konsistenz des Nitroglyzerin-Sprengstoffes nützlich gewesen. Nitroglyzerin ergibt mit in wenig Ether und Ethanol gelöster Kollodiumwolle, einer Nitrozellulose mit niedrigem Nitrierungsgrad, ein Produkt von gallertartiger Konsistenz, die Sprenggelatine.

Der finanzielle Erfolg Nobels war ungeheuer, und so konnten er und seine Brüder es

sich leisten, 1878 in Rußland die »Naphta-Gesellschaft Gebrüder Nobel« zur Ausbeutung der Erdölfelder bei Baku zu gründen. Auf Vorschlag von A. Nobel verlegte die Naphta-Gesellschaft 1883 die erste wirklich große Öl-Pipeline über Tausende von Kilometern vom Kaspischen zum Schwarzen Meer. Die schwere seelische Belastung durch Katastrophen, die militärische Anwendung seiner Sprengstoffe und der Einfluß der Pazifistin B. v. Suttner wandelten A. Nobel zum Philanthropen, und so vermachte er bei seinem Ableben 1896 einen Großteil seines riesigen Vermögens einer Stiftung, die Arbeiten »zum Wohle der Menschheit« in bestimmten wissenschaftlichen Disziplinen mit einem Preis bedenkt – dem »Nobel-Preis«. 1901 wurden zum ersten Mal Nobelpreise verliehen, erster ausgezeichneter Chemiker war der Niederländer J. H. van't Hoff.

Was Nobel zu Anfang sicher nicht im Blick gehabt hatte, war die Tatsache, daß sich durch Petroleumindustrie und Dynamit auch neue gewalttätigere Formen politischer Auseinandersetzung entwickelten. Dynamit übertraf bei gleichem Gewicht das klassische Schwarzpulver an Explosivität um ein Mehrfaches. Auch hatte man vor dem Aufblühen der Erdölindustrie keine Flüssigkeit besessen, die gleichzeitig so leicht brennbar war. Diese Tatsachen machten sich bald politische Attentäter zunutze. Politische Auseinandersetzungen wurden nun durch die Agitation der »Dynamiteure« und »Petroleure« drastisch verschärft. Das zwar fehlgeschlagene, aber aufsehenerregende Attentat des Grafen F. Orsini, der am 14. Januar 1858 versucht hatte, mit einer Höllenmaschine die Karosse Napoleons III. auf der Fahrt zur Oper in die Luft zu jagen, prägte bald die terroristischen Kampfformen jener Jahre. Sprengstoffattentate wurden gewissermaßen Mode. Im Oktober 1879 sprengte das »Exekutivkommittee des Volkswillens« den Sonderzug des Zaren auf der Strecke von Kurk nach Moskau. Da man aber den Salonwagen Alexanders II. zufällig an einen anderen Zug gehängt hatte, überlebte er. Daraufhin schmuggelte der Tischler S. Chalturin fünfzig Kilo Dynamit in den Winterpalast zu Petersburg. Am 5. Februar 1880 explodierte die Ladung. Der Zar blieb auch diesmal unverletzt, er hatte sich zum Diner verspätet. Die Terroristen unterminierten von einem eigens für diesen Zweck erworbenen Käsegeschäft eine Straße, durch die der Zar kommen mußte und bohrten heimlich Sprengkammern in die Fundamente der Steinernen Brücke über die Newa. Schließlich wählten sie mit Dynamit gefüllte Wurfbomben und schlugen am 1. März 1881 endgültig zu. Zwei Terroristinnen schwenkten die Schleier ihrer Damenhüte zum Zeichen, daß die Karosse des Zaren nahte – und Alexander II. starb in den Detonationen zweier Dynamitbomben. Nun krachte es allenthalben. Allein im Jahre 1892 wurden in Amerika fünfhundert und in Westeuropa über tausend Sprengstoffattentate registriert. Insbesondere die politischen Kämpfe des im Niedergang befindli-chen zaristischen Rußland wurden vom Dynamit geprägt. Zuweilen sprengten sich die Terroristen aber auch selbst in die Luft. B. Savinkov hat 1924 in »Erinnerungen eines Terroristen« einen solchen Fall geschildert. Seine Beschreibung ist ein Lehrstück über den Umgang mit Initialzündern:

»… Am 31. März nachts kam Pokotilov im Nordhotel, als er zum zweiten Mal die Bomben vorbereitete, bei einer Explosion um. Unsere Bomben hatten einen chemischen Zünder: sie waren mit zwei kreuzweise angeordneten Röhrchen mit zündenden und detonierenden Anordnungen versehen. Die ersten bestanden aus Glasröhrchen mit Ballons, die mit Schwefelsäure gefüllt waren, und aus darauf angebrachten Bleigewichten. Diese Bleigewichte zerbrachen beim Fallen der Bombe in beliebiger Lage die Glasröhrchen, die Schwefelsäure entzündete, wenn sie sich ergoß, eine Mischung von Chlorkalium und Zucker, und erst das verursachte die Explosion des Knallquecksilbers, darauf des Dynamits, mit dem die Bombe gefüllt war. Die unabwendbare Gefahr beim Laden bestand darin, daß das Glasröhrchen leicht in der Hand brechen konnte…«

Auch Brandanschläge waren in den revolutionären Kämpfen in Rußland an der Tagesordnung. Der heute noch bekannteste »Petroleur« jener Jahre, der der »Fraktion der Chemiker« der Bolschewiki angehörende W. M. Molotow, gab der mit brennender Lunte oder einem Zünder geworfenen, mit Petroleum gefüllten Flasche seinen Namen: »Molotow-Cocktail«.

71 Attentat des Felice Grafen Orsini auf Kaiser Napoleon III. von Frankreich am 14.1.1858 mit Hilfe einer »Höllenmaschine«. Leipziger Illustrierte, 1858

PRAKTISCHE CHEMIE IM 19. JAHRHUNDERT

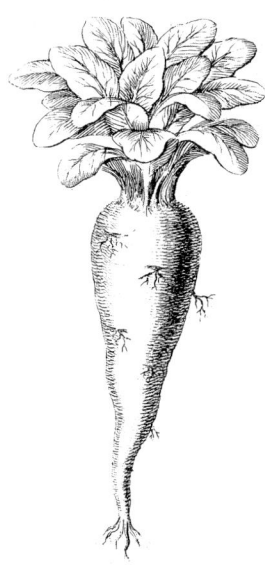

72 Franz Karl Achard (1753–1821) züchtete ab 1784, aufbauend auf der 1747 von Andreas Sigismund Markgraf (1709–1782) entdeckten Erkenntnis des Zuckergehaltes von Rüben, Rübensorten mit immer höherem Zuckergehalt und verbesserte die Gewinnungsmethoden.

Um die Eigenart und den Aufstieg der Chemie im 19. Jahrhundert gerade in Deutschland zu begreifen, muß man sich die Wirtschaftskatastrophe vor Augen halten, die dem Sturz Napoleons vorausging und die sich nach seiner Verbannung noch wesentlich verschlimmern sollte. Das Ausmaß der Not jener Zeit wurde besonders grell beleuchtet in dem »Bulletin des Neuesten und Wissenswürdigsten aus der Naturwissenschaft sowie den Künsten und Manufakturen«, das S. F. Hermbstaedt, Professor für Chemie in Berlin, seit 1809 herausgab. Das Hauptthema waren »Surrogate« für Stoffe, die bedingt durch die Kolonialsperre nicht mehr ins Land kamen. »Brotsurrogate« wurden ebenso diskutiert wie die Fragen, ob man echten Kaffee durch den Samen der gelben Wasserschwertlilie ersetzen könnte und ob es tatsächlich möglich sei, »fetten« Lehm, sogenannten »Letten«, zu essen, wie es die besonders Armen taten. Ungünstige Witterung, schlechte Ernten ab 1811, Viehseuchen und Getreidekrankheiten sowie Spekulation vergrößerten die Not, die sich über weite Teile Europas erstreckte. Ab 1816 gab der Professor für Chemie in Erlangen, K. W. G. Kastner, die Zeitschrift »Der Deutsche Gewerbsfreund« heraus. Wie wir aus Gerichtsakten des Berliner Kammergerichtsrates E. T. A. Hoffmann wissen, war Kastner, der spätere Lehrer Liebigs, demagogischer Umtriebe verdächtig. Die Thesen des »Deutschen Gewerbsfreunds« lassen sich in etwa so zusammenfassen: Es ist die vornehmste Aufgabe der Naturwissenschaften, insbesondere der Chemie, die Gewerbe zu fördern, den Wohlstand der Nation zu heben, den Bürger zu nähren und zu kleiden. Es ziemt dem Wissenschaftler, sich um die Hebung der Gewerbe zu kümmern und neben der reinen Wissenschaft der nationalen Wohlfahrt zu dienen. So waren viele spätere Theorien Liebigs – wie Kunstdünger und die Suche nach chemischer Verbesserung der Nahrungsmittel – schon bei seinem Lehrer Kastner angelegt, auch wenn diesem erfolgreiche Lösungen der anstehenden Probleme meist nicht gelangen.

Auf die Empfehlung A. v. Humboldts wurde Liebig im Mai 1824, also im Alter von nur vierundzwanzig Jahren, an die Universität Gießen als außerordentlicher Professor berufen, rückte 1825 zum Ordinarius auf und richtete sich in einer aufgelassenen Kaserne ein Laboratorium ein. 1831 gelang ihm die Vollendung der organisch-chemischen Elementaranalyse, der 1832 seine berühmte, gemeinsam mit Wöhler angefertigte Arbeit über das Benzoylradikal folgte. 1840 erschien eines seiner bekanntesten Werke: »Die organische Chemie in ihrer Anwendung auf Agricultur und Physiologie«.

Liebigs Entwicklung der organischen Elementaranalyse war die Voraussetzung für den späteren Erfolg seiner Düngelehre, ein Verfahren, das durch kontrollierte Verbrennung gestattet, den Anteil der Elemente Kohlenstoff und Wasserstoff und schließlich auch Stickstoff in einer chemischen Verbindung zu bestimmen.

Liebig war auf den Gedanken gekommen, nicht nur wohldefinierte chemische Verbindungen der Analyse zu unterwerfen, sondern auch Pflanzenteile, die er vor der Analyse in einer selbstentwickelten Apparatur trocknete. Eine Pflanze enthält aber auch Metalle, die nach der Verbrennung als Oxide in Form von Aschen zurückbleiben. Liebig beschäftigte sich nun mit der chemischen Zusammensetzung von Pflanzenaschen und führte zahlreiche Aschenanalysen durch. Er erkannte, daß es die chemischen Stoffe in der Asche sind, die dem Acker durch die Feldfrüchte entzogen werden, und die man nach der Ernte dem Boden wieder zuführen muß. Aus dieser Grundtatsache folgerte Liebig: »... Die Nahrungsmittel der Pflanze sind unorganische Stoffe, Kohlensäure, Wasser, Ammoniak und Salpetersäure einerseits; Kali, Kalk,

73 Julius Maggi (1846–1912) entwickelte selbst sein Warenzeichen, den Maggi-Stern, und entwarf die heute noch im Handel befindliche Maggi-Flasche. Ausschnitt aus einer Reklamepostkarte.

74 Die Margarine war in Frankreich entwickkelt worden. Obwohl der Name nicht aus dem Französischen stammt, sondern vom griechischen Begriff für Perle abgeleitet wird, wurde diese Bezeichnung deutscherseits lange mit Mißtrauen betrachtet, so daß man selbst das spröde Wort »Butter-Ersatz« vorzog. Reklamemarke der zwanziger Jahre. Sondersammlungen des Deutschen Museums, München

Bittererde, Eisen, Phosphorsäure andererseits…«

Als nächstes erkannte er das Gesetz des Minimums: »… Jeder dieser Nährstoffe ist für die Entwicklung unentbehrlich. Leben und Gedeihen einer Pflanze ist durch die Gegenwart aller dieser Nährstoffe bedingt, fehlt ein einziger, so bleibt der Überschuß des anderen wirkungslos. Der Ertrag ist somit von der Menge desjenigen der Pflanzennährstoffe abhängig, von dem am wenigsten vorhanden ist. Die Pflanze bezieht die Stoffe, die bei der Verbrennung als Asche zurückbleiben, aus dem Boden; die Fruchtbarkeit des Bodens beruht auf diesen Aschenbestandteilen der Pflanze…«

Aus diesen Grundsätzen, die er in der ersten Auflage seiner Agrikulturchemie 1840 verkündet hatte, schloß Liebig nun, daß Stallmist durch seine mineralischen Bestandteile, durch Phosphate, Kali- und Magnesiasalze und Nitrate ersetzbar wäre, und er errechnete für eine Reihe von Kulturpflanzen die günstigste Zusammensetzung eines künstlichen Düngers. Allerdings unterliefen ihm zwei folgenschwere Fehler: Er unterschätzte die Bedeutung des stickstoffhaltigen Düngers und glaubte irrtümlicherweise, daß die dem Boden zugeführten Düngesalze nicht zu wasserlöslich sein dürften, damit sie das Regenwasser nicht fortführe, bevor die Pflanze die Möglichkeit habe, sie mit den Wurzeln aufzunehmen. So kam es, daß zunächst die Befürworter einer reinen Stickstoffdüngung mehr Erfolg hatten als die Anwender des Liebigschen Patentdüngers. Erst 1865 bekannte sich Liebig voll zum wasserlöslichen Kunstdünger.

Zwei wesentliche Punkte sind festzuhalten: Zum einen beruhte die Liebigsche Düngetheorie in ihrer ursprünglichen, heute weitestgehend vergessenen Fassung voll auf dem Gleichgewicht zwischen den anorganischen Inhaltsstoffen der abgeernteten Feldfrüchte und dem wieder aufgebrachten Kunstdünger. Der Gedanke der heute im Extrem geübten Überdüngung war Liebig völlig fremd. Zweitens konnte er nicht wissen, daß seine ursprüngliche Annahme, der Boden könne die Nährsalze nicht speichern, nach einer Überdüngung und damit erreichten Absättigung des Bodens selbstverständlich zutrifft, und daß damit der Kunstdünger zu einer Gefährdung des Grundwassers führt. Diese Tatsache ist so

etwas wie eine späte Rehabilitierung von Liebigs einstigem Fehler.

Da die bayerische Regierung glaubte, daß die Revolution von 1848/49 in erster Linie durch die damaligen wirtschaftlichen Probleme bedingt worden war, erschien es König Max II. naheliegend, Liebig nach München zu berufen, um durch Belehrung der in ihrer Entwicklung zurückgebliebenen bayerischen Landwirtschaft aufzuhelfen. Offenbar war man sich darüber einig, daß die damaligen bayerischen Bauern zu wenig Geld hatten, um ohne weiteres als Kunden einer neuzugründenden großen Düngemittelfabrik auftreten zu können. Um der ländlichen Kapitalknappheit abzuhelfen, errichtete man die »Bayerische Bodenkreditbank«, zu deren Mitbegründern auch Liebig gehörte. Die Runde der Gründer war fast identisch mit dem Personenkreis, der 1857 die Bayerische Gesellschaft für chemische und landwirtschaftliche Produkte in Heufeld/Oberbayern aus der Taufe gehoben hat. Dieser Gründung war ein – wie wir heute sagen würden – Umweltgutachten vorausgegangen, das M. Pettenkofer nicht ohne Bedenken ausgestellt hatte.

Daß die Chemie der Nahrung schon früh im vorigen Jahrhundert Beachtung fand, kann man an jenem köstlichen Scherz ermessen, der dem französischen Gourmet J. A. Brillat-Savarin gelang, als posthum 1829 sein Werk von der »Physiologie des Geschmacks oder Physiologische Anleitung zum Studium der Tafelgenüsse« erschien, das dem Leser vorgaukelte, es sei von einem Hochschullehrer für chemische Physiologie verfaßt. Als nach der 48er Revolution der Liebig-Schüler C. Vogt in die Schweiz fliehen und sich für die Übernahme einer Professur an der Universität Genf Französischkenntnisse aneignen mußte, wählte er als Lektüre ausgerechnet dieses Werk, das er dann ins Deutsche übertrug und es mit den fünf klassischen Beiträgen Liebigs zur Ernährung ergänzte.

Zur Zeit Liebigs gab es noch keine Kühlmaschinen, und so war es nicht möglich, aus heißen Ländern große Mengen Fleisch zu importieren. »Seit meinen Untersuchungen über das Fleisch im Jahre 1847 habe ich mich fortwährend bemüht, in Ländern wo das Rindfleisch einen niedrigeren Preis hat als bei uns, die Fabrikation von Fleischextrakt nach der von mir beschriebenen Me-

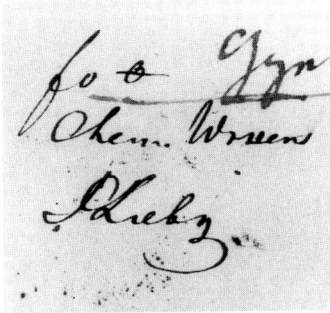

75 Justus Liebig war zu seiner Zeit so berühmt, daß ihm die Fürsten von Thurn und Taxis Portofreiheit für seine, aber auch für an ihn adressierte Briefe gewährten, sofern der Umschlag den hier vorgestellten Vermerk trug. Von der Hand Liebigs, Briefwechsel Liebig–Mohr. Sondersammlungen des Deutschen Museums, München

thode zu veranlassen…« Eigentlich war der Liebigsche Fleischextrakt, der dann unter seinem Namen in Fray Bentos in Uruguay hergestellt wurde, mehr ein Würz- als ein Nahrungsmittel, hatte aber dennoch außerordentlichen Erfolg. Keine Expedition jener Zeit konnte auf ihn verzichten. Als Stanley Livingstone fand, hatte er Liebigs Fleischextrakt dabei. Da Liebig mehrfacher Großvater war, richtete er ein besonderes Augenmerk auf seine »Suppe für Kinder«, die er etwas übertrieben auch »künstliche Milch« nannte, und die in Fütterungsversuchen an den Liebigschen Enkeln erprobt wurde. Sein Ziel war die Entwicklung einer Suppe, die der chemischen Zusammensetzung von Muttermilch entsprechen sollte. Für etwas ältere Patienten entwickelte er seine »Suppe für Kranke«. Weitgehende Forschungen widmete Liebig seiner »Verbesserung des Roggenbrotes«, die auch zu einer Zusammenarbeit mit der Firma Sökeland führte sowie zu umfangreichen Backpulverrezepten. Sein Biograph J. Volhard hat später die Behauptung aufgestellt, daß der Herzfehler, der schließlich zu Liebigs Ende geführt habe, durch seine umfangreichen Forschungen »Über Kaffeebereitung« und seine vergebliche Suche nach einem löslichen Kaffee-Extrakt entstanden sei.

Was immer man von Liebigs Bemühungen halten mag, er hatte die Bahn für den vollen Einsatz der Nahrungsmittelchemie geebnet. Kaiser Napoleon III. hatte größte Schwierigkeiten bei der Versorgung seiner Armee mit Nahrungsmitteln, insbesondere fehlte es an preiswerter Butter. Auch für die ärmere Zivilbevölkerung war Butter viel zu teuer geworden. Um diesem Übelstand abzuhelfen, veranstaltete die französische Regierung ein Preisausschreiben, in dem die Auffindung eines Butterersatzes belohnt werden sollte. Dieses Preisausschreiben gewann der Chemiker H. Méges-Mouriès mit einem Produkt, das er Margarine nannte (vom griechischen Margaron = Perle). Méges-Mouriès war die Idee gekommen, Rindertalg bei ca. 30 °C langsam kristallisieren zu lassen. Dann preßte er das Gemisch ab und erhielt etwa 40% feste Anteile, das »Oleostearin«, das er auf diese Weise vom flüssigen »Oleomargarin« trennte. Das Oleomargarin verrührte er mit gleichen Teilen Magermilch oder Wasser unter Zusatz von wenig Natriumhydrogencarbonat

und 0,1 bis 0,2% Kuheuter. Er erhielt auf diese Weise eine Emulsion, die er wie bei der Butterbereitung weiterbehandelte. Vergleicht man diese Vorschrift mit der Herstellung natürlicher Butter, so wird einem die Ähnlichkeit auffallen. Offensichtlich wollte er zunächst so etwas wie künstliche Milch schaffen, aus der man dann eben »Butter« gewinnt. 1870 nahm seine erste Margarinefabrik in Poissy in Frankreich die Produktion auf. Die Qualität des Produktes war so gut und der Bedarf im damaligen Europa so groß, daß innerhalb kürzester Zeit in ganz Europa Margarinefabriken entstanden, so auch in Deutschland. Méges-Mouriès war es gelungen, aus dem schwerverdaulichen Rindertalg eine wohlschmekkende Kunstbutter herzustellen. Doch mit dem steigenden Fettbedarf der stetig wachsenden Bevölkerung wurde schließlich auch das einst wohlfeile Ausgangsmaterial Rindertalg immer teurer. Daher war man gezwungen, Walfischtran und Kokosfett mitzuverwenden. Diese enthalten jedoch Fettmoleküle mit vielen Doppelbindungen und sind daher flüssig. Zur Bereitung einer festen Margarine müssen diese Fette nach einem Verfahren, das W. Normann 1902 entwickelt hatte, mit Wasserstoff hydriert werden. Nach Normanns Patenten wurden ab 1910 Großanlagen in den USA, Deutschland und Rußland gebaut. Heute dienen Öle und Fette wie Schweineschmalz, Kokosfette und dergleichen zur Margarineherstellung, Lecithin und Eigelb als Emulgierungsmittel, Carotin zur Gelbfärbung und Vitamine und Zitronensäure zur Geschmacksangleichung an Butter; außerdem enthält sie Konservierungsmittel, gesäuerte Magermilch und Wasser. Sie unterliegt als »chemisches Produkt« auch noch nach der Herstellung strengen gesetzlichen Kontrollen. Ohne Margarine wäre die Versorgung mit Fett heute nicht mehr möglich: Über 40% des Gesamtfettverbrauches in der Bundesrepublik werden durch Margarine gedeckt und nur etwas über 20% durch Butter.

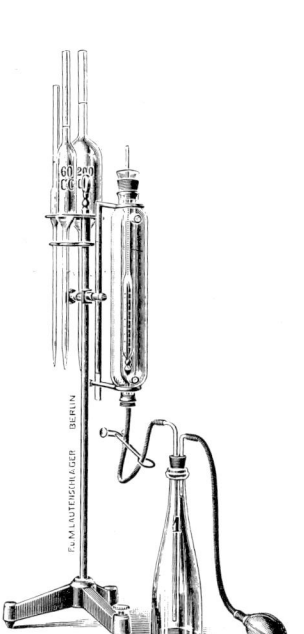

76 Apparatur zur chemischen Bestimmung von Fetten in Nahrungsmitteln.

TEERCHEMIE UND FARBEN

77 Gasbrenner ohne Glühstrumpf.

Eine heute vergessene Umweltzerstörung sollte sich als einer der stärksten Antriebe in der Geschichte der Technik, aber auch in der Geschichte der technischen Chemie erweisen. Allzuleicht vergessen wir heute, daß die in Kriminalfilmen so geschätzten schottischen Hochmoore wie auch die grünen Hügel Irlands in ihrer herben Schönheit einstens mit Hochwald bestanden waren, den man im Zuge der industriellen Entwicklung Englands abgeholzt und verheizt hatte. Neben Holz für den Schiffsbau brauchte man ungeheure Mengen an Holzkohle zur Reduzierung von Eisenerzen im Hochofen. Als Holz und damit Holzkohle Anfang des 18. Jahrhunderts knapp zu werden begannen, ersann 1735 A. Darby jun. die Verkokung der Steinkohle, um mit dem dadurch erhaltenen Koks Eisen zu erschmelzen. Ziel der Verkokung ist die Entfernung des in der natürlichen Steinkohle enthaltenen Schwefels, der das entstehende Eisen spröde und damit untauglich macht. Nebenprodukt der Verkokung war Teer, der in ungeheuren Mengen anfiel. In früheren Zeiten hatte man durch das Verschwelen von Holz eben nur so viel Teer produziert, wie man für die Zwecke des Schiffsbaus zum Abdichten der Schiffsnähte benötigte. Da die Eisenerzeugung im Verlaufe dcr industriellen Revolution gerade in England gewaltig anstieg, wuchs auch die Produktion von Steinkohlenteer entsprechend, den man zwangsweise bei der Verkokung als Nebenprodukt miterhielt. So kam es, daß man um 1800 in England so gewaltige Mengen Steinkohlenteer gewann, daß es bald schwierig wurde, nützliche Verwendungsmöglichkeiten dafür zu finden. Doch bald sollte es in Europa noch mehr Teer geben.

Durch Zufall hatten Arbeiter einer Kokerei entdeckt, daß man das bei der Verkokung aus den Retorten ungenutzt entweichende Gas auch entzünden konnte, und sie begannen ihre düsteren Nachtschichten mit diesem »Abfallprodukt« zu beleuchten. Dies machte bald Schule. 1792 installierte dann W. Murdock die erste Gasbeleuchtung in einer Fabrik. Allerdings verbrannte man das Gas noch offen, unmittelbar wie es der Zuleitungsröhre entströmte. Erst allmählich installierte man geeignete Brenner und erst viel später, 1885, wurde der »Auer-Glühstrumpf« von C. Auer v. Welsbach erfunden, bei dem ausgeglühte, mit Lanthansalzen getränkte Baumwollfasern die Flamme des Gaslichtes zum Aufleuchten bringen (bzw. ab 1890 Thor-Cer-Glühkörper). Damit war ein neuer Anreiz geschaffen, Steinkohle zu destillieren, und die weitere Entwicklung verlief nun recht rasch. 1808 brannten die ersten Gaslaternen in London, 1816 in Paris, 1817 in Philadelphia, 1826 in Berlin. Die ersten Gasöfen zur Wohnraumbeheizung kamen 1830 in den Handel, der in den Gasanstalten neben dem erwünschten Gas anfallende Koks war damals relativ leicht abzusetzen. Mit dem Teer hingegen gab es zunehmend Schwierigkeiten. So weckte er mehr und mehr das Interesse der Chemiker.

78 Skizze einer kleinen Probeanlage zur Gewinnung von Leuchtgas aus Torf, Holz und Kohlen in Schloß Nymphenburg, München. Georg von Reichenbach, 1816. Sondersammlungen des Deutschen Museums, München

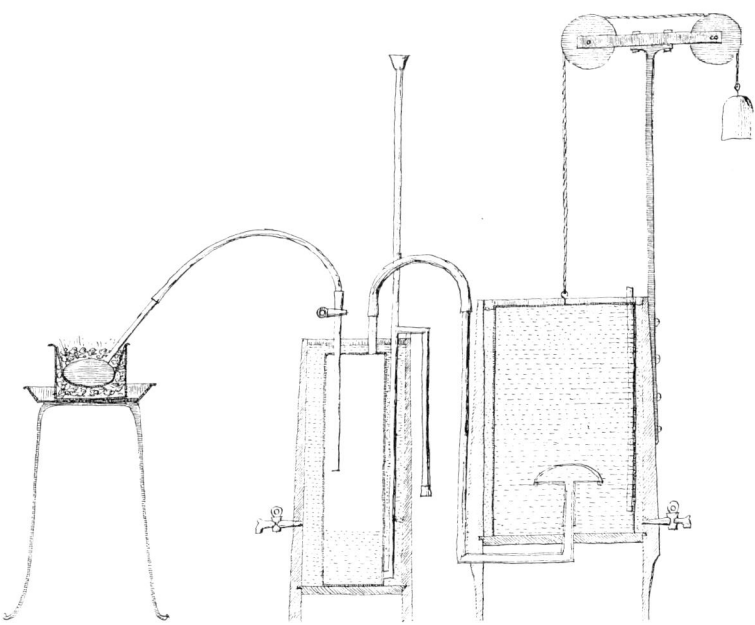

In Deutschland wird 1834 für das Geburtsjahr der Teerfarbenchemie gehalten, in dem der romantische Chemiker F. F. Runge den Steinkohlenteer nach wissenschaftlichen Gesichtspunkten einer fraktionierenden Destillation unterwarf und dabei Anilin, Phenol und Pyrrol entdeckte. Durch Oxidation von Anilin – das offenbar sehr sauber gewesen sein muß, denn er verfehlte die Entdeckung des Mauveins, das später den Namen Perkin unsterblich machen sollte – erhielt er das Anilinschwarz. Auch gelang es ihm, einige andere vollsynthetische Farbstoffe aus Teer, eben Teerfarbstoffe, darzustellen, obwohl er über deren chemischen Aufbau, ihre chemische Struktur, noch überhaupt nichts aussagen konnte. Eine praktische Bedeutung kam dem aber noch nicht zu.

Um sich über die weitere, zunächst erfolglose, dann stürmische Entwicklung der Farbenchemie klarzuwerden, lohnt es sich, darüber nachzudenken, warum dies so war. Die Geschichte der Farbenchemie ist mit der allgemeinen politischen und der Wirtschaftsgeschichte naturgemäß eng verknüpft. Woran man aber gerade bei der Geschichte der Farben denken sollte, ist die äußerst enge Verflechtung mit der Geschichte der Mode. Zur Zeit der Entdeckungen Runges bestand an synthetischen Farben einfach noch kein Bedarf. Die Mode des Biedermeier wurde noch von den Nachwehen des Empire beherrscht, in dem man besonders modebewußte Damen mit dem Kosewort »ange nu« zu bedenken pflegte. Solche »nackten Engel«, nur spärlich in transparente, fließende, farblos-weiße Tüllstoffe gehüllt, boten zwar Betrachtern einen erfreulichen Anblick, Farbenfabrikanten und Färbern hingegen nur eine ärmliche Existenzgrundlage. Zwar war man im Biedermeier züchtiger geworden, doch die Farben der Damenkleider blieben, abgesehen von der stark schmutzgefährdeten Reisekleidung, vergleichsweise hell, der Textilverbrauch hielt sich in Grenzen. Immer noch bestand ein starker Überhang an Teer, den man in ausgehobenen großen Gruben rund um die Gasanstalten in Teerseen sammelte. Dieser Überhang wurde erst durch die Empfehlung des jungen J. Rüttgers abgebaut, der den aufkommenden Eisenbahngesellschaften 1854 riet, die hölzernen Eisenbahnschwellen mit Teer zu

imprägnieren. Bis zur Mitte des vorigen Jahrhunderts bestanden die ersten Schritte in Richtung einer synthetischen organischen Chemie in einem recht unsystematischen Suchen, sowohl nach der chemischen Konstitution als auch nach neuen Synthesemöglichkeiten. Da aber die Entwicklung der theoretischen organischen Chemie nicht weit genug gediehen war, blieb es zunächst bei zufälligen Erfolgen. Einer dieser Zufallstreffer wurde allerdings ungeheuer populär.

Großbritanniens Kolonialarmeen erlitten in der Mitte des vorigen Jahrhunderts größte Verluste durch fiebrige Erkrankungen, es starben mehr britische Soldaten an Fieber als durch Feindeinwirkung. So begann Chinin, das man aus der Rinde des Chinabaumes gewann, knapp und Gegenstand von Handelsspekulationen zu werden. Bei der völlig unmethodischen Suche nach einer Chininsynthese fand so 1856 W. Perkin bei der Oxidation toluidinhaltigen Anilins rein zufällig einen neuen purpurvioletten Farbstoff, der bald etwas kühn nach der Farbe der Malven Mauvein genannt wurde. Zusammen mit Vater und Bruder gründete er im folgenden Jahr, 1857, die erste Fabrik für synthetische Farbstoffe in Greenford Green. Da es Perkin gelang, sein Mauvein zur Modefarbe jener Jahre zu machen, war der finanzielle Erfolg beträchtlich und mit einer großen Publizität verbunden. 1856 hatte ein zweiter Zufallstreffer eine weitere synthetische Farbe gebracht, das Fuchsin, das G. Nathanson aus Vinylchlorid und Anilin gewann. Und weil Namensgebungen damals noch von einem Hauch Nationalismus beflügelt waren – man denke an das spätere Bismarckbraun – nannte man diese zweite synthetische Farbe bald »Magenta« nach einer im Krieg zwischen Frankreich, Sardinien und Österreich am 4. Juni des Jahres 1859 bei diesem oberitalienischen Städtchen geschlagenen Schlacht.

Mit dem Beginn der sogenannten Strukturchemie durch A. Kekulé, M. Butlerow, E. Erlenmeyer und andere wurde erst seit etwa 1857 ein tragfähiges Fundament der theoretischen organischen Chemie geschaffen und damit eine wirklich wissenschaftliche Behandlung der Farbstoffe möglich. Man mußte sozusagen den Bauplan der beteiligten Moleküle kennen. Der Erfolg war durchschlagend. Innerhalb weniger Jahrzehnte kannte man Zehntausende synthetischer Farben, die allerdings nur zum kleineren Teil auch technisch verwertbar waren. Alle noch heute in Deutschland bestehenden großen chemischen Fabriken entstanden in der ersten Hälfte der sechziger Jahre des vorigen Jahrhunderts, wozu A. W. von Hofmanns enthusiastischer Bericht über die synthetischen Farben auf der Weltausstellung 1862 in London nicht wenig beigetragen hatte. Dabei hatte man dank Hofmann den greisen Runge mit einer Goldmedaille geehrt.

Der in England als Brauereichemiker arbeitende P. Griess entdeckte 1862 die Diazoverbindungen und eröffnete damit die Chemie der Azofarbstoffe. In Diazoverbindungen werden zwei Molekülteile über eine Art zentrale, aus zwei Stickstoffatomen aufgebaute Brücke verbunden. Schon im Jahr darauf fand sein Freund-Feind C. Martius das Bismarckbraun, den ersten noch heute in der Textiltechnik verwendeten Azofarbstoff. Martius gründete zusammen mit P. Mendelssohn-Bartholdy, dem Sohn des Komponisten, die Firma Agfa – Aktiengesellschaft für Anilin-Fabrikation –, ursprünglich ebenfalls eine reine Farbenfabrik. Die Agfa brachte eine wechselvolle Geschichte hinter sich und wurde auf dem Umweg über Sensibilisierungsfarbstoffe für photographische Platten zu einem Unternehmen, das sich fast ausschließlich mit der Herstellung von photographischen Artikeln beschäftigte.

Die Familie der Azofarbstoffe bestach durch ihre ungeheure Vielzahl und durch die Vielfältigkeit der erzielten Farbnuancen. H. Caro, der erste technische Direktor der damals noch jungen Badischen Anilin- und Sodafabrik, schrieb später darüber: »... Alle diese durch das Band der Azogruppe vereinigten Gebilde sind Farbstoffe, Azofarbstoffe ohne Zahl, täglich sich mehrend, alle darstellbar durch die Anwendung derselben synthetischen Methode, welche an Vielseitigkeit ihrer praktisch verwertbaren Resultate, an Einfachheit, Glätte und Sicherheit ihrer Handhabung von keiner anderen in der Farbstoffchemie erreicht, geschweige denn übertroffen wird, sie besteht in der Einwirkung von Diazoverbindungen auf aromatische Amine und Phenole...«

C. Graebe und C. Liebermann waren die ersten, die die Konstitution einer natürlichen Farbe erst durch die Analyse aufklärten, um dann mit dieser Kenntnis den Farbstoff erfolgreich zu synthetisieren. Die Darstellung des Alizarins war damit die erste erfolgreiche Farbstoffsynthese aufgrund bestimmter Vorstellungen vom Bau des zugrundeliegenden Moleküls. Dementsprechend erregte diese Entdeckung höchstes Aufsehen. Die beiden jungen Wissenschaftler wurden auf der Weltausstellung in Wien 1873 mit der Goldmedaille belohnt.

Mit der Arbeit »Zur Kenntnis des Baus und der Bildung färbender Kohlenstoffverbindungen« begründete 1876 O. N. Witt die Theorie der »auxochromen und chromophoren Gruppen«, das heißt, er entwickelte eine Theorie, wie der Bauplan eines organisch-chemischen Moleküls beschaffen sein müsse, damit dieses eine Farbe zeige. Damit verlieh er der Chemie der organischen Farben eine sichere Basis.

Die plötzliche Hochblüte der Farbenchemie ist wirtschaftshistorisch betrachtet zunächst recht ungewöhnlich. Der Anstoß erfolgte durch die damalige düstere wirtschaftliche Lage. Noch heute wird uns durch die Dichtung »Die Weber« von G. Hauptmann anschaulich das Elend der vierziger Jahre des vorigen Jahrhunderts vermittelt. In ganz Europa traten während dieser Zeit wiederholt Krisen im Textilgewerbe und in der Textilindustrie auf. Die Ursachen waren mannigfaltig. Die schon erwähnte textilarme Mode des Empire und des frühen Biedermeier war daran ebenso schuld wie das Fortschreiten der Mechanisierung und Industrialisierung und der Abschluß ungünstiger Handelsverträge mit dem im Überschuß Textilien produzierenden England. Die Weberunruhen der vierziger Jahre wurden noch durch Mißernten und den Ausbruch der Kartoffelfäule ver-

80 Inneres einer
Fabrik für Teerfarben.

schärft, der die meist als Teilzeitlandwirte arbeitenden Weber hart traf. Merkwürdigerweise war es die Gemahlin Kaiser Napoleons III., Eugénie, die durch die Kreation einer extrem textilreichen Mode den Weg aus der Textilkrise bahnte. Selbst bürgerliche Damenkleidung bestand bald aus zahlreichen Unterröcken, über denen Reifröcke oder reifbewehrte Petticoats oft abenteuerlicher Konstruktion aus Holz, Stahl und Fischbein getragen wurden. Erst darüber kam das eigentliche Kleid mit dem Hauptrock, über dem man immer kürzer werdende Überröcke trug, im allgemeinen zwei bis drei. Die Weite der Rocksäume stieg selbst bei bürgerlicher Kleidung auf sechs bis zwölf Meter an. Die Staatsroben der Kaiserin Eugénie sollen Rocksaumweiten um sechsunddreißig Meter erreicht haben – bei über dreißig Unterröcken. Wenn nicht gerade Spitzen verwendet wurden, gab sich die damalige Mode recht farbenfroh unter reichlicher Verwendung satter Farben. Auch liebte man üppige Wohnungsinterieurs mit faltenreich gerafften Vorhängen, Bordüren und Portieren, deren tiefe Farben für die düstere Wirkung der damaligen

Wohnkultur typisch waren. So brach Mitte der fünfziger Jahre gegen alle vorher erworbene Erfahrung unerwartet ein Textilboom aus, der erst nach dem Sturz des zweiten französischen Kaiserreiches 1870 und der aus hygienischen Gründen so genannten »Reformmode à la princesse« sich abschwächte.

Aber nun zeigte es sich, daß man von dem teuren Import natürlicher Farben völlig unabhängig werden konnte, wenn man den Aufbau einer eigenen Farbenindustrie begünstigte. Für Deutschland wurden die synthetischen Farben zur Hauptwaffe im aggressiven Außenhandel des jungen Kaiserreiches. Damit war die Farbenchemie zu einer Frage des nationalen Prestiges geworden, und man kämpfte bewußt und sehr erfolgreich um die Anteile im Farbenwelthandel. Innerhalb weniger Jahrzehnte ging der Anbau von Farbpflanzen in ganz Europa stark zurück. Selbst die Verwendung extremst farbiger Uniformen der einzelnen Armeen, übrigens im eklatanten Widerspruch zu deren militärischem Nutzen, konnte dies nicht verhindern. Die Importe natürlicher Farben aus Übersee gingen auf ein Minimum zurück oder kamen fast ganz zum Erliegen. Bereits 1877 entfiel die Hälfte der Welterzeugung an Farben – synthetische und natürliche Farben zusammengenommen – auf das Deutsche Reich. Der Höhepunkt dieser Entwicklung wurde 1913, also am Vorabend des Ersten Weltkrieges, erreicht, als nicht weniger als 80% der Welterzeugung an Farben auf Deutschland entfielen.

Die Entwicklung der nach Tausenden zählenden Farbstoffe war so stürmisch, daß nur einige wesentliche Erfolge jener Jahre herausgegriffen seien. Bleiben wir zunächst bei den sich vom Alizarin ableitenden Anthrachinonfarbstoffen. 1877 fand M. Prud'homme das Alizarinblau. Der Zufall hatte es gefügt, daß die frühen synthetischen Farbstoffe alle aus dem gelb-braun-roten Bereich stammten. Man fand zunächst keine blauen Farbstoffe, so daß es nicht gelang, den Indigo zu verdrängen. Daher wurden die ersten vollsynthetisch-blauen Farbstoffe sehr beachtet. Die Behandlung von Anthrachinonderivaten mit Schwefeltrioxid, Quecksilber und Borsäure führte die beiden bedeutendsten Farbchemiker ihrer Zeit, R. Bohn bei der BASF und R. E. Schmidt bei Bayer, zwei in Können und Lebenslust adäquate Männer, 1888 bis 1891 zum Alizarinbordeaux und Anthracenblau. 1894 entdeckte Schmidt das Alizaringrün G, ein licht- und walkechtes saures Grün für Wolle.

Erfolgreiche Versuche zur Aufklärung der chemischen Konstitution des Indigo unternahm A. von Baeyer seit 1870. Erst 1878 gelang es ihm, eine zwar mögliche, aber unbefriedigende Synthese zu finden. 1890 schließlich entdeckte K. Heumann einen wirtschaftlichen Weg, und es dauerte noch einmal sieben Jahre, bis die BASF die Fabrikation aufnehmen konnte. Damit war für die natürliche Indigogewinnung auch die Zeit des Niederganges gekommen. Obwohl Indigo nach modernen Maßstäben kein hundertprozentig zufriedenstellender Farbstoff im Vergleich zu später gefundenen anderen blaufärbenden ist, hat er sich merkwürdigerweise als die Modefarbe der Blue Jeans vor nicht allzu langer Zeit den Markt zurückerobert, obwohl R. Bohn 1901 den ersten Küpenfarbstoff der Anthrachinonreihe, das Indanthrenblau, entwickelte. Farben waren die weitaus dominierenden Produkte der damaligen chemischen Industrie. So kam es, daß sie selbst sich in erster Linie als Farbenindustrie verstand. Allerdings war die Entwicklung der chemischen Industrie in Deutschland nicht frei von Erschütterungen. Nach der Gründerkrise 1873 machte sich bis in die neunziger Jahre eine gewisse Überproduktion bemerkbar. Vielen kleineren chemischen Fabriken war nur eine kurze Existenz beschieden, und sie mußten bald wieder schließen. Mehr und mehr versuchte man öfter heimlich und seltener offen Marktabsprachen zu vereinbaren. Doch der Kapitalbedarf bei Gründung und Aufbau neuer chemischer Produktionsbetriebe stieg unaufhaltsam. C. Duisberg plante 1898 erstmals den Bau einer gesamten neuen chemischen Fabrikanlage am Reißbrett. Vorher hatte man eben schnell das aufgebaut, was man jeweils gerade so brauchte, so daß chemische Fabriken nach kurzer Zeit einen leicht chaotischen Anblick boten. Es zeigte sich sehr schnell, daß Duisbergs Planungsmethode ganz entscheidend zur Rentabilitätssteigerung beitrug. Doch Vorausplanungen großen Stils erfordern auch dementsprechende Ansammlungen von Kapital. Daher

kam es schon 1904 zur Gründung einer »Interessengemeinschaft der Farbenindustrie«. Sie stellte zunächst eine recht lockere Vereinigung der beteiligten Firmen dar, eher eine Art Schutzkartell zum Abbau der innerdeutschen Konkurrenz. Trotzdem war die Gründung erst nach harten Auseinandersetzungen der Beteiligten möglich gewesen. Immerhin hatten sich bis 1916 die

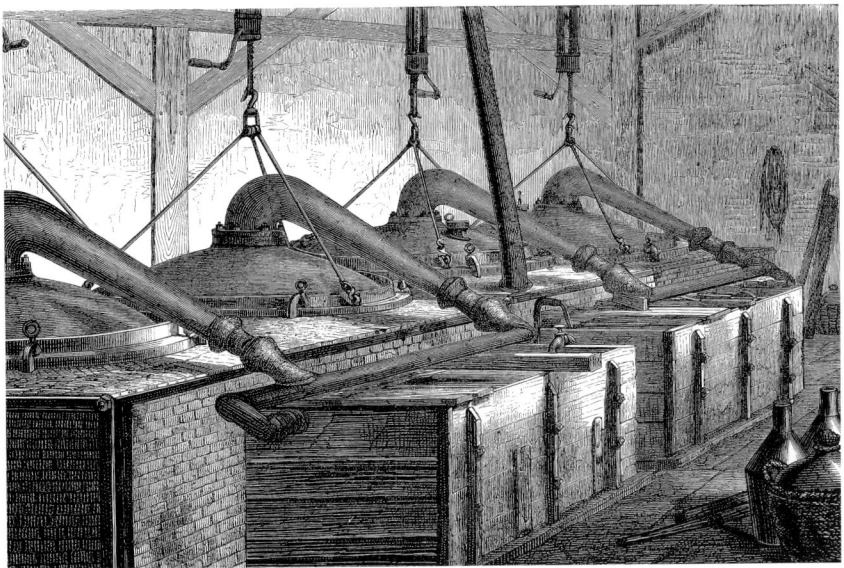

damals wie heute größten Unternehmen der deutschen chemischen Industrie zusammengeschlossen: BASF (gegründet 1865), Bayer (gegründet 1863), Hoechst (gegründet 1863) und zusätzlich drei weitere führende Firmen: die Agfa, 1867 in Berlin gegründet, Griesheim Elektron, gegründet 1863 in Frankfurt, und die Farbwerke Dr. E. ter Meer & Co., gegründet 1877 in Uerdingen.

Im nachhinein gesehen liegt es zwar nahe, daß sich die chemische Industrie auch in Richtung Pharmazie entwickelt hat und heute in den einstigen deutschen Farbenfabriken neben Grundchemikalien auch veredelte Produkte und Pharmazeutika hergestellt werden. Doch lag dies ursprünglich keineswegs in der Intention der technischen Chemiker in der Gründerphase der chemischen Industrie. Der Anstoß für diese Entwicklung kam 1875 durch den Pathologen C. Weigert, der die Möglichkeit der Färbung von Bakterien mit synthetischen – oder wie man damals noch sagte – Anilin-Farben entdeckte. Weigert wollte damit eigentlich nur die Beobachtungsmöglichkeiten unter dem Mikroskop verbessern. Doch

81 Inneres einer Fabrik für Teerfarben. Diese Abbildung belegt eindringlich, daß sich chemisch-technische Apparaturen über Jahrhunderte hinweg nur relativ wenig entwickelt hatten.

man schloß daraus, daß Bakterien, wenn sie aus ihrer Umgebung bevorzugt Farbstoffe an sich binden, möglicherweise auch auf deren Einwirkung reagieren und sich vielleicht so bekämpfen ließen. So entwickelten sich die Prinzipien der Chemotherapie, die davon ausgeht, daß chemische Stoffe die Vermehrung von Krankheitserregern im Innern des Körpers so weit hemmen, daß diese entweder absterben oder durch körpereigene Abwehrmechanismen unschädlich gemacht werden können.

DIE DEUTSCHEN FARBENFABRIKEN UND DIE I.G. FARBEN

Mit dem Beginn des Ersten Weltkrieges im Sommer 1914 war die eindeutige und unbestrittene Vorherrschaft, die Deutschland im Bereich der wissenschaftlichen und technischen Chemie bis dahin besessen hatte, über Nacht verloren. Bis zum Ersten Weltkrieg war Deutsch die Sprache der Chemie gewesen, mehr als die Hälfte aller chemischen Publikationen überhaupt war in deutscher Sprache erschienen. Deutschland war das Land mit den meisten chemischen Patenten und der größten Zahl der in Industrie und Forschung tätigen Chemiker gewesen. Infolgedessen lag es nahe, daß so gut wie alle mit dem Deutschen Reich im Kriege liegenden Staaten die Unantastbarkeit für deutsche Patente aufhoben. Schon dies bedeutete einen enormen Schaden. Die drückende Überlegenheit der britischen Flotte und deren Blockade der deutschen Seeküsten brachten den Export deutscher Waren so gut wie zum Erliegen. Dies traf die chemische Industrie besonders hart. Da der Krieg Deutschland von der übrigen Welt abschnitt, trat in vielen Ländern eine Phase der Besinnung auf die eigenen Möglichkeiten ein, und so erwuchs der deutschen Chemie während des Krieges im Ausland eine scharfe Konkurrenz, die ihr in der späteren Nachkriegszeit das Leben schwermachen sollte, dies um so mehr, als sie einen Großteil ihrer Abnehmer, ihre Patente und fast allen im Ausland liegenden Besitz verloren hatte.

Doch schon zu Beginn des Krieges begann sich die Situation katastrophal zu entwickeln. Die deutsche Heeresleitung hatte bezeichnenderweise nicht vorausgesehen,

82 Der Schrecken des Gaskrieges im Ersten Weltkrieg zeigte sich manchmal auch in skurrilen Erscheinungen. Französischer Meldegänger mit Hund, beide mit Gasmasken.

daß eine Seeblockade verbunden mit einem Mehrfrontenkrieg ganz zwangsläufig von überseeischen Rohstoffquellen und insbesondere von der Salpeterzufuhr aus Chile abschneiden müsse. Da man aber Stickstoffverbindungen zur Munitionsherstellung dringend benötigte, nennenswerte Salpetervorräte zu Kriegsbeginn in Deutschland aber nicht vorhanden waren, stand es um die deutsche Rüstung schon zu Kriegsbeginn extrem schlecht. Diese bedrohliche Situation wurde von dem in veralteten aristokratischen Denkstrukturen verstrickten Offizierscorps nicht begriffen. Der Zufall wollte es, daß die Eroberung Antwerpens mit dem dort lagernden Salpeter die Situation vorübergehend entschärfte. Als die Gefährlichkeit der Lage auch der militärischen Führung bewußt wurde, war kostbare Zeit verstrichen, obwohl dank der energisch vorgetragenen Anregung des AEG-Vorstandsmitgliedes W. Rathenau bereits im August 1914 – aber eben doch erst nach Kriegsbeginn – eine Kriegsrohstoffabteilung des Kriegsministeriums gegründet wurde, in deren Leitung der Reichskriegsminister E. v. Falkenhayn W. Rathenau gemeinsam mit dem Ingenieur W. v. Möllendorff berief. Die Kriegsrohstoffabteilung gründete in enger Zusammenarbeit mit der militärischen Leitung, mit Unternehmern, aber auch einzelnen Wissenschaftlern »Kriegsrohstoffmonopole« wie die Kriegschemikalien AG, Kriegsmetall AG und zahlreiche andere, die die Verteilung verknappter Rohstoffe und Produkte organisierten. Seitens der Chemie waren diese Kriegs-AGs prominent besetzt, einer der Hauptinitiatoren war der Chemienobelpreisträger E. Fischer. Die Kriegschemikalien AG wurde dem Weisungsrecht des preußischen Kriegsministeriums unterstellt und organisierte als sogenanntes Kriegsmonopol die zentrale Bewirtschaftung chemischer Rohstoffe im Kriege. Die ersten Anlagen zur Ammoniaksynthese nach F. Haber (siehe Kapitel Sprengstoff bzw. Dünger) waren zwar bereits 1913 gebaut worden, arbeiteten aber mit einer völlig ungenügenden Tageskapazität von 30 Tonnen. Nun plante man in aller Eile Ammoniakproduktionsstätten nach dem Haber-Bosch-Verfahren. Bosch, wie Haber in der Leitung der Kriegschemikalien AG tätig, hatte als Hauptfabrik den Neubau eines Werkes bei dem Dorf Leuna bei Merseburg vorgeschlagen, wo sich in nächster Nähe reiche Braunkohlelager befanden. Der Bau wurde im April 1916 begonnen, und trotz der schlechten wirtschaftlichen Lage und mancherlei kriegsbedingter Verzögerungen verließ bereits im April 1917 der erste Kesselwagen mit Ammoniak die neue Fabrik. Die Tagesleistung lag anfänglich nur bei 100 Tonnen, zu Ende des Krieges erzeugten die Werke Leuna und Oppau im Laufe des Jahres 1918 zusammen 75000 Tonnen. Dennoch wurde die deutsche Kriegsführung beständig durch Munitionsknappheit behindert, da das Aufkommen an Nitrozellulose – letztlich gewonnen aus oxidiertem Ammoniak – einfach viel zu gering war.

Wie knapp chemische Rohstoffe waren, zeigte sich, als bereits im Laufe des zweiten Kriegsjahres 1915 die Herstellung von Spielfilmen und Wochenschauen stark eingeschränkt werden mußte, obwohl das Kino als Mittel staatlicher Propaganda bereits entdeckt war. Für den Bedarf der Rüstungsindustrie wurden die erforderlichen Rohstoffe Salpeter und Silbernitrat beschlagnahmt. Die britische Admiralität hatte Zelluloid zur Konterbande erklärt, es durfte auch nicht über neutrale Häfen eingeführt werden.

Gerade von der jetzigen politischen Lage her erscheint es nicht uninteressant, eine bis heute fortdauernde Wirkung der Chemie im Ersten Weltkrieg zu erörtern. Auch England hatte seine chemischen Probleme. Zwar verfügte man über genügend Salpeter, um die Salpetersäure zu gewinnen, die man für die Erzeugung von Schießbaumwolle brauchte, dafür fehlte es aber an dem organischen Lösungsmittel Aceton, um die Schießbaumwolle zur Füllung in die Patronen anzuteigen. Ein trickreiches biochemisches Verfahren – Vergären von Mais mit bestimmten Hefestämmen bei genau definierter Temperatur liefert neben Ethanol einen hohen Anteil Aceton – fand der damals in England lebende, ursprünglich aus Deutschland kommende Zionist C. Weizmann. Es wurde von den zionistischen Kreisen als eines der Druckmittel benutzt, die 1917 zur sogenannten Balfour-Deklaration führten und damit letztlich zur Gründung des Staates Israel, in dem Weizmann zum ersten Präsidenten wurde und zum Gründer der nach ihm benannten Universität in Haifa.

Der Versuch, während des Krieges noch einmal die einstige Weltgeltung der deutschen Farbenchemie zum Tragen zu bringen, führte zu einem seltsamen Abenteuer. Der Reeder A. Lohmann, die Deutsche Bank und der Norddeutsche Lloyd gründeten im November 1915 die »Deutsche Ozean Reederei«, die bei der Germania-Werft in Kiel zwei unbewaffnete Handels-U-Boote mit je 750 Tonnen Nutzlast in Auftrag gab, mit deren Hilfe die britische Seeblockade umgangen oder besser gesagt untertaucht werden sollte. Am 10. Juli 1915 traf das erste der beiden Tauchboote mit einer Ladung synthetischer Farben und Chemikalien in Baltimore ein. Die Ladung wurde gegen die kriegswichtigen Metalle Nickel und Kupfer eingetauscht. Tatsächlich gelang es den beiden U-Booten, einige Male unversehrt Farben nach den USA zu bringen. Doch dank ihrer geringen Tonnage und dem schließlichen Kriegseintritt der USA war die Bedeutung dieses Zwischenspiels nicht allzu hoch. Die Ambivalenz der Chemie hinsichtlich ihres Segens und ihres Schadens zeigte sich besonders deutlich am Schicksal F. Habers. Zwar sollte sein Beitrag zur Haber-Bosch-Synthese von Ammoniak und damit deren Bedeutung für die Welternährung nach dem Kriege mit dem Nobelpreis belohnt werden, aber seine Entwicklung des Gaskrieges brachte ihm nach Kriegsende eine Anklage als Kriegsverbrecher ein,

83 Ivan Levinstein (1845–1916) wanderte als deutscher Jude 1864 nach England aus, wo er in Crumpsal eine chemische Fabrik gründete, die noch heute besteht und das Hauptwerk der Imperial Chemical Industries, kurz ICI, darstellt. Seinem unermüdlichen Wirken verdankt es die englische chemische Industrie, daß sie sich der deutschen Übermacht schließlich erwehren konnte. Foto Geheimrat Krause Albun, Sondersammlungen des Deutschen Museums, München

der er sich durch Flucht entzog. Zwar war nach der Haager Landkriegsordnung die Verwendung stickender und giftiger Gase im Kampf verboten, doch Haber entwickelte eine Strategie des Gasangriffes mit Chlor. Am 22. April 1915 griff die vierte deutsche Armee in der Nähe von Ypern an. Aus 5000 Gasflaschen wurden innerhalb von fünf Minuten rund 168 Tonnen Chlorgas abgeblasen. 5000 alliierte Soldaten fanden den Tod, 10 000 erlitten schwere Vergiftungen. Da die ungeheure chemische Wirkung die Phantasie des Offizierscorps bei weitem überstieg, waren keine hinreichenden Reserven bereitgestellt worden, so daß der Überraschungseffekt verpuffte, und der militärische Erfolg bescheiden blieb. Der größte deutsche Chlorgasangriff fand im Herbst 1915 in der Champagne statt, als Chlor aus 24 000 Stahlflaschen auf einer Breite von zwanzig Kilometern abgeblasen wurde. 1916 verwendeten die Deutschen erstmals das hochgiftige Phosgen. Neben den auf die Atemwege wirkenden Giftgasen (sogenannte Grünkreuzkampfstoffe) setzte die deutsche Armee ab 1917 auch Senfgas (Gelbkreuz) ein, das schwere Hautverätzungen hervorruft, und vor dem daher auch durch Gasmasken kein Schutz möglich ist. Die Entwicklung von Gaswaffen seitens der Deutschen war ohnehin Unsinn, da sie an der Hauptfront im Westen den Wind meist gegen sich hatten. Später bevorzugten sie daher Gasgranaten, deren Wirkung aber eher bescheiden blieb.

Daß dies alles dazu beitrug, die deutsche Chemie im Ausland beliebter werden zu lassen, kann man nicht sagen. So kam es, daß nach dem verlorenen Krieg der Paragraph 236 des Versailler Vertrages verlangte, daß die deutsche Farbenindustrie die Hälfte ihrer gesamten Vorräte und für die Zukunft ein Viertel ihrer laufenden Produktion abzuliefern hatte. Bis 1925 wurde dies in voller Härte so gehandhabt.

Daß führende Industrielle der deutschen Chemie, so C. Duisberg, noch am 25. Februar 1917 eine Absetzung des eher verständigungsbereiten Reichskanzlers Bethmann-Hollweg wegen seiner Politik der Schwäche verlangten und den Kaiser baten, ihn durch Feldmarschall von Hindenburg zu ersetzen, um einen Annexions- und Siegfrieden zu sichern, konnte im Ausland dieses Bild auch nicht aufhellen.

Es kamen harte Jahre für die deutsche chemische Industrie. Im Dezember 1919 erhielt die Reichsregierung eine Denkschrift der Alliierten, in der diese ultimativ die Offenlegung von chemischen Betriebsgeheimnissen, insbesondere bei der Spreng- und Giftstoffherstellung forderten. Immer wieder erschütterten Streiks das wirtschaftliche Geschehen. Im Juli 1920 traten zum Beispiel 10 000 Arbeiter der Leuna-Werke in den Ausstand, um eine 30%ige Lohnerhöhung zu erzwingen. Am 21. September 1921 ereignete sich im Werk Oppau der BASF eine gewaltige Explosion, die über 500 Menschen den Tod brachte und Werk und Gemeinde Oppau fast völlig zerstörte. Das Unglück, das einen tiefen Krater in den Erdboden riß, ereignete sich bei einer Lockersprengung des in einem Lagerhaus aufgespeicherten Düngemittels Ammonsulfatsalpeter. 1923 erreichte die Inflation ihren Höhepunkt. Ein Dollar entsprach 4,2 Billionen Reichsmark. Die Bilanzsummen der großen Werke erreichten in diesem Jahr phantastische Werte, zum Beispiel bei der BASF 65 733 583 748 Millionen Reichsmark. Immerhin erwies sich aber gerade die chemische Industrie als vergleichsweise stabil. So konnte die BASF auf dem Höhepunkt der Krise den Anilin-Dollar einführen, ein begehrtes Zahlungsmittel. Die wirtschaftlichen Erschütterungen waren beträchtlich, so spendete die BASF im April 1922 der Städtischen Straßenbahn von Mannheim 100 000 Mark, damit diese den Nahverkehr weiter betreiben konnte. In der Nacht vom 14. auf den 15. Mai 1923 besetzten französische Truppen die BASF in Ludwigshafen und die Hoechster Farbwerke, um Farbstoffe zu beschlagnahmen, auf die Frankreich gemäß dem Versailler Vertrag Anspruch erhob. Demontagen, Kohlemangel und Transportprobleme rundeten das düstere Bild ab. Die französische Besetzung des linken Rheinufers und die Errichtung einer Zollgrenze am Rhein zerschnitten das Wirtschaftsgebiet des Deutschen Reiches.

Man reagierte auf all diese Gefahren durch Umwandlung der »Interessengemeinschaft« zu einem einheitlichen Großunternehmen und fusionierte die sechs größten deutschen Chemiefirmen mit insgesamt fünfzig größeren Betrieben zu einer einzigen »Aktiengesellschaft I.G. Farbenindu-

84 Carl Bosch
(1874–1940) gelang die
Handhabung hoher
Drücke bei gleichzeitig
hohen Temperaturen
und enormen Durch-
satzmengen durch die
Entwicklung spezieller
Ammoniakreaktoren
(1909–1915).

strie«. Forschung und Leitung der Betriebe wurden gestrafft, die Produktionspalette innerhalb der fusionierten Firmen streng aufgeteilt und darüber hinaus nach volkswirtschaftlichen Gesichtspunkten bereinigt. Hatte man bisher insgesamt über sechstausend verschiedene Farbstoffe erzeugt, so verringerte man nun deren Zahl auf zweitausend. Damit gelang es, die Wettbewerbsfähigkeit auch im Außenhandel zurückzuerobern. Mit der I.G. Farben entstand so ein Wirtschaftsgigant, wie es ihn in dieser Form in der europäischen Industriegeschichte vorher noch nie gegeben hatte. Diese Entwicklung erzwang nun ähnliche Bestrebungen auch im Ausland; 1926 entstand in England durch den Zusammenschluß zahlreicher Firmen der Konzern »Imperial Chemical Industries Ltd.«, kurz »ICI« genannt.

Die Zerschlagung der I.G. Farben war ein wichtiges Kriegsziel der Alliierten im Zweiten Weltkrieg, die bereits 1940 größere Werke, wie Ludwigshafen und Oppau, zu bombardieren begannen. Die schwersten Angriffe erfolgten in den Jahren 1943/44. Gegen Ende 1944 war die Mehrzahl der Werke schwerst getroffen. Nach ihrem Sieg 1945 beschlagnahmten die Alliierten gemäß dem Kontrollratsgesetz Nr. 9 die I.G. Farbenindustrie, um ihre Werke als Reparationsleistung zu demontieren beziehungsweise zu zerstören. Der Rest sollte in zahlreiche kleinere Fabriken zerschlagen werden, konsequent wurde dies aber nur in der sowjetischen Besatzungszone gehandhabt. Der Nürnberger Wirtschaftsprozeß sah auch führende Männer der I.G. Farben auf der Anklagebank, die allerdings alle vom Hauptanklagepunkt, der »Vorbereitung eines Angriffskrieges«, freigesprochen wurden. Forschungsergebnisse und Patente wurden enteignet.

Obwohl die juristische Lage unklar war, nahmen die Teilbetriebe der I.G. Farben nach und nach in den Jahren nach dem Krieg die Produktion wieder auf, wenngleich die Entflechtungsverhandlungen erst Anfang 1952 zum Abschluß kamen und in der Aufteilung in drei große Komplexe beziehungsweise 1952 in Neugründungen endeten. Es entstanden neu die »Badische Anilin & Soda-Fabrik« (jetzt BASF AG), die »Farbenfabriken Bayer AG« (jetzt Bayer AG) und die »Farbwerke Hoechst AG« (jetzt

Hoechst AG). Später folgten die Regelungen für die »Cassella Farbwerke Mainkur AG« und die »Chemischen Werke Hüls« nach. Interessant ist die Feststellung, daß sich alle diese großen Firmen in der Nachkriegszeit von der Bezeichnung Farbwerke getrennt haben, entsprechend der Tatsache, daß in dem nunmehr stark ausgeweiteten Produktionsprogramm die Farben zwar noch eine große, aber keine dominierende Rolle mehr spielten.

Noch ein kurzer Blick auf zwei weitere Giganten der industriellen Chemie: Zusammen mit D. Murphy gründete der französische Emigrant E. I. DuPont de Nemours – dies war kein Adelsprädikat, sondern Nemours war schlicht der Wahlkreis des Vaters zur französischen Nationalversammlung gewesen – in Delaware an einem Flüßchen mit dem hübschen Wildwest-Namen »Brandy Creek« eine Fabrik zur Herstellung von Schießpulver. DuPont war ein Schüler Lavoisiers gewesen. Mitte des vorigen Jahrhunderts ging man teilweise vom Schwarzpulver zur Nitrozellulose über. Mit ihr kam der Einstieg in die Chemie der Kunststoffe. Heute hat DuPont über 120000 Mitarbeiter und stellt an die 2000 chemische Produkte her. Die Gründungen der IG Farben und der ICI zogen auch eine wirtschaftliche Konzentration in Frankreich nach sich. 1928 schlossen sich die Firmen »Soc. Chim. Usines Du Rhone« und das »Etabl. Poulenc Frères« zur »Societé Des Usines Chimiques Rhône Poulenc« mit Hauptsitz in Paris zusammen, der 1961 die »Caltex« eingegliedert wurde, sowie 1969 die »Progil Pechiney-St-Gobain«. Diese »Societé anonyme« ist gemessen am Umsatz und der Zahl der Beschäftigten in etwa so bedeutend wie DuPont.

CHEMOTHERAPIE

Es müsse eine »therapia magna sterilans« geben, meinte 1906 der große Forscher P. Ehrlich. Das eigene reichhaltige experimentelle Material und Erkenntnisse der chemischen Industrie brachten den Sohn eines Branntweinbrenners zu dieser Auffassung, und er prägte den neuen Begriff »Chemotherapie«. Schon als Ehrlich 1872 Medizin zu studieren begonnen hatte, veröffentlichte er erstmals über seine Experimente mit synthetischen Farbstoffen zum Färben von Zellen und Geweben und promovierte 1878 mit einer Dissertation zu diesem Thema. Er interpretierte die selektive Anfärbung eines Gewebes mit der Ausbildung einer echten chemischen Bindung zwischen Gewebe und Farbstoff und zog daraus den analogen Schluß, daß sich Farbstoffe gegenüber einem Gewebe ähnlich verhalten wie Arzneien oder Gifte. 1881 verwendete er Methylenblau für die Vitalfärbung von Nerven. Er folgerte, daß Methylenblau dementsprechend auch eine physiologische Wirkung haben müsse und setzte es als Heilmittel bei Nervenkrankheiten ein. Tatsächlich stellten sich bei der Behandlung von neuralgischen und Ischias-Schmerzzuständen Erfolge ein. Ab 1899 entwickelte er seine sogenannte »Theorie der Seitenketten«. Sie besagt, daß ein chemisches Molekül zur pharmakologischen Wirksamkeit eine Seitenkette besitzen muß, die durch Aufbau einer chemischen Bindung das Molekül auf dem Krankheitskeim haften läßt. Eine zweite Seitenkette dieses Moleküls mußte aber eine Atomgruppierung tragen, die es für den Krankheitskeim zum Gift werden ließ. So suchte Ehrlich gezielt nach Substanzen zur selektiven Vernichtung von Krankheitskeimen. 1907 fand er im Trypanrot ein Mittel gegen Trypanosomen bei Mäusen. Der große, wenn auch mit Rückschlägen und Anfeindungen erzielte Erfolg seines Lebens war das 1909 zusammen mit dem Japaner K. Hata gefundene Mittel gegen Syphilis:

das 4,4'-Dihydroxy-3,3'-Diaminoarsenobenzol, das Arsenhomologe der entsprechenden Diazoverbindung – berühmt geworden unter dem Handelsnamen Salvarsan.

Die Kolonialkriege des 19. Jahrhunderts brachten einen ungeheuren Bedarf an dem fiebersenkenden Alkaloid Chinin mit sich. Natürliches Chinin wird aus der Rinde des Chinabaumes gewonnen. Es stand nicht unbegrenzt preiswert zur Verfügung. So erschien es der synthetischen Chemie wünschenswert, ein Mittel zu finden, das sich gegen Fieber ebenso wirksam verwenden ließ, dabei aber gleichzeitig wesentlich billiger war. L. Knorr, Professor in Jena, stellte aus Phenylhydrazin und Acetessigester ein Derivat her, von dem man ursprünglich irrtümlich annahm, es habe das gleiche Molekülgrundgerüst wie Chinin. In Wahrheit hatte man aber ein Pyrazolonderivat erhalten, es zeigte nur bescheidene fiebersenkende Wirkung. Auf Anregung des Erlanger Pharmakologen W. Filehne wurde in das Molekül noch eine zweite Methylgruppe eingebaut und man hatte somit zu Beginn der achtziger Jahre das erste – heute so bezeichnete – Pharmaprodukt gefunden, das von der Farbenfabrik »Meister, Lucius und Brüning«, der heutigen Hoechst AG, unter dem Namen »Antipyrin« in den Handel gebracht wurde. Den nächsten Erfolg auf dem Weg zu vollsynthetischen Heilmitteln verdankte man der eigentlich bodenlosen Schlamperei eines Apothekers. In der Literatur war unbewiesen vermutet worden, daß Naphtalin eine fiebersenkende Wirkung haben könne. Ein an Staupe erkrankter Hund wurde mit diesem herbeigeholten Präparat behandelt, sein Fieber sank. Bei der Überprüfung stellte sich allerdings heraus, daß der Apotheker aus Versehen gar kein Naphtalin geliefert hatte, sondern Acetanilid, das dann 1877 von Kalle & Co. in Bieberich als »Antifebrin« auf den Markt gebracht wurde. Leider war es nicht völlig frei von unangenehmen Nebenwir-

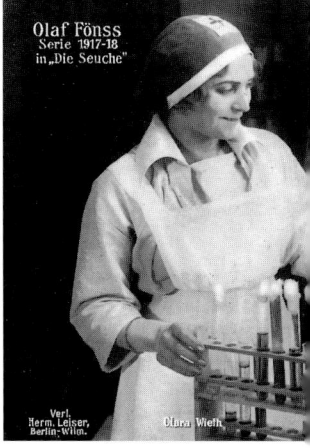

85 Reklamepostkarte zu einem Film der zwanziger Jahre, in dem die pharmazeutisch-chemische Forschung kitschig verherrlicht worden war.

kungen. Die Firma Bayer kam durch einen noch größeren Zufall zu ihrer Pharmaforschung. Nicht alle Nebenprodukte der Farbenfabrikation konnte man nutzbringend weiterverarbeiten oder gar verkaufen. Auf dem Elberfelder Fabrikhof hatten sich Fässer mit 30 000 kg nutzlosem p-Nitrophenol angesammelt, das bei der Herstellung des seit 1886 produzierten Benzoaurin G übriggeblieben war. Beauftragt von C. Duisberg unterwarf O. Hinsberg diese Substanz einer Acetylierung und erhielt tatsächlich das erhoffte Acetphenitidin. Chemiker des Elberfelder Werkes der Farbenfabriken Bayer stellten sich freiwilligen Selbstversuchen zur Verfügung, denen eine klinische Erprobung folgte. 1888 brachte Bayer das Präparat unter dem Namen »Phenacetin« in den Handel.

Die neu gefundenen Präparate bewährten sich alle, als 1889–1892 eine große Influenzawelle um die ganze Welt lief. 1888 begann Bayer mit dem Vertrieb eines zweiten Medikaments, dem Schlafmittel Sulfonal, das schon im folgenden Jahr zum Tronal verbessert und 1904 zum Veronal, dem wirksamsten und am besten verträglichen Schlafmittel, weiterentwickelt wurde. 1894 wurde das gerbsäurehaltige »Tannigen« gegen Durchfall entwickelt. Im Jahre 1896 schuf Bayer das Jodohydrin, ein Gefäßregulans gegen Arteriosklerose. Das für die Herstellung notwendige Jod fand sich vor allem in Hammelschilddrüsen. Nach dem Antipyrin entwickelte man bei Hoechst das »Pyramidon«, indem man in das Antipyrin-Molekül eine Methylamino-Gruppe einführte, wie sie in der Natur in stark narkotischen Alkaloiden enthalten ist. Durch weitere Variationen versuchte man das »Pyramidon«-Molekül wasserlöslich und damit auch injizierbar zu machen und kam zum »Melubrin«. Den wohlklingenden Namen hatte man aus den Anfangsbuchstaben der Firmengründer Meister, Lucius und Brüning gebildet.

Schon Hippokrates hatte um 400 v. Chr. den Saft der Weidenrinde zur Linderung der Schmerzen empfohlen – an sich kein besonders gutes Rezept, denn Weidenrindenextrakte schmecken bitter und reizen zum Erbrechen. 1838 gelang es R. Piria in Turin, das wirksame Prinzip, die Salicylsäure, aus der Weidenrinde zu isolieren. H. Kolbe schuf die Vollsynthese der Salicylsäure aus Phenol und Kohlendioxid. Kolbe erkannte ihren Nutzen als Konservierungsmittel und empfahl auch ihre pharmakologische Anwendung. Doch leider verursachen die Salicylsäure und ihre Salze starke Magenreizungen. Der junge Chemiker F. Hoffmann bei den Farbwerken Bayer versuchte nun für seinen rheumakranken Vater zu einem verträglicheren Derivat der Salicylsäure zu kommen und unterwarf sie im Oktober 1897 der Acetylierung. Zur Überprüfung der Wirksamkeit unternahm man erstmals breitangelegte Tierversuche. Es zeigte sich, daß Acetylsalicylsäure nicht nur gegen Rheuma half, sondern überhaupt gegen Kopf-, Zahn- und Nervenschmerzen wirkte und dabei fiebersenkend und entzündungshemmend war. Im Februar 1899 wurde das neue Medikament unter der Bezeichnung »Aspirin« in den Handel gebracht und wird noch heute verkauft. Es erwies sich als der bis heute anhaltendste Erfolg der pharmazeutischen Chemie. Der spanische Philosoph J. Ortega y Gasset nannte unser Jahrhundert das »Zeitalter des Aspirins«. Es wurde so typisch für unsere Epoche, daß die Firma Bayer eine Sammlung von Zitaten aus der Literatur anlegen konnte, die seine häufige Verwendung belegt. Eine klassische Darstellung seiner Wirksamkeit schuf ausgerechnet der Kriminalschriftsteller E. Wallace. In seinem Krimi »Die Tür mit den sieben Schlössern« heißt es: »…Allmählich nahm bei Sybil die Kraft des Hämmerns ab, das Dröhnen in ihren Ohren wurde zum leisen Gesumm, und plötzlich hoben sich die Nebelschwaden vor ihrer Erinnerung…«

Eine halbwegs komplette Darstellung aller seit damals bis heute von der chemisch-pharmazeutischen Industrie geschaffenen Medikamente würde Bibliotheken füllen. Im ersten Jahrzehnt des 20. Jahrhunderts gründeten so gut wie alle großen Firmen der chemisch-pharmazeutischen Industrie eigene chemotherapeutische Forschungsinstitute. Herausragende Erfolge waren die Einführung des Germanins gegen die Schlafkrankheit 1923, des Plasmochins gegen Malaria 1924, des Atebrins ebenfalls gegen Malaria 1932. Die Erfolge häuften sich. 1938 mußte Bayer erstmals ein eigenes Flugzeug, eine Ju 52, für eilige Arzneimitteltransporte anschaffen.

KUNSTSTOFFE

Es ist üblich, die Geschichte der Menschheit reichlich grob nach den von ihr hauptsächlich verwendeten Materialien in die Stein-, Bronze- und Eisenzeit einzuteilen. Akzeptiert man diese Chronologie, dann müßte man der Gegenwart eigentlich das Etikett »Kunststoffzeitalter« verpassen. Tatsächlich ist das Wort »Kunststoff« selbst noch ziemlich jung und wurde erst 1911 bei der Gründung der Zeitschrift »Kunststoffe« kreiert.

Eine scharfe Definition dieses Wortes gab es damals auch noch nicht, es umfaßte eben schlicht künstliche, das heißt vom Menschen geschaffene, so in der Natur nicht vorkommende Stoffe, wobei man stillschweigend Glas und Beton, für die diese Benennung ja ebenfalls gelten würde, ausschloß. Doch hinter diesem neuen Namen verbargen sich alte Bemühungen der Menschheit. Aber erst in den zwanziger Jahren unseres Jahrhunderts fand man dank den Forschungen des Nobelpreisträgers H. Staudinger eine klare Definition, wonach sich Kunststoffe – vorzugsweise – aus organisch-chemischen Makromolekülen aufbauen. Hierunter ist die Tatsache zu verstehen, daß sich ungeheuer viele, für sich sehr kleine Moleküle zu wenigen sehr großen vereinigen und dabei völlig neue Eigenschaften annehmen.

FRÜHE KUNSTSTOFFE IN DER KUNST

Versucht man, zu einer Gliederung der Geschichte der Kunststoffe zu kommen, so bietet es sich an, die früheste Phase durch deren Verwendung in der bildenden Kunst zu charakterisieren, wobei der Preis seinerzeit im Gegensatz zu heute keine Rolle spielte. Das heißt, frühe Kunststoffe durften durchaus teurer sein als vergleichbare natürliche Materialien.

Gesucht waren Substanzen, die mit einem Minimum an handwerklichem Aufwand ein Maximum an künstlerischer Wirkung erwarten ließen. Daneben bestand der Wunsch nach besonders schönen Werkstoffen mit Eigenschaften oder Farbnuancen, wie sie die Natur nicht liefern kann, oder nach Korrekturmassen, wenn man als bildender Künstler gepfuscht hatte. Dazu kam noch die Hoffnung, durch synthetische Substanzen Oberflächenwirkungen an Kunstwerken zu erzielen, die jene klassischer Materialien sogar noch übertrafen. Als typisches Beispiel sei eine Rezeptur genannt, die Leonardo da Vinci um 1504 in seiner – heute Codex Madrid II genannten – Handschrift festgehalten hat:

»Um wie Jaspis gesprenkelte Steine herzustellen. Nimm Eiweiß, zerstampfe Glas, Schalen von kleinen Porzellanschnecken und Rauchschwärze. Und wenn du alles zusammengemischt hast, lasse es an der Sonne oder im Wind trocknen. Dann reinige das Ganze mit Leinöl, mache es mit feinem Schmirgel zurecht und poliere mit Tripel (Kieselerde)…«

Diese Rezeptur ist überaus typisch, anorganische und organische Materialien wurden gleichzeitig eingesetzt. Der zugrundeliegende Chemismus dieses Gemisches war Leonardo naturgemäß völlig unbekannt; härtenden Eiweißes bediente er sich öfter. Überhaupt besaß er chemische Kenntnisse. So beschrieb und zeichnete er im Codex Atlanticus einen doppelten Destillierofen und eine mit fließendem Wasser gekühlte Destillierhaube.

Der bayerische Benediktinerpater W. Seidel, der Mitte des 16. Jahrhunderts als Mönch in Tegernsee und Andechs wirkte, hat in einem seiner Kunstbücher die Rezeptur eines farblosen, durchsichtigen Kaseinkunststoffes hinterlassen: »ein durchsichtige materi… gleich wie schöns horn…« Diese hatte er von B. Schobinger übernommen, zeitweilig erfolgreicher Handelsherr der Schweizer Eidgenossenschaft. Schobinger hatte sich 1528 mit Paracelsus angefreun-

cher Werkstoffe und setzte sie offenbar ohne sonderliches Bedenken im Kunstschaffen ein.

IMITATIONEN UND SURROGATSTOFFE IM 19. JAHRHUNDERT

Warum eigentlich genügte der Menschheit die Fülle altbekannter Werkstoffe im 19. Jahrhundert nicht mehr? Eine Erklärung dieses Sachverhaltes scheint einmal die große Veränderung im sozialen Gefüge der europäischen Staaten Ende des 18. Jahrhunderts zu geben, andererseits spielte die Verknappung natürlicher Ressourcen eine entscheidende Rolle.

Aristokraten pflegten darauf zu achten, sich mit »echten« Materialien zu umgeben. Wenn davon abgewichen wurde, dann nur, um noch vollkommenere künstlerische Wirkungen zu erzielen. So kam guter Kunstmarmor im 18. Jahrhundert den Baumeister noch ein gutes Stück teurer zu stehen als Naturstein hoher Qualität. Der politische Aufstieg des Bürgertums veränderte aber den Bedarf. Zwar wollte auch der Bürger sich mit geschnitzten Möbeln umgeben, doch durften diese nicht so teuer sein. So bemühte man sich, Mobiliar mit kompliziertem Schnitzwerk mit Hilfe von Papier- und Pappmaché in großer Stückzahl zu gießen, was in erstaunlicher Qualität gelang. Gelegentlich finden sich bereits in den Schlössern des 18. Jahrhunderts aus Papier- beziehungsweise Pappmaché gegossene Objekte, zum Beispiel Konstruktionsteile für Volièren. Papiermaché besteht aus einer Papier- (oder auch Papp-)masse, die durch längeres Aufweichen in Wasser in einen Brei verwandelt wird, dem man verschiedene Zusätze wie Farben, Gips und dergleichen beimengen kann. Dieser Brei wurde in Formen gepreßt und lieferte nach dem Austrocknen eine harte, ziemlich widerstandsfähige Masse. Durch trickreiches Variieren der Bindemittel – Gummi, Tragant und Leim – und durch Anwendung hoher Drücke konnte man den Massen eine Härte verleihen, die der von hartem Holz entsprach. Damit war Papiermaché ein leicht gießbarer Rohstoff für die Möbelindustrie geworden, und wir finden – so merkwürdig uns dies vielleicht auch heute vorkommen mag – in der Mitte des

86 und 87 Dem Erfindergeist der Gebrüder Lilienthal verdanken Generationen von Kindern den Anker-Steinbaukasten.

det und war einer seiner treuesten Anhänger. Mit keiner Zeile wird in diesem Rezept behauptet, Schobinger habe es erfunden. Es kann also sehr viel früher entwickelt worden sein.

Magerer Käse wird in Stücke geschnitten, einen Tag lang mit Wasser gekocht. Die zurückbleibende Masse wird dann mit warmer Lauge behandelt und nun in eine Form gepreßt und in kaltes Wasser geworfen, wo sie hart wie Bein und durchsichtig wird. Das so erhaltene »Horn« ist spröde wie Glas: ein Duroplast, wie wir heute sagen würden. Seidel empfahl seine »Materi« als künstliches Horn anstelle des natürlichen für Intarsienarbeiten. Dann empfahl er, Tischplatten zu gießen, darunter sind mit dieser Masse überfangene Intarsien zu verstehen. Darüber hinaus schlug Seidel die Anfertigung von Trinkgeschirren, kleinen Büsten und Medaillons vor. »In summam, was man will…« könne man aus dieser »Materi« herstellen. Leider wissen wir nicht, in welchem Ausmaß dieses Rezept tatsächlich in Anwendung kam. Auch weiß man nicht recht, wann die Idee aufkam, solches Kasein-Kunstharz mit Füllmaterial zu versetzen. Jedenfalls darf man annehmen, daß das auch auf Kasein mit Füllstoff beruhende Rezept für die Klötzchen der Anker-Steinbaukästen, das viel später von dem Flugpionier O. Lilienthal (1848–1923) und dessen Bruder Gustav entwickelt worden war, bereits auf eine lange Tradition zurückblicken kann. Einer neuen »Materi« oder einem neuen Kunststein stand man seinerzeit keineswegs ablehnend gegenüber, sondern sah darin eine sinnvolle Ergänzung natürli-

vorigen Jahrhunderts Papiermachémöbel in großer Zahl, insbesondere in England. Die Stabilität reichte sogar für den Guß großer Bettgestelle aus – allerdings wurde dabei eine Stahlkonstruktion umgossen. Man entwickelte noch spezielle Metallüberzüge und konnte so zum Beispiel eine Papiermaché-Pseudobronze herstellen. Man trug Gemische aus Kolophonium, Alkohol und Terpentin, später auch noch Petrolether und Wassergas auf, die vor dem endgültigen Erhärten mit Metallstaub, in der Regel Bronzepulver, überbürstet wurden. Eine Behandlung mit Kaliumbichromat und Chromalaun in einer Leimlösung vollendete die Oberflächenbehandlung.

In der zweiten Hälfte des vorigen Jahrhunderts schreckte man nicht davor zurück, aus Papiermaché auch Dekorationsteile für im Freien stehende Gebäude zu verfertigen. Naturgemäß muß solcher architektonischer Schmuck wetterfest ausgerüstet werden. Dies erreichte man durch Zumischen einer Imprägniermasse, die aus kohlensaurem Natron, Baumharz, Gummigutt und gebranntem Kalk gewonnen wurde.

Nichts kann den Geist des vorigen Jahrhunderts mit seiner Jagd nach Surrogat- und Imitationsstoffen besser beschreiben als die Tatsache, daß häufig Rezepturen für Surrogate von Surrogaten beschrieben wurden. So finden sich tatsächlich Vorschriften zur Herstellung von »Ersatzmassen für Papiermaché«, die man durch Tränken von Pappe in einem von Luft evakuierten Raum mit leichtflüssigem Teer herstellte. So kann es nicht weiter verwundern, daß sogar Objekte aus »emaillierter Pappe« in den Handel kamen. Dann war Chlorzink das Hauptingredienz der geleimten Oberfläche. Betrachtet man Pappmaché mit den Augen des Chemikers, dann handelt es sich dabei um mäßig modifizierte Zellulose. Wir werden später noch sehen, wie aus chemischen Veränderungen der Zellulose immer weitere Materialien entstehen.

Die Haltbarmachung von Pappe mittels Teer war damals schon bekannt. Zwar weiß man nicht, wer der erste Anwender gewesen sein mag, aber schon Ende des 18. Jahrhunderts empfahl der Architekt Schily geteerte Dachpappe für preiswertere Gartenpavillons. Als es dann durch die Verschlechterung der sozialen Lage der Landbevölkerung in der ersten Hälfte des vorigen Jahr-

hunderts zu einer großen Landflucht kam, wurde Dachpappe in den Laubenkolonien, die sich um die großen Städte legten, ein wichtiges Baumaterial für die Hütten der Armen.

1846 fand C. Schönbein die Nitrierung der Baumwolle – ebenfalls Zellulose – und schuf damit ein besonders erfolgreiches Rohmaterial. Schönbein selbst entwickelte schon Ideen, wie man aus diesem neuen Material vielleicht Fäden herstellen könnte, doch glückte ihm die technische Realisation nicht. Zwar erkannte er, daß sich hochnitrierte Baumwolle als Sprengstoff eignen würde, doch erwies sich dieser als derart heimtückisch, daß auch hier die technische Nutzung der nächsten Generation vorbehalten blieb. Einundzwanzig Jahre später, 1865, meldete E. A. Parker das erste Patent für ein Kunstharz aus Nitrozellulose und Campfer an. Bereits vier Jahre danach, 1869, nahm die Albany Billard Comp. in New York die Fabrikation von »Zelluloid« auf. Der seltsame historische Hintergrund ist darin zu suchen, daß Billard so etwas wie ein Nationalspiel des Wilden Westens geworden war. Es entstand ein derart großer Bedarf an Bällen, daß er mit natürlichem Elfenbein aus den Stoßzähnen der Elefanten und Walrosse nicht mehr zu befriedigen war. Wir erleben hier Umweltprobleme als Stimulantien des chemischen Fortschritts. Es waren die Gebrüder Hyatt, die dem Zelluloid zum Durchbruch verhalfen. Nach ihrer Vorschrift wurde Nitrozellulose in Campfer gelöst. Zunächst mußte die Nitrozellulose entwässert werden, aber nicht ganz, denn sonst wäre sie zu explosiv. Dann wurde sie in Stampfmühlen und Walzwerken zusammen mit Campfer gemahlen. Während des Mengens wurden noch weitere Stoffe zugefügt wie Schwerspat, Magnesia, Zinkoxid oder Kreide beziehungsweise färbende Substanzen, die unter anderem dazu dienten, die Grundmasse zu strecken und sie so zu verbilligen. Die durchgekneteten Massen wurden geformt und dann in einer von 130 °C heißem Dampf umspülten Kochpresse unter hohem Druck gepreßt. Noch heiß, sind die Zelluloidblöcke, die aus der Presse kommen, plastisch verformbar und können zum Beispiel durch Walzen zu Furnieren gestreckt werden.

Elfenbeinimitationen wurden mit erstaunlicher Raffinesse durch Übereinanderwal-

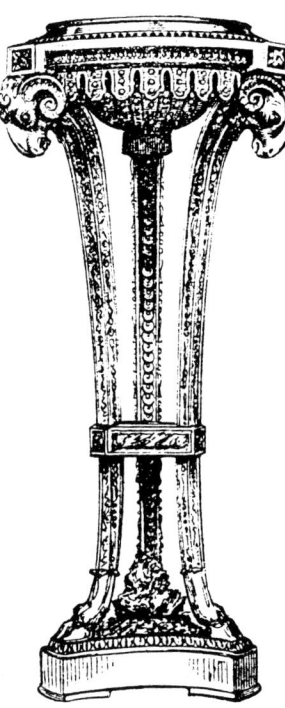

88 Pseudo-Renaissance-Blumentischchen aus Pappmaché.

zen unterschiedlich ovaler Formen gefertigt. So finden wir im letzten Drittel des vorigen Jahrhunderts zahlreiche schwere Ebenholzmöbel, die von Zelluloidintarsien förmlich überkrustet sind. Schalloch-Verzierungen billiger Musikinstrumente wurden in Großserien mit Zelluloid eingelegt. Durch Zusatz von Zinkweiß und Mennige oder Zinnober wurden Korallenimitate hergestellt. Durch Inkrustation, das heißt Einschluß kleiner Gegenstände wie toter Fliegen, bei gleichzeitiger Beimischung gelber Farben gewann man falschen Bernstein. Inkrustierte man Bronzepulver, kam man zu Pseudometallgegenständen. Besonders beliebt wurden aber Schildpattimitationen, Anilinbraun oder Fuchsin lieferten die notwendige Färbung. Auch große Schildkröten begannen schon damals auszusterben.

Da es seinerzeit im Wilden Westen mehr Cowboys gab als Wäschermädchen, entstand dort ein starkes Bedürfnis nach Wäschesurrogaten, wenigstens bei den sichtbaren Teilen der Bekleidung, und so wurde allen Ernstes die Frage diskutiert, ob Hemdenkrägen aus Zelluloid besser seien als solche zum Wegwerfen aus Papier.

KUNSTSEIDE

Die Zucht der Seidenraupe war schwierig und gelang trotz wiederholter ausgedehnter Versuche in Europa nur in bescheidenem Umfang, was auch an der extremen Anfälligkeit der Seidenraupen gegen Seuchen lag. Damit blieb Seide eine teure Importware und Seidenkleider Personen von Stand vorbehalten, für die unteren Schichten unerreichbar.

Zwar hatte schon Schönbein 1845 die Löslichkeit der Nitrozellulose in verschiedenen organischen Lösungsmitteln entdeckt, aber erst 1857 gelang es G. M. Schweizer, dessen Löslichkeit in Kupferoxydammoniak-Lösung, dem sogenannten »Schweizers Reagenz«, zu finden. Schon kurz zuvor hatte sich B. Audema in Lausanne ein Verfahren zur Herstellung von Nitrozellulosefäden patentieren lassen. Eine praktische Bedeutung kam dem aber nicht zu, weil die aus diesem Material gefertigten Textilien, bedingt durch ihre Explosivität, für die Trägerinnen viel zu gefährlich waren. Kleidungs-

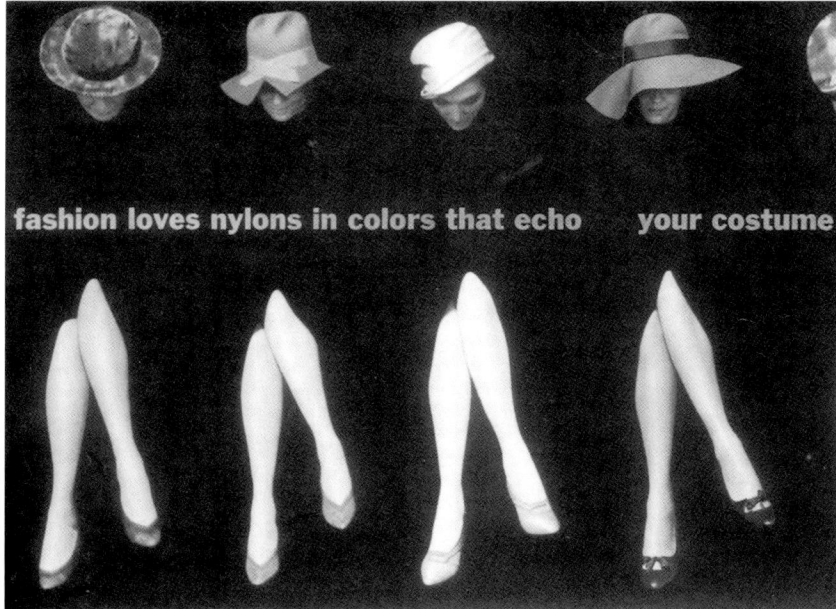

fashion loves nylons in colors that echo   your costume

stücke aus diesem Material zu schneidern, war wenig empfehlenswert. Trotzdem wurde es versucht und führte zu einigen tragischen Unglücksfällen. Es war daher dringend notwendig, aus den Molekülen der Nitrozellulose wenigstens einen Teil der Nitrogruppen chemisch zu entfernen. Erst 1883 fand J. W. Swan die zunächst nur teilweise Denitrierung, durch die eine praktische Verwendung des Materials erst möglich wurde. Der große Durchbruch gelang dem französischen Chemiker und Industriellen Graf L. M. H. Chardonnet de Grange, der 1835 die erste Kunstseidefabrik in Besançon errichtete, die 1891 täglich bereits 50 Kilogramm Kunstseide herstellte. Doch erst 1895 konnte Graf Chardonnet erstmals Gewinne aus seiner Fabrik erzielen. Der Trick des Chardonnet-Verfahrens bestand im Nitrieren von Baumwollabfällen – der sogenannten Linters – zur Kollodiumwolle, die in einem Ethanol-Ethergemisch gelöst wurde. Preßte man eine solche konzentrierte Lösung durch Düsen, dann verdampften die Lösungsmittel, und der dünne Nitrozellulosefaden blieb zurück. Diesen Vorgang nannte man Trockenspinnen. Um der Faser ihre außerordentliche Feuergefährlichkeit zu nehmen, hängte man sie noch mehrere Stunden in eine Natriumhyposulfitlösung. Dabei findet eine Denitrierung statt, und die Nitrozellulose geht in die harmlosere Hydratzellulose über. Durch diesen letzten Schritt wurde die nunmehr gefahrlose Chardonnet-Seide

90 Wallace Hume Carothers (1896–1937) erfand 1935 das Nylon, das während des Zweiten Weltkrieges insbesondere als Ersatzseide für Fallschirme der Flieger und Luftlandetruppen Verwendung fand. Nach dem Sieg der Alliierten wurde Nylon als Material für Strümpfe so etwas wie ein Kultobjekt. Das Wort Damenstrumpf wurde zeitweilig durch den Begriff Nylons ersetzt.

89 Diese Zelluloidente war blau- und grünschillernd bemalt und besaß ein Laufwerk.

zu einem bedeutenden Handelsprodukt. Ungünstig war der enorme Verbrauch an teuren Lösungsmitteln.

Nun beschleunigte sich die Entwicklung neuerer und besserer Verfahren zur Herstellung von Kunstseide. 1891 entwickelten C. F. Cross, E. J. Bevan und D. Beadle das »Viskose«-Verfahren, bei dem die mit Natronlauge vorbehandelte Zellulose in Schwefelwasserstoff gelöst wurde. Nachteil dieses Verfahrens in der Fabrikation war die extreme und schwer zu beherrschende Giftigkeit des Schwefelwasserstoffes. Das Verfahren wurde 1893 in Deutschland patentiert und erst 1919 in die Praxis eingeführt.

Die Kupferkunstseide war um die Jahrhundertwende von H. Pauly entwickelt worden. Dabei löste man reine Zellulose in einer Lösung von Kupferoxydammoniak und preßte sie anschließend durch sehr enge Düsen in verdünnte Schwefelsäure, wodurch sich ein Faden von reiner Zellulose bildete. Dieser wurde dann gestreckt, getrocknet und aufgespult. Die Paulysche Kunstseide besaß eine viel größere Festigkeit, war nicht feuergefährlich und zeichnete sich durch einen Glanz aus, der jenen der Naturseide noch übertraf. Daher kam die Bezeichnung Glanzstoff für dieses Produkt auf. Noch heute ist uns dieses Material unter der Bezeichnung »Bembergseide« in Erinnerung. Aus Bembergseide wurden Damenstrümpfe gefertigt, was zu dem köstlichen Reklamespruch führte: »Kiekste nach den Bemberg-Waden, kommste sicherlich zu Schaden!« So reizvoll fand man in den zwanziger/dreißiger Jahren den erotisierenden Glanz der Kupferkunstseide.

Doch damit ist der Siegeszug der Zellulose noch nicht vollständig erzählt. 1882 hatte B. Stevans Amylacetat als Lösungsmittel für Lacke auf Nitrozellulosebasis beschrieben. Diese »Nitrolacke« zeigten einen charakteristischen, leicht matten Glanz, der sich bis in die fünfziger Jahre unseres Jahrhunderts großer Beliebtheit erfreute. Die Nitrolacke trugen nicht unwesentlich zur Brennbarkeit von Automobilen bei Unfällen bei.

Seit 1883 liefen bei der Eastman Kodak Co. Versuche, aus Gießfolien Zelluloidfilme herzustellen. Ein weiterer Aufschwung der Photographie schien nur möglich, wenn man von den unhandlichen Glasplatten wegkam. Später sollte es sich zeigen, daß erst die biegsame Zelluloidfolie beziehungsweise der Film das Kino möglich machen sollte. Allerdings war dieses Filmmaterial äußerst feuergefährlich, was mit dem Aufkommen des Kinos zu entsetzlichen Unglücksfällen führte und in der Folge zu ganz extremen Sicherheitsvorschriften für die gewerbliche Vorführung von Kinofilmen – räumliche Trennung von Zuschauer- und Maschinenraum sowie Sicherheitstüren vom Maschinenraum unmittelbar ins Freie etc.

1911 entwickelte E. Brandenberger extrem dünne Zelluloidfolien unter der Bezeichnung Zellophan und erfand damit jenes nervtötende Geräusch beim Auspacken von Konfekt, ohne das seither Theateraufführungen und Kinobesuche nicht mehr möglich sind.

LINOLEUM UND KUNSTLEDER

Wind und Wetter haben der Menschheit schon zu allen Zeiten zugesetzt. Postillions und Seeleute hatten es immer schwer, sich gegen Nässe zu schützen. So hatte sich schon früh das Wachstuch entwickelt – Gewebe, das mit Wachs wasserabstoßend imprägniert war. Doch zeigte sich schon bald, daß das Auftrocknen von Leinöl zu einem besseren Material führte, aus dem man die Hüte und Regenpellerinen der Postillions verfertigte sowie die Südwester der Seeleute. Durch Überziehen von dünnen Holzverkleidungen mit diesem Material erhielt man leichte und leidlich wassergeschützte Fahrzeuge. 1844 kam W. W. Walton auf die Idee, dem vergleichsweise dünnflüssigen Leinöl (durch Beimischung von Korkmehl) mehr Körper zu geben und dieses nicht mehr mit dem Pinsel, sondern mit Walzen auf das Leinen aufzutragen. So entstand das Linoleum. Dieses nannte man damals in Deutschland dementsprechend auch Korkteppich, wiewohl die Bezeichnung »Teppich« bei der extrem glatten Oberfläche des Linoleums, die ja keinerlei textile Eigenschaften mehr zeigt, völlig falsch gewählt ist. Durch die enorme Nachfrage nach Linoleum kam es bald zu Qualitätsverbesserungen. Man ging zu oxidiertem Leinöl über, das heißt, man ließ es zäher werden, indem man es wiederholt durch Luft tropfen ließ. Dicke Linoleumware ließ sich durch Auf-

91 »Doppelgelenkpuppe mit Schlafaugen und Wimpern, im feinen blaugestreiften Blusenkleid mit Gürtel und Matrosenkragen, Strohhut mit Bandschleife, Größe 50 cm. Zum An- und Ausziehen eingerichtet. Im Karton. Stück Mk 4,85« lautete der Text zu dieser Zelluloidpuppe.

walzen von mehreren Schichten aufbauen. Eine besonders gute Grundmasse erhielt man durch Zusammenkochen von Kolophonium, Leinöl und stark verdünnter Ammoniaklauge. Die glatte Oberfläche wurde vielfach farbig bedruckt, und so konnte ein persisches Teppichmuster vorgetäuscht werden oder auch ein Parkettboden.

Die Kenntnisse der Linoleumherstellung trugen ab der letzten Jahrhundertwende auf einem Gebiet Früchte, wo man dies nie erwartet hätte: bei der Entwicklung von Flugzeugen. Auch hier war wie beim Fahrzeugbau das Problem gegeben, möglichst viele und möglichst leichte Flächen zu schaffen. Daher überzog man schon bei den frühen »fliegenden Kisten« ein hölzernes Rippenwerk mit Stoff, den man, um ihn luftundurchlässig und glatter zu machen und gleichzeitig zu spannen, mit speziellen Firnissen behandelte, deren Rezepturen sich in der Linoleumtechnik entwickelt hatten.

Als der Erste Weltkrieg beendet war und zunächst in Deutschland keine Flugzeuge mehr gebaut wurden, konstruierte der Ingenieur R. Slaby – Sohn des naturwissenschaftlichen Beraters des Kaisers, Prof. A. Slaby – ein winziges Elektroauto, einen Einsitzer mit rahmenloser, selbsttragender Sperrholzkarosserie und einer Stoffbespannung, die aus einer Art dünnem Linoleum gefertigt war. Zwar geriet Slabys Firma in Konkurs, aber der dänische Ingenieur J. S. Rasmussen, der seinerseits einen winzigen Zweitaktmotor für Lehr- und Spielzwecke entwickelt hatte, übernahm ihn als leitenden Ingenieur in seine Firma. Rasmussens Winzling, den er »Das Kleine Wunder« nannte, wuchs – langsam aber sicher – über einen Fahrradhilfsmotor zum Motorradantrieb und schließlich zum Automotor heran. So entstand aus »Dem Kleinen Wunder« die Firma DKW, in die Slaby seine linoleumbespannte, selbsttragende Holzkarosserie einbrachte. 1931 gelang mit einem kleinen Zweizylinder-Frontantriebswagen mit Holzkarosserie, dem DKW-Meisterklassewagen, der große Wurf. In die Bespannung prägte man durch Walzen ein Narbenmuster ein. Dieses Produkt nannte man Kunstleder. Böse Menschen behaupteten, an DKWs würde zuweilen ein Specht klopfen; Tatsache war allerdings, daß die Splitterwirkung der bei Unfällen zusammenpras-

selnden Holzkarosse zu schlimmen Verletzungen der Insassen führte. In der Zeit nach dem letzten Weltkrieg wurde der kleine Lloyd noch nach diesem Prinzip gebaut und ging dementsprechend als »Leukoplastbomber« in die Geschichte des Automobils ein.

KAUTSCHUKDERIVATE

Bereits zu Ende des 15. Jahrhunderts war dank der Erkundung Amerikas Kautschuk nach Europa gekommen. Der Latex des Kautschukbaumes ist den Europäern seit 1751 bekannt, dank dem Franzosen C. M. de la Condamine, als dieser mit einer Expedition zur Meridianvermessung nach Südamerika gereist war. Die Bedeutung dieser Entdeckung war zunächst gering. Der Saft ließ sich nicht in flüssiger Form nach Europa verschiffen. Nur den getrockneten Kautschuk konnte man verfrachten, aber mit diesem ließ sich zunächst nichts anfangen. 1761 gelang es P. J. Macquer und L. A. M. Hérissant, Kautschuk in Ether und Terpentin zu lösen. Sie bestrichen Wachsformen mit dieser Kautschuklösung, ließen die Lösungsmittel abdampfen und schmolzen dann den Wachskern aus. So stellten sie die ersten Formartikel her wie Gummischläuche und Katheter, 1765 sogar Gummischuhe, von denen Friedrich der Große ein Paar zum Geschenk erhielt. Der englische Geistliche und Naturforscher J. Priestley erkannte 1770 zur Freude der Bürokraten und Zeichner die Radierwirkung von Kautschuk und schuf den noch heute gebräuchlichen Radiergummi, den »rubber«, abgeleitet von »to rub« = reiben. Die beiden Franzosen C. und R. Montgolfier hatten 1785 ihren mit Wasserstoff gefüllten Ballon aus gummierter Seide gefertigt und ließen aus diesem Material auch die erste Regenkleidung schneidern. Bereits 1803 wurde in Paris ein Unternehmen zur Fabrikation elastischer Gummibänder gegründet.

Die erste Voraussetzung für eine breitere industrielle Anwendung des Kautschuks schuf 1819 T. Hancock mit der Konstruktion einer Maschine zur Plastifizierung. Durch die mechanische Behandlung des Rohstoffes in einem Walzwerk, dem zunächst noch von Pferden angetriebenen Mastikator, wurden die langen Kettenmoleküle des

92 Ein Regenmantel, für »Chauffeure, Fuhrleute usw. passend... Sehr empfehlenswerter Mantel« aus Gummi.

Kautschuks unter Eigenerwärmung der Masse zu kleineren Molekülbruchstücken abgebaut, ein Vorgang, den der Erfinder noch nicht deuten konnte.

C. MacIntosh ließ sich 1830 seine duplierten Regenmantelstoffe mit Kautschukzwischenschicht patentieren (gewissermaßen ein Sandwich: Leinen-Kautschuk-Leinen). Der Erfolg war augenfällig. Der Gummiregenmantel von MacIntosh war bereits nach wenigen Jahren Requisit jedes im Nebel lauernden englischen Detektivs und gehörte später zur Standardausrüstung jedes Reisenden. Allen Gummierzeugnissen dieser Zeit waren jedoch drei wesentliche Nachteile zu eigen. Bei heißem Wetter wurde das Material klebrig, bei kaltem Wetter dagegen steif wie ein Brett, und schließlich alterte es bei längerem Lagern beziehungsweise Gebrauch.

1832 machte F. W. Lüdersdorff erste Beobachtungen über die Einwirkung von Schwefel auf Kautschuk. Auf der Suche nach Möglichkeiten der Qualitätsverbesserung entdeckte E. Hayward 1838 rein zufällig, daß bei Einwirkung von Sonnenlicht auf Kautschuk-Schwefelmischungen eine oberflächliche Härtung eintrat. Sein Patent der »Kautschukhärtung« erwarb C. Goodyear, doch gelang es ihm zunächst nicht, haltbare Gummierungen nach diesem Verfahren herzustellen. 1841 erhielt Goodyear erstmals in seiner Werkstatt in New Haven/ USA eine größere elastische Gummiplatte, nachdem er Kautschuk, Schwefel und Bleiweiß zusammen erhitzt hatte. Mit dieser ersten Heißvulkanisierung war der Weg zur erfolgreichen chemischen Veredelung des Kautschuks beschritten. Was Goodyear nicht wissen konnte: Es war ihm eine Polymerisation gelungen, das heißt, er verknüpfte viele kleinere Kautschukmoleküle – Polyisopren relativ niedrigen Molekulargewichtes – zu wenigen mit hohem Molekulargewicht.

1844 begann Hancock mit der Produktion von Hartgummi mit hohem Schwefelanteil und schenkte das erste Stück, ein aus Hartgummi gefertigtes Amulett, Königin Victoria. Selbst Schmuckketten für Damen wurden aus diesem Material hergestellt, ja sogar große Kunstwerke wie Madonnenstatuen. Sinnigerweise galt Hartgummi auch als Surrogat für Ebenholz, dementsprechend wurden aus Hartgummi Friese und »Schnitzwerk« gewalzt und dann auf Holzmöbel appliziert. Kämme und sonstige Gebrauchsgegenstände rundeten die Produktionspalette ab, wobei Hartgummi in großem Umfang Schildpatt ersetzte, denn die Zahl der großen Schildkröten begann schon damals erheblich abzunehmen.

KUNSTHOLZ

Für hölzerne Massenartikel lohnte es sich schon in den sechziger und siebziger Jahren des vorigen Jahrhunderts nicht mehr, Schnitzer zu beschäftigen, obwohl Hölzer noch in großer Menge zur Verfügung standen. Rezepturen, bei denen in einer beheizten Presse holzähnlicher Kunststoff entstand, den man gleichzeitig in die endgültige, sozusagen »geschnitzte« Form brachte, mußten auf großes Interesse der Fabrikanten stoßen. Dazu gab es einen sehr großen Markt für dergleichen »Schnitzwerk« in Gestalt der zahlreich benötigten Bilderrahmen dank der aufkommenden Photographie. Es ist ganz lustig sich auszumalen, wie unsere Groß- und Urgroßväter in scheinbar schwerem Ebenholzmobiliar hausten, aus dessen schwärzlich-dunklen Flächen edle Elfenbeinintarsien herausleuchteten (das in Wahrheit aus schlichter Kiefer bestand, belegt mit einem Hartgummi- und Zelluloidfurnier).

Pionier der Kunstholzentwicklung scheint die Firma Latra & Co. in Paris gewesen zu sein. Sägespäne, insbesondere aus Palisanderholz – naturgemäß ein Abfallprodukt von Luxusschreinereien –, wurden zu einem sehr feinen Pulver vermahlen, mit vorgetrocknetem Rinderblut versetzt, sodann bei 60 °C getrocknet und in hocherhitzten Stahlformen hydraulisch unter hohem Druck zum gewünschten Produkt gepreßt. Diese Vorschrift gab es in vielen Varianten. Ihre Entwicklung ist nur vor dem Hintergrund der seinerzeit aufkommenden großen Schlachthöfe zu verstehen. Zwar gelang es durch zentrale Schlachtung, der hygienischen Probleme bei der Produktion von Fleischwaren Herr zu werden, doch handelte man sich durch die jetzt anfallenden enormen Blutmengen neue ein, auch Umweltprobleme. Dementsprechend suchte man verzweifelt nach Möglichkeiten, tierisches Blut technisch zu nutzen.

KÜNSTLICHES FISCHBEIN

Im vorigen Jahrhundert herrschte eine sehr befremdliche, überaus figurbetonte Damenmode. »Stützen« dieser Mode waren Fischbeinkorsetts, deren Korsettstangen, aus den Barten des Bartenwales gefertigt, zu einer ungeheuerlichen Dezimierung dieser Säugetiere beitrugen. 1893 schrieb S. Lehner: »… Diese Tiere fangen schon jetzt an, sehr selten zu werden. Der Bedarf an Fischbein nimmt aber fortwährend zu und bringt unaufhörlich Preissteigerungen dieses Materials mit sich…«

In der Mitte des vorigen Jahrhunderts war als erster Surrogatstoff für Fischbein das »Walosin« in den Handel gekommen. Dieses Produkt war eine besonders eigenartige Mischung von Naturstoff und Chemie. Spanisches Rohr wurde mit Blauholzabsud und Eisenbeize schwarz gefärbt. Das getrocknete Rohr wurde anschließend mit einer heißen Lösung von Kautschuk, Guttapercha und Schwefel in Steinkohlenteer imprägniert und bei zwei Atmosphären Druck gedämpft, wodurch die das Rohr durchdringende Masse vollkommen gehärtet wurde. Chemisch gesehen handelte es sich dabei um eine Art Hartgummi-Imprägnierung des natürlichen Rohres.

In den neunziger Jahren des vorigen Jahrhunderts war aber das »Walosin« schon vom »Balenit« verdrängt worden, bei dem es sich letztlich ebenfalls um ein Hartgummirezept handelte. Die Ausgangssubstanzen waren Kautschuk, Rubinschellack, gebrannte Magnesia sowie Schwefel: »… Bei Anwendung höherer Temperatur nimmt die Balenitmasse das Aussehen von Hartkautschuk an, läßt sich wie dieser schön polieren, bleibt aber immer etwas elastischer als Hartkautschuk und bildet eine Masse, welche zu außerordentlich vielen Zwecken verwendbar ist: Griffe für Werkzeuge und Messer überhaupt, Säbelscheiden, Pistolen- und Gewehrkolben, Cigarrenetuis, Deckel für unverwüstliche Bucheinbände, Cassetten für wissenschaftliche Instrumente, Röhren für Fernrohre und Mikroskope, Schuhabsätze usw. lassen sich aus diesem wertvollen Material anfertigen…«

Eine nicht ganz so gute und daher billigere Variante dieses Produktes kam auch unter der Bezeichnung Pastit in den Handel.

93   Kaum zu glauben, aber diese hier gezeigten Modelle gehörten einst zur »Reformmode à la Princesse«. Links: Balltoilette mit Küraßtaille 1879. Die Modenwelt, 1879

VERSUCHE, KAUTSCHUK ZU SYNTHETISIEREN

Der natürliche Kautschuk besteht, wie wir heute wissen, aus langen Molekülketten, in denen viele Hunderte bis Tausende von Isoprenmolekülen miteinander verknüpft sind. Daß Isopren die Grundsubstanz des Kautschuk sein müsse, hatte schon 1860 G. Williams vermutet, als er natürlichen Kautschuk pyrolysierte, das heißt hoher Temperatur aussetzte. Williams beobachtete auch, daß Isopren beim Stehenlassen an der Luft anfängt, wieder zäh zu werden und bei höheren Temperaturen nach einiger Zeit wieder in eine kautschukähnliche Substanz übergeht. So hätte man schon früh Kautschuk synthetisieren können, wenn man über eine sinnvolle Isoprensynthese verfügt hätte.

Dank der Entwicklung des Automobils und des Belfaster Tierarztes J. B. Dunlop, der sich den ursprünglich für das Fahrrad seines Sohnes entwickelten pneumatischen Reifen hatte patentieren lassen, entstand größter Bedarf an Kautschuk. Nach langer, systematischer Suche wurde im Forschungslaboratorium der damaligen Farbenfabriken Bayer in Leverkusen endlich eine brauchbare Synthese gefunden. Die beiden Ausgangssubstanzen waren Aceton und Acetylen. Das bei der damals noch jungen Wacker-Chemie hergestellte Aceton ging während des Ersten Weltkrieges fast vollständig in die Synthese von Kautschuk. Heute wird in der Technik Isopren durch thermisches Cracken von Erdölfraktionen gewonnen.

Im gleichen Jahr, 1909, gelang es F. Hofmann, dieses synthetische Isopren zu polymerisieren, und im August des gleichen Jahres legte er der Bayer-Direktion die erste Probe eines synthetischen Kautschuks vor, die der »Continental = Caoutchouc und Guttapercha Compagnie« in Hannover zur Prüfung übergeben wurde. Diese bestätigte, es handle sich um »synthetischen Naturkautschuk«. Die ersten Reifen aus Synthesekautschuk waren erst nach 4000 km abgefahren, was damals als sehr gute Leistung galt. Schon bald bestellte der Großherzog von Baden Reifen aus Synthesekautschuk für seine Automobile, ihm folgten Prinz Heinrich und sein Bruder, der deutsche Kaiser.

Der Synthesekautschuk war zunächst kein Erfolg, da die Erzeuger von Naturkautschuk in der Lage waren, den Preis zu senken. Dies sollte sich dann durch den Ersten Weltkrieg ändern, der Deutschland von den Erzeugerländern für natürlichen Kautschuk abschnitt.

Schon bald zeigte sich, daß Isopren gar keine so besonders günstige Ausgangssubstanz war. Infolgedessen wurde es schon in der Frühzeit des synthetischen Kautschuks vom 2,3-Dimethylbutadien verdrängt, aus dem der sogenannte Methylkautschuk hergestellt wurde, von dem 1914 bis 1918 die deutsche chemische Industrie insgesamt 2350 Tonnen produzierte und der seinerzeit historisch von größter Bedeutung war. Zwar taugte er kaum zur Bereifung, doch wurde er in größtem Umfang für die Batteriekästen der U-Boote verwendet.

Konventionelle U-Boote fahren unter Wasser elektrisch. Der Strom kommt aus schwefelsäuregefüllten Bleiakkus, die bei der Fahrt mit Dieselantrieb über Wasser geladen werden. Ein gewisses Auslaufen der Schwefelsäure war nicht zu vermeiden. Diese frißt aber Löcher in die eiserne Beplankung von U-Booten, was naturgemäß fatal wäre. Das heißt, ohne Synthesekautschuk wäre der U-Boot-Krieg nicht zu führen gewesen.

Nach dem Krieg wurde 1919 die deutsche Methylkautschukfabrik geschlossen, da der Preis des nun wieder zur Verfügung stehenden Naturkautschuks stark gesunken war. Als man Mitte der zwanziger Jahre die Forschungs- und Entwicklungsarbeit wieder aufnahm, wählte man das relativ leicht zugängliche Butadien als Ausgangssubstanz. Als Katalysatoren verwendete man zunächst die von J. M. Matthews, E. H. Strange und C. D. Harries eingesetzten Alkalimetalle. So leitete sich aus den Komponenten Butadien und Natrium der Handelsname Buna ab, der lange Zeit der Inbegriff für Synthesekautschuk schlechthin war. Aufgrund der Zahlenindizes, mit denen man die Viskositätseinstellungen charakterisierte, nannte man die verschiedenen Typen Zahlenbuna. Großtechnische Bedeutung erlangte das Copolymerisat von Butadien und Styrol, Buna S genannt (heute SBR). Dieser synthetische Vielzweckkautschuk hat mengenmäßig mittlerweile den Verbrauch von Naturkautschuk weit über-

flügelt. Eine weitere Kombination war die aus Acrylnitril und Butadien (1930), die zu öltreibstoffbeständigen Nitrilkautschuktypen führte – damals Buna N, heute allgemein NBR genannt –, die wegen ihrer technologischen Überlegenheit gegenüber Naturkautschuk inzwischen aus vielen Anwendungsbereichen nicht mehr wegzudenken sind. Ab 1936 entstanden im Rahmen der Autarkiebestrebungen des Deutschen Reiches im Vorfeld des Zweiten Weltkrieges große Synthesekautschukfabriken. Die vier großen Buna-Werke hatten zusammen eine Produktionskapazität von 190000 Tonnen im Jahr. Die überwiegende Menge der heute erzeugten synthetischen Kautschuksorten basiert auf Butadien, zu dessen Herstellung zahlreiche Verfahren entwickelt wurden. Es sei nicht verschwiegen, daß aus Auschwitz, das als Buna-Fabrik geplant war, aus mancherlei organisatorischen Fehlplanungen nie auch nur ein Kilo Buna hervorging.

Die Zeit nach dem Zweiten Weltkrieg erbrachte eine Vielzahl von neuen Katalysatoren und Zusatzstoffen und damit eine erstaunliche Fülle von Produkten.

GALALITH UND BAKELIT

Neue Techniken bedingen neue Materialien. Es war die noch junge Elektroindustrie, die die Entwicklung neuer Kunststoffe förderte. Von heute her gesehen war man anfänglich im Umgang mit dem elektrischen Strom von einer geradezu phantastischen Sorglosigkeit. So hatte man in den ersten Jahren die Stromzuführungen selbst zu schweren Elektromotoren einfach blank und völlig unisoliert auf den hölzernen Fußboden genagelt, in der nicht immer ganz zutreffenden Hoffnung, daß dieser schon trocken bleiben würde und daß auch niemand auf die tödliche Idee käme, auf beide Leitungen gleichzeitig zu treten. Natürlich entstand nach und nach ein steigendes Bedürfnis nach Isolierstoffen.

In Rezeptursammlungen des vorigen Jahrhunderts widmete man »plastischen Massen aus Käse« meist ein eigenes Kapitel. Durch den ungeheueren Erfolg der Anker-Steinbaukästen wurden die Kaseinmassen nach Lilienthal berühmt. Gemische aus Marmor oder Kalkstein, Ätzstrontian und Kasein wurden unter hohem Druck in For-

94 Mechanische Tischuhr aus Phenoplast. Sammlung Kölsch, Düsseldorf

men gepreßt. Bei anderen Vorschriften setzte man Albumin, mineralische Füllmassen und Natronlauge ein. Auch versuchte man, Kunststoffe durch Einwirkung von Zellulose auf Kasein zu erhalten. Kasein war Ende des vorigen Jahrhunderts sozusagen Mode. So entwickelten 1897 W. Krische und K. Spitteler ein Kunstharz aus Kasein und Formaldehyd. Das so gewonnene »Galalith« war ein überraschend wertvoller Kunststoff, der durch beachtliche Härte und hohe Polierfähigkeit auffiel. Zwar neigte er bei mechanischer Bearbeitung zum Splittern, doch war er erstaunlich schwer brennbar und zeigte besondere Isoliereigenschaften. So wurde er für die junge Elektroindustrie sehr wertvoll. Auch ließ sich Galalith schön färben, mit Nickelsulfat ergaben sich leuchtend grüne, durch Anwendung von Kupfersulfat eigenartig blaugrüne Massen. Verrührte man Mineralfarben in frisch gefälltes Kasein, so erhielt man wohlgelungene Marmorimitationen. Sehr frühzeitig entwickelte man für das Ausformen von Galalith Schlauchpressen und erhielt so Röhren, die ab der Jahrhundertwende als Rohmaterial für Drechselarbeiten Verwendung fanden: Messerhefte, Federhalter, Schirm- und Stockgriffe, Schachfiguren, Zigarren- und Pfeifenmundstücke, Dosen, Knöpfe, Dominosteine, Spielmarken, farbige Möbelverzierungen. Durch Pressen der Kaseinniederschläge in geeignete Formen wurden Bürstenrücken, Haarnadeln, Ringe, Schmuckgegenstände und Platten für die Fabrikation von Kämmen hergestellt. So konnte die Internationale Galalith-Gesellschaft dank dieser breitesten Anwendungspalette seit 1904 auf einen beachtlichen wirtschaftlichen Erfolg verweisen.

Die gelenkte Verknappung an Molkereiprodukten in den Jahren vor und während des Zweiten Weltkrieges fing die staatliche Propaganda des Dritten Reiches mit dem markigen Spruch »Kanonen statt Butter« auf. Nun kann man zwar Butter nicht in Stahl verwandeln, wohl aber Kasein in rüstungswichtigen Kunststoff, ein Sachverhalt, der seinerzeit Vollmilch und Käse zur Rarität werden ließ.

Unter dem dramatisch steigenden Druck neuer technischer Entwicklungen begannen sich nun die Entdeckungen auf dem Gebiet der Kunststoffe zu häufen. Ein altbe-

kanntes Naturprodukt war Schellack. Die Schildlaus »laccifer lacca« erzeugt durch ihren Stich in die Blätter bestimmter ostindischer Bäume ein harzartiges Ausscheidungsprodukt, ein Gemisch aus Baumharz und -wachs. Jahrhundertelang deckten die in Plantagen kultivierten Läuse den Bedarf der Menschheit. Doch dann kam man dahinter, daß Schellack ein gutes Isoliermittel für elektrische Geräte ist und, nicht zuletzt, daß man aus diesem Material Schallplatten herstellen kann. Den nun entstandenen gigantischen Bedarf vermochten die Läuse nicht mehr zu befriedigen. Um die Jahrhundertwende war Schellack so teuer geworden, daß man intensivst nach einem Ersatzstoff suchte. Der sonst ziemlich unbekannten Firma Louis Blumer in Zwickau kam das Verdienst zu, 1902 das erste Patent auf einen wirklich vollsynthetischen Kunststoff genommen zu haben: »Verfahren zur Herstellung eines dem Schellack ähnlichen harzartigen Kondensationsproduktes«. Aber wie oft im Leben: C. H. Meyer hatte eine große Entdeckung gemacht, sein Platz in den Geschichtsbüchern der Chemie war ihm sicher. Doch die ganz große Entdeckung war ihm entgangen. Etwa ab 1905 begann L. H. Baekeland sich mit der Kondensation von Phenol und Formaldehyd zu beschäftigen. Ihm war es vergönnt, das Letztmögliche an technisch Machbarem aus dieser Reaktion herauszuholen. Es gelang ihm, sie so unter Kontrolle zu bekommen, daß er sie zu einem Zeitpunkt stoppen konnte, zu dem das Harz noch löslich und zähfließend war. In diesem Zustand konnten ihm vielerlei verschiedene Füllstoffe und Verstärkermaterialien zugemischt werden. Die nächste Reaktionsstufe war in der Wärme noch plastisch formbar. In ihr wurden die gewünschten Endprodukte vorgeformt. In der letzten Stufe vernetzte das Kunstharz zu einem unlöslichen, nicht mehr schmelzbaren Kunststoff. Damit hatte er den ersten vollsynthetischen, technisch optimal handhabbaren Duroplast geschaffen. Einziger Nachteil, der erst Jahrzehnte später behoben werden sollte, war die dunkelbraune bis schwarze Farbe. In den Jahren 1937/38 meldete Baekeland seine grundlegenden Patente an.

1910 wurde in Erkner bei Berlin die Bakelite GmbH gegründet, das erste Kunstharzunternehmen der Welt. Die Umstellung von

95 Uhrengehäuse aus Bakelit. Sammlung Kölsch, Düsseldorf

Gleich- auf Wechselstrom, die damals allgemein durchgeführt wurde – Wechselstrom läßt sich mit geringeren Verlusten als Gleichstrom über große Strecken schicken –, verlangte verstärkte Sicherheitsanforderungen. Die gute Isolationsfähigkeit und die hohe Wärmebeständigkeit machten Bakelit zu einem idealen Werkstoff für Schalter, Stecker sowie Gehäuse elektrischer Geräte wie Telephone und Radios. Der legendäre Volksempfänger ist heute noch ein berühmtes Relikt früher Kunststoffkultur. Man stellte aber auch Knöpfe, Geschirr, Schmuckdosen und ähnliches her. 1915 baute Kodak die erste Kamera – die Scherenkamera »Kodak Hawkette« – aus diesem Material. Bakelit diente insbesondere zur Imitation von Schildkröt- und Bernsteinwaren.

Bernstein war in den Jahren vor dem Ersten Weltkrieg gesucht. F. Raschig aus Ludwigshafen erkannte 1905 bis 1907, daß man bei der Erhöhung des Formaldehydanteiles gießbare Harze erhalten kann, die bei weiterem Erhitzen zu einem blasenfreien, honiggelben und durchscheinenden »Edelkunstharz« erstarren.

Den schönsten, noch heute meistverwendeten Kunststoff – in der Firmenreklame jahrzehntelang als König »Acrylius« vorgestellt – verdanken wir dem genialen Apotheker und Chemiker O. Röhm. Das Thema seiner Doktorarbeit war die Polymerisation von Acrylsäureester mit Natriumalkoholat. Ergebnis waren schmierige Massen. Nach seiner Promotion versuchte er die Lederherstellung zu verbessern. Vor der eigentlichen Gerbung muß die Tierhaut von den Fleischresten befreit werden. Dies geschah seit Jahrtausenden mit Hilfe einer Beize aus Hundekot. Dieser geruchsintensive und hygienisch wenig befriedigende Prozeß beruht, wie Röhm erkannte, auf der Wirkung von Enzymen. Aufbauend auf dieser Erkenntnis, entwickelte er in seiner Firma den neuen Gerbstoff Oropon. Die Tatsache, daß sich zahlreiche Flecken auf Wäsche ebenfalls durch Enzyme entfernen lassen, nutzte er zur Entwicklung des Einweichmittels »Burnus«, das noch vielen älteren Damen in Erinnerung sein dürfte. Gewissermaßen nebenher, fast wie zum Hobby, beschäftigte er sich aber seit 1911 wieder mit den zähen Schmieren seiner Doktorarbeit, mit dem nie erreichten Ziel, einen

»Acrylkautschuk« zu entwickeln. 1921 richtete er einen kleinen Versuchsbetrieb ein, aber seine Polymeren waren immer noch klebrig und zäh. Es ist das Kennzeichen großer Erfinder, daß sie die Gabe haben, das Positive im Negativen zu sehen. Jeder andere hätte diese Pampe stehengelassen, nicht so Röhm. Das Klebrige seiner Massen war kaum zu übersehen, oder besser zu überfühlen, aber ihm war aufgefallen, daß sie auch bei langem Stehen an Licht nicht nachdunkelten. Und so fand er dafür eine extrem wichtige Anwendung als lichtbeständige Zwischenschicht für Sicherheitsglas der Autoindustrie. Normales Glas ist, bedingt durch sein leichtes Splittern, für Scheiben an Automobilen viel zu gefährlich, daher verwendete man Gläser, die in Sandwichbauweise verklebt wurden. Eine von der chemischen Struktur her betrachtet relativ kleine Variation im Aufbau des Grundmoleküls brachte dann den großen durchschlagenden Erfolg. Die Polymerisation des Methacrylsäuremethylesters führte zum »organischen Glas«, zum »Plexiglas«. Damit war Röhm die Erfindung eines »Glases« geglückt, das tatsächlich dessen Durchsichtigkeit besaß, sich aber gleichzeitig wie Holz bearbeiten ließ und darüber hinaus bei 140–160 °C verformbar war. Es war der ideale Werkstoff für erschütterungsgefährdete Verglasungen an Flugzeugen, Automobilen etc.

POLLAPAS

Auf die Suche nach unzerbrechlichem Glas hatte sich auch der österreichische Chemiker Hans John in Prag gemacht, der Formaldehyd auf Harnstoff einwirken ließ. 1918 wurde ihm ein Patent erteilt, nach dem bei der Einwirkung von Formaldehyd auf Carbamid beziehungsweise dessen Derivate in der Wärme Kunststoffe entstanden, die je nach Erhitzungsdauer als Lacke, Leime, Imprägniermittel oder als Ersatz für Gummi, Zelluloid und Horn dienen können. 1923 erkannte F. Pollak, daß aus Formaldehyd und Harnstoff oder Thioharnstoff in Gegenwart von Ammoniak glasartig erstarrende Massen entstehen, die sich nach Zerkleinerung heiß verpressen lassen. Bereits 1926 wurden in England ähnliche Formmassen unter dem Namen »Beetle« in den

96 Eine Art Leitfossil der Nachkriegskultur waren Kofferradios mit Kunststoffgehäusen. Grundig, Gehäuse aus Lupolen der Firma BASF, 1953

97 Grundlegendes Patent der Firma Wacker, Burghausen, die sich um die Entwicklung der Kunststoffchemie besonders verdient gemacht hat. Archiv der Firma Wacker, München

Handel gebracht. Die Dynamit AG erwarb die Lizenzen von Pollak und nahm 1931 die Produktion von »Pollapas« auf. Ähnlich wie bei Bakelit ist hier die sprachschöpferische Kraft zu bewundern. Pollaks Lizenznehmer, die Firmen »Kuhlmann« in Frankreich, »British Cyanides« in Großbritannien, »Montecatini« in Italien sowie die »Dynamit AG« und »H. Römmler« in Deutschland gründeten 1932/33 die sogenannte »Pollapas«-Familie, ein internationales Kartell. Das Pollapas hatte gegenüber dem Bakelit und dessen Verwandten den entscheidenden Vorteil, daß es farblos und lichtecht war und somit auch zu farblosen Produkten verarbeitet werden konnte. Pollapas war den Bakeliten in einem wesentlichen Punkt weit überlegen. Es besaß eine vielfach bessere Kriechstromfestigkeit und war von daher für den Bau elektrischer Installationen noch besser geeignet.

MELAMIN- UND POLYESTERHARZE

Wer spezifisch männliche Geselligkeit immer nur unter dem Gesichtspunkt des Versumpfens sieht, tut der Sache bitter unrecht. Am 24. Mai 1934 trafen sich in der »Ewigen Lampe« in Köln die drei Doktoren der Chemie Enders, von Hörmann und Köhler – alle von der Firma Henkel in Düsseldorf – und diskutierten über die Möglichkeit einer Reaktion von Melamin mit Formaldehyd. Bereits ein Jahr später, 1935, meldete Henkel »ein Verfahren zur Herstellung von harzartigen Kondensationsprodukten« an. Diese zeigten eine phantastisch breite Anwendungspalette und waren sowohl als Leime als auch als Textilhilfsmittel für die Knitterfestausrüstung und als Formmassen dank ihrer Geschmacksneutralität besonders für Haushaltsprodukte wie Trinkgeschirre, Dosen und Eimer geeignet.

Ein griechischer Philosoph soll einmal gesagt haben, der Krieg sei der Vater aller Dinge. So sehr zu hoffen ist, daß er unrecht haben möge, so lassen sich doch ein paar Beispiele für seine Behauptung finden. Völlig unabhängig voneinander waren zwei Entwicklungsstränge verlaufen, die erst unter kriegerischen Gesichtspunkten vereint zu einem neuen Kunststoff mit revolutionären neuen Eigenschaften zusammenfinden sollten. Seit 1933 arbeitete C. Ellis an der Polymerisation ungesättigter Polyesterharze. 1936 fand er heraus, daß sie mit Styrol in Anwesenheit von Peroxiden aushärten.

Ende der dreißiger Jahre war es geglückt, endlose Glasfäden aus Platindüsen zu pressen. Glasfasern benötigte man in der Elektroindustrie.

Daß beide Entwicklungen zueinanderfanden, bewirkte der Luftkrieg während des Zweiten Weltkrieges. Beide Seiten arbeiteten laufend an der Verbesserung der Radarortung gegnerischer Flugzeuge. Ein aus strahlendurchlässigem Kunststoff gebautes Flugzeug sollte dagegen auf einem Radarschirm nicht auftauchen. Andererseits mußte ein solcher Kunststoff über die Festigkeit von Stahl verfügen. Ein seit 1942 laufendes Forschungsprogramm in den USA führte dann zur Entwicklung des Ausgießens von Glasfaserflüssen mit ungesättigten Polyesterharzen. Der moderne Wassersport mit seiner Vielzahl pflegeleichter Boote wäre ohne dieses Material nicht denkbar.

NYLON UND PERLON

Zwar war der Krieg nicht die Ursache, aber er bot das Anwendungsfeld für zwei nahe verwandte Entdeckungen auf dem Gebiet der Faserchemie. W. H. Carothers hatte 1928 die Leitung der Grundlagenforschung im Zentrallaboratorium der Firma Dupont in den Vereinigten Staaten übernommen, wo er über Kunststoffe arbeitete. 1935 fand er heraus, daß sich Hexamethylendiamin und Adipinsäure zu einem Polyamid vereinigen, das Nylon genannt wurde.

P. Schlack war von 1926 bis 1945 Leiter der Forschungsabteilung der Aceta GmbH in Berlin, wo er sich mit chemischen Modifikationen der Kunstseide beschäftigte und über sonstige Kunststoffe arbeitete. 1937/38 entwickelte er die Polyamidfaser »Perluran«, die er durch Polymerisation von Aminocaprolactam erhalten hatte. Unter der Bezeichnung Perlon sollte diese Faser berühmt werden. Nylon und Perlon fanden weiteste Anwendung im Luftkrieg. Das Nähen der Fallschirme für Luftlandetruppen verbrauchte ungeheuerliche Mengen an Naturseide, die in der für Fallschirme erforderlichen gleichmäßigen Qualität so nicht zu haben war, insbesondere nicht in dem vom Welthandel abgeschnittenen Deutschen Reich.

POLYURETHAN

Chronisten der Firma Bayer trafen bei einer Darstellung der historischen Kunststoffleistungen ihres Hauses die bemerkenswerte Feststellung: »Doch während der Pessimist in jeder Gelegenheit eine Schwierigkeit sieht, sieht der Optimist in jeder Schwierigkeit eine Gelegenheit...« Sie bezogen diese Feststellung auf die Reaktion dreier Bayer-Chemiker (A. Höchtlen, W. Droste und W. Bunge), als sie ihre Polymerisate aus Polyestern und Diisocyanaten von ihrer Prüfstelle mit der Bemerkung zurückbekamen: »Allenfalls brauchbar zur Herstellung von Emmentalerkäse-Imitationen«. Vorausgegangen waren Überlegungen ihres Chefs O. Bayer, der sich die Frage vorgelegt hatte, wie man Carothers Patente umgehen könnte. Die ursprünglich unerwünschte Abspaltung von Kohlendioxid, die zur Blasenbildung geführt hatte, ließ sich durch geringe Zugabe von Wasser bewußt herbeiführen und steuern. So gelang die Darstellung schaumiger Polyurethane mit definierten Porenstrukturen, sowie von Weich- und Hartschäumen jeder beliebigen Dichte, Elastizitäts- und Härtegrade mit Hilfe verschiedenster Katalysatoren und Maschinen.

Durch Ausgießen von vorgeformtem Bakelitpapier mit »Moltopren-Schäumen« – so die Handelsbezeichnung von Bayer – wurden 1943 Propellerblätter und 1944 Landeklappen und Schneekufen für die Deutsche Luftwaffe hergestellt.

Mit der Nachkriegszeit begann die große Epoche der Polyurethane in Gestalt der Schaumstoffpolsterungen. Heute werden in den USA und in Europa Kühlschränke fast ausschließlich mit hartem Polyurethanschaum gedämmt. Beim Bau von Automobilen sind »PUR«-Schäume ebenso wichtig wie bei der Herstellung von Skistiefeln und beim Isolieren von Gebäuden.

Eine besonders eigenartige Anwendung ist die Reproduktion scheinbar natürlicher Landschaft, zum Beispiel bei der Versetzung der Tempelanlagen Ramses' II. in Abu Simbel, beziehungsweise der Aufbau von Urtieren und -landschaft in Disneyland, in diversen Freizeitparks und natürlich in Filmstudios.

POLYVINYLCHLORID

Polyvinylchlorid (PVC) ist der wichtigste thermoplastische Kunststoff überhaupt. Das Material ist sehr vielseitig verwendbar. Zusätze von Weichmachern und weiteren Copolymerisaten erlauben die Erzeugung von Varietäten mit nahezu beliebig wählbaren Eigenschaften. PVC ist aus vielen Molekülen Vinylchlorid aufgebaut, die sich zu langen Ketten zusammenlagern. Dieses monomere Vinylchlorid wurde erstmals 1838 von dem französischen Chemiker V. Regnault dargestellt. 1878 erkannte man, daß es eine harte, feste Masse bilden kann, über deren chemische Beschaffenheit man sich indessen nicht klar wurde. Ein technisch verwertbares Verfahren zur Polymerisation, die »Emulsionspolymerisation«, wurde 1912 gefunden. Seinen enormen Bedeutungszuwachs verdankte das PVC aber einem eigenartigen chemiewirtschaftlichen Problem. Im Laufe der zwanziger Jahre stieg die Produktion von Zellwolle und Magnesium so stark an, daß Chlor aus den entsprechenden Elektrolysen für die Erzeugung von Natronlauge als außerordentlich unangenehmer Abfall immer größere Sorgen bereitete. Die I.G. Farbenindustrie veranstaltete Ende der zwanziger Jahre sogar ein Preisausschreiben, bei dem technisch durchführbare Vorschläge zur schadlosen und nützlichen Beseitigung des giftigen und aggressiven Chlors belohnt werden sollten. Ein Vorschlag war der heute so umstrittene Einsatz der chlorierten Kohlenwasserstoffe in der chemischen Reinigung.

Besonders drückend war das Chlorproblem im I.G. Werk Bitterfeld. Hier wurde 1935 als weitere Lösung des Problems ein brauchbares Verfahren zur Polymerisation von Vinylchlorid vorgeschlagen. Doch erst die Einführung sogenannter »Weichmacher« im Jahre 1943 – Moleküle, die die polymeren Ketten sozusagen auf Distanz halten – begründete die Bedeutung des PVC als Massenkunststoff. Das Vinylchloridmonomere wurde aus Acetylen durch Anlagerung von Chlorwasserstoff gewonnen.

98 Erstes Probegewebe aus Polyvinylacetat aus dem Laboratorium des Elektrochemischen Consortiums der Firma Wacker, München. Dessen Leiter, Willy O. Herrmann, entwickelte 1926 die Darstellung und Technik des Polyvinylacetats und brachte seine Gattin dazu, die ersten noch recht dicken Fäden zu weben. Abteilung Chemie, Deutsches Museum, München

POLYSTYROL

Die Forschungen über vollsynthetische Kunststoffe reichen wesentlich weiter zurück, als uns dies heute bewußt ist. 1839 wurde die erste Polymerisation von Styrol durch E. Simon beobachtet. Dem Liebig-Schüler A. W. Hofmann kommt das unbestreitbare Verdienst zu, 1845 als erster an eine technische Anwendung gedacht zu haben, und so schlug er es zum Beispiel für Fensterscheiben vor. Doch kam es damals zu keiner echten Einführung in die Praxis, vermutlich weil es Hofmann nicht gelang, die Alterungsprobleme zu beherrschen. J. Liebig und C. Steinheil wollten dann in den sechziger Jahren des vorigen Jahrhunderts eine preiswerte Kamera mit Polystyrol-Linsen ausstatten – der außergewöhnliche Brechungsindex schien ihnen interessant zu sein. Dies mißlang ebenfalls, wahrscheinlich aus den gleichen Gründen. Die technische Großproduktion von Polystyrol begann erst 1930 bei der BASF. Schon damals träumte man davon, es auch als Schaumstoff herstellen zu können. F. Stastny fand ein geeignetes, niedrig siedendes Treibmittel im Pentan beziehungsweise das weitere Aufschäumen mit Hilfe von heißem Wasserdampf. Dann kam Stastny der Zufall zu Hilfe. Eines Tages fand er Späne und Splitter vom Zersägen eines Polystyrolblockes in der Ecke eines Wasserbades fest zusammengesintert. Damit war das Styropor K gefunden, heute als Verpackungs- und Dekorationsmaterial in größtem Umfang ein Handelsprodukt. Aus Styropor K wurden damals die ersten Kunststoff-Formteile hergestellt – Osterhasen. Der erste Großauftrag kam von der schwedischen Regierung, die Rettungsringe bestellte. 1964 gelang die bis dahin spektakulärste Anwendung, die Hebung des 1500-Tonnen-Schiffes »Al Kuweit« durch Einpumpen von Styroporkugeln unter Wasser in den Schiffsrumpf. Leider gelang es nicht, diese neue Hebetechnik durch ein Patent zu schützen. Das Heben einer gesunkenen Yacht durch das Einpumpen von Ping-Pong-Bällen in einer Comic-Folge mit Donald Duck als Erfinder wurde von den Gerichten als Vorveröffentlichung gewertet. Der Polystyrolschaum Styropor war einer der größten Würfe in der Geschichte der BASF seit seiner Einführung in den Markt 1952, ein so großer Wurf, daß die sonst eher nüchterne BASF zu einzigartigen Superlativen fand: »Der Stoff, aus dem die Schäume sind« in Anlehnung an einen Romantitel von Johannes Mario Simmel. Styropor, bis zu 98% aus Luft und nur zu 2% aus Styropor bestehend, hat phantastische Isoliereigenschaften bei minimalstem Gewicht. Verwendet man im Schauexperiment heißes Helium als Treibmittel, können die Blöcke sogar fliegen.

SILICON

Sauerstoff und Silicium sind die häufigsten Elemente der Erdrinde und bauen zusammen eine Vielzahl von Gesteinen auf, auch jenen Kieselstein im Bach, den die Römer einst Silex nannten und so später dem zugrundeliegenden Element Silicium den Namen gaben. Es war ein alter Traum der Chemiker, mit der Härte des Kiesels gewissermaßen zu spielen, den spröden Stein gleichsam zu kneten. Eine Verknüpfung der Chemie des Kohlenstoffes mit jener des Siliciums gelang 1900 dem englischen Chemiker F. S. Knipping, der hoffte, kunststoffartige Verbindungen aus Silicium-Sauerstoff-Ketten aufbauen zu können, Moleküle zu bauen, die neben organisch-chemischen Strukturelementen gewissermaßen noch die widerstandsfähige Seele des harten Kiesels enthielten. 1940 hatte der Amerikaner G. E. Rochow Methylchlorid in Gegenwart von Kupfer umgesetzt und so ein Gemisch von »Silanen« erhalten, den notwendigen Ausgangssubstanzen, die durch Destillation getrennt wurden. Basierend auf dieser Darstellung hatten die amerikanischen Firmen Dow-Corning und General Electric schon während des Zweiten Weltkrieges mit siliciumorganischen Substanzen experimentiert. Das erste Siliconprodukt war eine von der Dow-Corning ab 1944 gelieferte Paste zum Schutz elektrischer Zündanlagen von Flugmotoren gegen Feuchtigkeit und stille elektrische Entladungen.

Die herausragend breiten Anwendungsmöglichkeiten der Silicone liegen in der fast unendlichen Vielfalt ihrer Erscheinungsformen, die von dünn- bis zähflüssigen Ölen bis hin zu starren Harzen reichen, verbunden mit einer besonders hohen thermischen Resistenz in der Langzeitbeanspruchung.

99 Glasfaserverstärkter Polyester wurde ursprünglich für militärische Anwendungen im Flugzeugbau entwickelt, eignet sich aber für eine Vielzahl ziviler Zwecke, so für den Bau leichtstapelbarer Kunststoffstühle. Entwurf Verner Panton, 1960

KOHLE UND ERDÖL

100 Reklamemarke für eine Fachausstellung. Sondersammlungen Deutsches Museum, München

Als F. Wöhler 1862 das Calciumkarbid entdeckte, ließ sich die ungeheure Bedeutung dieser Substanz für die Zukunft noch nicht absehen. Jahrzehntelang galt die im elektrischen Lichtbogen aus Kalk und Kohle gebildete Verbindung eher als Laborkuriosum. 1892 ließ sich der Amerikaner M. Willson ein Patent auf die technische Synthese des Karbids erteilen. Zwei Jahre später folgte H. Moissan mit einem europäischen Patent, das in Frankreich und Deutschland Gültigkeit hatte. Die interessanteste Eigenschaft des Karbids bestand in seiner Zersetzung mit Wasser, bei der das Gas Acetylen freigesetzt wird. Daneben ließ sich Karbid auch zu Kalkstickstoff, einem wertvollen Düngemittel, weiterverarbeiten. Da es bis in die zwanziger Jahre unseres Jahrhunderts hinein nicht möglich war, elektrischen Strom ohne beträchtliche Verluste über große Entfernungen zu transportieren, kam dem Karbid als transportablem Energieträger größte Bedeutung zu. Karbid trug gleichsam die zu seiner Bildung notwendige Elektrizitätsmenge in sich, und man konnte diese in Form chemischer Energie, eben in Gestalt des hochreaktiven Acetylengases, an jedem gewünschten Gebrauchsort kontrolliert freisetzen. Das mit sehr heller, weißer Flamme brennende Acetylen wurde in der Schweißtechnik verwendet und verdrängte mit der Zeit das bis dahin vorwiegend gebrauchte Petroleum als Leuchtmittel. 1906 waren im Gebiet des Deutschen Reiches mehr als 20000 lokale Acetylenerzeugungsanlagen in Betrieb, die etwa 30000 Jahrestonnen Karbid verbrauchten, von denen 23000 Tonnen von den chemischen Fabriken zu den jeweiligen Anwendern transportiert wurden. So ließ sich auch verbraucherfern gelegene Wasserkraft sinnvoll nutzen. Dies war ebenfalls der Grundgedanke, der 1914 die »Alexander Wacker Gesellschaft für elektrochemische Industrie« entstehen ließ. Der Gründer, A. Wacker, hatte dieses Nut-

zungskonzept schon vorher an recht entlegenen Orten, die aber alle über billige Wasserkraft verfügten, erprobt. Die Pläne des Gründers der Wacker-Chemie gingen indessen von Anfang an über die Nutzung des Acetylens zur Beleuchtung und zum Schweißen hinaus. Ihm war wohl bewußt, daß auf längere Sicht der elektrische Strom als Energieträger das Karbid ablösen werde und es daher darauf ankam, das Acetylen in höherwertige chemische Produkte umzuwandeln. 1903 konstituierte sich unter Wackers Federführung das »Consortium für elektrochemische Industrie«, ein bis heute bestehendes Forschungszentrum, das sich damals die Aufgabe stellte, Verfahren zur chemisch-technischen Verwertung des Acetylens zu finden. Den Chemikern der Wacker-Chemie gelang es, technisch nutzbare Verfahren für die Synthese von Essigsäure, Acetaldehyd und Aceton zu entwickeln, die während des Ersten Weltkrieges von enormer Bedeutung für die Erzeugung von Synthesekautschuk waren. Nach dem Krieg kam das ebenso grundlegende Verfahren zur Darstellung von Acetanhydrid aus Essigsäure über Keten hinzu, das eine wichtige Ausgangssubstanz für die Kunstseidefabrikation, nämlich Zelluloseacetat, war. Gleichzeitig fand man eine technisch hervorragende Synthese für Vinylacetat.

Acetylen ist eine extrem heimtückische chemische Verbindung. Im Laufe der Zeit hatten sich die vielen kleinen Acetylenbeleuchtungsanlagen als sehr gefährlich erwiesen. Auf Acetylen als Ausgangsverbindung die technische organische Chemie aufzubauen, erforderte Mut und extremes technisches Geschick. Diese Eigenschaften vereinte ein Chemiker der BASF, W. Reppe. Für Laborversuche unter Druck schuf er die »Reppe-Reagenzgläser« aus V2A-Stahl mit Schraubverschluß. Da diese aber gerade bei seinen Acetylenforschungen häufig in die Luft flogen, wurden sie mitsamt ihren

Armaturen und Schüttelmaschinen im Inneren einer sogenannten »Reppe-Apparatur« aufgebaut. Darunter ist ein nach unten gepanzerter Labortisch zu verstehen, rundum von einem doppelwandigen Stahlpanzer umgeben, mit sandgefüllten Hohlräumen zwischen den Stahlplatten. Nach oben waren diese Apparaturen offen oder mit leichten Stahlgittern verschlossen. Sinn dieser Anordnung war das Ablenken von Explosionen, die sich während des Experimentierens ereigneten, nach oben. Dementsprechend wurden diese Reppe-Apparaturen in ebenerdigen Laborgebäuden mit extrem leichter Dachkonstruktion aufgebaut. Es wird berichtet, daß es Reppe dank dieser experimentellen Tricks gelang, über 20000 Laborexplosionen ohne nennenswerten Schaden zu überleben. Allerdings sagt man, sein Gehör sei nicht das beste gewesen. Um Acetylen technisch handhaben zu können, mußten spezielle Rohrleitungen entwickelt werden, denn zu große Volumina in ungeeignetem Rohrmaterial konnten ebenfalls zu Explosionen führen. Diese Schwierigkeit ließ sich durch das Bündeln von vielen relativ dünnen, ca. 2 cm weiten Kupferrohren beheben, die ihrerseits in ein Stahlrohr eingelegt waren. Im nachhinein kann man nur ehrfürchtig staunen, daß es über Jahrzehnte hinweg gelang, auf dem Teufelszeug Acetylen eine funktionstüchtige Industrie aufzubauen. 1928 begann Reppe seine Forschungen über die katalytischen Reaktionen des Acetylens, die schließlich so erfolgreich werden sollten, daß man für diese Art von Chemie einen eigenen Namen schuf – »Reppe-Chemie« –, der sich bis heute gehalten hat. Reppe fand zunächst die »Vinylierung«. Acetylen reagiert in Gegenwart von Ätzkali als Katalysator bei 150–200 °C mit Amino- und Carbonylverbindungen zu Vinylaminen und Vinyläthern. Vinylverbindungen wurden zu wichtigen Zwischenprodukten für die Kunststoffindustrie. 1937 gelang W. Reppe die »Äthinylierung« von Aldehyden zu Alkinolen mit Acetylen und Kupferacetylid als Katalysator bei erhöhter Temperatur und erhöhtem Druck. Damit kam es zur Darstellung wichtiger Zwischenprodukte für die Herstellung von Butadien, das seinerseits in der Buna-Produktion benötigt wurde. 1939 gelang W. Reppe der Aufbau eines besonders wirtschaftlichen Verfahrens durch die Umsetzung des extrem preisgünstigen Kohlenmonoxides mit Acetylen und Alkoholen unter erhöhtem Druck. Bei dieser sogenannten »Carbonylierung« entstehen Acrylester. Setzt man als weitere Ausgangskomponente nicht Alkohole, sondern Amine ein, kommt man zu Acrylamiden. All diese Reaktionen erfordern Nickelhalogenide als Katalysatoren. Nach dem Zweiten Weltkrieg fand Reppe – gewissermaßen ein letzter Höhepunkt seines Schaffens –, daß sich Acetylen unter dem Einfluß von Metallcarbonylen zu Benzol, Styrol und Cyclooctatetraen cyclisieren läßt. Doch was er selbst zu diesem Zeitpunkt so noch nicht sehen konnte: Die große Zeit der Acetylenchemie war fast schon vorüber. Langsam, aber sicher entwickelte sich eine neue Basis der chemischen Industrie, die Petrochemie.

Am 27. August 1859 – merkwürdigerweise fast auf den Tag genau drei Jahre, bevor Wöhler seine Entdeckung des Calciumkarbids bekanntgab – erbohrte der ehemalige Schiffssteward, Textilienvertreter und Eisenbahnschaffner E. L. Drake am Oil Creek in Pennsylvania (USA) in 22 Meter Tiefe die erste größere Ölquelle. Anfänglich hatte man für das Rohöl noch keine passenden Behältnisse und behalf sich mit den in den damaligen USA reichlich vorhandenen Whiskyfässern, die nach alter schottischer Tradition 159 Liter faßten. Noch heute berechnet man die Menge der Ölförderungen mit Hilfe des »Barrels« – 159 Liter Öl. Schon damals war Öl ein wichtiger Grundstoff, wenn man auch zunächst in erster Linie das beim Destillieren gewonnene Petroleum als Leuchtmittel in Lampen verwendete. In Titusville brach ein Ölboom aus, den ein Chronist so beschrieb: »... Das Öl überschwemmte die Felder um Titusville, verunreinigte die Gewässer der Umgebung und drang in das Grundwasser ein. Bald gab es weit und breit keinen einzigen Brunnen mit genießbarem Wasser mehr. 1861 brach ein gewaltiges Feuer aus, das 19 Menschen das Leben kostete und einen Großteil der primitiven Tankanlagen zerstörte, die allerdings im Nu wieder aufgebaut wurden. Wo im Mai 1859 nur eine Farm gestanden hatte, gab es im September schon zwei Banken, zwei Kirchen, ein Theater, 50 Hotels und 15000 Menschen, die teilweise in Zelten auf dem schwammigen Boden hau-

101 Reklamemarke einer amerikanischen Erdölgesellschaft für ihr Petroleum. Tatsächlich ist die Zusammensetzung des Erdöls je nach Fundort erstaunlich verschieden und damit auch dessen Eigenschaften. Sondersammlungen Deutsches Museum, München

sten, und in den darauffolgenden Jahren wurden es immer mehr.«

Nun setzte ein »Oil Rush« ein, der eng mit dem Namen »Standard Oil« beziehungsweise J.D. Rockefeller verbunden ist. 1870 wurden bereits 1 Million Tonnen Erdöl gefördert. Im Jahre 1900 lag die Fördermenge bei 21 Millionen Tonnen weltweit. Der rasche Aufstieg des Erdöls zu einem bedeutenden Wirtschaftsfaktor beruhte vor allem auf der Motorisierung. Das erste von C. Benz gebaute benzingetriebene Auto, das 1886 mehr schlecht als recht gelaufen war, führte ein neues Zeitalter herauf. Ähnlich wie im Falle des Acetylens stand auch beim Erdöl zunächst eine relativ simple Nutzung – nämlich einfach des Brennwertes leichtflüchtiger Anteile als Treibstoff oder Leuchtmaterial – im Vordergrund. Während sich im Falle des Acetylens sehr bald die Akzente in Richtung auf eine chemische Weiterverarbeitung verschoben, wird das Erdöl noch heute überwiegend als Energieträger genutzt. Der wesentliche Vorteil des Erdöls gegenüber der Kohle ist sein Aggregatzustand. Kohle ist fest, Erdöl ist flüssig. Daraus ergeben sich enorme Vorteile bei der Fördertechnik, wo Bohrtürme anstelle von Bergwerken zum Einsatz kommen, sowie beim Transport mittels Pipelines, die schon recht früh entwickelt wurden, unter anderem von den Gebrüdern Nobel. 1914 übertraf die Produktion von Benzin erstmals jene von Leuchtpetroleum. Bald sollte aber noch mehr Erdöl destilliert werden. Im Dezember 1903 erhob sich das erste, motorgetriebene Flugzeug der Gebrüder O. und W. Wright in North Carolina in die Luft. In Deutschland begann der Siegeszug des Dieselmotors. 1912 baute die Preußische Staatsbahn die erste Diesellok der Welt mit zwei Motoren von je 1000 PS. Eine Statistik aus dem Jahre 1911 gab die Gesamtleistung aller damals in Betrieb befindlichen Motoren schon mit fünf Millionen PS an. Damit begann der Rohstoff Erdöl eine ganz neue und anfänglich nicht recht erkannte strategische Rolle zu spielen. Insbesondere für deutsche Chemiker war nun der Anreiz besonders groß, nach Verfahren zu suchen, um das kriegsentscheidende Benzin auch aus Kohle herzustellen. 1913 ließ sich der deutsche Chemiker F. Bergius ein Verfahren zur Gewinnung flüssiger Produkte durch Hochdruckhydrierung der Steinkoh

le patentieren. Vorausgegangen waren erste Versuche des französischen Chemikers und Politikers M. Berthelot, der allerdings mit dem teuren Hydrierungsmittel Jodwasserstoff gearbeitet hatte, was sein Verfahren unwirtschaftlich machte. Wegweisend für Bergius waren die Erfahrungen Habers bei der Ammoniaksynthese gewesen. Bergius versetzte die feingemahlene Kohle mit Öl und Katalysatoren. Der so gewonne Kohlebrei wurde bei 450 °C und hohem Druck mit Wasserstoff »hydriert« und das erhaltene Produkt der Destillation unterworfen, wobei kohlenwasserstoffhaltige Gase, Benzin und Schweröl erhalten werden. Erst 1924 wurde das Verfahren von M. Pier perfektioniert und in die großtechnische Produktion eingeführt.

F. Fischer und H. Tropsch ließen sich 1925/29 die später nach ihnen benannte Fischer-Tropsch-Synthese patentieren. Dabei werden Koks, Rohbraunkohle oder Braunkohlenbriketts in der Hitze mit Wasserdampf in sogenanntes Wassergas übergeführt, das in der Hauptsache aus Kohlenmonoxid und Wasserstoff besteht. Durch Abtrennung des noch enthaltenen Kohlendioxids wird das Synthesegas erhalten. Dieses wird über einem Kobalt-Thoriumoxid-Katalysator bei normalem Druck zu einem Gemisch von gasförmigen Kohlenwasserstoffen, Benzin und Paraffinen umgesetzt. Das Verfahren wurde häufig modifiziert, so zum Beispiel zum sogenannten Mitteldruckverfahren, wo die Komponenten an einem Eisenkatalysator bei mittleren Drücken zur Umsetzung gebracht wurden. Sowohl das Bergius-Pier- als auch das Fischer-Tropsch-Verfahren spielten in den vergeblichen Bemühungen des Dritten Reiches um volkswirtschaftliche Unabhängigkeit vom Ausland eine große Rolle. Militärisches Ziel war, über Kraftstoffe zu verfügen. Daß diese Verfahren, obwohl technisch ausgereift, kostenmäßig mit den Erdölprodukten nicht konkurrieren konnten, spielte keine Rolle. Dies änderte sich nach dem Krieg radikal. So gut wie alle Produkte, die man aus Acetylen gewann, ließen sich auch aus Ethylen herstellen. In der Erzeugung von Ethylen aus Erdöl beziehungsweise Erdgas waren große Fortschritte gemacht worden.

Die chemische Verarbeitung des Erdöls erfolgt durch die Trennung in unterschiedliche Fraktionen mittels Destillation und durch die 1890 erfundene »Crackung«. Dabei werden größere Kohlenwasserstoffmoleküle in kleine, leichtflüchtige oder gasförmige Moleküle gespalten. Ein Hauptprodukt der Crackung ist neben Crackbenzin das Gas Ethylen. Nach dem Zweiten Weltkrieg entfaltete sich insbesondere in den USA eine hochentwickelte Raffinerietechnologie, die nach und nach die Rohstoffbasis Kohle-Karbid-Acetylen völlig verdrängen sollte. Es begann das Zeitalter der Supertanker und der Pipelines. Der Ethylenpreis sank weit unter den für Acetylen. Anfang der sechziger Jahre lag der Preis für 1 kg Ethylen bei etwa 35 Pfennig – niedriger als die reinen Stromkosten, die bei der Erzeugung eines Kilogrammes Acetylen anfielen. Bereits im Sommer 1956 wurde der Bau einer großen Raffinerie im Raum Köln angekündigt, die interessierte Abnehmer mit Ethylen versorgen sollte. Im Laufe der nächsten Jahre wurde ein »Nordwesteuropäisches Verbundnetz« für Ethylen aufgebaut, das im Benelux-Raum und in der Bundesrepublik Deutschland 1975 eine Länge von insgesamt 900 km erreicht hatte, bei einem Jahresdurchschnitt von 900 000 Tonnen Ethylen. Das westeuropäische Fernleitungsnetz für Mineralöle besaß 1971 eine Länge von 13 000 km, davon waren 2050 km in der Bundesrepublik verlegt. Dieses Netz von Pipelines erwies sich als erstaunlich betriebssicher. Dank der Pipelines begannen Wirtschaftsräume petro-

chemisch aufzublühen, von denen man es vorher, bedingt durch ihre Binnenlage weitab von Ölquellen und von Häfen, nie erwartet hätte. So wurde zum Beispiel 1959 die Südpetrol AG – ein Gemeinschaftsunternehmen des italienischen Ölkonzerns Eni und einheimischer Banken – gegründet und Ingolstadt als Standort eines Raffineriekomplexes bestimmt. 1963 nahm dort die erste Raffinerie ihren Betrieb auf mit Öl aus einer von Marseille über Karlsruhe nach Ingolstadt geführten Pipeline. 1965 entstand das TAL-Konsortium, das den Bau der Transalpinen Ölleitung (TAL) von Triest nach Ingolstadt durchführte. Damit war selbst ein küstenfernes Land wie Bayern voll in die internationale Erdölverbundwirtschaft integriert.

Die Hauptmenge des Ethylens wird zur Herstellung von Polyethylen verwendet und zwar einmal nach dem schon 1936 gefundenen Hochdruckverfahren der ICI. Den Engländern E. W. Fawcett, R. O. Gibson und M. W. Perrin war erstmals die Polymerisation von Ethylen bei 100–200 °C und unter beachtlichen Drücken von 1500 bar in Gegenwart geringer Mengen Sauerstoff gelungen. 1939 lief bei der ICI die großtechnische Produktion an. Der Durchbruch des Polyethylens gelang jedoch erst durch die Entdeckung neuer Katalysatoren für die Polymerisation von organischen Molekülen mit ungesättigten Bindungen, die der Kunststoffchemie neue Möglichkeiten zur Synthese der Hochpolymeren eröffneten. Der Legende nach half ein kleiner, aber eben richtig gedeuteter Zufall am Max-Planck-Institut in Mülheim 1953 bei der Entdeckung, daß sich Ethylen in Gegenwart metallorganischer Mischkatalysatoren bei Normaldruck und 100° C zu Niederdruck-Polyethylen polymerisieren läßt. Das erste 1955 technisch hergestellte Niederdruckpolyethylen ist das Hostalen G von Hoechst. Auf Vorschlag des italienischen Forschers G. Natta wurden solche Katalysatoren nach ihrem Entdecker K. Ziegler »Ziegler-Katalysatoren« genannt. Natta beobachtete 1954 bei der Polymerisation von Propylen zu Polypropylen mit Hilfe von Ziegler-Katalysatoren erstmals eine sterische Regelmäßigkeit in der synthetischen Polymerkette. Schließlich gelang es Natta, den sterischen Aufbau eines solchen Makromoleküls durch die Wahl geeigneter Katalysatoren und die Einhaltung definierter Bedingungen zu steuern. Je nach der Lage der Seitenketten im Raum, die man als Laie am einfachsten mit Strickmustern vergleicht, kann man isotaktische oder syndiotaktische Polymerenketten gewinnen. 1956 begann der italienische Chemiekonzern Montecatini mit der großtechnischen Herstellung von isotaktischem Polypropylen. Natta und Ziegler wurden 1963 mit dem Nobelpreis ausgezeichnet.

Aus Ethylen lassen sich Vinylverbindungen, so auch Vinylchlorid, herstellen. Dieses ist die Ausgangssubstanz zum PVC – dem Polyvinylchlorid, dem wichtigsten thermoplastischen Kunststoff überhaupt. Dieses Material ist extrem vielseitig verwendbar. Zusätze von Weichmachern und der gezielte Einbau auch anderer Moleküle zu sogenannten Copolymerisaten erlauben die Erzeugung von Varietäten mit nahezu beliebig wählbaren Eigenschaften. Das monomere Vinylchlorid, ein Gas, war erstmals 1838 von dem französischen Chemiker V. Regnault dargestellt worden. 1878 erkannte man, daß Vinylchlorid eine harte, feste Masse bilden kann, über deren chemische Beschaffenheit man sich indessen nicht klar wurde. Ein brauchbares Verfahren zur Polymerisation wurde erst 1935 vorgeschlagen, doch war das erhaltene Material zu hart und zu spröde. Erst als man 1935 die Bedeutung der Weichmacher erkannte, entwickelte sich PVC zum Massenkunststoff, dessen große Zeit dann mit der Petrochemie kam.

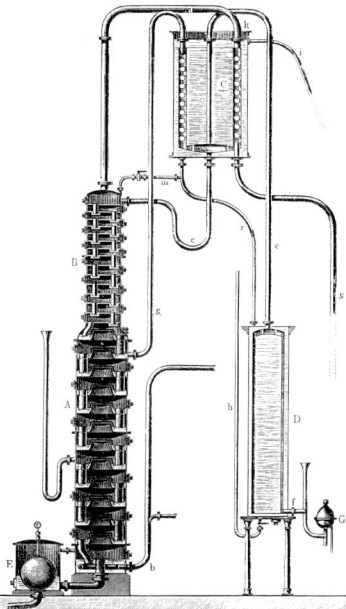

103 Die Destillation des Erdöls erfordert eine ausgefeilte fraktionierende Destilliertechnik.

ÁRÚSZÁLLITÁS A **SHELL** TELEPEN

104 Reklamepostkarte einer rumänischen Raffinerie aus den zwanziger Jahren. Privatbesitz

So brachte das Jahr 1964 etwas hervor, was heute unter Kulturhistorikern zu einem Symbol für unsere Kunststoffepoche, für andere dagegen zum Stein des Anstoßes geworden ist: die Plastiktüte aus Polyethylen beziehungsweise Polyvinylchlorid. Das Kunststoffzeitalter war endgültig angebrochen. Zwar gibt es für den Einrichtungs- und Dekorationsstil jener Jahre keinen rechten Namen, doch könnte man diesen als die auslaufende »Phase des Nierentisches« definieren, dessen Platten meist mit Kunststoff beschichtet waren. Dementsprechend vervierfachte sich der Kunststoffverbrauch in den Jahren 1960 bis 1970, die heute als die Pionierzeit der Kunststoffverpackungsproduktion gelten. Dies wiederum hatte seine Ursachen im unaufhaltsamen Aufstieg der Selbstbedienungshandelsketten und im steten Niedergang der »Tante-Emma«-Einzelhandelsläden. Es ist uns heute nicht mehr so recht bewußt, aber diese Umwälzung mit all ihren Vor- und Nachteilen wäre ohne die damalige Neuentwicklung von hygienischem Verpackungsmaterial überhaupt nicht möglich gewesen. 1969 war schon jedes dritte im Laden verkaufte Nahrungsmittel in Kunststoff verpackt. In den Jahren 1967 bis 1969 war auch Kunstleder aus Weich-PVC besonders beliebt. Polstersessel und Sofas aus »echt Skai« waren die große Mode jener Jahre. Daneben dient Ethylen als Grundsubstanz für einen gewaltigen »Stammbaum« technisch bedeutsamer chemischer Verbindungen wie Ethanol, Ethylenoxid, von Propionsäure und vielen anderen, deren Aufzählung Seiten füllen würde.

BIOCHEMIE

Kein Teilbereich der Chemie war insgesamt gesehen so außerordentlich erfolgreich wie gerade die Biochemie. 1901 gelang J. Takamine die Isolierung des blutdrucksteigernden Wirkstoffes aus wäßrigen Extrakten der Nebenniere. Das 1-Adrenalin war das erste Beispiel aus der Substanzklasse der Hormone. Diese Bezeichnung wurde 1904 geprägt. Bereits 1902 gelang T. B. Albrich die Strukturaufklärung. 1904 entwickelte F. Stolz eine Synthese des Adrenalins, das dann unter dem Handelsnamen »Suprarenin« bei der Firma Hoechst hergestellt wurde. 1902 formulierte der spätere Nobelpreisträger E. Fischer zusammen mit F. Hofmeister eine Hypothese über den Aufbau der Proteine, und sie schlugen eine Struktur von Aminosäureketten vor, wobei die aufbauenden Aminosäuren untereinander durch Säureamidbindung verknüpft sind. Erst in den dreißiger Jahren wurde diese Hypothese voll akzeptiert.

Um 1900 machte eine rätselhafte, auf Indonesien beschränkte Krankheit, die »Beri-Beri-Krankheit«, Schlagzeilen, deren Ursache die beiden niederländischen Ärzte C. Eijkman und G. Grijns in der einseitigen Ernährung mit poliertem Reis sahen. Diese Beobachtung konnten sie mit Tierversuchen untermauern. Der Brite F. G. Hopkins extrahierte mit Alkohol einen »Antiberi-ri-Faktor« aus unpolierten Reiskörnern, die Nicotinsäure. C. Funk verallgemeinerte diese Beobachtungen in seiner berühmten »Vitaminhypothese«, beruhend auf der irrtümlichen Annahme, »Vit-amine« seien tatsächlich Amine. Bald erwies sich, daß dieses Vitamin, wenn man es aus Butter isolierte, sich in einen fettlöslichen Faktor A und einen wasserlöslichen Faktor B trennen ließ. Die daraus entstandenen Bezeichnungen haben sich bis heute gehalten, obwohl in den zwanziger und dreißiger Jahren die Strukturaufklärung gelang.

1905 hatte der Brite T. R. Elliot die Behauptung aufgestellt, daß das Prinzip der Nervenleitung in der Freisetzung chemischer Stoffe zu suchen sei. Diese Annahme wurde durch die Entdeckung des Reizüberträgerstoffes der Nerven, der an Synapsen und motorischen Endplatten freigesetzt wird, bestätigt. 1926 konnte O. Loewi als Überträgerstoff der parasympathischen Nerven das Acetylcholin und zehn Jahre später als denjenigen der sympathischen Nerven das Adrenalin identifizieren. 1946 erkannte der Schwede U. S. v. Euler, daß vor allem Noradrenalin als Transmittersubstanz im sympathischen Nervensystem fungiert. 1955 gelang es ihm, den Regulationsmechanismus der Noradrenalinsynthese aufzuklären. B. Katz deutete 1965 die Vorgänge bei der chemoelektrischen Reizübertragung. D. Nachmannsohn entwickelte 1970 eine Theorie der physiko-chemischen Permeabilitätsvorgänge bei der Impulsleitung in den Nervenmembranen. 1924 prägte der spätere Nobelpreisträger O. Warburg den Ausdruck »Atmungsferment« für den Oxidationskatalysator der lebenden Zelle und gewann bedeutende Einblicke in den Mechanismus der Zellatmung. 1926 isolierte J. B. Sumner erstmals mit der Urease ein Enzym in reiner und kristallisierter Form: Die Urease katalysiert die Hydrolyse des Harnstoffs zu Kohlendioxid und Ammoniak. 1930 kristallisierte J. H. Northrop das Pepsin, das eiweißspaltende Enzym des Magens.

Untersuchungen von R. Willstätter dienten 1927 H. Fischer als Grundlage für die Strukturaufklärung der farbgebenden Gruppe des Hämoglobins, des Hämins. 1930 war es H. Fischer vergönnt, seine Bemühungen mit der Synthese des Hämins zu krönen. Sowohl Willstätter als auch Fischer wurden mit dem Nobelpreis ausgezeichnet.

Über Jahrhunderte hinweg war der unerklärliche Skorbut die Geißel aller Seefahrer. Der Ungar A. v. Szent-György isolierte 1928 einen antiskorbutischen Faktor, dessen Struktur von dem Schweizer Forscher

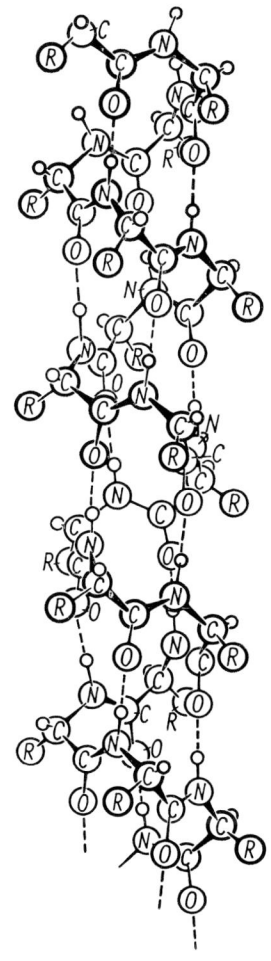

105 Die Entdeckung der »Tertiär-Struktur einer Spirale«, die er α-Helix nannte, für Eiweißubstanzen brachte Linus Pauling (geb. 1901) den Nobelpreis.

P. Karrer als 1-Ascorbinsäure identifiziert wurde. Damit war das Vitamin C gefunden, dessen Struktur der Schweizer T. Reichstein (Nobelpreis 1950) entdeckte. Die Auffindung von Sexualhormonen begründete seit 1929 den Ruhm des späteren Nobelpreisträgers A. Butenandt. Ab 1932 klärte der spätere Nobelpreisträger H. A. Krebs das Reaktionsschema der Harnstoffbildung, des Stickstoffendprodukts des Organismus, auf, und formulierte den sogenannten »Harnstoffzyclus«.

106 Der Chemiker von heute handhabt Moleküle mit Hunderten von Atomen. Der Computer erwies sich als unentbehrliches Hilfsmittel zum Designen von Molekülen und zum Studieren von Synthesestrategien. Auf dem linken Bildschirm ist eine räumliche – im Bildschirm drehbare – Strichformel zu erkennen, auf dem rechten ein Kugelkalottenmodell.

Aus 50000 Litern Molke isolierte 1933 R. Kuhn, ebenfalls Nobelpreisträger – in den letzten Jahrzehnten waren es vor allem Biochemiker, die den Nobelpreis erhielten –, einen gelben Wachstumsfaktor, das Vitamin B2, das Lactoflavin, dessen Struktur und Synthese bald darauf von Kuhn und Mitarbeitern entwickelt wurden. Die Entdeckung, daß Vitamin B2 mit der Wirkgruppe von Warburgs gelbem Atmungsferment nahe verwandt ist, hatte epochemachende Bedeutung. Es zeigte sich, daß der Einbau von Vitaminen in Wirkgruppen von Enzymen – prosthetischen Gruppen – ein biologisches Prinzip ist.

C. Martius und H. A. Krebs formulierten 1937 ein Reaktionsschema für den gemeinsamen aeroben Endabbau aller Zwischenprodukte des Kohlenhydrat-, Protein- und Fettstoffwechsels. Dabei wird Energie freigesetzt und Bausteine für den Aufbau körpereigener Stoffe gewonnen. Dieses Schema ging als »Krebs-Zyklus« beziehungswei-

se als »Zitronensäure-Zyklus« in die Literatur ein. Als Startsubstanzen fungieren Oxalacetat und Acetyl-Coenzym A, das erst später von F. Lynen in seiner Struktur und Wirkungsweise erkannt wurde. Diese Forschungen brachten ihm den Nobelpreis. H. Fischer fand 1939 in München die Struktur des magnesiumhaltigen Porphyrins Chlorophyll, des grünen Blattfarbstoffes. 1960 konnte R. B. Woodward eine in vier jähriger Arbeit aufgebaute Totalsynthese publizieren.

Nachdem 1941 T. Caspersson und 1942 J. Brachet in proteinbildenden Zellen viel Ribonucleinsäure (RNA) gefunden hatten, bildete sich die Vermutung heraus, daß die RNA genetische Bedeutung habe. 1944 machte O. T. Avery die überraschende Entdeckung, daß die Desoxyribonukleinsäure (DNA) der Träger der Erbinformation ist. Es war ihm gelungen, die Kapselbildungsfähigkeit von einem Pneumokokkenstamm auf einen anderen zu transformieren. Damit konnte er zeigen, daß das biologische Problem der Vererbung auf einer molekularen Grundlage beruht, und es zeichnete sich damit ein experimenteller Zugang zur Chemie der Gene und damit zur modernen und heute so umstrittenen Gentechnologie ab. D. E. Green beobachtete 1948 an mitochondrialen Enzymen erstmalig, daß Enzyme in Form geordneter, komplexer Assoziationen vorkommen können. Enzym-Übereinheiten, für die bald der Begriff »Multienzymkomplex« geprägt wurde, können mehrere aufeinanderfolgende Schritte einer biochemischen Reaktionskette katalysieren.

Das weitaus prominenteste Beispiel, wie die Biochemie das Lebensgefühl beeinflussen kann, ist die »Pille«. Der erste physiologische Nachweis eines gestagenen Sexualhormones geht auf L. Fraenkel zurück. Aber erst 1934 gelang es Butenandt, aus Corpus-luteum-Extrakten ein weibliches Sexualhormon kristallin zu isolieren, dessen biologische Funktion in der Regulation der Keimdrüsentätigkeit, in der Aufrechterhaltung der Schwangerschaft und in einer gleichzeitig befristeten Unfruchtbarkeit besteht. Die Struktur dieses »Progesterons« wurde ebenfalls im Arbeitskreis Butenandt aufgeklärt. Der amerikanische Forscher R. E. Marker entdeckte 1940 ein Verfahren zur Überführung von Sapogeninen in Progesteron. In einer mühsamen, von Legenden umwobenen Forschungsarbeit, die unter extremen klimatischen Bedingungen unternommen wurde, konnte er 1940/47 in der mexikanischen Dioscorea-Art »cabeza de negro« reichlich geeignetes Sapogenin nachweisen. Anfänglich blieb die Wirkung hinter den Erwartungen zurück, und erst ab 1956 fand der Amerikaner G. Pincus ein bestimmtes Progesteronderivat, das oral verabreicht so wirksam war, daß es sich in Reihenversuchen als Mittel zur Konzeptionsverhütung bewährte. 1959 stellte sich heraus, daß ein bestimmtes Derivatgemisch optimale Sicherheit gewährt. Damit war das Rezept für die Pille gefunden.

Als pflanzlichen Rohstoff verwendete man die Wurzeln der Barbasco-Liane. Diese widersetzte sich lange Zeit der Kultivierung und mußte daher von Indianern gesammelt werden. Heute sind die meisten Sexualhormone auch vollsynthetisch zugänglich.

Manche biochemischen Funde entgleiten ihren Entdeckern und werden – ohne daß dies gewollt wurde – zu Bestandteilen der Kultur beziehungsweise Subkultur ihrer Epoche. Der Schweizer A. Stoll ermittelte 1951 die Struktur der Lysergsäure, der Stammsubstanz der Mutterkornalkaloide, deren Totalsynthese 1956 R. B. Woodward fand. Da sich die Handhabung der Lysergsäure und ihrer Derivate als chemisch nicht übertrieben schwierig herausstellte, begann das Zeitalter des LSD-Rausches, das vielen jungen Leuten zum Verhängnis wurde.

1952 brachten die Arbeiten von A. R. Todd Klarheit über das Bauprinzip der Nukleotide und die Art ihrer Verkettung in »Nukleinsäuren«. Diese Befunde ließen sich durch Totalsynthesen untermauern. Dadurch schuf er die Grundlage für die spätere Erforschung des genetischen Codes.

Geochemische Studien hatten 1938 A. I. Oparin und 1952 H. C. Urey zu der These geführt, daß die Uratmosphäre der Erde aus Methan, Ammoniak, Wasser und Wasserstoff bestanden habe. 1953 veröffentlichte der Amerikaner S. L. Miller Experimente, zu denen ihn Urey angeregt hatte, indem er durch eine solche, synthetisch hergestellte Uratmosphäre wiederholt elektrische Ladungen schlagen ließ. Aus dem Reaktionsgemisch konnte er die Aminosäuren Glycin, Alanin und Asparaginsäure nachweisen.

S. W. Fox erhitzte 1959/60 ein Gemisch von Aminosäuren auf Lava und beregnete anschließend diese mit viel verdünnter Kochsalzlösung. Er fand schließlich als Reaktionsprodukte hochpolymere Aminosäuren, sogenannte »Protenoide«.

Damit bewiesen Miller und Fox, daß das Leben eventuell aus einer chemischen »Ursuppe« entstanden sein kann, und legten den Grundstein zu dem Begriff der »biochemischen Evolution«. Die Auswertung von Röntgenstrukturanalysen von Polypeptiden

und Proteinen führte 1950 L. Pauling zu der Annahme, daß die langgestreckten Moleküle dieser Verbindungen die Strukturen von Spiralen zeigen, deren Bau Pauling darlegen konnte. Die a-Helix brachte Pauling den Nobelpreis. Dieses Modell des spiraligen Baus von biologisch wichtigen Makromolekülen befruchtete die Arbeiten von J. D. Watson und F. H. C. Crick, die aus Röntgenstrukturanalysen auf eine gegenläufige Zwillingsspiralstruktur der Desoxyribonukleinsäure schlossen. Die Aufklärung der Doppelhelix brachte auch ihnen den Nobelpreis.

Es gelang der Biochemie, dem Geheimnis des Lebens auf dieser Welt näher und näher zu kommen. Immer dichter ist sie ihm auf der Spur. Für die Medizin hatte dies bis jetzt außerordentlich glückliche Folgen. Doch gibt es durchaus besorgte Stimmen, die davor warnen, daß es dem Menschen gefährlich werden könne, auch die letzten Grenzen der Erkenntnis zu überschreiten.

107 Die jüngste Entwicklung der Biochemie ist die Gentechnologie. Zur gezielten Darstellung bedient man sich DNA-Synthesemaschinen.

Daß ausgerechnet Deutschland im Laufe des 19. Jahrhunderts zur führenden Chemienation Europas erblühen sollte, war zunächst weiß Gott nicht zu erkennen. Die Wertschätzung, die die Naturwissenschaften und gerade die Chemie gegen Ende des 18. Jahrhunderts in Frankreich genossen hatten, ließen im Verein mit den Wirren der Französischen Revolution in Deutschland die Meinung entstehen, daß Erkenntnisse der Natur schlechthin geeignet seien, »die gemeine Ordnung der Dinge in Gefahr zu bringen«. Die Gespenster der Aufklärung und des Enzyklopädismus nahmen in den Köpfen konservativer deutscher Politiker ziemlich bedrohliche Ausmaße an. Da Physik und Chemie auf den Schulen und Hochschulen Frankreichs – vor allem auf den Écoles Polytechniques – gepflegt wurden, und eben fast alle damaligen revolutionären Unruhen von Frankreich ihren Ausgang nahmen, brachte dies jeden naturwissenschaftlichen Unterricht in Deutschland für Jahrzehnte in Mißkredit. So kam König Friedrich III. von Preußen 1822 angesichts neuer Lehrplanentwürfe die Besorgnis, daß »die Naturkenntnisse leicht eine zu große Ausdehnung bekommen könnten, wenn nicht genauestens darauf geachtet werde, sie nur unter strenger Berücksichtigung des künftigen Standpunktes der Zöglinge zu behandeln«. Gemeint war damit, zum Beispiel »Realien« wie Chemie, wenn überhaupt, nur an »Realschulen« zu lehren, deren Absolventen weitere Studienwege verschlossen waren, keinesfalls aber an anderen Schultypen, da sonst in den Köpfen der Schüler die Chemie nur zu heilloser politischer Verwirrung führen könne. Dementsprechend hieß es in einem preußischen Ministerialreskript von 1823: »Naturgeschichte kann in wenigen Stunden gelehrt werden, aber so, daß keine Liebhaberei daraus entsteht.«

Dabei hatte es an mahnenden Stimmen nicht gefehlt. So hatte L. Oken 1827 recht drastisch gefordert: »Was ist denn ein Philologe, der nicht mal weiß, warum es donnert und blitzt, noch weniger, wie es einschlägt…« Dementsprechend empfahl er für den Lehrplan der Schüler: »… Aus der Chemie müssen sie wenigstens begreifen lernen, was Gasarten, Säuren und Laugen sind, wie das Verbrennen, Auflösen und Niederschlagen zugehet, was Pulver, chemische Feuerzeuge und dergleichen sind. Die Schule muß daher eine kleine Sammlung von Naturalien haben…«

Bezeichnenderweise erreichte Oken mit seinem Angriff das völlige Gegenteil dessen, was er gewollt hatte. Die Auseinandersetzungen führten zu einer großen Krise im bayerischen Schulwesen, die mit einem völligen Sieg der konservativen Kräfte endete, der verheerende Auswirkungen auf den naturwissenschaftlichen Unterricht in ganz Deutschland nach sich zog. Die bayerische Schulordnung von 1830 schloß den naturwissenschaftlichen Unterricht völlig vom Lehrplan aus, und alle anderen deutschen Staaten folgten diesem erhabenen Beispiel. Es nutzte nichts, daß Liebig 1840 den verantwortlichen Staatsmännern vorhielt, daß sie die Vorteile der Chemie und Physik als Mittel der Geistesbildung an sich selbst niemals kennengelernt hätten. »Deshalb orientiere sich die Schule nach Prinzipien, auf welche man in einem halben Jahrhundert mit Scham und dem Lächeln des Mitleids herabsehen wird…« So ganz sollte er aber nicht recht behalten, noch 1884 war Bayern das Land ohne jeden naturwissenschaftlichen Unterricht. Für Jahrzehnte hatte sich damit F. W. Thiersch mit seinem Aufruf zur »Solidarität konservativer Interessen« durchgesetzt, um die »Barbarei, die schon an der Türe steht« (1830) zurückzudrängen. Trotzdem begannen sich die Verhältnisse langsam zu ändern. Ab 1840 kam es in einigen, keineswegs in allen deutschen Ländern zur Errichtung von Real-, später Oberrealschulen, die sich langsam,

108–112 Tradition, Selbstgefühl und Standesbewußtsein prägten die Gestaltung der von Chemikern benutzten Exlibris. Besonderes Interesse verdienen diejenigen der beiden Brüder Emanuel August und Louis Merck, die – zusammen mit ihrem Vater Emanuel – die weltweit bekannte Firma Merck in Darmstadt begründeten. Bibliothek des Deutschen Museums, München

aber stetig durchsetzten, in deren Lehrplänen die ach so verdächtigen »Realien« verankert waren. Den großen Umschwung brachte erst die Reichsgründung Bismarcks 1871. Das Staatsbewußtsein erstarkte soweit, daß die vermeintliche Bedrohung staatlicher Ordnung durch naturwissenschaftliche Kenntnisse der Bürger in den Hintergrund treten konnte. Auch erwies sich jetzt das internationale Wirtschaftsgeschehen als eine Art Schauplatz eines immerwährenden Wirtschaftskrieges unter den Nationen. Ganze Industriezweige, darunter die chemische Industrie, waren in den »Gründerjahren« neu entstanden und schufen einen großen Bedarf an Nachwuchskräften mit gründlicher naturwissenschaftlicher Vorbildung. Da es diese, von Hochschulabsolventen abgesehen, überhaupt nicht gab, mußten sich die Lehrpläne ändern. In allen Schultypen sollte jetzt Chemie und Physik unterrichtet werden, in der Volksschule zwar immer noch im Rahmen eines alles umfassenden Naturkundeunterrichtes, in allen Mittelschulen und Gymnasien aber ab 1872 sogar mit getrennten Vorbereitungszimmern für Chemie- und Physiklehrer und unter Vorführung von chemischen Experimenten, wobei gelegentlich sogar Eigenexperimente der Schüler empfohlen wurden. In den Schulen mußten nun Werkzeuge, einfache Apparate, Gasanschluß, Bunsenbrenner und Glasschränke zum Aufbewahren der Experimentierausstattung vorhanden sein. Trotzdem blieb es letztlich bei einigen wenigen Wochenstunden Chemieunterricht in den verschiedenen Schultypen und Altersstufen der Schüler, wobei die Zahl der Wochenstunden in Chemie deutlich hinter jenen für Physik zurückblieb. In der Zahl der Wochenstunden bildete sich eine Tradition heraus, die bis zur letzten »Reform« des Bildungswesens der Bundesrepublik Gültigkeit besaß und in den dazwischenliegenden Jahrzehnten so gut wie gar nicht verändert wurde.

Betrachten wir nun die Chemieberufe, die zu Beginn des vorigen Jahrhunderts ein seltsames Bild abgaben. Um die Lage zu beurteilen, sei eine Zusammenstellung handwerklicher Berufe in »Memmert und Erdingers Demonstrir Cabinet« von 1805 analysiert. Hier werden rund 50 chemische Berufe vorgestellt, vom Seifensieder bis zum Lackmusbereiter, vom Hornleimsieder bis zum Branntweinbrenner, und einer dieser Berufe war der des »chymischen Laboranten«, über den ausgesagt wurde: »Der chymische Laborant, Lat. Chymicus, englisch the Chymist, ist allerdings ein freier Künstler und also nicht unter die Handwerker zu zählen, darf aber in einer städtischen Technologie nicht fehlen, weil er doch eine gewisse Zahl Lehrjahre aushalten muß und durch Destillation und Chymie laborirt, d.i. eine Menge Waren verfertigt, welche in Städten verkauft und gebraucht werden, auch begreift er theils mehrere bisher beschriebene Künstler, als Destillirer, Campherraffinirer, Scheidewasserbrenner etc. unter sich. Er verfertigt selten alle, sondern einen oder den anderen von den chymischen Artikeln.«

Hier wird der Chemiker als Angehöriger eines handwerklichen, unzünftigen Berufsstandes, als eine Art Kleinunternehmer ohne akademische Ausbildung geschildert. Im Laufe des vorigen Jahrhunderts sind diese zahlreichen chemischen Kleinbetriebe langsam mehr und mehr verschwunden zugunsten von Großbetrieben, in denen dann akademisch gebildete Chemiker die Leitung innehatten. Akademische Chemiker gab es im strengen Sinne dieser Definition zu Beginn des vorigen Jahrhunderts auch nicht. Zwar war die Chemie eine durchaus etablierte und institutionalisierte Wissenschaft, aber eben nur mit der entscheidenden Einschränkung einer medizinischen Hilfswissenschaft. Die damaligen Lehrstühle für Chemie waren Bestandteil der medizinischen Fakultät.

Dementsprechend gab es keinen eigentlichen chemischen Studiengang, und auch als Chemiker promovierte man zum Doktor der Medizin. Bei einigen großen Forschern ging diese Beziehung zur Medizin recht weit. Zwar trug Liebig, in absentia promoviert, seinen Dr. med. eher zufällig, weil eben doch mehr Chemiker – jedoch war der junge Wöhler durchaus auch Arzt und ausgebildeter Geburtshelfer. Erst die Herausbildung der naturwissenschaftlichen Fakultäten im Laufe des 19. Jahrhunderts mit der Möglichkeit, zum Dr. rer. nat. zu promovieren, sollte dies ändern.

Der Gedanke, daß man die chemische Hochschulausbildung unter allen Umständen fördern müsse, gewann durch die Re-

volution von 1848 eine ungeheure Aktualität. Dem Jahr 48 waren etwa sechs Jahre schwerer Mißernten vorausgegangen. Die Regierungen waren der Meinung, daß diese Mißernten den Aufstand mitverursacht hätten. Dies bewirkte vor allem in Deutschland nach 1849 eine erstaunliche und lange Zeit stetig steigende Unterstützung der Hochschulchemie durch die deutschen Staaten. So wurde Liebig vom Sohn des in der Revolution gestürzten bayerischen Königs Ludwig I. nach München berufen, nur mit der Auflage, auf die Landwirtschaft des Königreiches reformierend einzuwirken.

Deutschland wurde damals von einer ungeheuren Auswandererwelle heimgesucht. Liebig und die Fabrikanten von Kunstdünger, die alle seine Schüler waren, ließen nichts unversucht, um der Öffentlichkeit klarzumachen, daß es nur einer erhöhten Anwendung von Kunstdünger und eines gesteigerten Einsatzes der Chemie bedürfe, um diese Auswandererwelle zu verhindern. Ob dem in der Tat so gewesen wäre, sei dahingestellt. Jedenfalls kam es nach 1849 zu einer Anzahl von respektablen Neubauten für chemische Hochschulinstitute. Wie es der Industrielle L. Gans ausdrückte, war es der Chemie gelungen, den Weg von der Hütte zum Palast zu gehen.

Dank chemischer Nachschlagewerke, wie dem »Beilstein«, läßt sich die Entwicklungskurve der organischen Chemie messend verfolgen. 1800 waren knapp 500 organisch-chemische Stoffe bekannt. 1840, also vierzig Jahre später, hatte sich diese Zahl bereits verdreifacht. Weitere zwanzig Jahre später verdoppelte sie sich auf 3000; 1880 war die Anzahl auf 15000 angewachsen, und 1910 kannte man bereits 150000 charakterisierte organisch-chemische Verbindungen. Im Augenblick nimmt man an, daß die Siebenmillionengrenze überschritten ist. Ähnlich eindrucksvoll war die Entwicklung der chemischen Industrie. Wenn man die Statistik deutscher Chemiefirmen auf der Weltausstellung in Wien 1873 betrachtet, so ergibt sich, daß siebzig Prozent jünger waren als 25 Jahre, ja etwa fünfzig Prozent sogar jünger als 15 Jahre. Dies bedeutet, daß die chemische Industrie insgesamt erst ab der Jahrhundertmitte entstanden war.

Chemiestudenten des ausgehenden 19. Jahrhunderts entstammten in ihrer breiten

Mehrheit dem Bürgertum, nicht dem Adel oder der Arbeiterschaft. Arbeiterkindern war der Zutritt zum Chemiestudium vor allem aus finanziellen Gründen verwehrt. Im Jahre 1895 verdiente ein Vollarbeiter der chemischen Industrie durchschnittlich 72,50 Mark im Monat. Für ein rund zehnsemestriges Studium mußte man einschließlich der Prüfungsgebühren vor dem Ersten Weltkrieg rund 10000 Mark aufwenden. Gegen Ende des vorigen Jahrhunderts gab es im Deutschen Reich 20 Universitäten, zu denen seit 1863 neun Technische Hochschulen kamen. An allen Hochschulen konnte man Chemie studieren. Die Lehrpläne orientierten sich mehr oder weniger am Liebigschen Gießener Beispiel, waren aber bei genauem Hinsehen wenig scharf definiert, ebenso wie die Prüfungsanforderungen. Zwar verlangte man von den Studierenden der Chemie, daß sie ein Abitur abgelegt hätten, tatsächlich besaßen 1894 nur rund 75% der damaligen Chemieabsolventen tatsächlich dieses Zeugnis. Vielfach mußte man während des Studiums keine oder nur wenige mündliche Prüfungen ab-

113 In vielen chemischen Produktionsanlagen für biochemische Prozesse, aber auch zum Bau von Chips und CDs, sind Reinsträume erforderlich, in denen durch Gebrauch von Luftfiltern und Schutzanzügen eine Konzentration von nur wenigen Staubteilchen pro Kubikmeter Luft erreicht wird.

legen, und dies im Rahmen der Ausbildung im Laboratorium. An allen Hochschulen gab es zwar ein sogenanntes »Rigorosum« als große Abschlußprüfung zur Promotion, das aber im ziemlichen Gegensatz zu seinem Namen zuweilen eine rechte Mohrenwäsche war. An manchen Hochschulen, so in Heidelberg, wurde lange nicht einmal eine schriftliche Dissertation verlangt. Damit hing der Wert eines Doktordiploms am Ruhm des als Doktorvater gewählten Professors. Da dies auf die Dauer kein haltbarer Zustand war, setzte sich seit 1889 der »Verein deutscher Chemiker« und auch der »Verein zur Wahrung der Interessen der chemischen Industrie Deutschlands« für ein Staatsexamen ein. Doch hätte dies eine Einschränkung der akademischen Freiheiten der Professorenschaft bedeutet, und so wurde von V. Meyer und A. v. Baeyer das Recht der Ordinarien auf rein hochschulinterne Prüfungen verteidigt, um die zweckfreie Forschung der Hochschule nicht durch staatliche Eingriffe zu gefährden.

A. v. Baeyer gründete 1897 den »Verband der Laboratoriumsvorstände an deutschen Hochschulen«, der sich verpflichtete, als Äquivalent für das Staatsexamen ein »sich an gemeinsamen Normen orientierendes Verbandsexamen« abzunehmen, das nach dem 4. oder 5. Semester abzulegen sei.

Dagegen hatte der Staat ein begründetes Eigeninteresse an einem Examen für Lebensmittelchemiker. 1894 genehmigte der Bundesrat ein »Gesetz betreffend die Prüfung von Nahrungsmittelchemikern«. Die darin enthaltenen Vorschriften sind zwar bis heute einige Male modifiziert und auch verschärft worden, haben aber ihren Grundcharakter bis heute nahezu unverändert bewahrt. Der Kandidat, der ein neunsemestriges Studium absolviert haben mußte, sollte dieses mit einer Vorprüfung abgeschlossen und unter anderem Lebensmitteltechnologie, Botanik, Zoologie sowie Fabrik- und Geschäftsbetriebskunde mitstudiert haben. Die Prüfung war schriftlich, praktisch und mündlich abzulegen. In der praktischen Prüfung waren Kenntnisse der Analytik, der chemischen Untersuchung von Nahrungsmitteln und allgemeine biologische Kenntnisse nachzuweisen. Die mündliche Prüfung umfaßte das Gebiet der Nahrungsmittelchemie samt der einschlägigen Gesetze. Ferner wurden die Kenntnis

landwirtschaftlicher Betriebe sowie bakteriologische und pharmakologische Kenntnisse verlangt.

Da man an den technischen Hochschulen zunächst nicht mit einer Promotion sein Studium vollenden konnte, schloß man dort mit einem Diplom ab, dem ein Vordiplom vorausging. Nicht zuletzt durch das massive Eintreten Kaiser Wilhelms II. erhielten die Technischen Hochschulen 1899 das Promotionsrecht – erster Ehrendoktor einer Deutschen Technischen Hochschule wurde bezeichnenderweise Prinz Heinrich, der Bruder des Kaisers. Die alte Studiengliederung mit Vordiplom und Diplom wurde aber beibehalten und später von den Universitäten übernommen, wobei das Diplom dann an die Stelle des Verbandsexamens rückte.

Gegen Ende des 19. Jahrhunderts stieg die Zahl der Chemiestudenten proportional dem Wachstum der Industrie. 1913 waren unter rund 67 000 deutschen Studierenden insgesamt 3240 Chemiestudenten immatrikuliert. Diese Entwicklung wurde durch die deutschen Staaten sehr gefördert.

Zum Beispiel wurde im Jahre 1900 das »1. Chemische Institut« der Berliner Universität unter E. Fischer mit einer für die damalige Zeit enormen Summe von 1 670 000 Mark neu errichtet und für 250 im Laboratorium tätige Studenten, sogenannte Praktikanten, und 50 Mitarbeiter, also Dozenten und Assistenten, bestimmt. Um die Jahrhundertwende erschienen im Reichsgebiet 39 Periodika chemischen Inhalts. Die deutschen Chemiker hatten sich auch in Fachverbänden organisiert. 1867 war auf Anregung A. W. v. Hofmanns die »Deutsche Chemische Gesellschaft« nach dem Vorbild der »Chemical Society« in England gegründet worden. F. Kalle schuf 1877 den »Verein zur Wahrung der Interessen der chemischen Industrie Deutschlands«, den Vorläufer des heutigen »VCI«. 1887 wandelte man den zehn Jahre zuvor gegründeten »Verein für analytische Chemie« in die »Deutsche Gesellschaft für angewandte Chemie« um, die 1896 ihren Namen in »Verein deutscher Chemiker« änderte. Daneben gab es noch den »Verein deutscher Nahrungsmittelchemiker« und die »Deutsche Bunsengesellschaft für angewandte physikalische Chemie«.

Der Aktienwert der gesamten deutschen chemischen Industrie war zwischen 1890 und 1912 von rund 200 Millionen auf 700 Millionen gestiegen. Vor Kriegsausbruch produzierte das Deutsche Reich 24% der Welterzeugung an Chemikalien.

Für das Jahr 1895 wurden 5947 Betriebe der chemischen Industrie ermittelt mit über 114000 Vollarbeitern (71000 im Jahr 1885). Neun Farbstoff-Fabriken beschäftigten zwischen 20 und 105 Chemiker. Diese erhielten meist im ersten Jahr ihrer Anstellung 200 Mark im Monat.

Nach einigen Jahren stieg dieses Einkommen auf 300 bis 350 Mark an. Spitzenverdiener kamen in den neunziger Jahren des vorigen Jahrhunderts auf Jahresgehälter von 11000 bis 13000 Mark, und dies in einer Zeit, in der die Halbe Bier für 10 Pfennig zu haben war. Die Bedingungen waren also durchaus erfreulich, und dementsprechend gab es im letzten Friedenssemester vor dem Ersten Weltkrieg etwas über 2700 Studierende der Chemie. Zwischen den beiden Weltkriegen pendelte die Zahl der Chemiestudenten an allen deutschen Hochschulen um die 4000. Die Zahl der jährlich Promovierten bewegte sich zwischen 300 und 400. Die Wirtschaftskrise 1924 traf auch die deutschen Chemiker. Rund 2000 Doktoren der Chemie waren als arbeitslos gemeldet. Für die Epoche des Wiederaufbaus nach dem letzten Weltkrieg gibt es verläßliche Statistiken zum Beispiel für die Jahre 1969/70. Damals arbeiteten in Deutschland in der Chemischen Industrie 571000 Beschäftigte, darunter knapp 10000 Chemiker in insgesamt rund 600 Firmen. Die Gesamtzahl aller in der Bundesrepublik arbeitenden Chemiker ist unbekannt. Damals wurde sie jedoch auf etwa 20000 geschätzt. Rund 400 Chemiker arbeiteten 1969 in den staatlichen und kommunalen Untersuchungsämtern, wo sie wichtige Funktionen in der Überwachung und Kontrolle und als Gutachter ausübten. Ähnliche Arbeiten führten auch die rund 120 freiberuflichen Chemiker durch, die häufig zu Schiedsverfahren herangezogen wurden. Die in Forschung und Lehre an den Hochschulen Beschäftigten schätzte man damals auf 8000. Davon war etwa ein Zehntel Hochschullehrer.

Derzeit kann man in der Bundesrepublik an 45 Hochschulen Chemie studieren. Von dieser Möglichkeit macht die erstaunliche

Zahl von fast 34000 Studenten Gebrauch, darunter fast 6000 Ausländer. Fast ein Drittel dieser Studierenden insgesamt hat dabei bereits das Vordiplom abgelegt, und 6000 sind als Doktoranden tätig. Eine Statistik, wo diese Heerscharen von Jungchemikern schließlich bleiben, scheint es nicht zu geben. Man schätzt aber, daß sich die in wirklichen Chemieberufen Tätigen in der Bundesrepublik in einem Zahlenbereich um die 30000 bis 35000 bewegen. Vergleicht man diese geschätzte Zahl mit der enorm hohen der Studierenden, so würde dies bedeuten, daß eine Vielzahl von Absolventen letztendlich in nichtchemischen beziehungsweise der Chemie nur verwandten Berufen ihr Brot finden würde.

Wie allerdings das Brot beschaffen ist, weiß man ziemlich gut, weil sich jedes Jahr der »Verband Angestellter Akademiker und Leitender Angestellter der chemischen Industrie e.V.« (VAA) mit dem Bundesarbeitgeberverband Chemie über die neuen tariflichen Mindestjahresbezüge für junge promovierte Akademiker einigt, und man für das Jahr 1990 Tarifsätze vereinbarte, die von 63600 DM für das erste Berufsjahr bis 83000 DM im fünften Berufsjahr reichen. Spätere Gehälter liegen naturgemäß höher und werden durch Jahresprämien und dergleichen abgerundet.

114 Spezielle Antikörper passen zu Krebszellen wie der Schlüssel zum Schloß. Im Labor werden monoklonale Antikörper in der Bleibox per Ferngreifer radioaktiv markiert.

CHEMIE IN DEN SCHLAGZEILEN

Daß die Chemie bei aller Nützlichkeit das Vertrauen der Menschheit nie zu erringen vermochte, liegt an den beträchtlichen Energiemengen, die in der chemischen Technik gehandhabt werden müssen und die, im Katastrophenfall schlagartig freigesetzt, zu ungeheuerlichen Schäden führen können. Da sich Ereignisse dieser Art mit einer gewissen Regelmäßigkeit wiederholen, hat die Öffentlichkeit kaum die Chance, die Gefährlichkeit der Chemie zu vergessen.

So ereignete sich am 21. September 1921 im Stickstoffwerk der BASF in Oppau das schwerste Explosionsunglück der deutschen Industriegeschichte. Sechshundert Menschen kamen ums Leben, zweitausendfünfhundert wurden verletzt. Ein Silo mit 4000 Tonnen Ammonsulfatsalpeter war in die Luft gegangen und hatte dabei einen Trichter von fünfzig Meter Tiefe und hundert Meter Weite in den Erdboden gerissen. Im benachbarten Oppau stürzten fast alle Häuser ein.

Tragisch ist es, wenn sich ursprünglich ganz phantastische Erfolge der chemischen Forschung nach und nach ins Gegenteil zu verkehren drohen. Ein Beispiel hierfür ist die 1939 entdeckte insektentötende Wirkung des DDT, des Dichlor-Diphenyl-Trichloräthans, durch den Schweizer Chemiker P. Müller, der hierfür 1948 mit dem Nobelpreis der Medizin ausgezeichnet wurde. DDT wurde insbesondere von der US-Armee gegen Ende des Zweiten Weltkrieges eingesetzt, um ihre Soldaten vor Malaria zu schützen. So gelang es 1944, die Malaria beispielsweise auf Sizilien fast vollständig auszurotten. Bis 1969 hatte man weltweit über eine halbe Million Tonnen dieses Insektizids produziert und auch im Kampf gegen Schadinsekten genutzt. Doch seither häuften sich die ungünstigen Nachrichten. Es stellte sich heraus, daß durch Kumulierung des DDT in der Nahrungskette Eulen und ähnliche Raubvögel sterben und es letztlich auch für Menschen zu lebensgefährdenden Konzentrationen kommen kann. 1962 schrieb R. Carlson das Buch »Stummer Frühling«, in dem sie auf die bedrohlichen Nebenwirkungen des DDT hinwies. Seit 1970 wurde DDT in den USA, dann in Kanada und in vielen weiteren Industriestaaten verboten. Leider gibt es bis heute aber kein besseres Mittel im Kampf gegen die Tsetse-Fliege, so daß sich malariaverseuchte Staaten Afrikas dem Verbot von DDT vehement widersetzen.

Viele Chemiekatastrophen haben ihre Ursache allerdings in einem bodenlosen Leichtsinn mancher Fabriken. Im Fischerdorf Minamata auf der japanischen Insel Kiushu stürzten sich Anfang der fünfziger Jahre plötzlich Katzen von der Kaimauer ins Meer und ertranken. Offenbar hatten sie vergifteten Fisch gefressen und waren von dem Gift nervenkrank geworden. 1953 wurden dann die ersten Vergiftungen an Menschen beobachtet. Die Zahl der Erkrankten nahm rasch zu. Das Krankheitsbild war erschreckend und reichte von blindgeborenen Kindern über geistige Defekte und Krämpfe bis hin zu Todesfällen Erwachsener. Da die Krankheit nur in dieser Bucht auftrat, wurde sie nach ihr »Minamata-Krankheit« genannt. Es stellte sich dann heraus, daß eine Plastikfirma Lösungen mit Quecksilberrückständen über Jahre hinweg ohne Reinigung ins Meer abgelassen hatte. Diese Quecksilberverbindungen waren von Pflanzen und Fischen aufgenommen worden und so schließlich in die menschliche Nahrung gelangt.

Besonders dramatisch war der Ablauf der Contergan-Tragödie. Weltweit hatten Ärzte Ende der fünfziger Jahre das Beruhigungsmittel Thalidomid – meist verkauft unter dem Handelsnamen »Contergan« – empfohlen. Ab 1960 häuften sich beunruhigende Nachrichten aus Westdeutschland über die Geburt von Kindern mit körperlichen Deformierungen. Es folgten aufsehenerregende Schadenersatzprozesse und Diskussionen über die Verantwortung der Wissenschaft.

In hohem Maße berührte die Öffentlichkeit eine Explosion, die sich in einer chemischen Fabrik in dem norditalienischen Städtchen Seveso am 10. Juli 1976 in einem Betrieb ereignete, der das Insektizid »Trichlorphenol« herstellte. Binnen zwei Tagen erkrankten viele Menschen dieser Stadt und ihrer Umgebung an Hautgeschwüren im Gesicht, an Armen und Beinen, litten an Diarrhoe, Erbrechen, Kopfschmerzen und Schwindel. Tausende von Vögeln fielen tot zur Erde, und kleine Tiere, wie Katzen und Kaninchen, verendeten. Später stellten sich schwerste Langzeitschäden an inneren Organen, aber auch an den Augen heraus. Insbesondere Kinder litten an entstellender Hautakne. Dioxin ist die Bezeichnung für eine Klasse von giftigen chemischen Verbindungen, den sogenannten Dibenzo-paradioxinen. Das Seveso-Gift 2,3,7,8-Tetrachloridbenzo-paradioxin gilt als der gefährlichste Vertreter dieser Gruppe. In der Folge stellte sich heraus, daß Dioxin häufiger als Nebenprodukt chemischer Prozesse auftritt. Nach Bekanntwerden hoher Rückstände dieses gefährlichen Giftes in einer Mülldeponie mußte 1984 eine Hamburger Pharmafabrik geschlossen werden.

Im Dezember 1984 kam es bei der Herstellung des Pflanzenschutzmittels Methylisocyanat in der indischen Stadt Bhopal zu einem Ausbruch giftiger Gase, an dessen Folgen zweitausend Menschen starben. Da diese Fabrik einem US-Konzern gehörte, führte diese Katastrophe zu internationalen Verwicklungen. Wie in Seveso wurde auch hier der Verdacht geäußert, daß die Chemiekonzerne für besonders riskante Produktionsanlagen Standorte in unterentwickelten Regionen und Ländern bevorzugen würden. Andererseits hat ein Subkontinent wie Indien klimatisch bedingt einen besonders hohen Bedarf an Pflanzenschutzmitteln.

Das Ansehen der Chemie in der Öffentlichkeit wurde im Spätherbst 1986 durch eine unglückselige Kette von Unfällen in Chemiefabriken am Rhein in Mitleidenschaft gezogen. Am 31. Oktober gerieten in Basel 400 Liter des Herbizids Antrazin in die Kanalisation und von dort in den Rhein. Am 1. November brach in einer Lagerhalle für Chemikalien ebenfalls in Basel Feuer aus. Die mit dem Löschwasser in den Rhein fließenden Giftstoffe verseuchten das Wasser und töteten Fische und Pflanzen ab. Am 4. November erreichten die rund 70 km langen vergifteten Wassermassen Rheinland-Pfalz, wo die Schließung der Trinkwasserbrunnen am Rhein angeordnet wurde. Die größte Gefährdung ging von 824 Tonnen Insektiziden, 71 Tonnen Pflanzenvernichtungsmitteln sowie organischen Quecksilberverbindungen aus. Damit war die Kette der Chemieunfälle aber noch nicht zu Ende. Am 12. November floß bei Hoechst Chlorbenzol in den Main und am 21. November in Ludwigshafen zwei Tonnen des Unkrautbekämpfungsmittels 2,4-Dichlorphenoxyessigsäure sowie am 24. November in Uerdingen hundert Liter des Desinfektionsmittels Chlormetakresol. Am 28. November ergossen sich zwei Tonnen des Kühlmittels Ethylenglykol in Ludwigshafen in den Rhein und am 5. Dezember bei Waldshut fünf Tonnen einer PVC-Latex-Emulsion.

Als eklatant schädlich für das Ansehen der Chemie in der Öffentlichkeit erwiesen sich große Lebensmittelskandale. Im Juli 1985 sprach das Bundesgesundheitsministerium in Bonn erstmals eine Warnung vor dem Genuß österreichischer Prädikatsweine aus, da in Proben die giftige Chemikalie Diethylenglykol in gesundheitsgefährdenden Konzentrationen gefunden worden war. Nach dem Ende der Untersuchungen standen über 1000 österreichische und mehr als 70 Sorten Wein aus der Bundesrepublik, die mit österreichischem Wein verschnitten worden waren, auf der Liste der inkriminierten Weine. Für einen Erwachsenen kann die Aufnahme von 40–50 g Diethylenglykol tödlich sein. Im Mai 1986 wurden zwei Weinhändler im niederösterreichischen Krems zu zehn Jahren Haft verurteilt, weil sie Naturwein mit künstlich hergestelltem Rebensaft in einer Gesamtmenge von 28,2 Millionen Liter Wein gepanscht und 5,8 Millionen Liter Wein sowie 10 000 Liter Traubensaft mit dem giftigen Frostschutzmittel Diethylenglykol versetzt hatten.

Im August 1988 ließ der Umweltminister von Nordrhein-Westfalen einen westfälischen Großschlachter wegen des Verdachtes unerlaubter wachstumsfördernder Hor-

moneinspritzungen verhaften. Dieses Ereignis lenkte das Interesse der Öffentlichkeit auf den Sachverhalt, daß die Chemie in der Tierhaltung eine dominierende Rolle übernommen hat. So werden synthetische Vitamine zur Ergänzung des Kunstfutters eingesetzt. Die Gabe von Enzymen beschleunigt die Nährstoffverwertung bei der Mast. Tranquilizer beruhigen die Tiere im Stall und beim Transport zur Schlachtbank. Antibiotika werden nicht nur zur Vorbeugung und Behandlung von Krankheiten eingesetzt, sondern auch zur Wachstumsförderung. Arsenchemikalien bekämpfen Krankheiten und dienen zur Steigerung des Masteffektes. Da der Einsatz der Chemie in der Tiermast aber scharfen gesetzlichen Regelungen unterliegt, haben sich Händler- und Verteilerringe gebildet, die mit kriminellen Methoden den Vertrieb der Produkte organisieren. So wurde zum Beispiel der Wachstumsbeschleuniger Clenbuterol in niederländischen Labors hergestellt und dann über die Grenze geschmuggelt.

Immer wieder kam die Chemie durch Umweltsünden ins Gerede. So gelang es der Umweltorganisation »Greenpeace«, die Verklappung von Dünnsäure, Abfallprodukt der chemischen Industrie, vor der Nordseeinsel Helgoland zu stoppen. Erst im November 1987 erklärte die 2. Internationale Nordseekonferenz in London die Nordsee zum »Sondergebiet«. Dabei wurde vereinbart, die Belastung mit Schwermetallen, Organohalogenverbindungen, Phosphaten und Stickstoffverbindungen drastisch zu senken. Schon die merkwürdige Sprachregelung »Sondergebiet« legt den Verdacht nahe, daß in all jenen Teilen der Weltmeere, die eben keine Sondergebiete sind, nach wie vor alles erlaubt ist.

Zwar konnte die chemische Industrie glaubhaft darlegen, daß in erster Linie Hausbrand, Kraftwerke und Autos für das Waldsterben verantwortlich sind, doch teilten im Herbst '88 Wissenschaftler der Universität Tübingen eine neue These mit, wonach die weltweit gigantische Verwendung von Herbiziden in der Landwirtschaft am Waldsterben schuld sei, ferner das Auftreten von Trichloressigsäure, die als Abbauprodukt bestimmter Chlorkohlenwasserstoffe in die Atmosphäre gelangt. Im Juni 1986 äußerten Wissenschaftler auf einer Tagung in San Diego ihre Beunruhigung,

daß das Loch über dem Südpol in der die Erde vor der ultravioletten Strahlung des Weltraumes schützenden Ozonschicht immer größer wird und damit langfristige Klimaveränderungen zu erwarten seien. Später sollte sich zeigen, daß die gleiche Erscheinung, wenn auch schwächer, über dem Nordpol zu beobachten ist. Im Verlaufe der kommenden Jahre wurden die in die Atmosphäre gelangten Fluor-Chlor-Kohlen-Wasserstoffe für diese Entwicklung verantwortlich gemacht. Nach und nach fühlten sich Hersteller und Gesetzgeber zum Handeln gezwungen, und die Industriegemeinschaft Aerosole sagte dem Bundesumweltminister zu, daß sie bis Ende 1989 bei der Herstellung von Sprays die Verwendung der FCKWs einschränken wolle.

Problematisch, obwohl durch alte Traditionen gefestigt, ist die Verwendung chemischer Kampfmittel. Sie erregen begreiflicherweise Abscheu. So untersagte Präsident Nixon im Februar 1970 den Einsatz von Giftstoffen bei den Streitkräften der USA als offensive Kriegswaffe und ordnete die Vernichtung vorhandener Giftkampfstoffe an, soweit sie nicht für defensive Zwecke gebraucht würden. Offensichtlich war es aber ein schwieriges Definitionsproblem, was nun ein als chemische Waffe verwendetes Gift sei, und auch die Frage nach der Interpretation des Wortes defensiv war offenbar mehrdeutig.

Trotz aller gegenteiligen Bekundungen wurden in aller Welt Chemiewaffen weiter ausgebaut. Auch und gerade kleinere Staaten rundeten ihr Kriegspotential durch chemische Waffen ab. Ein Bericht der Tageszeitung »New York Times« behauptete im Januar 1989, daß eine bundesdeutsche Firma am Bau einer angeblichen Giftgasfabrik bei Rabta in Libyen beteiligt sei. Auf Betreiben der Staatsanwaltschaft in Offenburg wurde der Geschäftsführer der deutschen Firma am 10. Mai festgenommen. Die Bundesregierung geriet ob dieses Zwischenfalles wegen angeblicher mangelnder Kontrolle dieser Vorgänge in nicht unbeträchtliche außenpolitische Verwicklungen.

Die Vielzahl der Abrüstungskonferenzen und der internationalen Beratungen zur Rettung der Ozonschicht und zur Eindämmung der Umweltverschmutzung sind zumindest Zeichen für ein Umdenken und lassen Raum für Hoffnung.

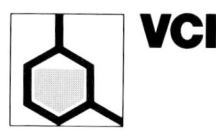

115 Signets chemischer Fabriken und Verbände.

CHANCEN DER CHEMIE, HEUTE UND MORGEN

116 Für den Laien ist eine chemische Fabrik nichts als ein undurchschaubares Gewirr an Röhren. Dieses wirkt so charakteristisch, daß die Bundespost in ihrer Serie »Wirtschaft und Technik« ein Röhrenknäuel als Symbol für eine Chemieanlage wählte.

Das Ansehen der modernen Chemie ist unleugbar zwiespältig. Die einen erwarten von ihr alles Heil der Zukunft – gar nicht wenige wünschen sie zum Teufel. Doch tatsächlich werden weder die Erwartungen der einen noch die Wünsche der anderen von ausschlaggebender Bedeutung sein, denn die welthistorische Entwicklung verläuft längst in Bahnen, die zu beeinflussen uns offenbar nicht gegeben ist, und deren wahrscheinliche Folgekatastrophen sich nur mit Hilfe der Chemie werden abwenden lassen, gleichgültig ob dies gefällt oder nicht.

Jahr für Jahr nimmt derzeit die Weltbevölkerung um rund 80 Millionen Menschen zu. Diese Zahl wird in Zukunft noch ansteigen. Mit gutem Grund ist anzunehmen, daß die Menschheit innerhalb des letzten Viertels des 20. Jahrhunderts um ebensoviel zunimmt wie weltgeschichtlich von der Eiszeit bis zum Zweiten Weltkrieg. Es werden im Jahr 2000 insgesamt sechs Milliarden sein. Nach Erhebungen der Vereinten Nationen hungern dabei bereits heute über 500 Millionen Menschen. Bei gleichbleibend anhaltendem Wachstum der Weltbevölkerung muß für die ersten beiden Jahrzehnte des kommenden Jahrtausends mit bis zu 900 Millionen Verhungernden gerechnet werden.

Diese Zahlen basieren ausschließlich auf Schätzungen bei »normalem« Verlauf der Dinge, ohne Berücksichtigung von Naturkatastrophen oder etwa von Kriegseinwirkungen. Soll eine derart grauenvolle Entwicklung wenigstens teilweise vermieden werden, müssen die Ernteerträge in der Zeitspanne bis zum Jahr 2000 um mindestens insgesamt 25% gestiegen sein – und dies bei gleichzeitig abnehmenden Anbauflächen. Denn Siedlungen, Produktionsstätten und Verkehrswege versiegeln nutzbaren Boden, und Erosion läßt zusätzlich laufend Ackerkrume verschwinden. Die Erde wächst nicht.

Die äußeren Bedingungen für Landbau sind zum Beispiel in den Tropen unter »normalen«, das heißt natürlichen, nicht durch Chemie verbesserten Verhältnissen extrem schlecht. So wird etwa die begrenzte Biomasse der Böden am Amazonas rund zweimal im Jahr umgesetzt, was eine Regenerationsphase – die früher sogenannte »Brache« – von wenigstens sechs bis acht, besser zwanzig Jahren nach jeweils zwei Ernten erfordern würde. In hundert Jahren könnten also ganze zehn Ernten eingebracht werden. Diese Zahlen belegen mit erschreckender Klarheit die Bedeutung der künstlichen Düngung. Da zur Herstellung künstlichen Düngers jedoch nicht nur Chemikalien gebraucht werden, sondern auch Energie, wird die Bekämpfung des Hungers folglich auch ein Energieproblem sein. Selbst in landwirtschaftlich hochentwickelten Regionen wie Mitteleuropa geht heute noch ein Fünftel der Ernte durch Schädlinge, Pflanzenkrankheiten und Unkräuter verloren; in anderen Ländern sind die Verluste weitaus höher. Das Heranreifen von Früchten wird beispielsweise von Pilzkrankheiten bedroht, die sich in Massenmonokulturen ausschließlich durch Fungizide erfolgreich bekämpfen lassen. Um in heißen Regionen den Austrieb der Pflanzen zu verbessern, müssen Bioregulatoren eingesetzt werden. Pheromone – Sexuallockstoffe – verführen schädliche Insekten, in Fallen zu gehen und nicht auf die kultivierten Pflanzen. Aktivsubstanzen wirken selektiv gegen Unkräuter und schützen den Anbau von Getreide, Reis, Soja und Erdnüssen. Manche Pflanzenschädlinge, wie Baumwollwanzen, werden mit Juvenilhormonen behandelt und so an Geschlechtsreife und Fortpflanzung gehindert. Mit Insektiziden bekämpft man beispielsweise den Heerwurm, der die Maisernte gefährdet.

Vitamine, Spurenelemente, Mineralien und andere Zusatzstoffe verbessern, maßvoll

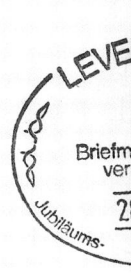

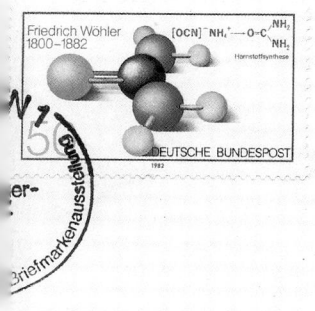

117 Die legendäre Entdeckung der Darstellung des Harnstoffes durch Friedrich Wöhler (1800–1882) gilt als der Beginn der synthetischen organischen Chemie, die 1982 bei ihrem hundertjährigen Jubiläum durch eine Sondermarke geehrt wurde.

eingesetzt, die Ernährung des Schlachtviehs während der Aufzucht. Frisch geerntetes Getreide, Körnermais oder Hülsenfrüchte sind feucht und daher besonders anfällig für die Ausbreitung von Mikroorganismen, was nur durch chemische Konservierungsmittel verhindert werden kann. Die Vielfalt verfügbarer Kunststoffe gestattet es, Obst und Gemüse in der jeweils geeigneten Verpackung frisch auf den Markt zu bringen.

Vielen mag dies alles noch viel zu viel Chemie sein. Doch die Rückkehr zur rein »grünen« Landwirtschaft wäre einzig und allein bei Stagnation, besser bei Schrumpfung der Weltbevölkerungszahlen möglich. Dies allerdings wäre nur erreichbar mit Kontrazeption, im Volksmund schlicht »die Pille« geheißen, mit teilsynthetisch hergestellten Hormonen also, die ursprünglich von Marker Anfang der sechziger Jahre aus den Inhaltsstoffen der Barbascowurzel gewonnen wurden.

Das häufig recht unwirtliche Klima dieser Erde erfordert, daß wir uns kleiden; Schönheitssinn und Modediktat verlangen, daß wir uns abwechslungsreich kleiden. Dies ermöglicht eine hoch – um nicht zu sagen gefährlich hoch – entwickelte Textiltechnik. In einem modernen Luftdüsenwebstuhl erreicht der hin- und herschießende Faden bereits jetzt Geschwindigkeiten von 140 Stundenkilometern. Die dabei entstehende Reibungshitze ließe den Faden Feuer fangen, wenn er nicht mit einer Gleitschicht – meist aus Silikonkautschuk – versehen wäre, die anschließend bei der ersten industriellen Waschung des Gewebes wieder entfernt werden muß. Ein derart moderner Luftdüsenwebstuhl webt einen Quadratmeter Gewebe je nach Dichte in ein bis maximal knapp zwei Minuten. Dieser Sachverhalt hat seltsame volkswirtschaftliche Konsequenzen. Da es bei der derzeitigen Mode ausgesprochen schwierig ist, eine Frau in mehr als – großzügig geschätzt – fünf Quadratmeter Stoff zu hüllen, braucht man also beispielsweise bei Kleiderstoffen jeweils alle fünf Minuten eine neue Kundin – und dies bei jedem Webstuhl. Diese Produktionsgeschwindigkeit läßt sich nur durch den Einsatz von Prozeßchemikalien aufrechterhalten.

Vor dem Weben brauchen die Fäden zuerst einen »Schlichte-Panzer« aus zum Beispiel Polyacrylat, der den Faden hart wie Draht werden läßt und gleichzeitig glatt und fest. Nach dem Weben muß dieser Hilfsstoff durch spezielle Lösungsmittel wieder aus dem Gewebe herausgewaschen werden. Es sind Chemikalien, die die Tragfähigkeit moderner Baumwollgewebe sichern, die diese knitterfest und waschstabil werden lassen. Mit einer Geschwindigkeit von 300 Stundenkilometern schießen heutzutage feinste Nylonfäden aus den Spinndüsen. Der Trend geht zu immer feineren Geweben, die sich gegenüber Wasser dichter erweisen als herkömmliche Stoffe und die durch hauchdünne Kunststoffschichten oder Auftragen von mikroskopisch feinem Kunststoffgranulat wasserabweisend werden.

Ohne daß es der breiten Öffentlichkeit in den letzten Jahren so recht bewußt geworden wäre, hat die Chemie die Bautechnik erobert. Aus Polyethylen, Polypropylen und Polyvinylchlorid werden Platten, Profile, Rohre und Hohlkörper für den Bau hergestellt. Lichtschächte für Kellerfenster – nur um einige Beispiele zu nennen –, Öltanks, Verkleidungen, Heizungs- und Abwasserrohre bestehen heute ebenso aus Kunststoffen wie Kabelisolierungen und Schalter. Polyvinylchlorid ist der am häufigsten eingesetzte Kunststoff für Fenster, Rolläden und Fassadenverkleidungen. Polystyrolschäume isolieren die Wände. Aus Acrylglas werden transparente Dächer gefertigt.

Die Welt der modernen Medien und die Computertechnik wären ohne moderne Chemie nicht denkbar. Hochleistungsdruckmaschinen, die mit extremen Geschwindigkeiten laufen, benötigen spezielle Druckplatten und Druckfarben. Die Farbstoffe für Kugelschreiberpasten werden ebenso von der chemischen Industrie geliefert wie die diversen Tinten für computergesteuerte Druckwerke. Bereits 1934 stellte die BASF das erste Magnettonband vor. Die AEG hatte fast zeitgleich das erste Tonbandgerät entwickelt. Von da an bis heute – und dieser Trend wird sich eher noch verstärken – wurde die Medientechnik, die in der Öffentlichkeit ja gerne ausschließlich als ein Problem der Elektronik gesehen wird, von der Chemie getragen. Ohne Kunststoffe wäre die Entwicklung der heutigen elektronischen Kommunikationstechniken nicht denkbar. Das Spektrum der

Anwendung maßgeschneiderter Werkstoffe reicht von Kabelummantelungen bis zu flüssigen Kristallen in Anzeigedisplays, von Produkten für die Chipherstellung – dem Reinstsilicium, aus dem die Chips gefertigt werden – bis hin zu dem Material für die Tasten, Drehknöpfe, Cassettenteile, Anschlußleitungen, Stecker und Gehäuse.

Seit Jahrhunderten wird Papier verwendet, chemisch gesehen ein Zelluloseprodukt. Für Bücher mit hochqualifiziertem Druck, zum Beispiel dieses Buch, muß chemisch veredeltes Papier verwendet werden. Für anspruchsvolle Druckerzeugnisse wie Zeitschriften, Broschüren, Bücher oder edle Verpackungen muß das Papier »gestrichen«, das heißt seine Oberfläche geglättet werden. Diese Oberfläche von gestrichenem Papier wird von einer Schicht aus Pigmenten auf der Basis von Kaolin, Kreide oder gemahlenem Marmor – gebunden von einer Kunststoffdispersion – gebildet und mit Maschinen auf mit 130 Stundenkilometern dahinrasende Papierbahnen aufgetragen. Um das Papier für die Gesamtauflage zum Beispiel dieses Buches herzustellen, braucht eine solche Maschine nur wenige Minuten.

Die Entwicklung wird weitergehen. Die Chemie wird das Ihre dazu beitragen, neue Superchips mit über vier Millionen Daten, gespeichert auf der Fläche eines Fingernagels, zur vollen Anwendung zu bringen. Sie wird helfen, die Gefahr von »Blackouts« durch Überwindung von Isolierschwierigkeiten zu überwinden.

Daß Treibstoffadditive und Schmieradditive die Leistungsfähigkeit der Motoren erhöhen, daß die Chemie durch Entwicklung von Sonderlegierungen und Spezialkeramiken gerade dabei ist, den Motorenbau zu revolutionieren, muß man in diesem vom Auto beherrschten Zeitalter vermutlich niemandem mitteilen. Weniger bekannt ist dagegen, daß starkbelastete Fahrbahnen durch Zusatz von Kunststoffen dauerhafter, sicherer und wetterbeständiger werden. So wurde eine spezielle »Legierung« von Polyethylen mit Bitumen entwickelt, die kältezäh, witterungs- und chemikalienbeständig ist. In Skandinavien, jenseits des Polarkreises, wo Frostaufbrüche regelmäßig große Schäden verursachen, werden Straßen und Eisenbahntrassen mit Hartschaumplatten aus einer Weiterentwicklung des Styropors

wasser- und winterfest gemacht. Wie beim Automobil waren die Materialien der Chemie Wegbereiter für die heutige Hochtechnologie in Luft- und Raumfahrt, die den Werkstoffen extreme Belastungen abverlangt. Durch Einbetten von Kohlestoffasern in Spezialkunststoffe erhält man Materialien höchster Elastizität und Bruchsicherheit.

Viele junge Menschen, die der Chemie mehr oder weniger feindlich gegenüberste-

118 Atommodell des Urans. Abteilung Physik des Deutschen Museums, München

hen, treiben gleichzeitig auch gerne Sport, wobei allgemein schnell vergessen wird, daß der heutige Hochleistungssport, aber auch der Breitensport, in dieser Form ohne Chemie gar nicht mehr denkbar wäre. Dies fängt bei speziellen Bodenbelägen an, geht über schaumstoffgefütterte Skistiefel und endet beim Kunststoffkajak und der Stange für Hochspringer. Geradezu eine Apotheose modernster Chemiewerkstoffe sind die Hochleistungsski.

Daß die Öffentlichkeit allenthalben von der so viel geschmähten Chemie noch zusätzliche Leistungen bei der Entwicklung neuer Medikamente zum Beispiel gegen Krebs und Aids vehement einfordert, sei nicht vergessen.

Der Chemie – viel gelobt und viel gescholten – wird also wohl trotz oder gerade wegen der mit ihr verbundenen Aufgaben noch ein langes und spannendes Wirken beschieden sein.

119 Zu Seite 125: Es sollten Jahrtausende vergehen, bis es der Forschung gelang, den Chemismus eines besonders früh von der Menschheit gefundenen chemisch-technischen Verfahrens zu deuten, nämlich die Polykondensation von Aluminiumsilicaten, die die Hauptbestandteile der Tone darstellen. Diese führt beim »Brennen« von keramischem Material in feuerbeheizten Brennöfen zu hochmolekularen Raumnetzstrukturen beträchtlicher Ausdehnung. »Standarte« von Ur, um 2600 v.Chr. Für die blauen Teile des Mosaiks wurde natürliches, jedoch plangeschliffenes Material verwendet. British Museum, London

120 Das Überfangen von Keramik mit farbigen Glasflüssen, Glasuren, wie wir heute sagen, wurde vor über 5000 Jahren entwickelt, einmal zum Abdichten gebrannten Geschirres oder zum Schmuck keramischer Objekte. Die vor dem Brennen aufgetragenen Glasurmischungen verschmelzen zu einer dünnen Glasschicht. Dabei ist auf eine geeignete Zusammensetzung der Kalk- und Tonanteile zu achten, um ein Reißen der Glasuren aufgrund der unterschiedlichen Wärmeausdehnung von gebranntem Ton und der Glasur zu vermeiden. Die Färbung entsteht durch den Zusatz von Metalloxiden. Die an diesem Schmuckstück sichtbaren Coralin-Imitationen wurden durch rote Erdfarbe in kleinen Vertiefungen vorgetäuscht, die durch abgerundete, durchsichtige, natürliche Kristallstückchen abgedeckt wurden. Grabschatz des Tut-ankh-Ammon. Museum Kairo

121 Zu allen chemisch-technischen Arbeiten ist es erforderlich, die Ausgangsmaterialien möglichst fein zu zerkleinern und möglichst gut zu durchmischen. Dieses geschah über Jahrtausende hinweg im Mörser, dessen Formen und die Handhabung des Stößels sich über lange Zeiten hinweg nur sehr geringfügig veränderten. Relief um 3000 v.Chr. Museum Kairo

122 Kochen, Backen und Braten waren die ältesten chemischen Verfahren, deren sich die Menschheit bediente. Tierische und pflanzliche Nahrungsstoffe liegen fast immer in hochmolekularer und daher für den menschlichen Körper schwer nutzbarer Form vor. Durch thermischen Abbau wird die Nahrung verdaulicher und durch aromabildende Nebenreaktionen schmeckt sie auch besser. Die Magd. Aus Sakkara, 5. Dyn. Museum Kairo

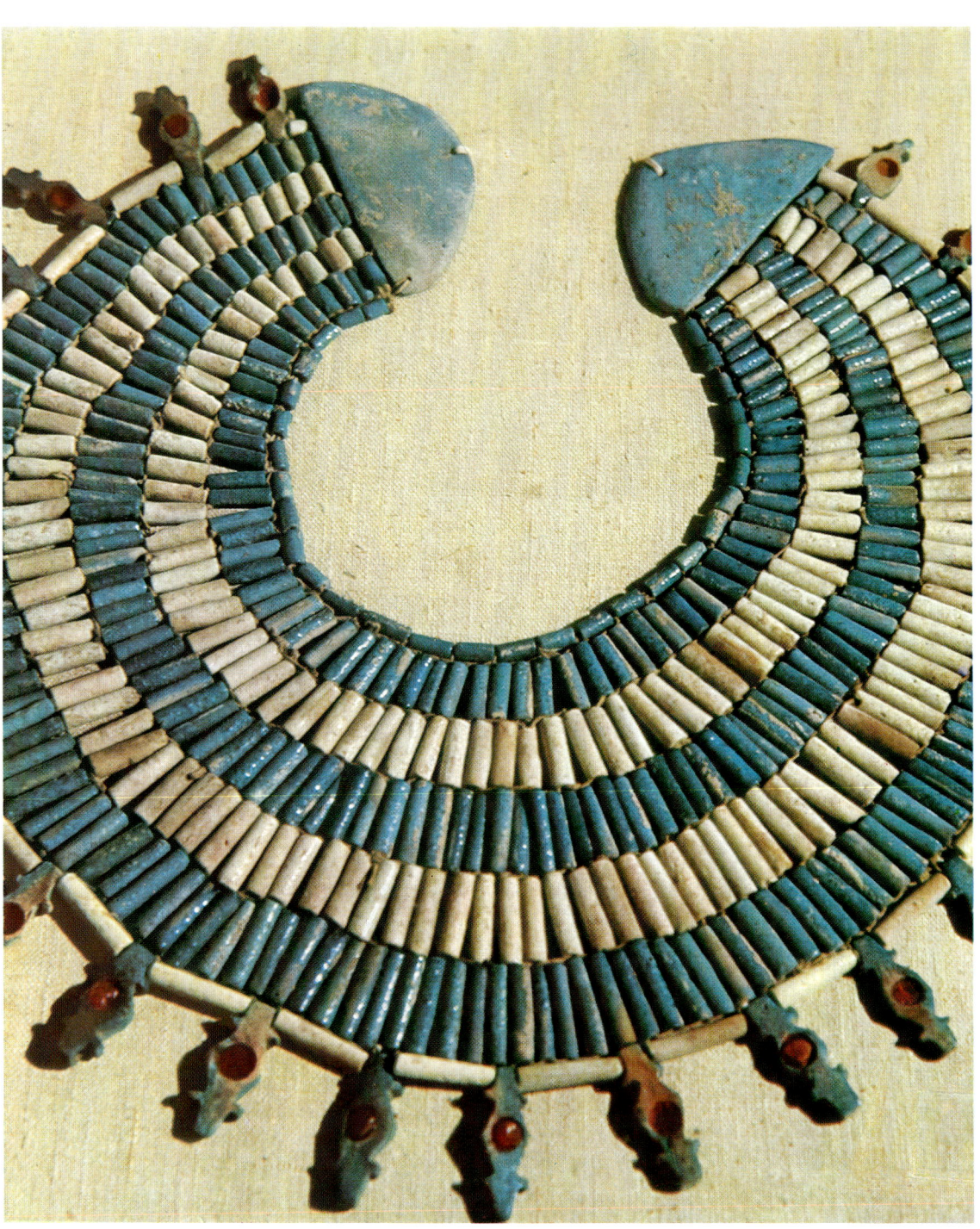

120

121

122

123

123 Um die Schönheit eines Verstorbenen, aber auch eines Tieres für das Jenseits zu konservieren, entwickelte man im alten Ägypten die Technik des Einbalsamierens. Der Körper des Verstorbenen wurde nach einer Reinigung mit Natron und nach Entfernung der Eingeweide gesalbt und mit stark duftenden Harzen und Ölen eingerieben, dann mit Leinen umwickelt und schließlich noch mit einer dünnen Schicht Gummi bzw. Asphalt überfangen. Abteilung Chemie, Deutsches Museum, München

124 Seit den frühesten Zeiten war es in Ägypten üblich, die Augenpartie durch Bemalung mit zerriebenen Mineralien zu betonen, die mit Wasser, Harz oder Pflanzenölen angerieben und zu einer Salbe verarbeitet wurden. Besonders häufig setzte man zerriebenen Malachit ein, ein grünes Kupferkarbonat, das auf die Lider aufgetragen wurde. Totenkönigin Hathor. Grab Horemhab, 18. Dyn. Tal der Könige, Theben-West

125 Zu den herausragenden Aufgaben der frühen Chemie gehörte die Entwicklung von Schreibpasten und Tinten, meist auf der Basis anorganischer Pigmente. Hinten erkennt man eine Holzpalette aus dem Mittleren Reich mit runden Vertiefungen für Schreibpasten und einem Schlitz für die Schreibhalme. An diese Palette hängte man mit Wasser gefüllte Lederbeutel, um die Schreibpasten anzureiben. In der Mitte eine Palette aus weißem Marmor. Unten ein tintenfaßartiges keramisches Gefäß für Schreibpasten. Museum Kairo

126 Ursprünglich dienten ausgehöhlte Schilfrohre, die man mit Bast zusammenschnürte, als Gefäße für mehrere Augenschminken. Diese Grundform wurde häufig in kostbarerem Material nachgeahmt, so wie bei diesem zweifachen »Kohl-Rohr« aus dem Neuen Reich. Das Wort »Kohl« leitet sich von einem altägyptischen Begriff für feines Pulver ab. Museum Kairo

127 Das heiße und trockene Klima Ägyptens erforderte Schutz gegen Sonnenbrand und Rissigwerden der Haut. Aus tierischen und pflanzlichen Fetten und Ölen, Kreide, Kalk und pflanzlichen färbenden und duftenden Zusätzen wurden Salben hergestellt, die man in verschließbaren Gefäßen aufbewahrte, um das Ranzigwerden zu verhindern. Statuette eines Salbtopfträgers aus Holz, Neues Reich. Museum Kairo

128 Die Damen Ägyptens waren nicht nur raffiniertest geschminkt – man pflegte durch Auftragen von Schminksalben, die Bleiglanz, Cerrusit, Pyrolusit, Manganit und ähnliche dunkle Mineralien enthielten, unter anderem auch weibliche Rundungen zu betonen –, sondern sie dufteten auch verführerisch, da man es verstand, mit Hilfe von Öl Duftextrakte aus Pflanzen zu gewinnen. Ausschnitt eines Wandbildes, Grab Nr. 52, Nakht, 18. Dyn. Scheech Abdel Gurna

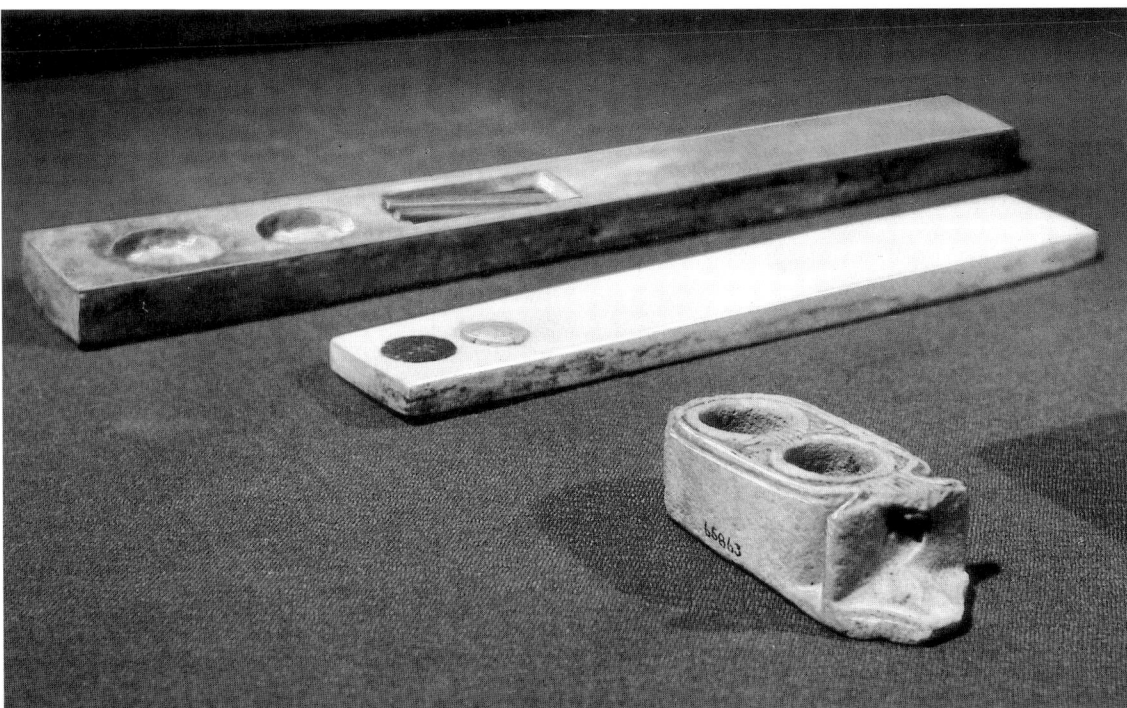

126

127

128

129

129 Das Anfertigen von Schmuck erforderte vielerlei chemische Kenntnisse, um z.B. durch Lötlegierungen mit erniedrigtem Schmelzpunkt zu haltbaren Lötungen der Edelmetallschmuckteile zu kommen, ebenso wie das Erschmelzen und Färben von Glas, das im alten Ägypten »geschmolzener Stein« genannt wurde. Während der 18. Dynastie war es zur ersten Blüte der Glasproduktion gekommen. Man nimmt heute an, daß glasartige Materialien bei der Verhüttung von Kupfererzen entdeckt worden sind, denen zur Senkung des Schmelzpunktes der Gesteinsbeimengungen Flußmittel zugegeben worden waren. Die so erhaltene glasige Schlacke war durch Metalloxide farbig, vor allem blau, grün und rot gefärbt, so daß es nahelag, dieses

Material für die Herstellung von Schmuckgegenständen zu verwenden. Muscheln, goldene Kettenglieder, natürliche Karneole, Fayenceperlen und vergoldete, farbige und farbig überfangene Glasperlen wurden hier zu einem Halskragen einer nubischen Königin zusammengefügt. 1. Jh. v. Chr. Staatliche Museen zu Berlin

130 Mit Hilfe von Kupfer- und Kobaltmineralien ließen sich grüne und blaue Glasuren herstellen, mit denen auf hellbrauner Keramik raffinierte Farbeffekte zu erzielen waren. Statuette eines Nilpferdes, um 1800 v. Chr. Aus der thebanischen Nekropole. Ägyptisches Museum, Berlin

131 Der Zufall hatte es gefügt, daß für die antike Malerei vergleichsweise viele blaue Farbpigmente zur Verfügung standen: die industriell verfertigte Glasfritte Ägyptisch Blau, das aus Lapislazuli aufbereitete Ultramarin, das natürlich vorkommende basische Kupferkarbonat Azurit, das grün-blaue Kupfersilikat Chrysokoll, der ebenfalls grünblaue Malachit. Dies führte zu einer häufigen Verwendung blauer Pigmente. Violette Farbwerte ließen sich durch Zumischen roter Pigmente wie roter Ocker, Zinnober, Mennige oder dergleichen erzielen. Minoische Wandmalerei, Kreta. Nationalmuseum, Athen

132 Für die Rot- und Schwarz-Bemalung klassischer Keramiken war ein besonderer illitischer Ton notwendig sowie ein dreifacher Brennzyklus, der mit einem oxidierenden Brand beginnt, dem ein reduzierender Brand und schließlich ein reoxidierender Brand folgt. Definiert oxidierende oder reduzierende Brände lassen sich durch entsprechende Führung der Flammen beziehungsweise Flammengase im Ofen erhalten. Manche Keramiken wurden nach dem Brand bemalt, um Farbtöne zu erhalten, die beim Brennprozeß nicht entstehen. Dazu wurden die Objekte nach dem Brand zuerst mit einer Kalk- oder Gipsschlämme überzogen, auf die dann gelber Ocker, roter Ocker, Krapp, Ägyptisch Blau, Zinnober, Malachit, Ruß, Bitumen und Blattgold aufgetragen wurden. Die Meerfahrt des Dionysos, 540/535 v.Chr. Trinkschale, Ton. Aus einer Werkstatt in Athen. Staatliche Antikensammlungen und Glyptothek, München

133 Für die Färbung früher griechischer Keramik waren allein Eisenverbindungen verantwortlich. Rote oder schwarze Oberflächen entstanden in Abhängigkeit von den Brennbedingungen. Daneben bestimmte die Korngröße der Eisenteilchen die Farbe mit. Seit dem ausgehenden Neolithikum wurde die griechische Keramik durch ein Gemisch von Eisen und Mangan gefärbt. Hierzu wurde Pyrolusit verwendet, ein in Griechenland relativ häufig vorkommendes Manganerz. Manganverbindungen waren während der ganzen Antike ein wichtiger Rohstoff zur Erzeugung dunkler Keramikoberflächen. Analysen etruskischer Terrakotten bewiesen die Verwendung von mangan- und eisenoxidhaltigem Jacobsit, einem Spinell, neben dem Manganoxid Bixbyt und dem Eisenoxid Hämatit. Staatliche Antikensammlungen und Glyptothek, München

134 Eine besonders frühe chemische Entdeckung war die Auffindung der alkoholischen Gärung. Durch Einwirkung der Hefe auf den Zucker des Mostes entsteht Alkohol. In einem heißen Klima wurde der Wein vielfach durch Versetzen mit aromatischen, sterilisierend wirkenden Harzen – gegen die durch Bakterien oder Pilze bewirkte Oxidation des Alkohols zur Essigsäure – geschützt. Die Trauben wurden meist mit den Füßen zertreten und das so erhaltene Gemisch von Beerenschalen und Most durch ein Korbsieb filtriert. Dionysos und sein Gefolge beim Keltern von Trauben. Sog. Amasis-Maler, um 530 v.Chr.
Antikenmuseum Basel und Sammlung Ludwig, Inv.Nr. Kä. 420

135 Ein Exemplar der im Mittelmeer vorkommenden Purpurschnecke Murex brandaris liefert nur 5 mg Purpurfarbstoff. Zur Gewinnung des Purpurs aus der Schnecke muß die den Farbstoff liefernde Drüse herauspräpariert werden. Das Auspressen der ganzen Schnecke würde eine Flüssigkeit ergeben, die zur Purpurgewinnung nicht tauglich ist. Deutsches Museum, München

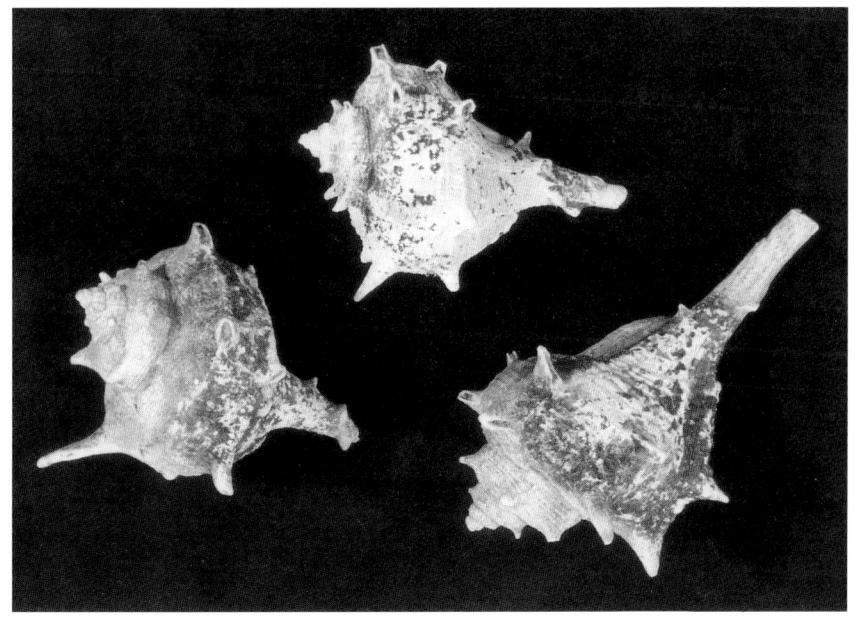

136 Nach ältesten Traditionen sollte der Mikrokosmos dem Makrokosmos entsprechen. So wurden Sonne, Mond und den Planeten die sieben Metalle zugeordnet. Idealrekonstruktion eines siebengeschossigen Zikkurates, eines sogenannten babylonischen Turmes. Jeweils ein Stockwerk wurde einem bestimmten Planeten zugeschrieben und in der entsprechenden Kennfarbe bemalt. Ein solches Gebäude symbolisierte himmlische Harmonien, die in der Ordnung der sieben Metalle ihre Entsprechung fanden.

137 Ein altes, bereits in der griechischen Alchemie vorkommendes Symbol ist der »Ouroborus«, ein Drache, der sich selbst ewig verschlingend und dabei neu gebärend in den eigenen Schwanz beißt. Er ist das Symbol für die Einheit der Materie und für deren ewigen Kreislauf, jenen Kreislauf, den der Alchemist in seinem Laboratorium nacharbeitet und dabei zu beschleunigen bestrebt ist, gegen den er aber nicht verstoßen kann. Synesius, 14. Jh. Bibliothèque Nationale, Paris, Ms. grec. 2327, f. 297

138 Destilliergeräte für Einfach- und Rücklaufdestillationen in einer griechischen Alchemistenhandschrift, 14. Jh. Bibliothèque Nationale, Paris, Ms. grec. 2327

Τοῦτο ἐστι τὸ μυσήριον ὁ οὐροβόρος δράκων· ἡ λέγουσα τῶν σω ἐργασίαν·

Ταδε αψ Τοδε Οιδε γαν συνθε ω τι αυτου θαλασσοιοα

Δρακων τις ἐστο παρὰ καταφυλάπτων τον ναον τουτον

φῶ τω τῶν μυσηρίων της ἐπιγνώσε ως ἡ ἐξ ἀγνωσίας τραγον αυτου ἐστι νοος την ὄν τας αυτου πο δες αυτου οἱ τέσσαρες την σωμα της τε χνης

τέχνης

τοῦ τοῦ ος ματ τα ρι ῶν τας αι αἱ αιτου τουτ ἐστι τὸ Ο

Ουδειω τουτοις τον νουν ἔχον ω φίλ ποτε

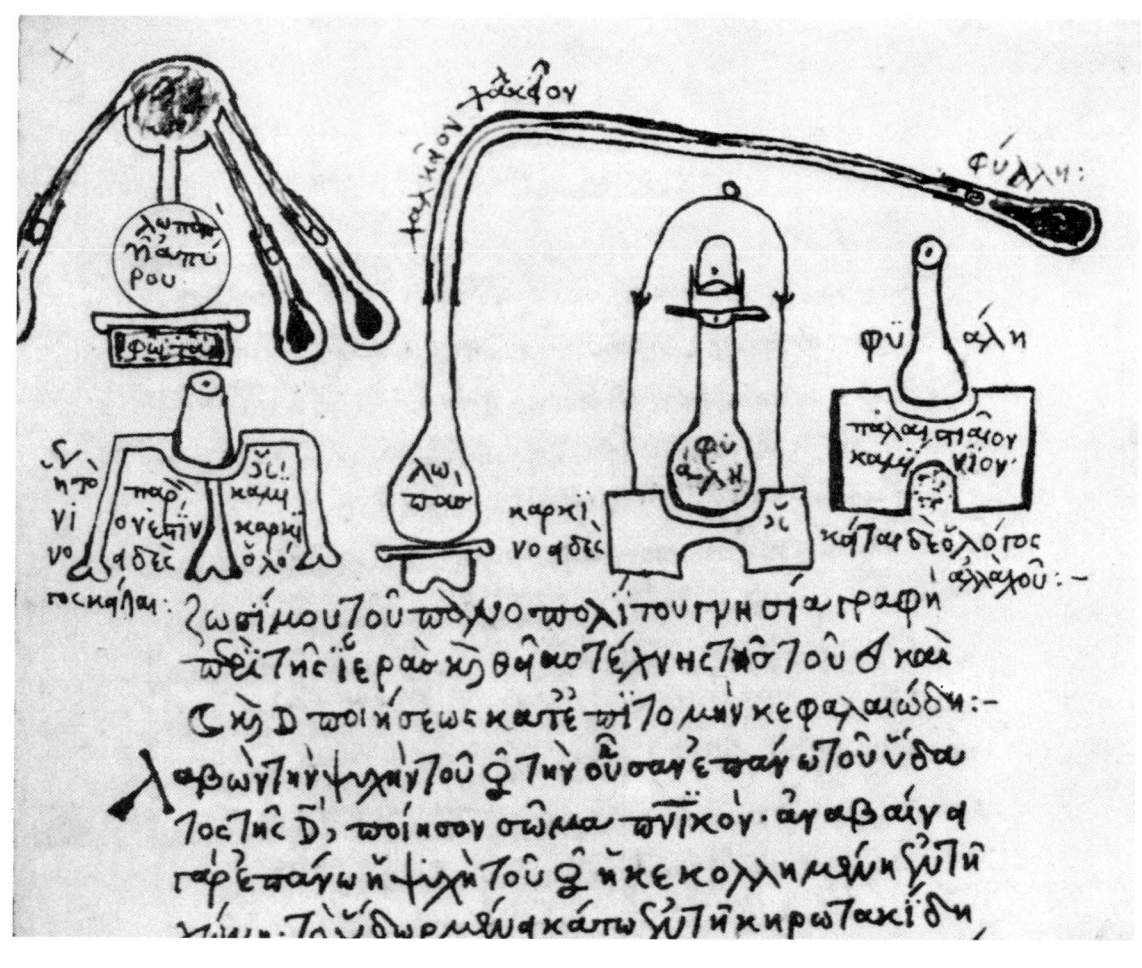

Ζωσίμου τοῦ πανοπολίτου γνησία γραφή περὶ τῆς ἱερᾶς καὶ θείας τέχνης τοῦ χρυσοῦ καὶ ἀργύρου ποιήσεως κατὰ τὸ πλομην κεφαλαιῶδη· λαβὼν τὴν ψυχὴν τοῦ χ τὴν οὖσαν ἐν αὐτῷ ὕδα τος τῆς χ, ποίησον σῶμα κνικον· ἀναβαίνει δε ραφέ εται ἀγω ἡ ψυχὴ τοῦ χ ἡ κεκολλιμένη ἐν τῷ νι μ· Τοῦ δωρ μέν ἀνω κάτω ψη κηρωταχιδι

137

139 Die Ölbäume waren im klassischen Attika Besitz der Göttin Athene und unterstanden dem Schutz des Staates. Aus den noch nicht reifen Früchten preßte man das Öl, das die Basis für viele Salben bildete, die aber im warmen Klima nur ein Jahr aufbewahrt werden konnten, da das Öl durch die Einwirkung der Luft ranzig wurde, das heißt oxidierte. Gefäße für Salben, Salböle und Parfums, die damals ebenfalls auf Ölbasis hergestellt wurden, zeichnen sich alle durch relativ kleine bis winzige, leicht verschließbare Öffnungen aus, um das Entweichen der Düfte und den Zutritt der Luft zu vermindern. Alabastron mit der Darstellung einer Dame mit Salbschale. Attika, 500 v.Chr. British Museum, London

140 Attische Kleeblattkanne in Form eines Frauenkopfes aus hellbraunem Ton, mit schwarzem Firnis bemalt. Attika, 5.Jh. v.Chr. Sammlung Schwarzkopf, Steinhorst

141 Fünf kleine attische Salbgefäße, 6.Jh. v.Chr. Deutsches Museum, München

142 Im 2.Jahrtausend v.Chr. entwickelte sich in Ägypten die Herstellung von Gläsern in der Sandkerntechnik. Ein Metall- oder Holzstab wurde an einem Ende mit einem Tonwulst umgeben, dessen Form dem Innenraum eines Gefäßes entsprach. Nach dem Trocknen des Tones wurde der Stab in eine Glasschmelze getaucht, die den Ton mit einer etwa 5 mm starken Schicht Glas überzog. Der Stab wurde zum Glätten des noch heißen Glases auf einer Steinplatte gerollt. Auf diesen Glaskörper wurden verschiedenfarbige Glasfäden, ebenfalls im zähflüssigen Zustand, aufgelegt und durch Walzen auf der Steinplatte in den Glaskörper eingedrückt. Sandkerngläser zur Aufbewahrung von Salbölen, ca. 3.–2.Jh. v.Chr. Sammlung Schwarzkopf, Steinhorst

143 Da die verschiedenen Arten von Balsamen und deren aromatische Inhaltsstoffe sehr empfindlich gegen den Angriff der Luft waren, hielt man die Öffnungen der Aufbewahrungsgefäße sehr klein. So entwickelte sich die Mode, sie in den als Kleinplastik gestalteten Gefäßen gleichsam zu verstecken. Das linke Ohr diente diesem etruskischen Balsamarum aus hellbraunem Ton mit matter schwarzer und dunkelvioletter Bemalung als Gefäßöffnung. Karthago, um 400 v.Chr. Musée Cantonal d'Archéologie et de l'Histoire, Lausanne

140

141

142

143

144 Für Treibarbeiten brauchte man eine Schale oder ein Tablett, mit einem Material gefüllt, das fest genug war, ein Goldblatt zu tragen, aber auch elastisch genug, um unter Druck nachzugeben. In der Alten Welt wurde für diesen Zweck überall Pech verwendet. Für die Herstellung von Goldgranulat wurde Golddraht in winzige Stücke zerschnitten, diese dann mit Kohlenstaub in einem Tiegel erhitzt, bis sie zu kugelförmigen Tröpfchen schmolzen. Zum Aufbringen der Goldkügelchen auf dem Goldblech bediente man sich eines komplizierten Verfahrens. Baumharz als eine Art organischer Klebstoff wurde mit einem Kupfersalz vermischt und mit Hilfe dieser Masse die Körner auf der Unterlage fixiert. Beim Erhitzen auf 100° C oxidiert das Kupfersalz zu Kupferoxid. Bei 600° C verkohlt der Klebstoff. Bei 850° bildet sich aus dem Kohlenstoff des Leims an der Luft Kohlendioxid, das sich verflüchtigt. Das zurückgebliebene Kupfer verschmilzt das Goldkorn mit seiner goldenen Unterlage. Maske eines gehörnten Flußgottes, 6. Jh. v. Chr. Staatliche Museen Preußischer Kulturbesitz, Antikensammlung, Berlin

145 Der Farbenreichtum antiken Glases wurde durch unterschiedliche Konzentrationen an Oxiden des Eisens, Mangans, Kupfers und Kobalts erzielt. Calciumantimonat und Bleiantimonat dienten vielfach als Trübungsmittel. Mit farbigen Glasperlen applizierte Glasköpfchen. Vermutlich Karthago, 5.–4. Jh. v. Chr. Musée Cantonal d'Archéologie et de l'Histoire, Lausanne

146 Beim Erschmelzen der einzelnen Glassorten zur Herstellung überfangener Glasobjekte mußten die jeweiligen Rezepturen ziemlich genau eingehalten werden, damit die verschiedenen Glasschichten nicht zu unterschiedliche Ausdehnungskoeffizienten zeigten und die überfangenen Gläser barsten. Römische Diatretgläser wurden in einer raffinierten Schleiftechnik aus überfangenem Glas herausgearbeitet, so daß das äußere Netz eine andere Farbe zeigt als das innenliegende Gefäß. Diatretgläser entstanden in spätrömischer Zeit vor allem in Glaswerkstätten nördlich der Alpen, wo auch die meisten Stücke gefunden wurden. Römisch-Germanisches Museum, Köln

147 Zur Herstellung opaken Glases mußten der Schmelze Trübungsmittel zugesetzt werden, meist Calciumantimonat und Bleiantimonat. Zwei Pokale aus smaragdgrünem Glas mit Verzierungen aus opaken Glasfäden. Römisch-Germanisches Museum, Köln

148 Das in jeder Hinsicht »klassische« Gerät der Antike zur Aufbewahrung von Wein, aber auch anderer Flüssigkeiten war die Amphore. Ihre unten spitz auslaufende Form sollte das Einstecken in den Untergrund erleichtern. Ihr enger Hals war gut verschließbar und verringerte die Angriffsmöglichkeiten des oxidierenden Luftsauerstoffes. Mittelrheinisches Landesmuseum, Mainz

149 Um den Wein in südlichen Klimaten haltbarer zu machen, wurde er und wird zum Teil noch heute mit Harzen versetzt, die dank ihrer sterilisierenden Wirkung das Wachstum von Pilzen und Bakterien hemmen. Dieses Modell der »Villa Rustica« von Boscoreale bei Pompeji zeigt eine Rekonstruktion des Hofes und der Gebäude, in denen Wein gekeltert und gelagert wurde.

150 Man liebte in der Antike flache Trinkschalen, was einerseits die schnelle, aromabildende Oxidation des Alkohols zu Acetaldchyd förderte, aber auch die Verbreitung des Weinaromas im Raume und damit die Wahrnehmung in der Nase des Trinkers erleichterte. Eroten bei der Zubereitung bzw. dem Genuß von Wein auf einem Bildfries des Vettierhauses in Pompeji, um 63 n.Chr.

149

151 Für Schminken wurden in der Antike als Farbpulver grüner Malachit, schwarzer Bleiglanz, schwarzes Manganoxid, brauner Ocker, Bleiweiß, roter Hämatit, schwarzes Kupferoxid, gelbes Antimonoxid sowie grüne Kupferverbindungen, aber auch organisches Material wie Henna verwendet. Öle wurden aus Oliven, Nüssen und Mandeln gepreßt, denen man Harze, Salze und färbende Substanzen beimengte. Die Herstellung von polierten Metallspiegeln erfordert die Verwendung sehr harter Bronze. Diese erhält man nur, wenn man das Kupfer mit viel Zinn legiert und Zusätze von Blei vermeidet. Schminktisch einer römischen Dame, 1. Jh. v. Chr. Sammlung Schwarzkopf, Steinhorst

152 Minutiös wird hier die Herstellung von Parfum gezeigt, ausgehend von der Zerkleinerung der pflanzlichen Rohmaterialien im Mörser die Extraktion wohlriechender Öle, das Zusammenmischen der einzelnen Komponenten und schließlich die Prüfung der erzielten Duftnote. Eroten bei der Herstellung wohlriechender Öle. Fries aus dem Vettierhaus in Pompeji, um 63 n. Chr.

153 Damals wie heute dürfte das Gewerbe des Parfumeurs seinen Mann ernährt haben. Grabstein des Parfumhändlers Sextus Haparonius Justinus, gefunden in der Nähe von Köln. Römisch-Germanisches Museum, Köln

154 Der Gebrauch von Glas war in der Antike weit verbreitet. So verfügte jede römische Legion über einen »Vetrarius«, der im Winterlager seinen Glasofen aufbaute und aus Sand, Soda und gemahlenem Kalkstein Glas schmolz. An einem Band oder einem Kettchen hängten sich die antiken Schönen winzige Flakons an die Brust, wie dieses Fläschchen in Gestalt eines Delphins. Römisch-Germanisches Museum, Köln

151

SEX·HAPARO
NO·IVSTiNO
NEGOTATO
RI·SEPLASIA
RIO·FRATRES
FAC CVR

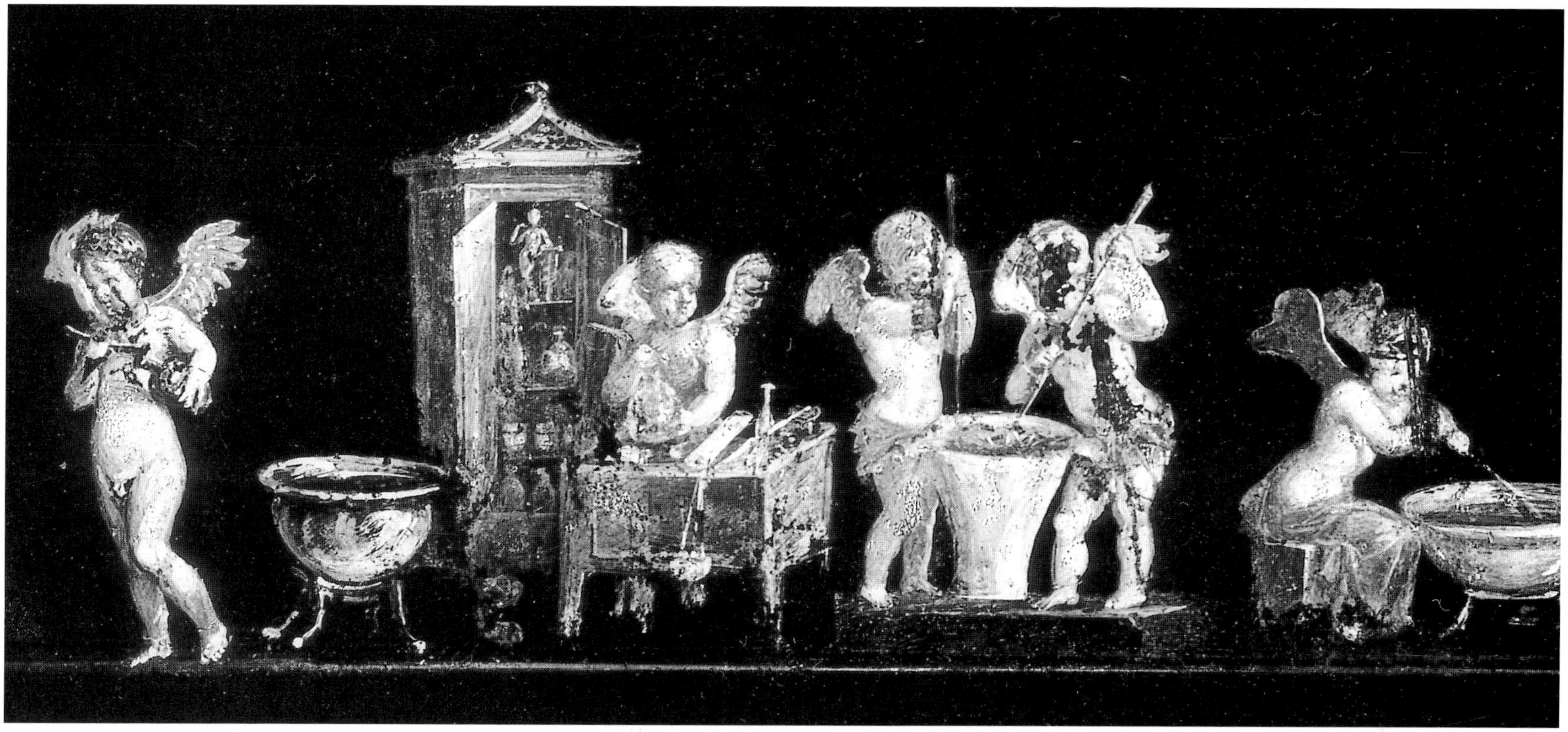

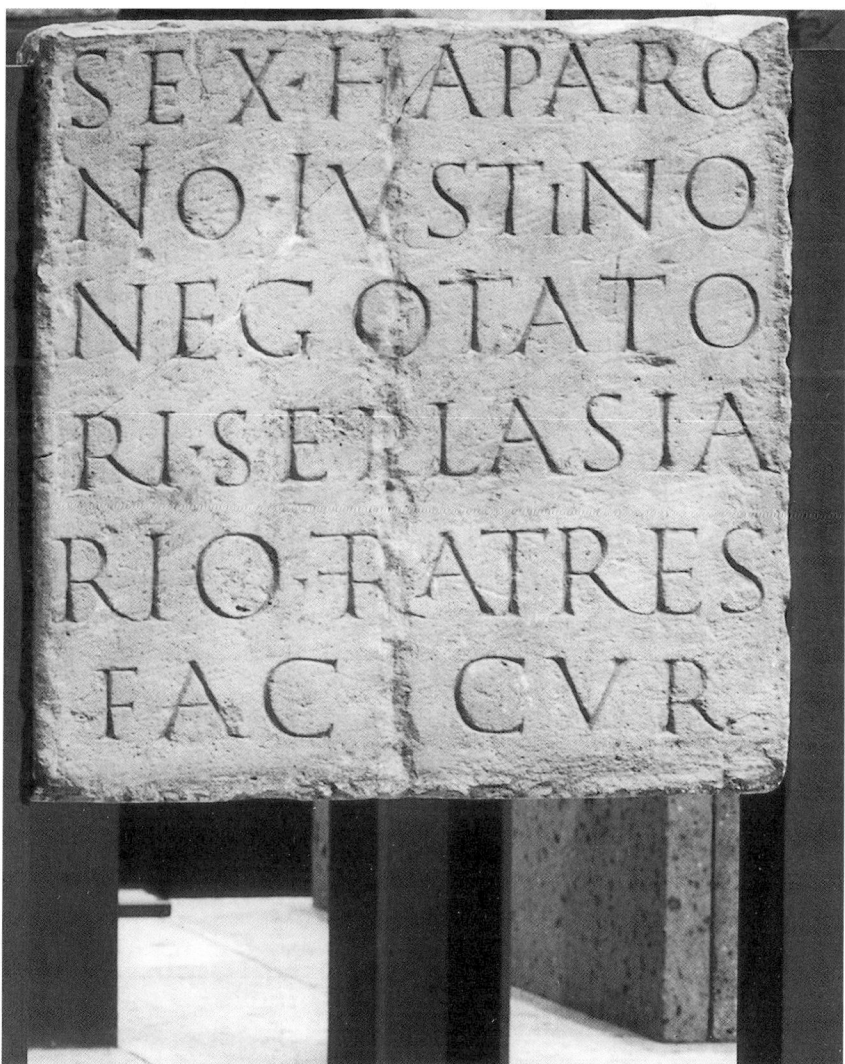

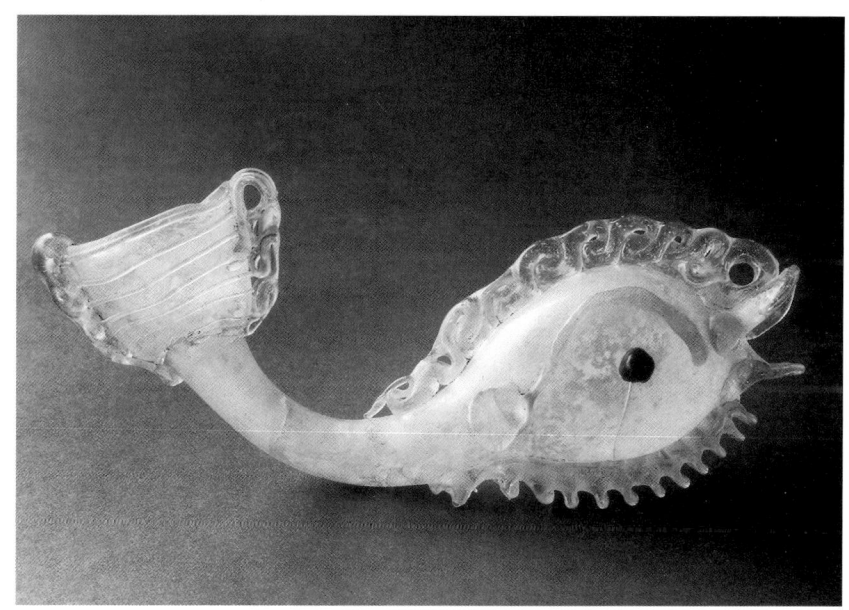

154

155 Zur Chemie des Alltags in der Antike gehörte nicht nur die Bereitung gut brennbarer Öle, diese wurden auch häufig mit Duftstoffen versetzt, um beim Abbrennen den umgebenden Raum mit Wohlgerüchen zu erfüllen. Öllampe mit Siegesgöttin. Römisch-Germanisches Museum, Köln

156 Die Herstellung von Olivenöl nahm in der römischen Zeit fast schon industrielle Formen an. Olivenöl diente zur Nahrungsbereitung, aber auch als Brennmaterial in Lampen und als Grundsubstanz für Salben und Balsame. Ölmühle in Pompeji, teilweise rekonstruiert.

157 Öllampe mit Fischern und Stadtansicht. Römisch-Germanisches Museum, Köln

158 In der römischen Malerei wurden für Weiß die natürlichen Pigmente Kreide, Gips und Ton sowie Bleiweiß verwendet, das aus Blei, eingegraben in Misthaufen, gewonnen wurde. Gelbe bis rote Töne erzielte man mit Hilfe von natürlichem gelben Ocker und natürlichem Auripigment, einem Arsensulfid. Durch Brennen von Bleiweiß erhielt man gelbes Bleioxid, das Massicot. Natürlichen Ursprungs waren gelber Pflanzenlack, roter Ocker und das bergmännisch gewonnene Quecksilberoxid Zinnober. Durch starkes Erhitzen von Bleiweiß oder Massicot erhielt man das hellrote Bleioxid Mennige. Natürlichen Ursprungs sind das rote Eisenoxid Hämatit sowie das rote Arsensulfid Realgar, ebenso wie die grünen Kupferpigmente Malachit, Paratacamit und Chrysokoll. Durch Einlegen von Kupferplatten in Essig oder durch Einhängen von Kupferplatten in Essigdämpfe erzeugte man Grünspan. Durch Verschmelzen von Quarzsand, Soda, Kalk und Kupferverbindungen gewann man das Ägyptisch Blau als Glasfritte. Durch Brennen einer Mischung von weißem Ton mit einer Kobaltverbindung gewann man Kobaltblau. Römisch-Germanisches Museum, Köln

Mittelalter

159 Mit scharfer Kalklauge wurde Schafs-, Ziegen- oder Kalbshaut gebeizt, um die Haare zu lockern und die Haut zu entfetten. Nachdem die Haut abgeschabt und getrocknet war, war das Pergament fertig und konnte beschrieben werden. Aus dem wäßrigen Auszug von Rinden und Dornen der Schlehe, mit Wein bis zur Trockenheit eingekocht, gewann man ein Tintenpulver, das zum Gebrauch in Wein gelöst wurde. Wollte man die Farbe variieren, mußte man entweder ein glühendes Stück Eisen eintauchen oder aber Kerzenruß oder Kupfervitriol hinzufügen. Seit dem 3. Jahrtausend v. Chr. fertigte man aus Ruß, Pflanzengummis und Wasser rußhaltige Tinten. Seit dem 3. Jh. n. Chr. waren Eisen-Gallus-Tinten im Gebrauch, die aus Eisen- oder Kupfersulfat und Gerbstoffen wie Galläpfelextrakten und Pflanzengummis als Bindemittel zusammengesetzt waren, gelöst in Wasser, Wein oder Essig. Für ziegelrote Tinten verwendete man Mennige, für tiefrote Tinten Zinnober. Durch Suspension feingemahlenen Goldes oder Silbers in gummihaltigem Wasser erhielt man Gold- und Silbertinten. Bei besonders wertvollen Texten wurde die Schrift mit purpurgefärbtem Untergrund hinterlegt. Matthäus aus dem Krönungsevangeliar der Deutschen Reichsinsignien, um 800 n. Chr. Weltliche Schatzkammer der Hofburg, Wien

160 Trickreiche Nuancierung täuscht auf alten Teppichen eine nichtvorhandene Farbpalette vor. Zwar wirkt dieser Teppich recht bunt, betrachtet man ihn aber genau, so erkennt man, daß im wesentlichen nur zwei Farben, aber in sehr unterschiedlicher Intensität verwendet wurden: Indigo beziehungsweise Waid für Blau und Krapp für Rot. Ausschnitt aus dem »Tausendblumen-Teppich« einer Brüsseler Manufaktur um 1500 bis 1520. Bayerisches Nationalmuseum, München

161 Noch heute pflegt man in arabischen Ländern, hier in Marokko, die Kunst der Färberei in
altertümlichen Anlagen.

162 Die Technik des Färbens war im ausgehenden Mittelalter schon recht weit entwickelt. In
großen Kesseln konnte die Farbflotte von unten
beheizt werden. Um große Tücher im ganzen ein-
zufärben, wurden sie um eine Achse mit Kurbel
gewickelt, um dann in die beheizte Farbflotte her-
untergekurbelt zu werden. Der Färber wird hier
nicht in seiner Berufskleidung, sondern in der
Tracht seiner frommen Stiftung vorgestellt. Men-
delsches Zwölfbrüder-Stiftungsbuch, 15. Jh. Stadtbibliothek, Nürnberg

163 An langen Stöcken hielt man große Wollknäuel in die beheizte Farbflotte. Auch hier wurde der
Färber in der Tracht seiner Stiftung, einer Art
Altersheim, dargestellt. Hausbuch der Landauer-
schen Stiftung. Stadtbibliothek, Nürnberg

162

161

164 Neben beheizten Farbflotten wurden auch
unbeheizte eingesetzt. Unten links erkennt man,
daß auch Probefärbungen im kleinen Maßstab üblich waren. Italienisches Färbebuch eines anonymen Verfassers, 1487. Biblioteca Medicea Lauren-
ziana, Florenz, Codex 89, Bl. 20r

163

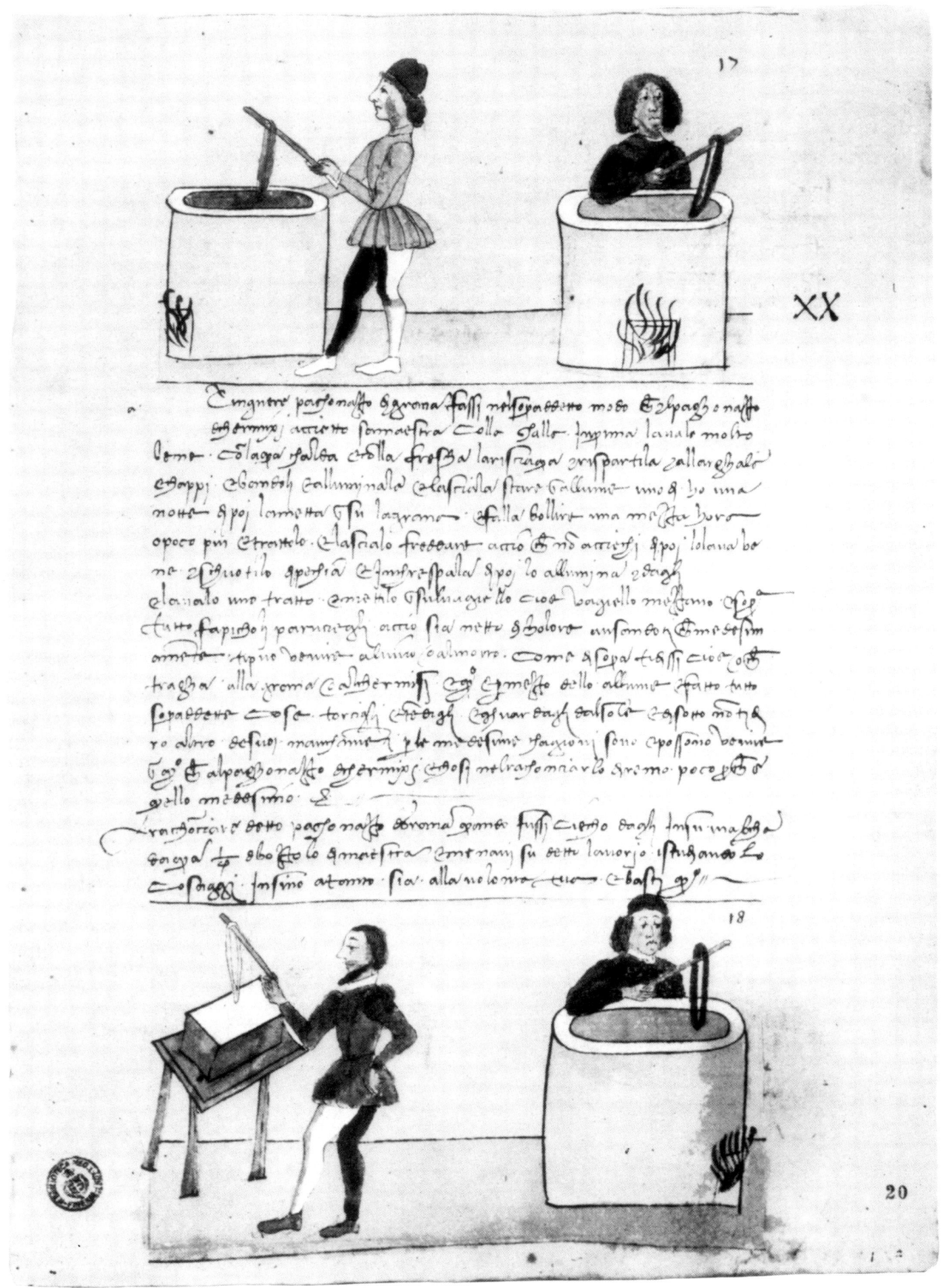

165 Zu den Aufgaben der alten Klosterwerkstätten gehörten die Herstellung von farbigen Glasflüssen beziehungsweise die Gewinnung von Mineralfarben für die Glasmalerei. Insbesondere durch Theophilus Presbyter, einen Polyhistor des ausgehenden 11. Jh.s, und sein Werk »Diversarum artium schedula«, das bedeutendste technische Handbuch des Mittelalters, sind wir über die in den Klosterwerkstätten geübten Praktiken der Malerei, der Goldschmiedekunst sowie des Glockengusses und der dabei benötigten praktisch-chemischen Kenntnisse bestens informiert.

166 Bei der Emaillierung, die seit dem 2. Jahrtausend v. Chr. bekannt ist, werden glasige Massen unmittelbar aus ihren Ausgangsmaterialien auf einem metallischen Werkstück erschmolzen. Um bildhafte Wirkungen zu erzielen, müssen die verschiedenen Farbzonen durch z. B. aus Goldbändchen vorgeformte Zellen voneinander getrennt werden. Da man Email auch in mehreren, teils opaken, teils durchsichtigen Schichten übereinander auftragen kann und sich durch Zusätze verschiedenartigste Farben, aber auch Variationen im Material durch Bildung von Bläschen, Rissen, Schuppen und Trübungen erzielen lassen, sind künstlerische Wirkungen höchsten Raffinements möglich. Hl. Georg nach einem Entwurf von F. Sustris, um 1590, Sockel um 1640. Schatzkammer der Münchener Residenz

167 Damit die Schmelztiegel in den rasch strömenden Flammgasen der Schmelzöfen nicht kippten, setzten die irischen Mönche des Klosters Nendrum im 8. bis 10. Jh. ihre Schmelztiegel in breite, in der Mitte ausgehöhlte Steine. Durch häufige Verwendung wurden die Oberflächen dieser Steine, so auch bei diesem, teilweise vetrifiziert, d.h. verglast. In den irischen Klöstern wurde eine Vielfalt von Tiegeltypen benutzt: beutelförmig, dreieckig oder mit flachem Boden. Gelegentlich fand man auch Tiegel mit Griffen bzw. Deckeln. Da die Flammgase auf das Schmelzgut einwirken, muß dieses bei vielen Schmelzen abgedeckt werden. Analysen bewiesen, daß die irischen Mönche sich mit dem Erschmelzen von Kupferlegierungen, Edelmetallen, Email und Glas beschäftigt haben. Ulster Museum, Belfast

168 Schon die Klosterwerkstätten des 8. Jh.s beherrschten die Kunst der Emaillierung. Dieses Bursenreliquiar ist mit seiner Gliederung durch Stege, seinem Almandin-Schmuck und seinen Glasflüssen in Zelleinlagen ein besonders gelungenes Beispiel klösterlicher Handwerkskultur. Der Legende nach handelt es sich bei diesem Objekt um ein Taufgeschenk Karls des Großen an Herzog Widukind von Sachsen 785. Staatliche Museen Preußischer Kulturbesitz, Kunstgewerbemuseum, Berlin

169 Diese im Werkstättenbereich des irischen Klosters Nendrum gefundene Form aus dem 8. bis 10. Jh. diente wahrscheinlich zum Guß von Teilen aus Kupferlegierungen oder Glasfluß. Die nachbearbeiteten Endprodukte dürften Ziernägel bzw. knopfähnliche Applikationen auf Textilien und dergleichen gewesen sein. Die Formen wurden durch Bohren mit Bohrern unterschiedlicher Stärke hergestellt. Bei dem Stein handelt es sich um leicht bearbeitbare Grauwacke, ein körniges, sandsteinartiges Sedimentgestein. Ulster Museum, Belfast

si fietet sublimaoe ibi cvedo tinctura Lapidis multi, amphian · Nõ put
tacoones cē quas in ista parua cedula tibi nõ declaraui · Elice ergo ex es i
Laudans deum Amen

Finis

Inapit ars opatua Raymondi ·   Justinianus diebat huc lib. nõ

VM ego raymõdus dudu affectu
qatus fuffem aqb'daz meis caris
ut eis quedā medicine artis occu
implicata ab antiqs inpractica ipi
ta librum aliquez sup hec facere l
uon eorū noctibus uarijs an eruni
domini nm iesu xpi ei auxiliu hū
Lacrimabiliter postulando · Septi
in die ipm collaudando ut aliquē
incuriaone difficilimorū morbowū
ne fragilitati deputati q· ab antiq
cas incurabiles uidebant demostha
quadā nocte semel surgent a somp
utilizano ac indigno seruitori hec
fuerit reuelata · Que qdē secreta
pus reuelata btō egidio de genti in beremo · Vn q hec hēnt oīa hēnt ex qi
p enorē cognomina occultau ne secreta oib'ruellent et indigms et ma
deus illa non largit qr duuine uistare repugnant aī curtut et uitiū in cont
te existant · Cū igt aliqs indignus cē neqat absq· dei bonitate et cū ad ipm
deuote curendus est · Vnde sume neccius ē q· antea quā alicui propines ā
medean uī frīneum · gncerer te purante et deuote flexd genib'occlis i re

170 »Doctor illuminatus« nannten die Alchemisten den legendären, auf Mallorca geborenen Aristokraten und späteren Franziskanermönch Raimundus Lullus (um 1235–1315), dem über fünfhundert verschiedene alchemistische Schriften zugeschrieben wurden. Seine Lehren, es sei dahingestellt, ob diese wirklich von ihm stammen oder
nicht, formten für Jahrhunderte die Alchemie. Opera chimica, um 1470. Biblioteca Magliabecchiana,
Florenz

171 Der genaue Zeitpunkt der Entdeckung der
Destillierkunst ist umstritten, doch erreichten die
verwendeten Geräte schon früh beachtliche Dimensionen. Freskomalerei um 1380 am Palazzo
della Ragione, Padua

172 Alchemistische Allegorien dienten nicht nur zur symbolischen Verschlüsselung, sondern sie stellten darüber hinaus so etwas wie eine Erbauungsliteratur für Alchemisten dar. Aus dem Ouroborus, dem sich ewig selbst verschlingenden Drachen, dem Symbol des Werdens und Vergehens, erblühen die Blumen der Weisheit, die Symbole des Steins der Weisen. Alchemistische Handschrift, 1550. Universitätsbibliothek Basel, Cod. L IV 1, S. 293

173 Der Sinn der arabischen Abbildung ist nicht eindeutig. Möglicherweise bändigen zwei heilige Alchemisten sechs in Fesseln geschlagene Metalle beziehungsweise Substanzen, die von Sonne und Mond, Gold und Silber eingerahmt werden. Die Inschrift unterhalb bedeutet: »Wisse, daß die betreffende Verbindung spezifisches Gewicht besitzt, die sich im Gleichgewicht befindet, so daß die Hitze nicht die Kälte überwiegt oder die Trockenheit die Feuchtigkeit. Denn was sich im Gleichgewicht befindet, ist beständig und wird sich nie verändern, während Dinge, die nicht im Gleichgewicht sind, Veränderungen unterliegen.« British Library, London MS. Add. 25724

174 Die »Chrysopoeia – Goldmacherkunst der Kleopatra«. Die legendäre Alchemistin Kleopatra wurde gerne mit der ägyptischen Königin gleichen Namens identifiziert. Grundlage dieser Legende war der trickreiche Selbstmord der Königin. Biblioteca Nazionale Marciana, Venedig, Manoscr. di San Marco, fol. 188 v.

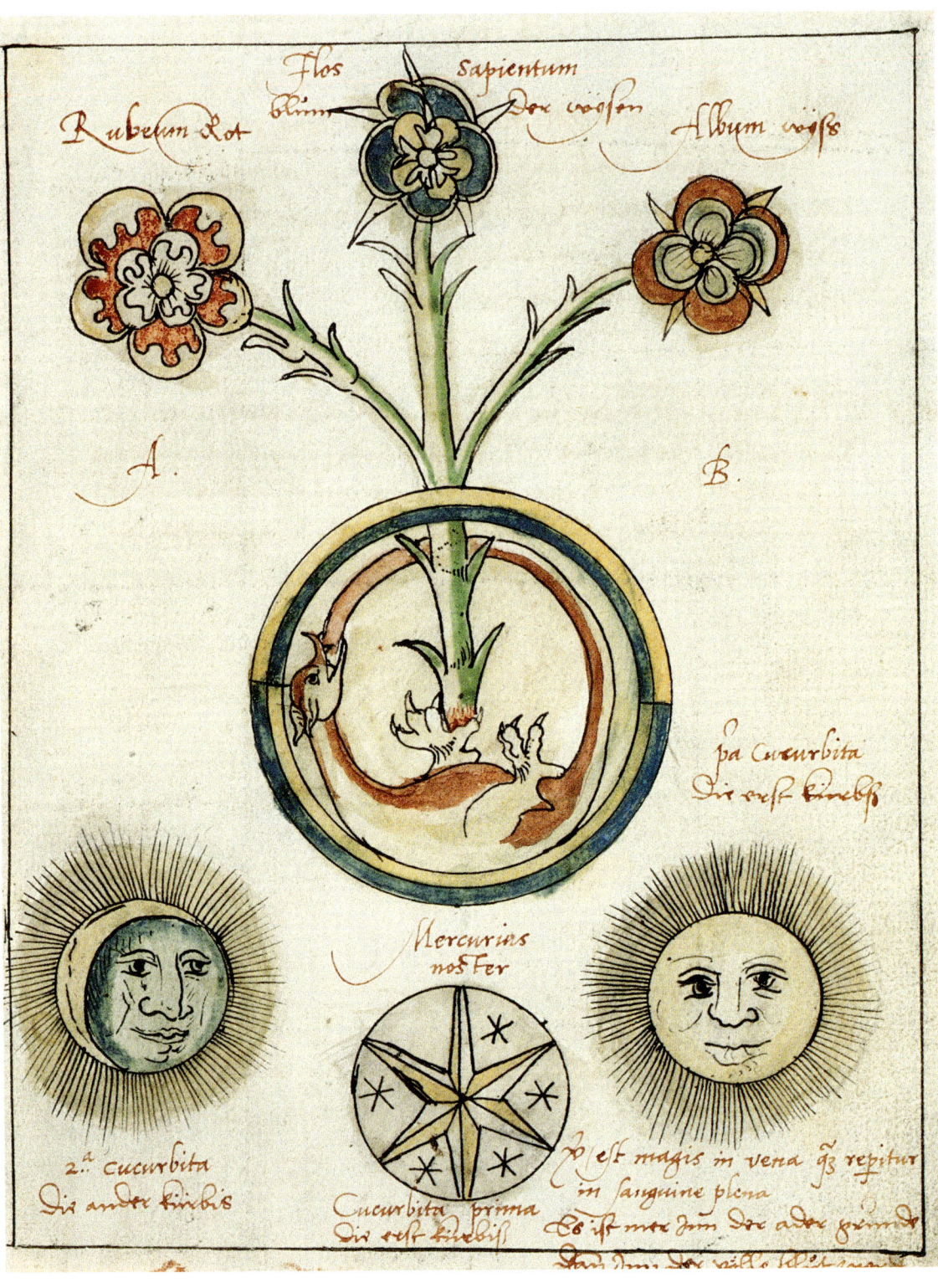

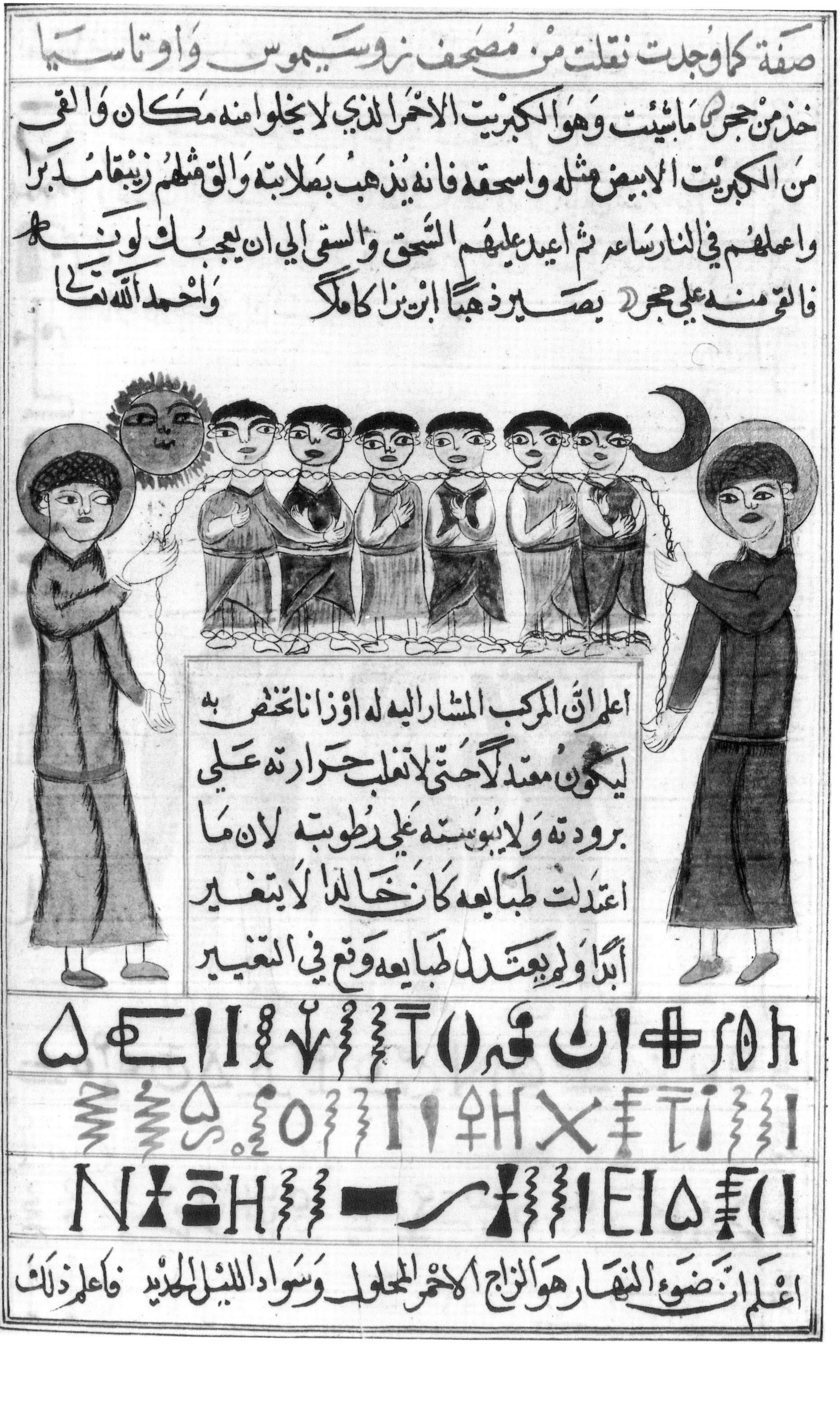

صفة كما وجدت نقلت من مصحف زوسيموس واوتاسيا
خذ من حجر ما شئت وهو الكبريت الاحمر الذي لا يخلو منه مكان والقى
من الكبريت الابيض مثله واسحقه فانه يذهب بصلابته والق فيهم زيبقا مدبرا
واعلهم في النار ساعة ثم اعيد عليهم السحق والسقي الى ان يعجبك لونه
فالقي منه على حجر يصير ذهبا ابريزا كاملا والحمد لله تعالى
اعلم ان المركب المشار اليه له اوزانا تخص به
ليكون معتدلا حتى لا تغلب حرارته على
برودته ولا يبوسته على رطوبته لان ما
اعتدلت طبايعه كان خالدا لا يتغير
ابدا ولم يعتدل طبايعه وقع في التغيير
اعلم ان ضوء النهار هو الزاج الاحمر المحلول وسواد الليل الحديد فاعلم ذلك

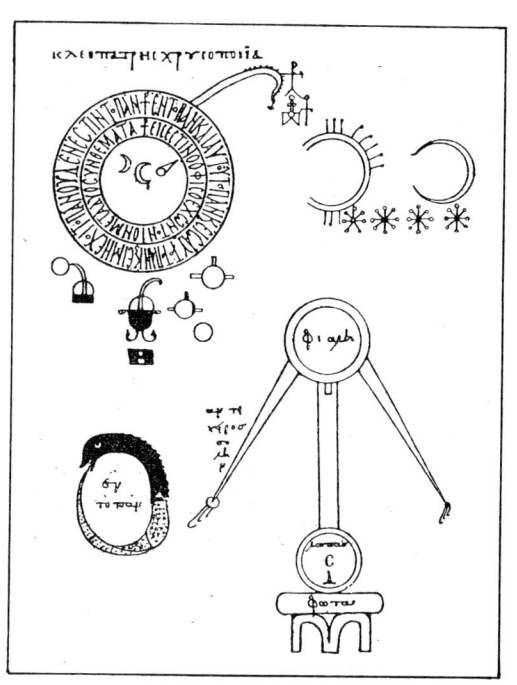

175 Alchemistische Autoren neigten dazu, sich hinter Pseudonymen zu verstecken oder ihren wahren Namen schlichtweg zu verschweigen wie dieser »deutsche Philosoph«. Der geöffnete Berg in der linken Bildhälfte illustriert den Glauben des anonymen Verfassers, daß im Innern der Erde die beiden Ursubstanzen, die sulphurische links und die merkurialische rechts, noch immer laufend neu Metalle gebären. Wie die Natur, so bildet der Alchemist auf der Spitze des Berges neue Metalle durch die Kunst der Alchemie. Anonym: Ein schöner Tractat…, Frankfurt 1625

176 Zu dem in einem hohlen Berg verborgenen Brautgemach der chymischen Hochzeit führen die sieben Stufen des alchemistischen Prozesses empor. Die vier Elemente umrahmen zusammen mit den zwölf Tierkreiszeichen die Symbole der sieben Metalle: Venus, Mars und Sonne für Kupfer, Eisen und Gold, an der Spitze als Brunnenfigur Merkur-Quecksilber sowie Jupiter, Saturn und Mond für Zinn, Blei und Silber. Stephan Michelspacher: Cabbala, Spiegel der Kunst und Natur in Alchymia…, Augsburg 1615

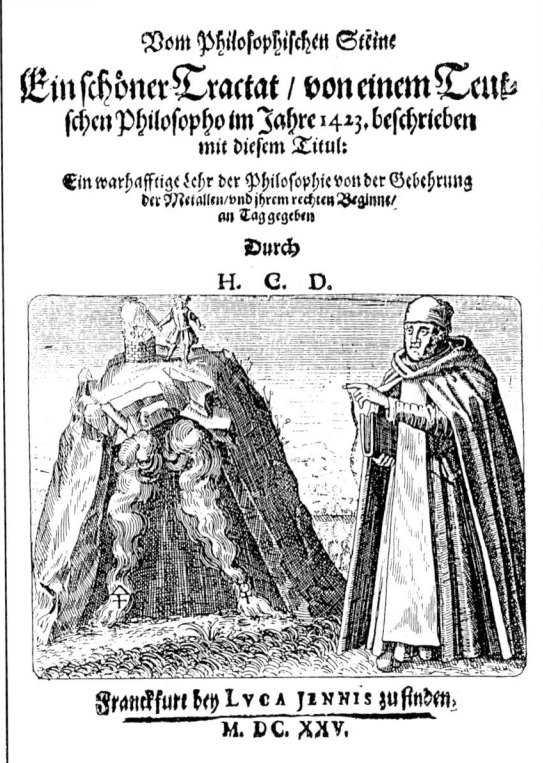

Vom Philosophischen Steine
Ein schöner Tractat / von einem Teutschen Philosopho im Jahre 1423. beschrieben mit diesem Titul:
Ein warhafftige Lehr der Philosophie von der Gebehrung der Metallen / vnd jhrem rechten Beginne / an Tag gegeben
Durch
H. C. D.
Franckfurt bey LVCA JENNIS zu finden /
M. DC. XXV.

175

176

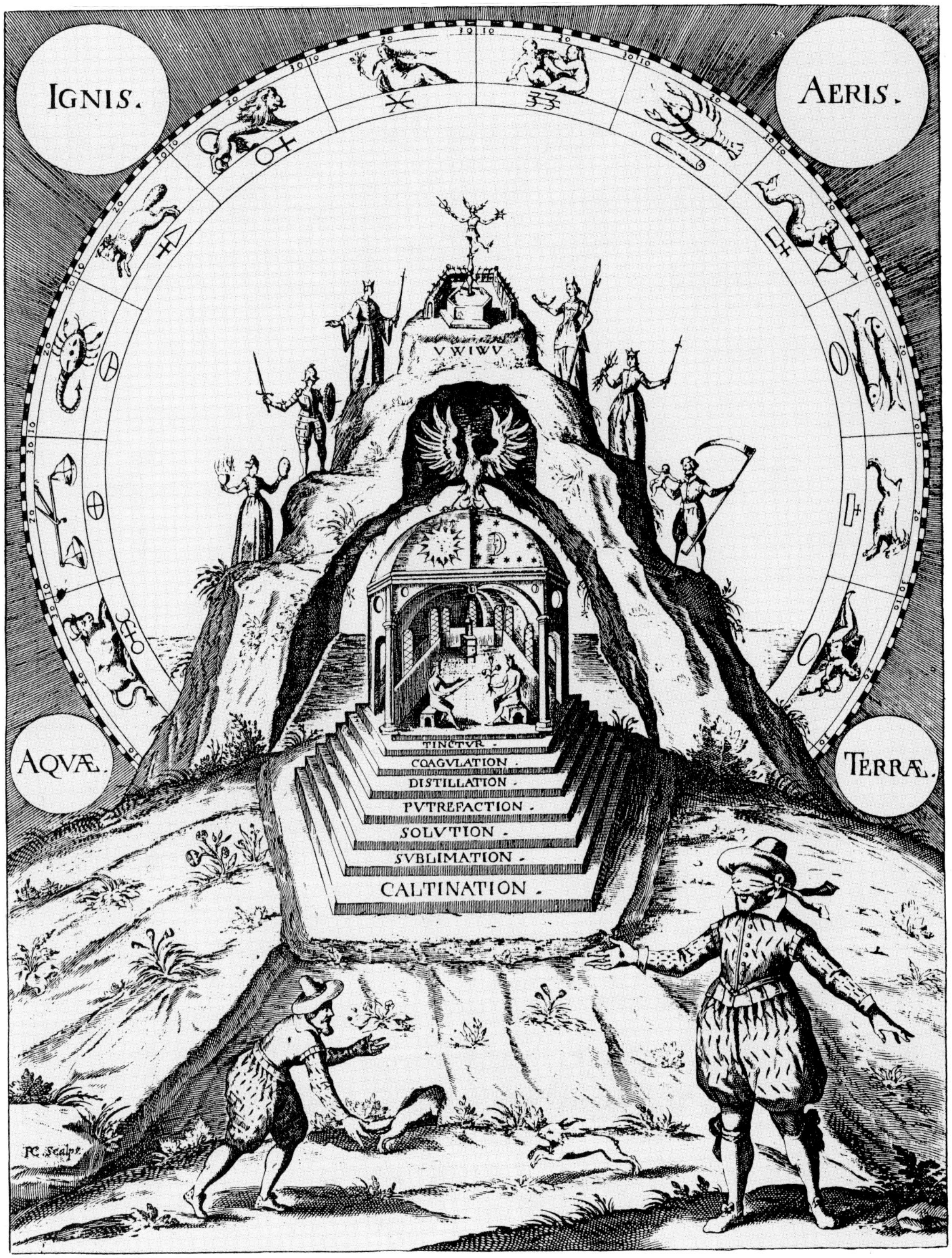

177 Neben dem Ouroborus war keine Allegorie der Alchemie so wichtig wie jene von der chymischen Hochzeit, jenem Bild, in dem sich Sonne und Mond, König und Königin, Weibliches und Männliches zu neuen Substanzen vereinigen. Kupferstich von M. Merian nach Pandora aus: J.D. Mylius: Anatomiae auri sive tyrocinium medico-Chymicum…, Part V, Frankfurt 1628

178 bis 181 Allegorien zur Entstehung des »Baumes der Philosophen« und des »Steins der Weisen« aus Mutter Erde (vgl. Abb. 177).

Coïtus.

VENI DILECTA MEA ET AMPLECTEMUR, ET GENERABIM. FILIUM, QUI NON ASIMILATUR PARENTIBUS.

ECCE VENIO AD TE ET SUM PARATISSIMA TALEM CONCIPERE FILIUM, CUI NON EST SIMILIS IN MUNDO.

Pater eius
Sol.

Mater eius
Luna.

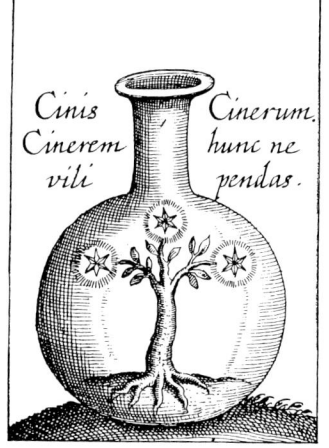

Cinis
Cinerem
vili

Cinerum
hunc ne
pendas.

178

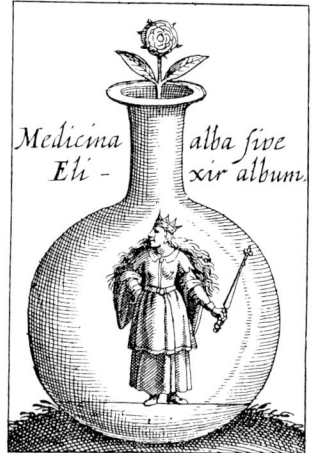

Medicina
Eli -

alba sive
xir album.

179

Projectio

Augmenta
tio.

180

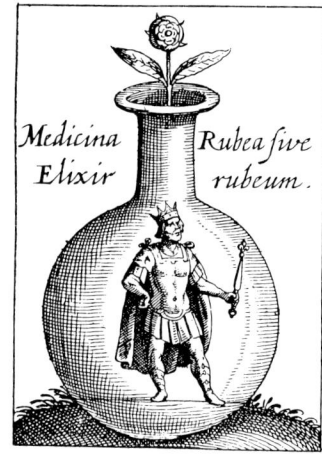

Medicina
Elixir

Rubea sive
rubeum.

181

182 »Sprecht nicht von Gott ohne das Licht«, mahnt die Tafel über dem betenden Alchemisten. Die beiden Säulen »ratio« und »experientia«, Vernunft und Erfahrung, tragen die gewaltige Abzugshaube des chemischen Herdes. Für den wahren Alchemisten ist die Arbeit im Laboratorium gleichzeitig eine Art Gottesdienst. Der Mikrokosmos der Substanzen ist dabei ebenso nach Harmonien geordnet wie die Musik oder der Makrokosmos. Heinrich Khunrath: Amphitheatrum sapientiae aeternae, Magdeburg 1608

183 In der Alchemie wurde der Mercurius, das flüssige Metall Quecksilber, entsprechend seinen widersprüchlichen Eigenschaften gleichzeitig Metall und Flüssigkeit, gerne als Hermaphrodit dargestellt, der die Dualität von Materie und Geist und von Himmel und Erde symbolisiert. Die Farbenabfolge der Figur entsprach dem farblichen Ablauf des »großen Werkes«. Mercurius hält in der linken Hand ein Ei, dessen vier Bestandteile – Dotter, Eiweiß, Eihaut und Schale – den vier Elementen gleichgesetzt wurden. In seiner Rechten trägt Mer-

curius die Weltenscheibe, die in sich ebenfalls vierfach gegliedert ist. Splendor Solis, MS Harley 3469, England 1582. British Library, London

161

184 Iris, Junos Botin. Alchemistische Allegorie, Buchmalerei, 15. Jh. In der Alchemie entstehen die Regenbogenfarben, die man als Pfauenschweif bezeichnet, bei der Lösung der Seele vom Körper als Sublimierung der flüchtigen Teile. Biblioteca Apostolica Vaticana, Rom, Cod. Pal. Lat. 1066, f. 223

185 In der Alchemie galt der aus der Retorte aufsteigende Pfau als eine Art Ganzheitssymbol. Manuskript des 18. Jh.s, Privatbesitz

186 Illuminierte alchemistische Handschriften waren manchmal Werke von einzigartiger, rätselhafter Schönheit. Einer der prachtvollsten überhaupt entstammt diese Darstellung eines Pfaus, der sich in einem bekrönten, aber verschlossenen »vas hermeticum«, der von güldenen Ketten zwischen zwei Säulen festgehalten wird, spreizt. Darstellung des Regimentes der Venus in einem Planetenkindschaftsbild aus der Bilderhandschrift Splendor Solis. Staatliche Museen Preußischer Kulturbesitz, Kupferstichkabinett, Berlin

162

187 Das wohl einzige Bild, das einen fürstlichen Alchemisten bei der Arbeit zeigt, schuf Stradanus 1570. Großherzog Francesco I. von Medici arbeitet hier unter der Anleitung eines älteren Alchemisten, zusammen mit seiner Geliebten und späteren zweiten Ehefrau Bianca Capello in seinem berühmten Labor. Der Großherzog selbst rührt eine Flüssigkeit, die in einer Abdampfschale auf einem Ofen steht, und beobachtet gleichzeitig eine Destillation. Bianca trägt einen vollen Rezipienten in den Hän-

den. Im Hintergrund wird gerade Kohle in den Schacht einer großen Destillationsapparatur mit Wasserbad geschüttet. Rechts hinten erkennt man eine in einem Holzgestell hängende Filtrationsapparatur. Links wird Pflanzenöl gepreßt. Im Hintergrund links kopiert ein Schreiber alchemistische Werke. Jan van der Straet, gen. Stradanus. Palazzo Vecchio, Florenz

188 Alchemie und Chemie helfen der Pharmazie bei der Gewinnung von Medizinen. Hier werden Anbau, Kultivierung und Ernte von Heilpflanzen vorgestellt, deren wirksame Teile im Mörser zerkleinert und dann in einem Galeerenofen entweder allein oder im Gemisch mit Wasser oder Alkohol der Destillation unterworfen werden. Im Hintergrund links wartet bereits der Kranke mit seinen Angehörigen auf den helfenden Arzt. Christoph Wirsung, Neustadt a.d. Hardt, 1592

190 Nach alchemistischen Vorstellungen konnte man nicht jede chemische Reaktion zu einem beliebigen Zeitpunkt ausführen, sondern es galt Sternkonstellationen und Tageszeiten ebenso zu beachten wie die Dauer eines Vorganges. Eine Sonnen- und eine Sanduhr erleichtern es dem Alchemisten, sein Ziel zu erreichen. Ein offenbar vornehmer Alchemist arbeitet hier an einem wohlgemauerten Ofen. Man beachte das Abtropfbrett für die Kolben über dem Herd. Miniatur aus Janus Lacinius, 1583. Germanisches Nationalmuseum, Nürnberg

191 Jan van der Straet, genannt Stradanus (1523–1605), stellt hier die verschiedenen Arbeitsgänge eines Laboratoriums vor. Mit der Brille auf der Nase studieren der Alchemist und ein Gehilfe, offenbar eine Art Laborleiter, die Rezeptur. Ein Junge zerkleinert in einem Mörser Heilpflanzen, ein anderer schürt das Feuer unter einem großen Destillationswasserbad mit dem Blasebalg. Zuvor wurden die Heilpflanzen an der rechten Seite des Laboratoriums in einer großen Spindelpresse ausgepreßt. Rechts im Hintergrund wird auf einem chemischen Herd mit riesiger Abzugshaube mit Feuer und Flamme »Chemie im Trockenen« betrieben. Besonderes Interesse verdient die in einem hölzernen Gestell aufgehängte Filtrationsapparatur links neben dem Alchemisten. Ansonsten erkennt man verschiedene Destillationsapparaturen, in der Mitte eine Destillation auf einem Wasserbad. Bei diesem hochragenden Schacht handelt es sich um das Vorratsgefäß für die nachrutschenden Kohlen. Ganz rechts und ganz links sieht man Destillationen mit Destillierhauben, sogenannten Alembiken, auf teils gemauerten Öfen unmittelbar auf dem Feuer. Aus: Nova reperta, um 1580

189 Zwei Holzmörser und eine hölzerne Reibschale mit dazugehörigen Pistillen, der linke mit Schutzdeckel, um das Herausfliegen von Mineralienbrocken beim Stoßen zu vermeiden. Royal Pharmaceutical Society of Great Britain, London

DISTILLATIO.

In igne ſuccus omnium, arte, corporum   Vigens fit vnda, lumpida et potiſſima.

Griechisches Feuer
und Schwarzpulver

192 Schußweite und Treffsicherheit der frühen Geschütze waren erstaunlich gering. Die Schußfolge war extrem langsam. Die trotzdem vorhandene militärische Wirkung hatte eher psychologische Ursachen und beruhte wohl auf der ungeheuren Geräuschentwicklung. Mit Kurbel und Seilwinde ließ sich das Rohr dieses frühen Geschütztyps richten. Johann Formschneider: Fragmentarische Sammlung von Zeichnungen, 1470. Bibliothek, Deutsches Museum, München. Hss. Slg. Ms. 1949/258

193 Geschütz mit sehr großem Kaliber und relativ kleiner Treibladung im hinteren, engeren Teil des Rohres. Johann Formschneider: Fragmentarische Sammlung von Zeichnungen, 1470. Bibliothek, Deutsches Museum, München. Hss. Slg. Ms. 1949/258

194 Einsatz des griechischen Seefeuers gegen den Rebellen Thomas vor Konstantinopel. Die Bildüberschrift lautet: »... Einige zerstören sie mit dem vorbereiteten Feuer. Die Flotte der Römer zerstört durch Feuer die Flotte der Gegner.« Aus einem griechischen Kodex in der Biblioteca Apostolica Vaticana, Rom

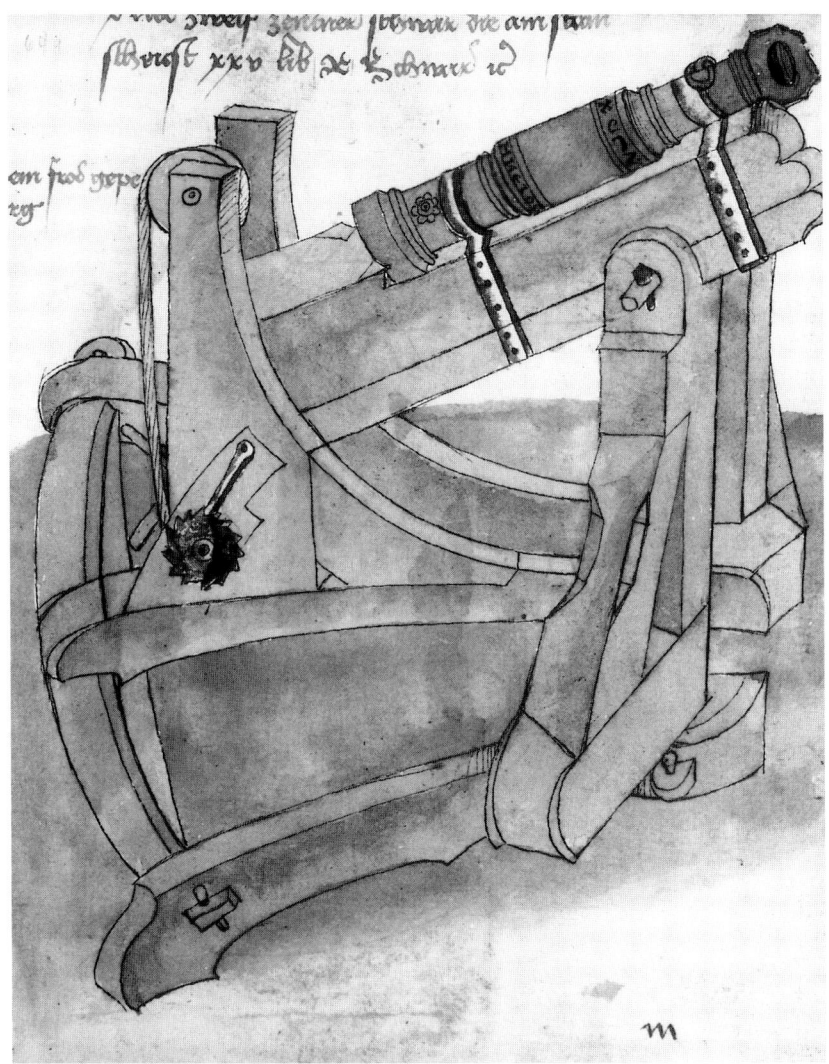

ώμμκῶμ. Ἡραιοδὲ καὶ τὸ ὄκλαςὺ πρπολόωὶ πυρί

ερωμου πυρπολ τὸν τῶνἰνὶ Ηαντι τόλον

195 Einsatz eines Handsiphons für griechisches Feuer auf einem Belagerungsturm. Die Bildunterschrift lautet: »Und wenn dann noch einzelne auf der Brücke aus feuerwerfenden Handrohren den Feinden mit Feuer ins Gesicht schießen, so werden sie die Verteidiger der Mauer so einschüchtern, daß sie baldigst ihren Platz räumen, wie auf dem Bild ersichtlich.« Aus dem sogenannten Codex Heron von Byzanz (9. Jh.) im Codex Vaticanus graecus. Biblioteca Apostolica Vaticana, Rom

196 Pulver verbrennt um so schneller und erreicht bei der Explosion im Rohr des Geschützes eine um so größere Treibkraft, je feiner die Bestandteile zermahlen und je besser sie gemischt werden. Daher war die Arbeit des Pulverstampfens besonders wichtig, aber leider auch gefährlich. Dargestellt sind drei zu einem Block vereinte Mörser, deren Stößel an elastischen Holzarmen befestigt waren, die nach jedem Stoß den Stößel wieder in die Höhe zogen. Johann Formschneider: Fragmentarische Sammlung von Zeichnungen. Bibliothek, Deutsches Museum, München. Hss. Slg. Ms. 1949/258

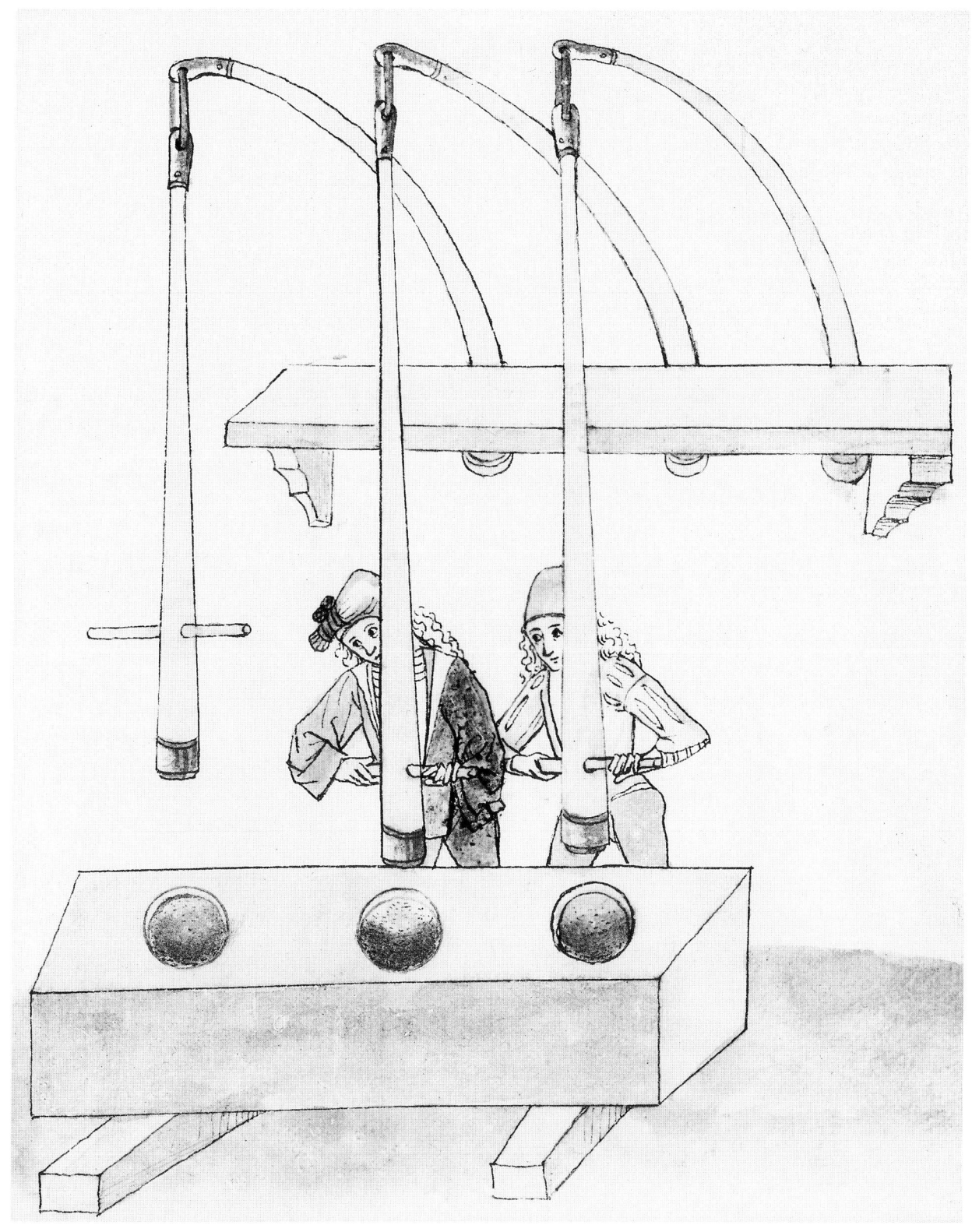

197 Im nachhinein bemächtigte sich die Legende der Erfindung des Schießpulvers und schuf die Gestalt des Mönches Bertholdus niger (Berthold Schwarz), der angeblich in Freiburg gewirkt haben soll. Verderbliche alchemistische Versuche hätten ihn eher durch Zufall zur Erfindung des mörderischen Pulvers geführt, das in seinem Mörser, gewissermaßen der Urform des Geschützes, explodiert sei. Tatsächlich gab es viele Angehörige der Bettelorden, die sich mit Alchemie beschäftigten, doch das Pulver brauchte man nicht zu erfinden, da es, aus dem Orient kommend, schon längst bekannt war. Oscar Guttmann: Monumenta Pulverisatio Pyrii, 1643

198 Bei der anfänglich geringen Treffsicherheit, bedingt durch Pulver ungleichmäßiger Qualität und durch ungenaue Bohrungen, versuchte man sich mit Mehrfachgeschützen, die eine ganze Salve feuern konnten. Kyeser von Eichstätt, 1405. Universitätsbibliothek, Göttingen

199 Die enorme Verbreitung von Feuerwaffen führte schließlich zum Bau großer, wassergetriebener Pulvermühlen, die sich als außerordentlich gefährlich für ihre Umgebung erwiesen. »Vorstellung der in Zürich, 23. Brach, 1750, Abends zwüschen 9u:10 uhrn, mit Zewymahl gewaltigem knall zersprungenen Pulver-Mühln, dadurch benachbarte häuser und tächern u. fenstern zimmlicher maassen… beschädiget worden.« Jahrbücher der Gesellschaft zu Constaffleren…, Zürich 1750

173

200 Die praktische Chemie und mit ihr die Metallurgie erreichten schon früh einen sehr hohen
Stand. In seinem berühmten Werk »De re metallica« schilderte 1556 der Arzt Georg Agricola unter
anderem die Trennung von Blei und Silber in einem Saigerherd.

201 Den Bau und die Nutzung flacher, mit Alem-
biken bestückter Galeerenöfen beschreibt hier der
Arzt Georg Agricola (1494–1555). In seiner schlich-
ten Konstruktion konnte sich dieser Typ Öfen, zum
Beispiel in deutschen Schwefelsäurefabriken, bis in
die dreißiger Jahre dieses Jahrhunderts halten.
Georg Agricola: De re metallica…, Basel 1556,
Buch X

202 1556 beschrieb G. Agricola die Reinigung des
Schwefels durch Destillation in einer trickreichen
Apparatur. Der zunächst noch flüssige Schwefel
wurde in einem hölzernen Schaff aufgefangen, wo
er erstarrte, beziehungsweise in einer Kelle, und
mit deren Hilfe in eine Form gegossen.

203 Verfall und Unordnung sind die Kennzeichen
dieses alchemistischen Laboratoriums, in dem ein
erfolgloser Goldmacher zu seinem letzten, wohl
endgültig erfolglosen Experiment angetreten ist.
Vergilius Polydorus: Der dinge Erfindung, Augsburg 1557, S. LIX

204 Rudolph Glauber beschreibt in seinem Werk
»Von deutschlands Wohlfahrt«, 1684, die Bereitung
und die Destillation von Schwefelsäure.

200

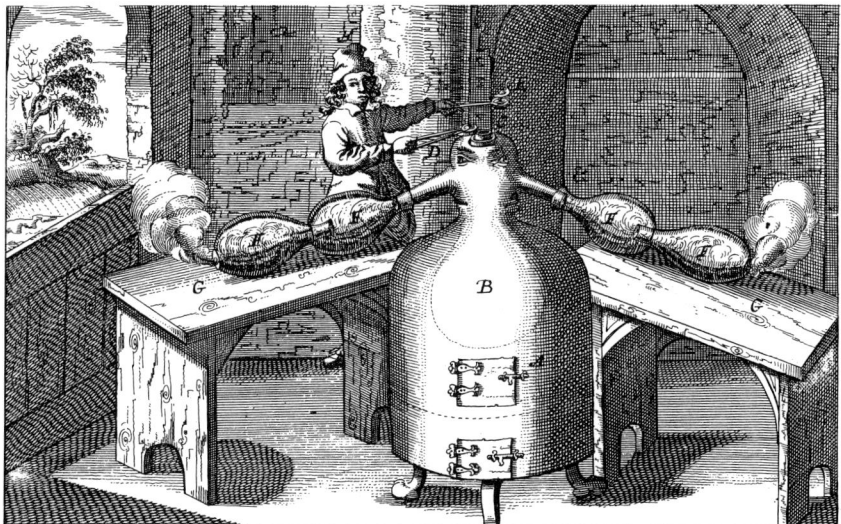

205 Die Ausbeute an Destillat steigt, je besser der Destillierhelm gekühlt wird. In diesen »Mohrenkopf«, einen von einem Wasserbecken umgebenen Destillierhelm, wird permanent kaltes Wasser nachgegossen. Anonymer Kupferstich, 1625

206 Durch Verlängerung des Halses des Destillieraufsatzes mit schlangenförmigen Windungen glaubte man die Destillierwirkung verbessern zu können – wie hier in dieser »Serpente« aus dem Bestand des Deutschen Museums, München

207 Gerne berief man sich in der Alchemie auf Autoritäten, vorzugsweise auf solche, die nie existiert hatten oder deren Lebensepochen weit zurücklagen, wie hier auf Hermes Trismegistos und den legendären Mönch »Basilius Valentinus«. Die Alchemie wird von himmlischen Harmonien beherrscht: So vereinen sich die aus den sieben Metallen gefertigten Orgelpfeifen zu einer göttlichen Orgel. Die Siebenzahl beherrscht die klassischen Werke der Alchemie, darunter jene von Geber und Raimundus Lullus, ebenso wie die sieben Grundsubstanzen der Practica. Basilius Valentinus: Révélation des mystères des teintures essentielles des sept métaux, Paris 1668

208 und 209 In seinem Probierbuch »Arte subterranea« beschrieb Lazarus Ercker 1684 die Bereitung von Scheidewasser, d.h. Salpetersäure, die unter anderem zur Trennung von Gold und Silber verwendet wurde. Rechts ist ein »fauler Heinz« zu sehen, ein Ofen, der speziell zum langsamen und gleichmäßigen Destillieren diente, wie man dies zur Bereitung von Säuren benötigt. Der runde Turm in der Mitte ist der Vorratsschacht für die Holzkohle, die, gesteuert durch Schieber, in die seitlich angebauten eigentlichen Öfen (B) hinabgleitet. Die Kohlen wurden in flachen Körben herbeigeschleppt. Zur Aufbewahrung gerade nicht benötigter Kolben und Destillierhauben gab es hölzerne Regale, die an den Wänden hingen. Ein Laboratorium dieser Art und Größe diente zur Herstellung chemischer Produkte, die für den Verkauf bestimmt waren.

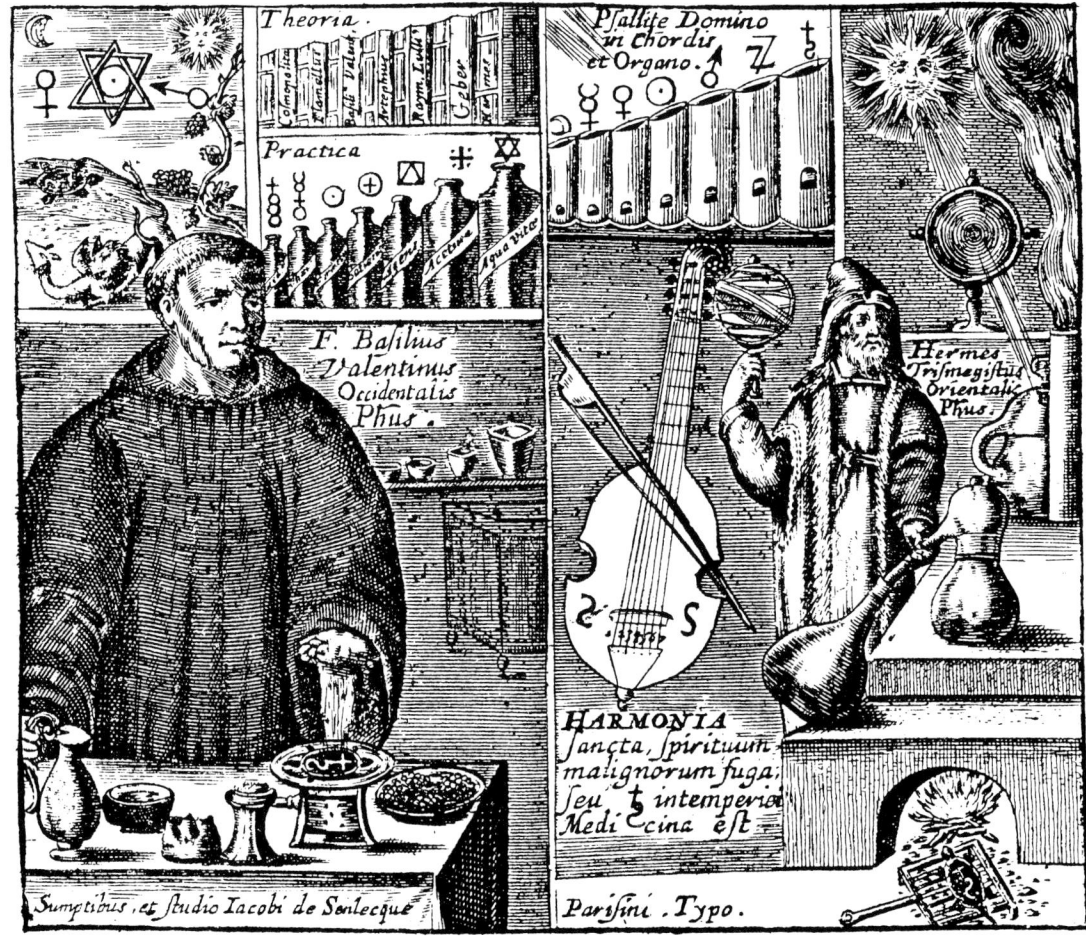

Von dem Goldt.

Scheidwasser in Retorten zu
brennen/vnd andere vortheil.

As Scheidwasser in den Retorten zu bren-
ne/ist kein alt erfinden/auch kein lange arbeit/sonder ein
kurtzer weg/so man anderst Retorten haben kan/die von
einem stück gemacht seind/auch scheidwasser vnd öl halten: Die beschlag mit gutem bestendigen läim/laß sie
wol drucken werden/thu den zeug oder species die Calcionirt vnnd mit
vngeleschten kalch vermengt seyn sollen darein/vnnd leg den Retort in
einen darzu gemachten Ofen/deß abriß hernach folgen wirdt/vnnd
eine fürlege mit fürgeschlagnem wasser für/mach darnach in den ofen
ein feuwer/vnnd sterck das Feuwer baldt/so steigt der zeug (weil er mit
vngeleschten kalch obersetzt wirdt) nicht leichtlich vber/laß spiritus vnd
wasser miteinander herüber gehen: Zu letzt treib die spiritus mit gewalt/
also daß auch der Retort bey zwo stunden vnd lenger/vnd hell erglüet/
in einer solchen Retort kanstu das scheidwasser in fünff oder sechs stunden abbrennen/es wirdt aber weniger wasser als durch den Allembic/
doch auch starck vnnd gut zugebrauchen.

S   Db

210, 211 und 212 Viele graphische Techniken beruhen letztlich auf chemischen Vorgängen, so z.B. die Radierung. Eine Kupfer- oder Zinkplatte wird mit einem Ätzgrund abgedeckt, der nach Rembrandt durch Zusammenkochen von Bienenwachs, Mastix und syrischem Asphalt hergestellt wird. Mit einer Stahlnadel wird dann die Zeichnung in den Ätzgrund geritzt. Vor dem Ätzen muß die Rückseite der Platte durch eine Schicht von Asphalt oder Schellack geschützt werden. Wo durch die Ritzung des Ätzgrundes dieser zerstört ist, kann das Ätzmittel angreifen und eine Vertiefung in die Platte ätzen. Kupfer- oder Messingplatten lassen sich am besten mit einer Lösung von Eisenchlorid in Wasser ätzen. Bei Zink- und Kupferplatten kann man Salpetersäure verwenden. Nach der Ätzung muß der Ätzgrund mit einem organischen Lösungsmittel abgelöst werden. Nun kann man mit der Platte drucken.

213 Das Plattner- und das Goldschmiedehandwerk beherrschten Ätztechniken in höchster Vollendung. Der Trick besteht im Abdecken nicht zu ätzender Flächen durch Schutzschichten, deren Hauptbestandteile meist Wachs oder Asphalt waren. Um die optische Wirkung der Ätzung zu erhöhen, konnte man die im Metall entstandenen Vertiefungen durch Niello füllen. Dies ist eine durch Mischung von Metallsulfiden entstandene dunkle Masse, gewonnen durch Schmelzen von Metallen wie Kupfer mit Schwefel. Mantelhelm, zu einem Feld- und Turnierküriß gehörend. Stahl geätzt. Mailand, um 1570. Münchner Stadtmuseum, Inv.Nr. Z 628

Wie das Waßer auf das Kupffer sol geschudwerden.

214

214 Das klassische Hilfsgerät zum Zerkleinern jedweden in chemische Prozesse einzusetzenden Materials war der Mörser mit seinen Pistillen, den Stößeln, die meist sehr aufwendig gestaltet wurden. Sie konnten aus sehr unterschiedlichen Materialien bestehen. Es gab Mörser aus harten Hölzern, Metall, aber auch aus Stein, beispielsweise Achat. Bronzemörser aus der Werkstatt Löffler, Tirol, 16. Jh. Der linke dunkel patiniert, mit Delphinenhenkeln. Höhe 210 und 195 mm. Sammlung Kuhnke, München

215 Eine wichtige Chemikalie war elementarer Kohlenstoff, der als Holzkohle in großen Meilern gebrannt wurde. Holzkohle diente als Reduktionsmittel in der Verhüttung der Metalle, aber auch im Schießpulver. Déscriptions des arts et metiers, 1762

216 Diese gewaltige Destillierhaube ließ sich schon nicht mehr durch Menschenkraft bewegen, sondern konnte nur noch durch einen Seilzug abgehoben werden. Unter ihr wurde Schwefel zur Bereitung von konzentrierter Schwefelsäure oder Vitriolöl gebrannt. Anonym, 16. Jh.

217 Vitriolölgewinnung: Hoher Energiebedarf führte zur Entwicklung spezieller Öfen und Destilliergeräte. Le Febure: Chymisches Kleinod, 1676

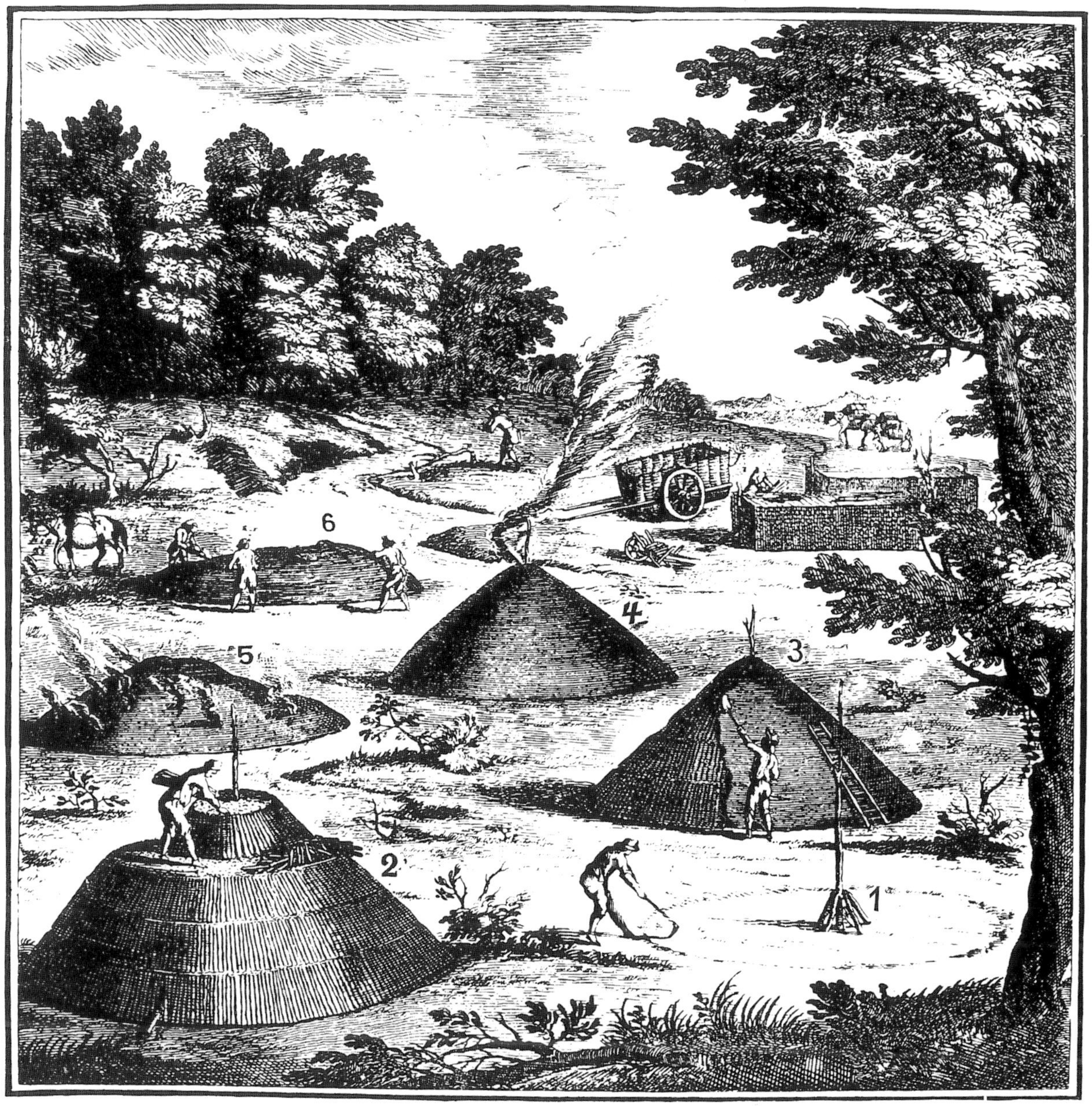

Der Ofen und die Gefäse das Schwefel öhl zu machen.

217

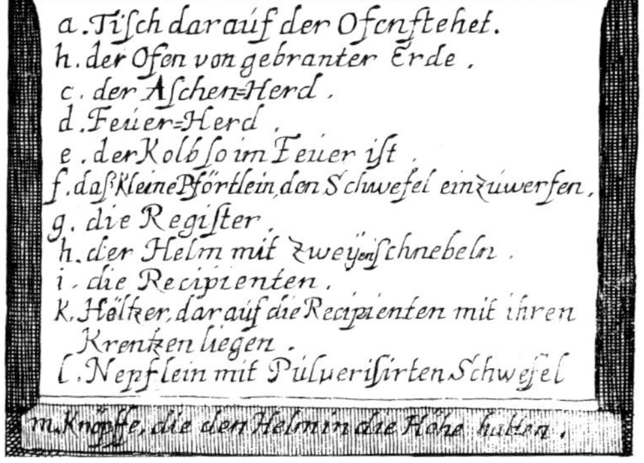

a. Tisch darauf der Ofen stehet.
h. der Ofen von gebranter Erde.
c. der Aschen-Herd.
d. Feuer-Herd.
e. der Kolb so im Feuer ist.
f. das kleine Pförtlein den Schwefel einzuwerfen.
g. die Register.
h. der Helm mit zweyen Schnebeln.
i. die Recipienten.
k. Hölker, darauf die Recipienten mit ihren Krentzen liegen.
l. Nepflein mit Pülverisirten Schwefel.
m. Knöpffe, die den Helm in die Höhe halten.

218 Bei Zersetzungsvorgängen natürlichen biologischen Materials wie der Faulung von Tierkadavern, Fäkalien und Harn im Erdbereich bildet sich Salpeter, der von Salpeterern in Salpetersiedereien ausgewaschen und gereinigt wurde. Die mit Erde bedeckten Faulgruben faßte man in sogenannten Salpeterplantagen zusammen.

219 Zwar würde sich Salpeter in der Natur reichlich bilden, doch ist dieser leicht löslich und wird daher vom Regen weggeführt oder von Pflanzen als Dünger verbraucht. Nur unter ganz seltenen geologischen und klimatischen Besonderheiten reichert sich Salpeter in der Natur an, so in der Wüste im Hochland von Chile, wo er durch Lockersprengen und Auslaugen gewonnen wird. Foto Deutsches Museum, München, um 1900

220 Seit dem ersten Viertel des vorigen Jahrhunderts mußte der Chile-Salpeter mit großen Segelschiffen rund um Kap Hoorn nach Europa gesegelt werden. Bei der militärischen Bedeutung des Salpeters führte dies zu gewichtigen strategischen Problemen. Foto Deutsches Museum, München, um 1900

221 Die Abtrennung tauben Begleitgesteines und anderer Salze vom Salpeter läßt sich vergleichsweise leicht technisch in Fabrikanlagen ausführen. Hier ein Modell einer chilenischen Salpeteraufbereitungsanlage. Foto Deutsches Museum, München, um 1920

222 Eine der ersten Substanzen, die fast 100%ig rein hergestellt wurden, war, bedingt durch sein hohes Kristallisationsvermögen, der Zucker. Die Technik der Kultivierung des Zuckerrohres, dessen Zerhacken, Auspressen des Saftes, Grobreinigung durch Filtration, Eindicken über dem Feuer und Kristallisieren des Zuckers hatten sich ausgehend von Indien bis Ende des Mittelalters bis zu den spanischen Inseln ausgebreitet. Aus: Stradanus, Nova reperta, 1580

2

218

223 bis 228 Schon in der ägyptischen, assyrischen und babylonischen Kunst, dann in spätrömischer Zeit wurden glasierte Platten aus gebranntem Ton gefertigt. Im Mittelalter waren sie in Italien weitverbreitet. Besonders kultiviert wurde ihre Verwendung in der islamischen Architektur, und auf dem Weg über Spanien wurden sie zum Vorbild für niederländische Fliesen. Besonderes Kennzeichen der Delfter Ware im 17. und 18. Jh. war die intensive Nutzung von Kobaltblau als Unterglasurfarbe.

229 Paracelsus schrieb dem Antimon, insbesondere dem Antimonsulfid, beträchtliche therapeutische Wirkungen zu. Dies führte dazu, daß man spezielle Dosen aus Antimon schuf, in denen Pillen geschüttelt wurden. Da das Antimon durch seine Sprödheit leicht bricht – daher der Name Sprödmetall –, wurde die Antimonschale, umhüllt von weichem Leder, in eine passende Holzdose gelegt. Der Nutzen dieser Handhabung ist angesichts der Giftigkeit des Antimons äußerst problematisch. Schüttelt man die Pillen zusammen mit Blättchen aus Blattgold oder legt die Dose insgesamt mit Blattgold aus, so werden durch das Schütteln die Tabletten vergoldet. Auch dieser Vergoldung schrieb man eine therapeutische Wirkung zu, man denke an das Danziger Goldwasser. Abteilung Chemie, Deutsches Museum, München

230 Die wunderbaren Eigenschaften des Antimons führten 1702 den Pfannenherrn und Berghauptmann J. Thölde dazu, einem legendären Benediktinerpater »Basilius Valentinus« ein Werk unterzuschieben, dem er den Titel »Fr. Basilii Valentini Benedictiner Ordens Triumph Wagen Antimonii« gab. Dieses Buch war eines der erfolgreichsten chemischen Werke überhaupt. Noch der junge Justus Liebig hat es bei seinen Studien benutzt. Frontispiz eines von F. Roth-Scholz besorgten Nachdruckes, Nürnberg 1727

184

231 Zu jeder Apotheke gehörte einstens ein eigenes Laboratorium, da sich jeder Apotheker die von
ihm vertriebenen Pharmazeutika selbst herstellte.
Zuverlässigkeit der Mitarbeiter und Güte des Laboratoriums entschieden über Wohl und Wehe der
Patienten. Industriell hergestellte Präparate mit
einheitlichem Wirkstoffgehalt waren unbekannt.
Balthasar Schnurin: Kunst-, Haus- und Wunder-
buch, 1664

232 Albarello mit dunkelblauer Bemalung aus Ka-
talonien, 1. Hälfte 18. Jh., mit Inschrift »Balsam Uni-
vers Al.« Faculté de Pharmacie, Paris

233 Die Öfen dieses Laboratoriums, Mitte 18. Jh.,
zeichneten sich durch die Tatsache aus, daß sich
mit ihrer Hilfe besonders hohe Temperaturen erreichen ließen, bedingt durch den seitlichen Anbau
gewaltiger Blasebälge und eine raffinierte Führung
der Flammen, die die Destillierblase voll umhüllen
konnten. Für kleinere chemische Arbeiten hatte
man gemauerte Labortische. Anonym, Falscher
und wahrer Lapis philosophorum, Frankfurt a.M.
1752

EN! ERRANTES.

EUNT, QUA ITUR, NON QUA EUNDUM EST VIA.

187

234 Ein wichtiger chemischer Rohstoff war Pottasche, Kaliumkarbonat, wie wir heute wissen. Zu
dessen Gewinnung wurde entweder Holz im Wald
verascht oder man sammelte durch »Aschenmän-
ner« die Asche des Hausbrandes ein, um diese dann
auszulaugen. Große Haushalte stellten sich ihre
Pottasche selbst her. Sie diente insbesondere als
Waschmittel, aber auch als eines der Rohmaterialien, um Glas zu erschmelzen. Eine Rechnung ergab, daß man, um die Glasscheiben für die Orangerie Friedrichs des Großen in Sanssouci zu erschmelzen, die Asche von über 50 Hektar Buchen-
wald benötigte. Modell, Deutsches Museum, München

235 Aus diversen natürlichen und synthetischen
Riechstoffen, aus ätherischen Ölen, Haftstoffen und
Lösungsmitteln werden in speziellen Labors kunst-
volle Parfum-Kompositionen zusammengemischt.
Voraussetzung für eine erfolgreiche Laufbahn als
Parfum-Chemiker sind eine extrem empfindliche
Nase und ein gutes Gedächtnis für Gerüche. In
einem Duftlaboratorium ist größte Sauberkeit er-
forderlich, da riechende Rückstände die Nase des
Parfumeurs leicht täuschen könnten. Unbekannte
Seifenfabrik der zwanziger Jahre. Archiv des Ver-
fassers

236 Unter Seife versteht man Natrium-, Kalium-
oder Ammoniumsalze langkettiger Fettsäuren mit
Zusätzen von Wasser, Glyzerin, Farb- und Duftstoffen. Zur Herstellung von Seife werden zunächst
tierische Fette verseift, d.h. mit Lauge gekocht.
Kaliseife entsteht beim Kochen mit Kalilauge und
wird entsprechend ihrer zähen Konsistenz
Schmierseife genannt. Natronseife ist dagegen fest.
»Seifensieden« in einer unbekannten Seifenfabrik
der zwanziger Jahre. Archiv des Verfassers

237 und 238 Zur Darstellung von Glyzerinseife
wählt man vollständig klar gesottene Natronseife
mit geringem Wassergehalt. Durch Zusatz von entsprechenden Mengen Glyzerin werden solche Seifen in Massen verwandelt, die eine sehr glatte und
gefällige Oberfläche haben und bei großem Glyze-
ringehalt sogar durchsichtig werden können. Da
Glyzerin ein gutes Lösungsmittel für Riech- und
Farbstoffe ist, lassen sich durch Zumischen von
Farben und Parfums prachtvoll aussehende und
riechende »Toilettenseifen« erzeugen. Knetma-
schine für Seifenwasser. Archiv des Verfassers.
Der zunächst flüssige Seifenleim erstarrt beim Ab-
kühlen nach der Verseifung zu gewaltigen Blöcken,
die mit gespannten Drähten zersägt werden müssen. Archiv des Verfassers

234

235

Späte Alchemie und wissenschaftlicher Beginn

239 Besonders beliebt – gerade im 18. Jh. – war das Element Phosphor, das 1669 in seiner weißen Modifikation von dem Alchemisten Hennig Brand entdeckt worden war. Dank seinem geheimnisvollen Leuchten im Dunkeln eignete es sich besonders für Jahrmarktgaukeleien, wie dem leuchtenden Stein der Weisen, bzw. für leuchtende Inschriften an einer Mauer, sogenannte Menetekel. Da das Destillieren weißen Phosphors durch seine enorm leichte Brennbarkeit äußerst gefährlich ist, empfahl sich die Verwendung spezieller Öfen, die im Falle eines Platzens der Destilliergefäße die Laboranten durch Schutzbleche sicherten. Nachbau, Deutsches Museum, München

240 bis 243 In den Jahren 1699 bis 1704 war der betrügerische Goldmacher Domenico Emanuele Cajetano, Graf Ruggiero auf der Burg Grünwald südlich von München mit durch Fluchtversuche bedingten Unterbrechungen inhaftiert. Er vertrieb sich die Zeit durch Bemalen der Wände seiner Zelle mit religiösen und alchemistischen Graffiti. Es dürften die einzigen Kerkerschmierereien eines Betrugsalchemisten sein, die auf uns gekommen sind. Leider wurden Teile der Zelle, ehe man die aus Ziegelstaub und Ruß mit Öl gefertigten Graffiti entdeckt hatte, abgetragen. Cajetano stellte auf einem seiner Gemälde das Innere eines Laboratoriums dar. Die beiden Männer tragen klerikale Kleidung. Aus den Prozeßakten wissen wir, daß die interessanteren Weggefährten des Neapolitaners Cajetano tatsächlich Geistliche waren. Das größte seiner Gemälde zeigt den gefallenen Christus, ein auch in der Alchemie häufig verwendetes Bild. Entsprechend den religiösen Traditionen der Alchemie stellte Cajetano sich selbst betend vor einem Kruzifix dar.

Deus qui unigeniti tui patientia, antiqui hostis contrivisti superbiam; da nobis quesumus, que idem pie pro nobis pertulit, digne recolere; sicque exemplo eius, nobis aduersantia equanimiter tollerare

...meum a Domino qui saluos facit rec-tos corde.

Propter nomen tuum deduces me et enu-tries me.
...duces me de laquec hoc qz enis cseðc...
mihi: quoniam tu es prctector m...

244 Auch die späte Alchemie war mehr als nur mit geheimnisvollem Hokuspokus verbrämte Chemie. Wesentlicher Teil alchemistischer Arbeit waren stets religiöse erbauliche Betrachtungen, so wie der hier vorgestellte Baum der Erkenntnis aus: Anonym, Geheime Figuren der Rosenkreuzer aus dem 16ten und 17ten Jahrhundert, Altona 1785

245 In der Gedankenwelt der kabbalistischen Alchemie gab es ein durch »Jehovas güldene Ketten« zusammengehaltenes, hierarchisches System von Metallen, Substanzen, philosophischen und religiösen Begriffen, das sich zu einem leiterähnlichen Gebilde formte, in dem dem »irdischen Chymisten« ebenso sein Platz zugewiesen war wie Gott und seinen Engelscharen. In ihm waren die von den Cherubim und Seraphim ausgehenden feurigen Winde ebenso vertreten wie Antimon, Schwefel und Salmiak. Anonym, Geheime Figuren der Rosenkreuzer aus dem 16ten und 17ten Jahrhundert, Altona 1785

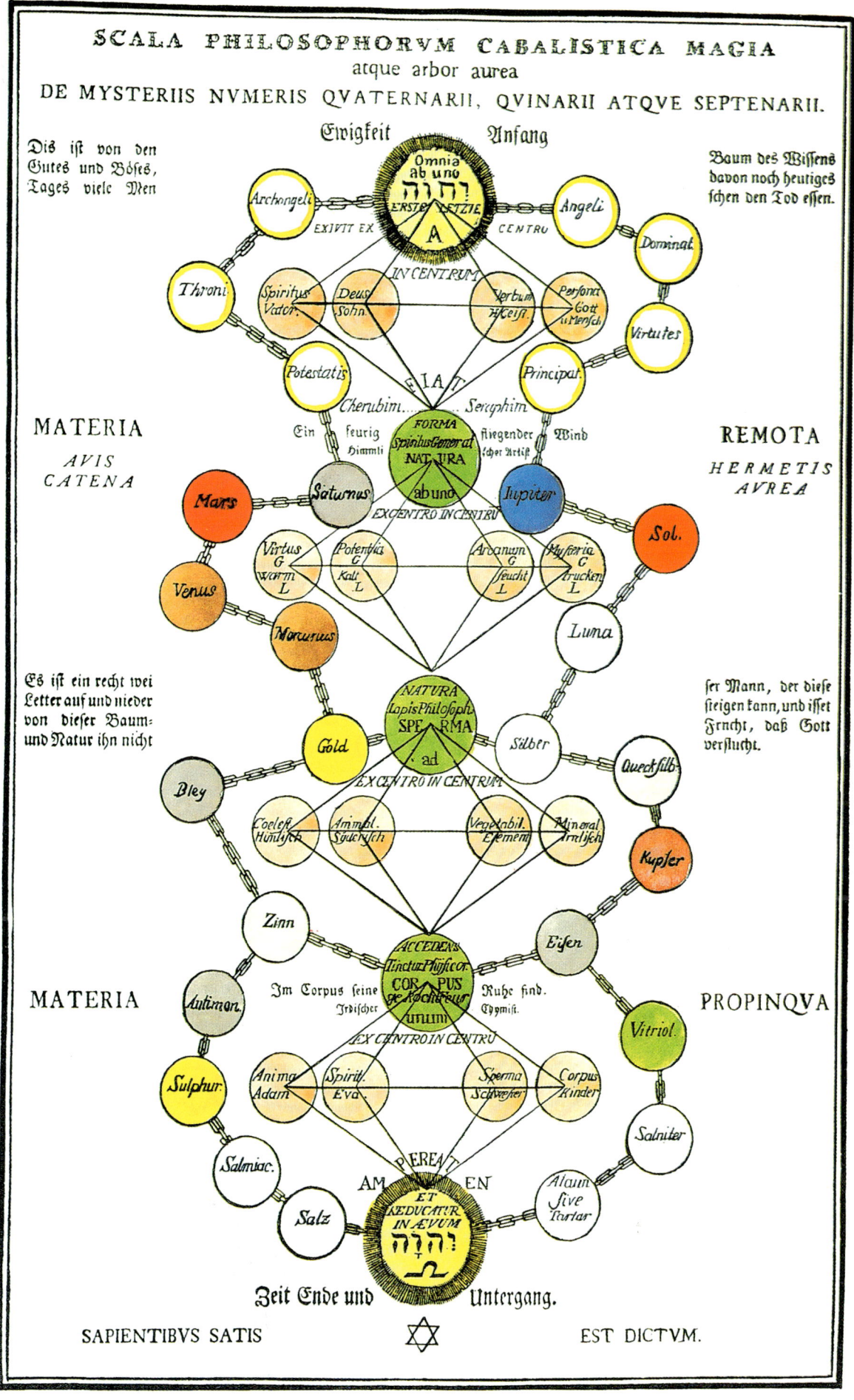

SCALA PHILOSOPHORVM CABALISTICA MAGIA
atque arbor aurea
DE MYSTERIIS NVMERIS QVATERNARII, QVINARII ATQVE SEPTENARII.

Ewigkeit   Anfang

Diß ist von den
Gutes und Böses,
Tages viele Men

Baum des Wissens
davon noch heutiges
schen den Tod essen.

Omnia ab uno
יהוה
ERSTE LETZTE
A
EXIVIT EX   CENTRV
IN CENTRVM

Archongeli   Angeli   Dominat.
Throni   Spiritus Vater.   Deus Sohn.   Verbum H.Geist.   Persona Gott u.Mensch   Virtutes
Potestatis   Principat.

FIAT
Cherubim   Seraphim

MATERIA
AVIS
CATENA

Ein   feurig   fliegender   Wind
Himmli   scher Artist

FORMA
SpiritusGeneral
NATVRA
ab und

REMOTA
HERMETIS
AVREA

Mars   Saturnus   Jupiter   Sol.
EXCENTRO INCENTRV
Virtus G warm L   Potentia G kalt L   Arcanum G feucht L   Mysteria G trucken L
Venus   Luna
Mercurius

Es ist ein recht wei
Letter auf und nieder
von dieser Baum=
und Natur ihn nicht

NATVRA
Lapis Philosoph.
SPE RMA
ad

ser Mann, der diese
steigen kann, und isset
Frucht, daß Gott
verflucht.

Gold   Silber   Queckfilb
Bley   Coelest. Himlisch   Animal. Sinnlisch   Vegetabil. Element   Mineral Irrdisch   Kupfer
EXCENTRO IN CENTRVM
Zinn   Eisen

MATERIA

ACCEDENS
TincturPhysicor.
COR PUS
unum
EX CENTRO IN CENTRV

Im Corpus seine   Ruhe find.
Irdischer   Chymist.

PROPINQVA

Antimon.   Vitriol.
Sulphur.   Anima Adam   Spirit. Eva   Sperma Schwester   Corpus Kinder   Salniter
Salmiac.   PEREA   Alaun sive Tartar
Salz   AM   EN
ET REDUCATUR IN AEVUM
יהוה

Zeit Ende und   Untergang.

SAPIENTIBVS SATIS   ✡   EST DICTVM.

193

246 Das Treiben der Alchemisten und ihre exotischen Ingredienzien, hier ein giftiger Skorpion, beflügelten die Phantasie der Maler. Unbekannter Meister. Freies Deutsches Hochstift, Frankfurter Goethe-Museum

247 Man nimmt an, daß Landgraf Moritz von Hessen-Kassel (1572–1632) diesen Destillierofen selbst entworfen hat. Im quadratischen Untersatz liegt die muldenförmige Feuerkammer, der über ein kurzes Rohr am Boden Luft zugeführt wird. Seitliche Schlitze am oberen Rand lassen den Rauch entweichen. Je nach Wunsch konnte man in diesem Ofen eine Destillationsapparatur unmittelbar auf das Feuer, in ein Wasser- oder auch in ein Dampfbad setzen. Moritz, der diesen Ofen wohl auch selbst benutzt hat, ließ ihn kunstvoll gestalten und mit seinem und dem Wappen seiner Gemahlin schmücken. Hessisches Landesmuseum, Kassel

248 Unter den gekrönten Alchemisten nahm Kaiser Rudolf II. einen besonderen Rang ein. Er ließ für sich selbst eine neue Kaiserkrone schaffen, die als einzige Krone des christlichen Abendlandes einen Edelstein noch über dem den Stirnreif krönenden Kreuz trägt. Man nimmt an, daß dies als »Lapis«-Symbol gedacht war, als eine Art Gleichsetzung des Steines oder des großen Werkes mit Gott dem Herrn. Westliche Schatzkammer, Wien

248

249 Der bedeutendste Astronom am Hofe Rudolfs II. war der Däne Tycho Brahe, der sich zusammen mit seinem schlafenden Hund hinter einem großen Mauerquadranten und einer großen astronomischen Uhr in seiner Sternwarte Uraniborg abbilden ließ. Die drei Stockwerke waren drei verschiedenen Arbeitsvorgängen gewidmet. Oben auf den Beobachtungsplattformen waren astronomische Beobachtungsinstrumente aufgebaut. In der mittleren Etage wurde gerechnet. Bemerkenswert sind die gut erkennbaren Laboratorien im untersten Geschoß. Gemäß der Mikrokosmos-Makrokosmos-Parallele entsprach das Geschehen am Himmel den Ereignissen in den Retorten der Alchemisten. Auch Tycho selbst hat sich alchemistisch betätigt wie die meisten wissenschaftlichen Mitarbeiter des Kaisers.

250 Auch der polnische König und sächsische Kurfürst August der Starke gehörte zu den gekrönten Häuptern, die sich mit Chemie und Alchemie beschäftigten und Laboratorien unterhielten. In seinen Diensten fand 1706 J.F. Böttger das europäische Hartporzellan. Der König liebte sogenannte Planetenfeste, die bestimmten Planeten, aber auch den entsprechenden Metallen geweiht waren. In dem Saturnfest 1719 führte man einen Treibherd mit, auf dem wirklich getrieben wurde. Der König selbst zog in einer besonders prachtvollen Bergmannstracht im Zuge mit.

EFFIGIES TYCHONIS BRAHE O.F. AEDIFICII ET INSTRUMENTORUM ASTRONOMICORUM STRUCTORIS A° DOMINI 1587 AETATIS SVAE 40

249

251 Bedingt durch reichen Besitz an Bergwerken um Bayreuth und in Kärnten war das Interesse der Fürstbischöfe von Bamberg an Geologie, Mineralogie und Chemie rege entwickelt. So erhielt der bambergische Hofmaler J.F. Treu (1713–1796) einige Male die Aufgabe, Bilder mit chemischen Sujets zu gestalten wie hier »Unterricht in der Chemie«. In einem schon recht modern als Dreifuß gestalteten Kupferkessel brennt ein Holzkohlenfeuer, an dessen Flammen bauchige Probiergläser erhitzt werden. Bemerkenswert dabei ist die Tatsache, daß ein Schreiber die Versuchsergebnisse umgehend protokollierte. Damit entspricht der Bildinhalt tatsächlich dem Titel, hier wird wissenschaftliche, forschende Chemie gezeigt und nicht mehr Alchemie. Historisches Museum, Bamberg

252 Im 18. Jh. blühte insbesondere in Frankreich der Bau großartiger chemischer Laboratorien, was offenbar auf der großen Neigung der Aristokratie beruhte, sich mit Alchemie und Chemie zu beschäftigen. Selbst Ludwig XV. unterhielt auf Petit Trianon ein Laboratorium zum eigenen Gebrauch. Vergleicht man die vorgestellte Abbildung mit der Beschreibung, die Casanova von jenem der Marquise d'Urfé gab, sind Ähnlichkeiten nicht zu übersehen. Geräumig, mit hohen Fenstern und einer gewaltigen Abzugshaube versehen, macht es schon einen recht modernen Eindruck. Die benötigten Chemikalien wurden im Keller unter dem Laboratorium gelagert. Die aufgelisteten Symbole stellen eine Affinitäts-Tabelle dar, der ein Chemiker entnehmen kann, daß die jeweils unten stehende chemische Verbindung in der Lage ist, mit jeder über ihr stehenden zu reagieren. Diderot et d'Alembert: Encyclopédie…, Tafelband IV, 1772

Laboratoire et table des Raports

253 Im Laufe des 18. Jh.s entwickelte sich insbesondere in Frankreich der Bautyp des »Philosophenturmes« als speziell wissenschaftlichen Studien gewidmete Parkburg. Dieser Philosophenturm in Gestalt einer überdimensionalen geborstenen Säule enthielt ein großes chemisches Laboratorium, eine Bibliothek neben Sammlungsräumen und stand im Park des Schlosses Retz. Er wurde von den Herzögen von Orléans bzw. deren Laboranten benutzt.

254 Dieses Titelblatt verdient besonderes Interesse, weil es noch einmal alle Autoritäten der Alchemie vereint. In dem Bemühen, auf die himmlischen Harmonien anzuspielen, sieht man in dem Laboratorium unter chemischen Gerätschaften auch ein Musikinstrument. Oswald Croll (1560–1609) war ein weitgereister Arzt und stand zuletzt als Alchemist in den Diensten Kaiser Rudolfs II. Das hier vorgestellte Buch war ein Standardwerk der paracelsistischen Iatrochemie. Es enthielt eingehende Beschreibungen der Herstellung von Arzneimitteln und stellt das erste spezielle Vorschriftenbuch der paracelsistischen Chemie dar. Oswald Croll: Basilica Chymica, Frankfurt 1609

253

255 Die Herstellung schnell, aber auch besonders langsam brennender Lunten sowie die Bereitung von unterschiedlich schnell brennenden Pulvermischungen gehörte zu den Aufgaben der Feuerwerker. Durch Zusätze von Natrium-, Kalium- oder Kupfersalzen ließen sich die Flammen gelb, rot oder grün färben. Lustfeuerwerk im Garten des kurfürstlichen Schlosses Neuhauß bei Köln zu Ehren des Kurfürsten und Fürstbischofs Clemens August.

256 Ein von August dem Starken »selbst inveniret und also ordiniret« Lustfeuerwerk am 6. Juni 1709.

254

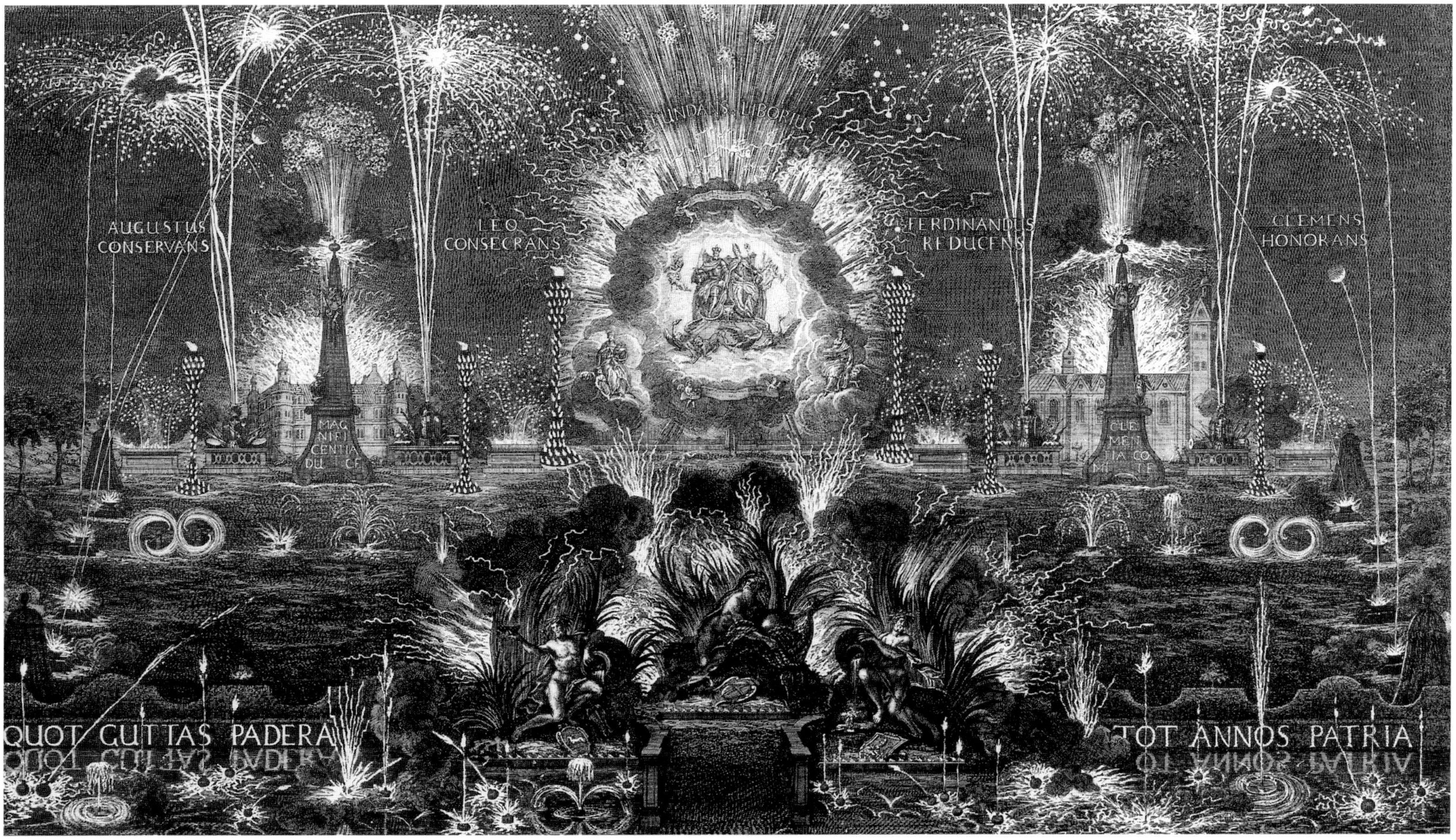
AUGUSTUS
CONSERVANS
LEO
CONSECRANS
FERDINANDUS
REDUCENS
CLEMENS
HONORANS
QUOT GUTTAS PADERA
TOT ANNOS PATRIA

255

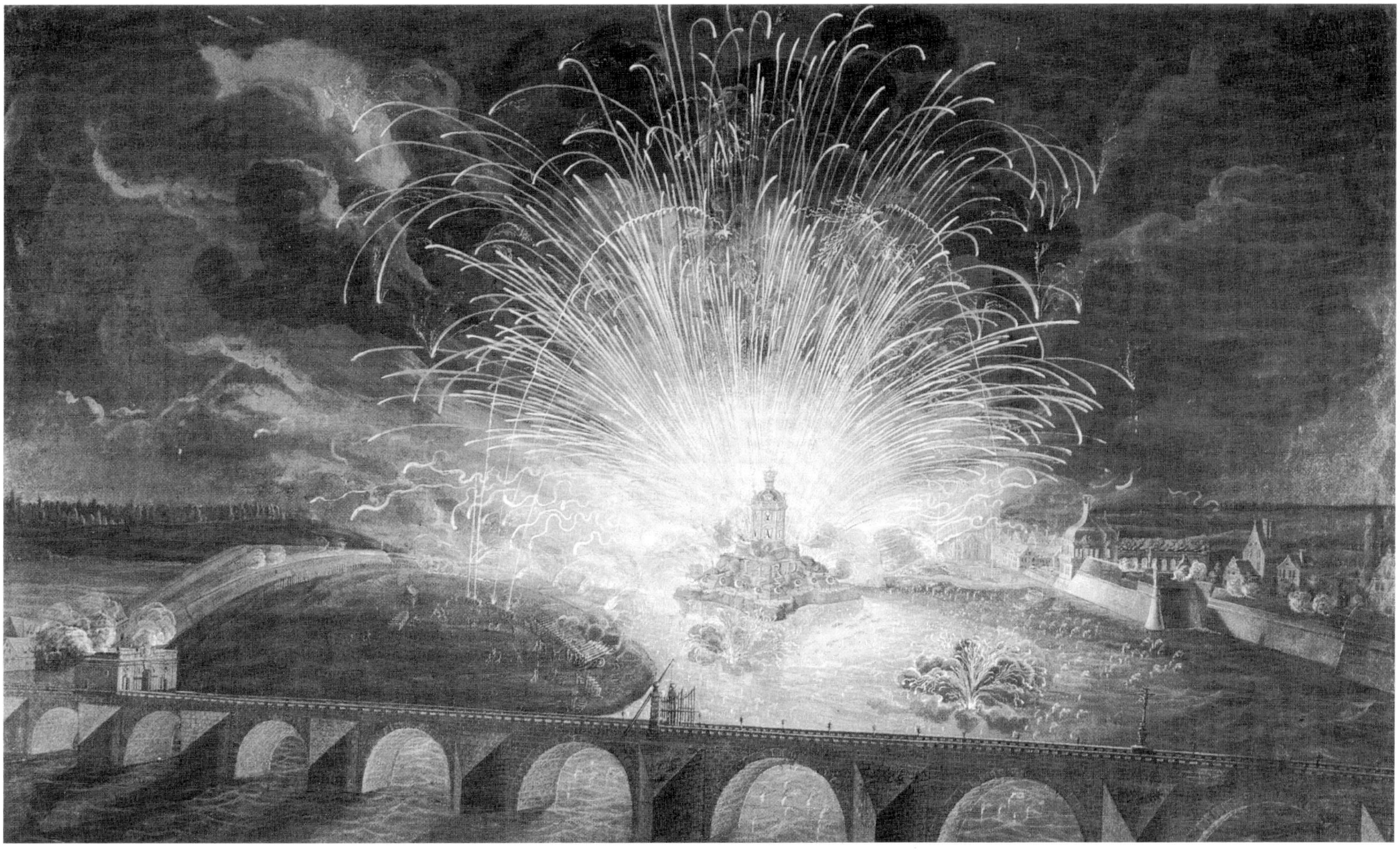

256

257 Johannes Kunckel (1630–1703) diente als Pharmazeut, Alchemist und Glasforscher nacheinander dem Herzog von Sachsen-Lauenburg, den Kurfürsten von Sachsen und Brandenburg und zuletzt dem König von Schweden, der ihn als Herrn »von Löwenstern« adelte. Der hellste Stern im Bild des Löwen ist der Regulus, symbolisch gleichgesetzt mit dem beim Schmelzen unter der Schlacke sich bildenden Metallklumpen. Alchemistische Adelsprädikate waren damals Mode. Kaiser Leopold I. hatte den originellen Einfall, einen seiner Hofalchemisten zum »Herrn von Chaos« zu ernennen. Unter Verwendung von Knallgold schuf Kunckel das Rubinglas. Basierend auf der Übersetzung eines von Neri stammenden italienischen Buches schrieb Kunckel mit seiner »Ars Vitraria Experimentalis« 1679 ein bedeutendes Fachbuch der Glasindustrie, das bis ins 19. Jh. Gültigkeit besaß.

258 Es steht zu befürchten, daß das Gold im Vordergrund im Laufe der Bemühungen unseres Alchemisten und seiner drei Mitarbeiter auch verschwinden wird. David Teniers d.J. (1610–1690), Der Alchemist, 1680. Staatsgalerie im Schloß Schleißheim, Bayer. Staatsgemäldesammlungen

259 und 260 Die mangelnde Hygiene früherer
Zeiten führte zu durchaus strengen Duftnoten im
Innern der Räume. So entwickelte sich eine vielfäl-
tige Technik für den Bau von Parfumlampen oder
Brennern zum Verdampfen von Duftwässern oder
Ölen. Verschiedene Brûle-Parfums, 18. Jh. Samm-
lung Schwarzkopf, Steinhorst

261 Nachbau eines Laboratoriums des 18. Jh.s in
der Abteilung Chemie des Deutschen Museums in
München. Es handelt sich um eine recht freie
Rekonstruktion der Abb. 252. Das bizarre Gebilde
mit dem französischen Königswappen in der Mitte
des Herdes ist der Vorratsschacht für die langsam
nachrutschenden Kohlen. Auf der linken Seite ist
eine gewaltige Brennlinse zu sehen, die um 1700
von E. W. v. Tschirnhaus gegossen und geschliffen
wurde, wahrscheinlich eine der größten je in Europa hergestellten Glaslinsen überhaupt. Solche Lin-
sen bzw. Spiegel verwendete Tschirnhaus bei seinen frühen Versuchen, um das Geheimnis des
weißen chinesischen Porzellans zu lüften, was dem
unter seiner Aufsicht arbeitenden Johann Friedrich
Böttger 1707/08 gelang.

262 Michael Maier (1568–1622), »poeta laureatus caesareus« der Universität Frankfurt 1592, war als Leibarzt in den Diensten von Kaiser Rudolf II. und des Landgrafen von Hessen. Er stand in der Tradition von Paracelsus und war führender Anhänger der Rosenkreuzer. Sein Buch »Viatorium…« 1618 ist mit seinen 50 Kupferstichen ein Meisterwerk alchemistischer Ikonographie.

263 Lazarus Ercker von Schreckenfels (1530 bis 1594) war zunächst Bergprobierer in Annaberg. Nachdem seine »Aula subterranea« 1556 erstmals erschienen war, ernannte man ihn zum Generalprobationsmeister. 1563 wurde er Münzmeister in Goslar und 1568 oberster Bergmeister im Königreich Böhmen. Ercker entwickelte die Technik des »Cementierens«, d.h., die Abscheidung von Edelmetallen aus ihrer Lösung durch unedle Metalle. Er gilt als einer der großen Technologen der Renaissance, und seine Werke wurden häufig nachgedruckt. L. Ercker: Aula subterranea, 1556

MICHAELIS MAIERI VIATORIVM, hoc eſt, DE MONTIBVS Planetarum ſeptem, ſeu METALLORVM.

ROTHOMAGI, Sumpt. IOANNIS BERTHELIN. 1651,

264 Im Festsaal des Schaezler-Palais in Augsburg findet sich ein eigenartiges Bild- und Zeichenprogramm, mit Darstellungen der Jahreszeiten, Monate, Tierkreiszeichen und letzteren zugeordneten alchemistischen Symbolen, korrespondierend mit den Darstellungen der vier Elemente. Dabei kommt es zu folgenden Paarungen: Wassermann–Bleiweiß, Fische–Wismut, Widder–Stahl, Stier–Kupfer, Zwillinge–Gold, Krebs–Quecksilber, Löwe–Zinn, Jungfrau–Spießglanzglas, Waage–Blei, Skorpion–Eisen, Schütze–Silber, Steinbock–Messing. Städtische Sammlungen, Augsburg

265 bis 269 Wichtig für die Entwicklung der Chemie war die später »Physikotheologie« genannte Geisteshaltung, die aus der Zweckmäßigkeit des Aufbaues in der Natur und ihrer Ordnung auf die Existenz Gottes schloß. Auf Bibelstellen aufbauend, die Gottes Schöpfung preisen – wie dem Gesang der Jünglinge im Feuerofen –, hatte sich die Lehre von den beiden Büchern entwickelt, die der gläubige Mensch zu lesen habe: die Bibel und das »Buch der Natur«. Somit befruchtete die Physikotheologie auch die Suche nach den systematischen Grundlagen der Chemie. In dem vorgestellten Bildprogramm fand diese Weltanschauung eine christlich-alchemistische Darstellung: Die vier Elemente, antike Gottheiten mit den Himmelskörpern, Metallen und Mineralien als Symbole für den Makrokosmos. Der Erlöser als Brunnen und der Mensch als Mikrokosmos. Gemälde von Kaspar Amort d. Ä., Stephan und Michael Kessler, 1672–75. Kloster Benediktbeuern, alter Festsaal

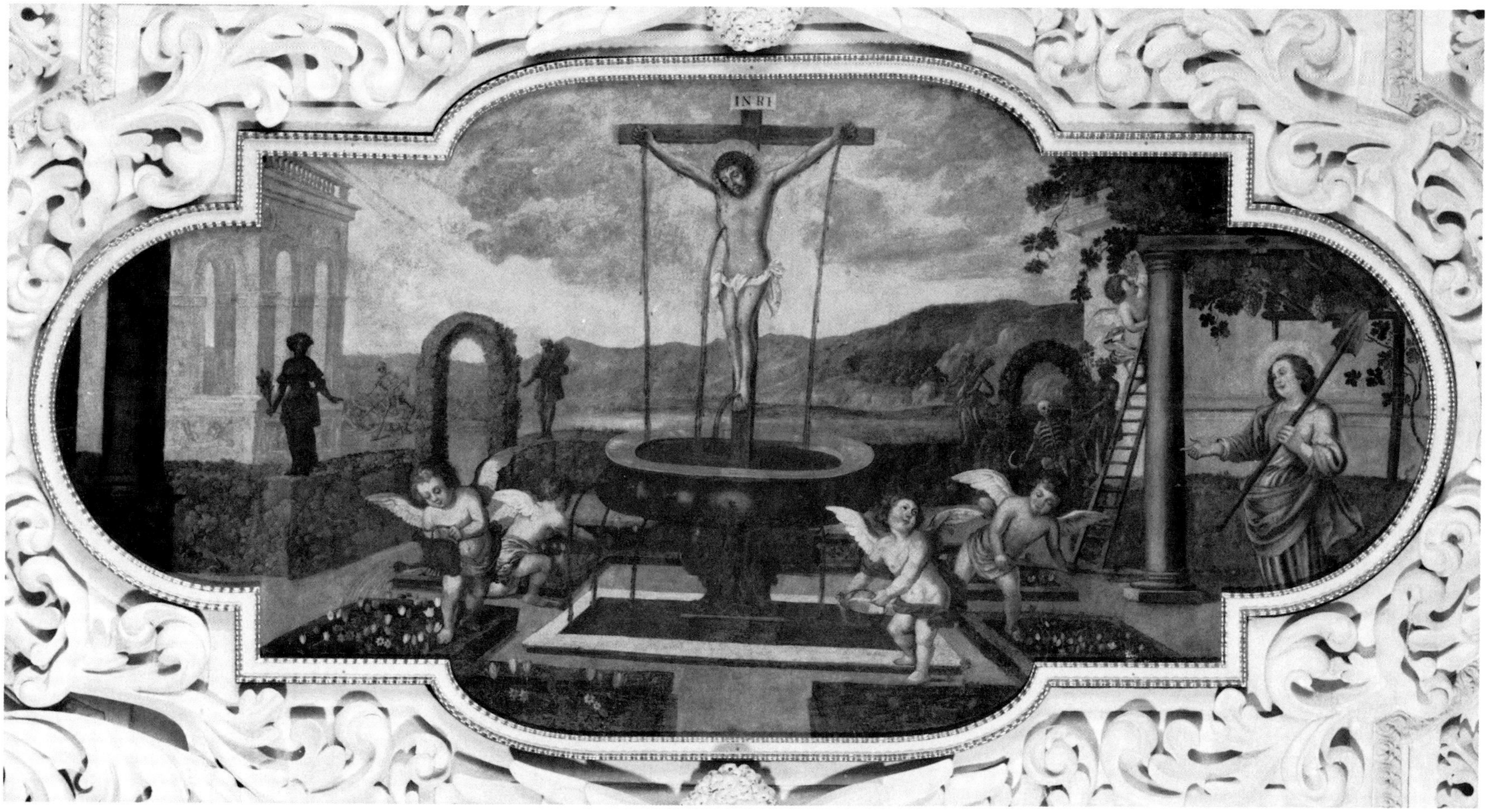
INRI

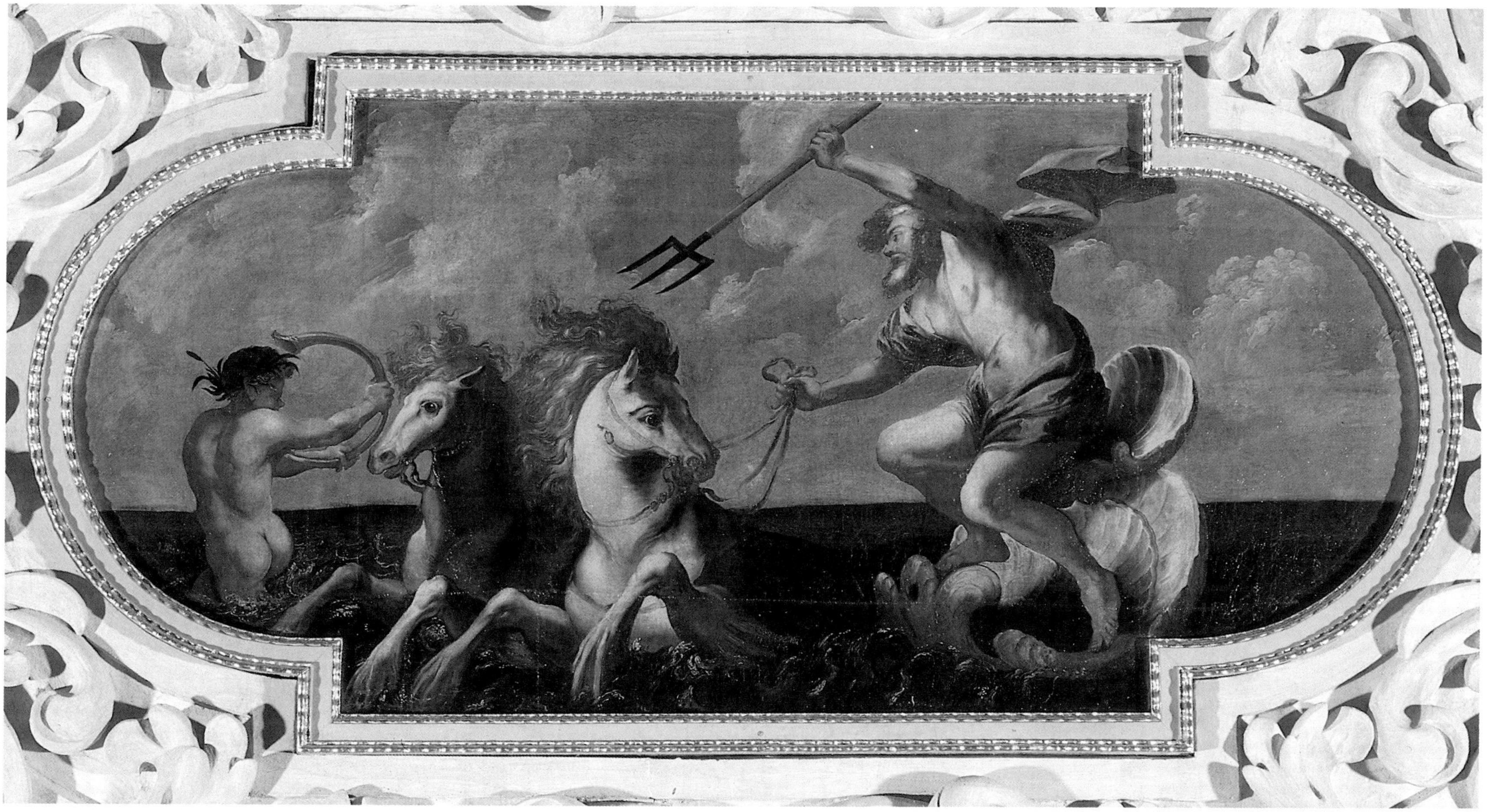

270 Alchemistische und chemische Tricks und Rezepturen spielten in der Literatur des 18. und 19. Jh.s eine große Rolle. Die Tatsache, daß die Minister und Räte König Friedrich Wilhelms II. von Preußen ihren König durch geheimnisvollen alchemistisch-rosenkreuzerisch-freimaurerischen Hokuspokus lenkten, veranlaßte Friedrich Schiller zur Abfassung seiner Novelle »Der Geisterseher«. Das Frontispiz der Erstauflage ist hier abgebildet.

271 Die Wolfsschluchtszene der Oper »Freischütz« von Karl Maria v. Weber machte den alchemistisch-nekromantischen Brauch beim Gießen von nie fehlenden »Freikugeln« unsterblich. Illustration von Moritz von Schwind.

272 bis 275 J. W. v. Goethe (1749–1832) wurde während einer langsamen Genesung von einem körperlichen Zusammenbruch 1769 von einem pietistisch-alchemistischen Arzt geheilt und insbesondere von einer Freundin seiner Mutter, Susanna Katharina von Klettenberg (1723–1774), alchemistisch beeinflußt. Fräulein von Klettenberg war Besitzerin einer großen alchemistischen Bibliothek, die sie von dem Betrugsalchemisten Johann Hektor v. Klettenberg geerbt hatte. Goethe begann nun selbst zu experimentieren. Während seines Studiums in Straßburg 1770/71 hörte er auch chemische Vorlesungen. In vielen seiner Dichtungen spielen Alchemie und Chemie eine große Rolle, insbesondere im »Faust«, zu dem Goethe selbst Illustrationen schuf. Nationale Forschungs- und Gedenkstätten der Klassischen Deutschen Literatur, Weimar

276 Selbst die Mätresse des französischen Königs Ludwig XIV., die Marquise de Montespan, war in die Affäre um eine Giftmischerin und Händlerin von Liebesträncken verwickelt. Ein geheimer Gerichtshof, nach seinem Versammlungsort »chambre ardente« genannt, schickte schuldige Standespersonen in die Verbannung, weniger Hochstehende auf die Galeeren und ließ die Giftmischerin Voisin 1680 hinrichten. Anläßlich der Hinrichtung der Giftmischerin gedrucktes Flugblatt.

277 Flugblatt auf die Hinrichtung des vermeintlichen Goldmachers Domenico Emanuele Cajetano, Graf Ruggiero, Leipzig 1709. Siehe auch Abb. 240.

Der nach Urtheil und Recht gestraffte Goldmacher CAJETANI,

120.

Wie solcher den 23. Augusti 1709. Vormittags zwischen 11. und 12. Uhr in Cüstrin/ an einen mit güldenen Lahn beschlagenen Balcken/ des ordinairen Diebes-Galgen/ und in einen von dergleichen Stoff gemachten Romanischen Habit/ allen betrügerischen Goldmachern zum Abscheu und Exempel auffgehangen worden.

Fumum vendidi fune perij.

O quantus artificem

Nachdem der sogenannte Graff Cajetani (welcher sich nicht gescheuet/ vor einen/ aus dem berühmten Italiänischen Geschlecht/ des in dem 16. Seculo bekant gewesenen Cardinals Cajetani entsprossenen/ auszugeben/ da er doch nur eines gemeinen Bürgers Sohn aus Neapolis soll gewesen seyn) an den Kayserlichen/ Bayerischen/ Pfältzischen/ und andern Höfen/ seiner betrüglich vorgegebenen Wissenschafft des Goldmachens halber/ sich nicht allein berüchtiget gemacht/ sondern auch endlich zu Vermeidung der dergleichen Fallariis und impostoribus gebührenden Straff durchgehen müssen/ kame er zu seinem Unglück endlich an den Königlichen Preußischen Hoff/ um auch daselbst die Roll eines vermeinten Adepti (in der von so viel Tausenden vergeblich gesuchten Kunst des Goldmachens) zu spielen/ dadurch diesem Hoff ein gutes Stück Geld abzulocken/ von welchem er herrlich leben/ und so lang grossen Staat führen möchte/ biß sich endlich die Gelegenheit erzeugen würde/ durch heimliche Flucht seinen Fuß weiter zu setzen/ wie denn auch in verwichenen Jahr würcklich geschehen/ als er aber hierauff in Franckfurt am Mayn wieder attrapiret/ und gefänglich nach Cüstrin gebracht worden/ ergieng endlich das gerechte Urtheil/ daß er den 23. Augusti an einen mit güldenen Lahn oder Zindel beschlagenen Balcken/ und in einen gleichmäßigen Romanischen Habit/ Ihm zur wohlverdienten Straffe/ andern zum Abscheu und Exempel öffentlich solte auffgehangen werden/ welches Urtheil dann auch würcklich an ihm in Zuschauung vieler Menschen vollzogen worden. Die kurtze Relation des gantzen Processes wird aus Cüstrin folgender Gestalt überschrieben.

Cüstrin/ den 23. Augusti 1709. Heute Morgens um 10. Uhr/ ist der bekante Goldmacher/ und so genannte Graff Cajetani ausserhalb der Vestung/ für der kurtzen Vorstadt/ seinem Urtheil gemäß/ gehäncket worden: Als ihm einige Tage vorher bekant gemacht ward/ daß er sich zum Tode praepariren solte/ hat er sich solches anfänglich/ nicht einbilden wollen/ sondern in dem Wahn gestanden/ daß es ihm nur zum Schrecken geschehe: Nachdem nun zween Patres von Kloster Zelle ihm zum Sterben zubereiten anhero geholet worden/ haben dieselbe grosse Mühe gehabt/ indem er sich zu nichts verstehen wollen/ sondern horribel lamentiret/ und mit dem Kopffe wieder die Wand gestossen/ und sich sonsten sehr desperat aufgeführet. Endlich aber hat er sich gegen die Patres submittiret/ und mit ihnen zu beten angefangen/ dabey aber allezeit gesagt/ er müste unschuldig sterben/ GOTT würde diejenigen richten/ die Ursache an seinem Tode wären/ er hat noch gestern Vorschläge gethan/ daß er die versprochene Quantität Gold machen wolte/ und zwar in Berlin/ oder Spandau/ in Cüstrin aber könte er es nicht praestiren/ weil keine tüchtige Keller oder Gewölbe vorhanden/ und ist er noch heute dabey geblieben/ daß er Gold machen könte. Gegen Se. Königl. Maj. hat er sich vor alle ihm wiederfahrne grosse Königl. Gnade bedancket. Indem er nun in Begleitung der beyden Patres vom Schlosse herunter gebracht/ ist er nebst denenselben in eine halb-bedeckte Chaise gestiegen/ und unter Escorte der hiesigen Granadier aus der Vestung nach dem Gerichte geführet worden/ er sagete im herunterfahren allen Umbstehenden Adjeu/ und bejammerte sehr seine Hure; Unterwegens wie auch im Creysse hat er sehr fleißig Lateinisch und Italiänisch gebetet/ und das in Händen habende höltzerne Crucifix sehr offt geküsset/ aufs Haupt und an die Brust gedrückt: unter dem Galgen brachte er fast eine gute Stunde halb knyend und halb stehend zu mit Beten/ biß ihn der Hencker von den beyden Pfaffen entkleidet/ da er denn seine Peruque und Halßtuch selbst von sich that/ und in einem weissen Camisole und Pantoffeln mit der Winde hinauf gezogen wurde/ zuvor aber von denen beyden Patres Abschied nahme und ihnen das Crucifix wieder überreichte/ denenselben die Füsse küssete/ da er denn stetig geruffen: JEsus Maria/ bitte vor einen armen Sünder. It. in manus tuas commendo animam meam; als er mit dem Kopff gegen den Balcken/ an welchem ein Fleck so weit er zu hencken gekommen/ mit güldenen Zindel beschlagen war/ kam/ sagte er zum Hencker: geschwind/ worauff ihn denn der Hencker den Strick um den Halß legte/ und das Genücke abdrückte/ das Gesichte wurde ihm abscheulich schwartz und braun/ und nach hefftigen Zücken gab er endlich seinen Geist auf. Er ist mit Ketten überall wohl bevestiget/ und nachgehens mit einem auf Romanische Art gemachten Kleide von gülden Zindel umbhangen worden/ welches man sehr weit sehen kan. Es haben einige die Patres gefraget/ Ob sie auch grosse Mühe mit diesem armen Sünder gehabt/ so haben sie geantwortet/ anfänglich wohl/ nachgehends aber hätte er sich biß ans Ende sehr wohl zum Tode bereitet/ und möchten sie wünschen/ daß alle arme Sünder so stürben. Dieses ist nun kürtzlich das spectaculeuse und erbärmliche Ende des beruffenen Goldmachers Cajetani von dem es wohl mit Recht hieß

Fatiche, Fumo, Fame, Fœtore Freddo & Fune,
Arbeit/ Armuth und Gestanck/ Rauch und Kält zuletzt den Strick/
Zahlet in der Alchimie der Betrüger List und Tück.

Leipzig: zu finden im schwartzen Bär/ bey Christoph Friedrich Rumpffen.

Je suis du Genre humain la mortelle Ennemie,
Par l'horreur de mes jours, on vit regner la mort;
Et mon Crime par tout, portant son Infamie,
Fit la guerre aux Mortels, et termina mon sort.
LE PORTRAIT DE LA VOISIN
Brusle vive a Paris le lundy 22e Fevrier 1680

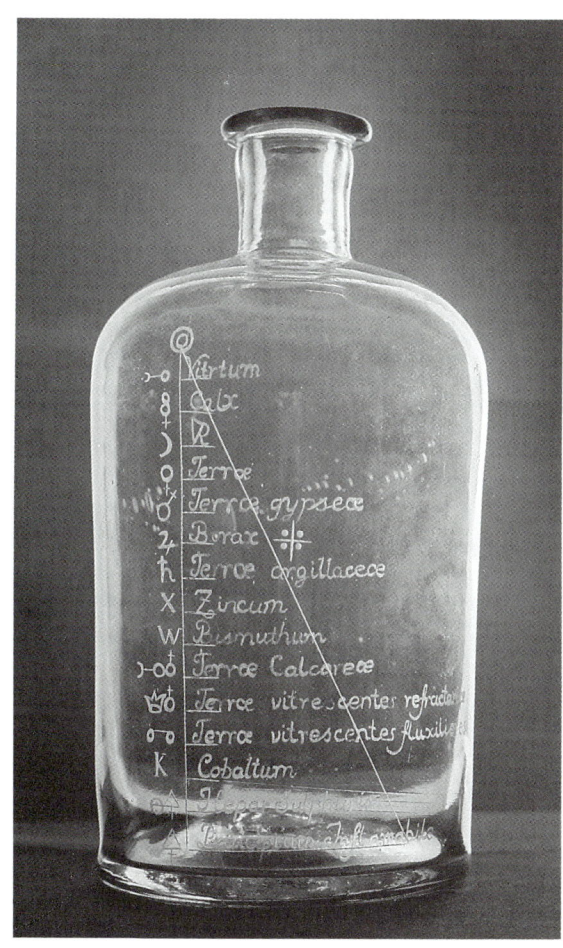

278 Flasche mit rätselhafter alchemistischer Inschrift, deren Sinn sich bis heute nicht klären ließ. Wahrscheinlich handelt es sich aber um eine Zierflasche, wie sie gefüllt mit übereinandergeschichteten bunten Flüssigkeiten, gewissermaßen bunten Cocktails, und versehen mit eher sinnlosen Etiketten früher und z.T. noch heute in den Schaufenstern englischer Apotheken stehen. Aus dem englischen Antiquitätenhandel erworben. Abteilung Chemie, Deutsches Museum, München

279 Vor einigen Jahren kam bei einer Reinigung dieses Gemäldes eine Inschrift zum Vorschein, die es als ein Portrait des Alchemisten und Entdeckers des europäischen Hartporzellans, Johann Friedrich Böttger (1682–1719), ausweist. Tatsächlich entsprechen die Gesichtszüge des Dargestellten in etwa jenen auf einem fast zeitgenössischen Portraitmedaillon. Zwar gelang es Böttger bis ans Ende seiner Tage nicht, Gold zu machen, doch war er ein begnadeter Keramiker. Auffällig ist der Turban, den Böttger trägt. Wir wissen aus zeitgenössischen Beschreibungen, daß die Temperaturen in den damaligen Laboratorien so hoch werden konnten, daß man sich wassergetränkte Tücher um den Kopf wickelte, um diesen zu kühlen. Sammlung Dr. Schneider, Schloß Lustheim

280 Betrügerische Goldmacher waren im 17. und 18. Jh. dermaßen weit verbreitet, daß diese in Flugblättern verspottet wurden, wie in diesem, in dem das Bild der Destillation auf den Betrüger selbst angewendet wird. Besonders hübsch ist links oben die Darstellung des »entlauffenden Chymisten«, der, seinem eigenen Steckbrief vorauseilend, auf der Suche nach geeigneten Opfern durch die Lande irrt, dabei ist – rechts oben – sein eigener »Credit« längst »todt«.

281 Auf dem Jahrmarkt agierende Quacksalber und Scharlatane waren in früheren Jahrhunderten dermaßen häufig, daß sie oft von Malern ihrer Zeit dargestellt wurden. Trotz ihres marktschreierischen Auftretens waren ihre chemisch-pharmazeutischen Kenntnisse und chirurgischen Fähigkeiten meist beachtlich. David Teniers d.J. (1610–1690): Der Quacksalber (Der Alchemist). Museum der bildenden Künste, Leipzig, Inv. Nr. 1065

282 bis 285 Die Tricks betrügerischer Quacksalber waren im 18. Jh. erstaunlich vielfältig. So erzeugte man mit Weihrauch, aber auch mit Ammonchlorid, gewonnen aus Salzsäure und Ammoniak, dicke Rauchsäulen, in die man mit Hilfe einer Laterna magica sogenannte »Nebelbilder« projizierte, um so die Erscheinung abgeschiedener Geister vorzustellen. Solche Nebelbilder haben sich in großer Stückzahl erhalten. Abteilung Photographie, Deutsches Museum, München

286 Die Quacksalber auf dem Jahrmarkt wurden oft gemalt. Der »Pickelhering«, der helfende Narr, der auch unter dieser Benennung in den Stücken auftrat, die die Jahrmarkttruppen der Quacksalber zu spielen pflegten, hilft hier seinem Herrn beim Verkauf von Medizinen. Zum Anlocken des Publikums bediente man sich zahlreicher chemischer und physikalischer Zaubertricks, die auch in die Handlung der Stücke eingebaut wurden. Norbert Grund (1717–1767), Der Quacksalber, Deutsche Barockgalerie, Städtische Sammlungen, Augsburg

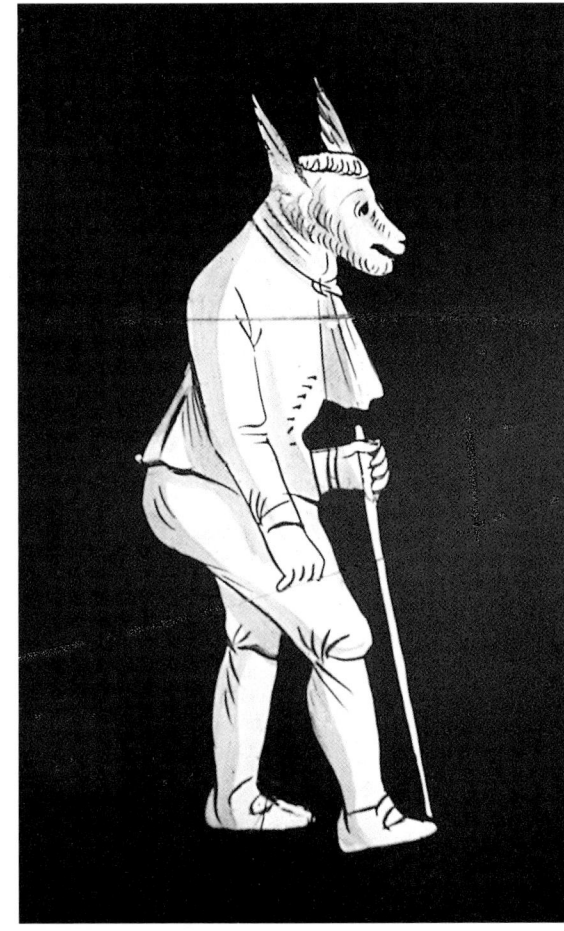
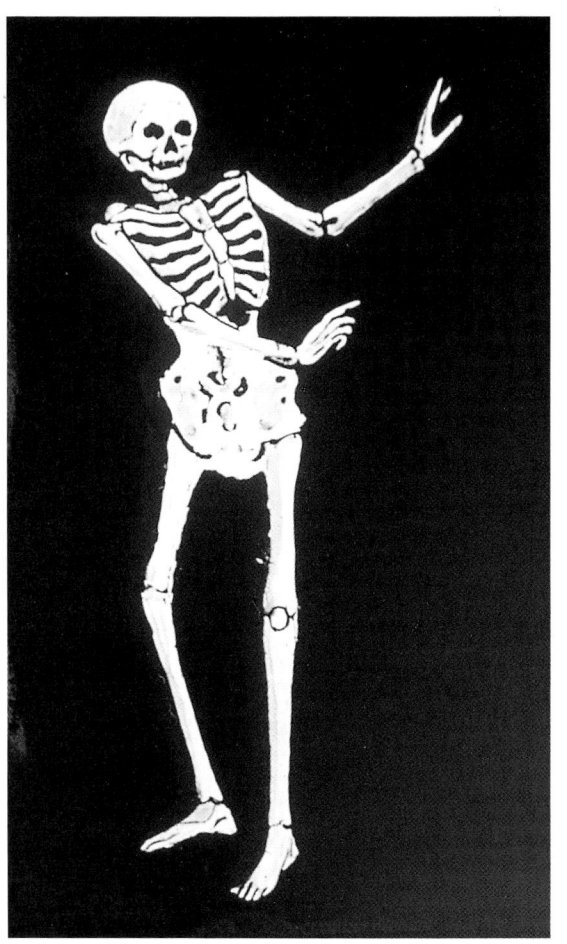

287 Nebelbilder, die mit einer Laterna magica in eine Rauchsäule projiziert wurden, hatten seinerzeit eine ungeheure Wirkung.

288 Nach dem Vorbild des Abenteurers Cagliostro hielt der ehemalige Kaffeehausbesitzer Johann Georg Schrepfer (1739–1774) spiritistische Séancen ab, wobei er sich einer Laterna magica bediente. Mit seinen Darbietungen beeindruckte er auch den preußischen König Friedrich Wilhelm II. Diese Zeichnung von W. Friedrich entstand erst im 19. Jh. Schrepfer erschreckt hier die preußische Hofgesellschaft durch eine geräuschvolle Darbietung mit Knallgold.

289 Ein großer Freund der Naturwissenschaften, aber auch der Alchemie, war Kaiser Franz I. Stephan (1708–1765), der sich intensiv um Laboratorien, Berg- und Hüttenwerke kümmerte, und so ein großes Vermögen gewann. Er ließ eine beachtliche Naturaliensammlung anlegen, in der wir ihn hier im Kreise seiner Wissenschaftler sehen. Bei den vier Herren rund um den Kaiser handelt es sich um Gerhard van Swieten, Leibarzt des Kaisers und Präfekt der Hofbibliothek, Ritter von Baillou, erster Direktor des »Naturalien-Cabinets«, Valentin Duval, Leiter des »Münz-Cabinets«, und Abbé Johann Marcy, Leiter des »naturwissenschaftlichen Cabinets«. Johann Ritter von Baillou, ein Florentiner Universalgelehrter, hatte eine einmalige Sammlung von 30000 Muscheln, Mineralien und Gesteinen zusammengebracht, die größte Mineraliensammlung ihrer Epoche, die 1748 von Franz I. gekauft wurde; gleichzeitig bestellte er Baillou zum Direktor. Da die wissenschaftliche Bearbeitung dieser gewaltigen Sammlung die Kräfte und die Lebensdauer ihres Sammlers überforderten, wurde später zur Bearbeitung und Ordnung des laufend wachsenden kaiserlichen Naturalienkabinetts der Mineraloge Ignaz von Born (1742–1791) berufen, ein Freund Mozarts. Der Kaiser liebte auch Edelsteine. So ließ Maria Theresia 1736 von ihrem Hofjuwelier Grosser ein Blumenbukett aus Edelsteinen herstellen, das die eigenartige Mode der Edelsteinbuketts im 18. Jh. begründete, die bis ins 20. Jh. von der Familie Fabergé in St. Petersburg gepflegt wurde. Naturhistorisches Museum, Wien

Wissenschaftliche Geräte

290 Die oxidierende Kraft des Sauerstoffes bewies man um 1800 gern in einem von Jan Ingenhousz (1750–1799) entwickelten Vorlesungsversuch: das Verbrennen einer stählernen Uhrfeder in reinem Sauerstoff im Innern eines gläsernen Kolbens mit heller Lichterscheinung. Alte Apparatur unbekannter Herkunft. Abteilung Chemie, Deutsches Museum, München

291 Die etwas mühsame Methode, Gase mit Hilfe von an Retorten befestigten Schweinsblasen aufzufangen, entwickelte Carl Wilhelm Scheele (1742–1786). Die Retorte sitzt in einem kleinen Öfchen unmittelbar auf den glühenden Holzkohlen, was bei der damaligen schlechten Qualität des Glases zu einem häufigen Scheitern der Versuche führte. Nachbildung, Abteilung Chemie, Deutsches Museum, München

292 Das gesellschaftliche Flair einer großen öffentlichen Schauvorlesung der Chemie nahm der große englische Karikaturist T. Rawlandson aufs Korn, als er um 1819 eine Veranstaltung der »Royal Institution« über die Chemie der Gase zeichnete. Man beachte die zahlreichen, zu großen Reagenzgläsern umfunktionierten Sektkelche auf dem Tisch und in der Hand des Vortragenden. Ferner kann man eine kleine Destillationsapparatur erkennen und rechts vorne eine elektrische Pistole zum Abfeuern von Gasgemischen, neben einer kleinen dreihalsigen Woulffeschen Flasche. Zu beiden Seiten wird der Vortragende dekorativ durch zwei hochragende Gärröhrchen umrahmt.

CHEMICAL LECTURES,

Designed & Published by T Rowlandson. James St Adelphi.

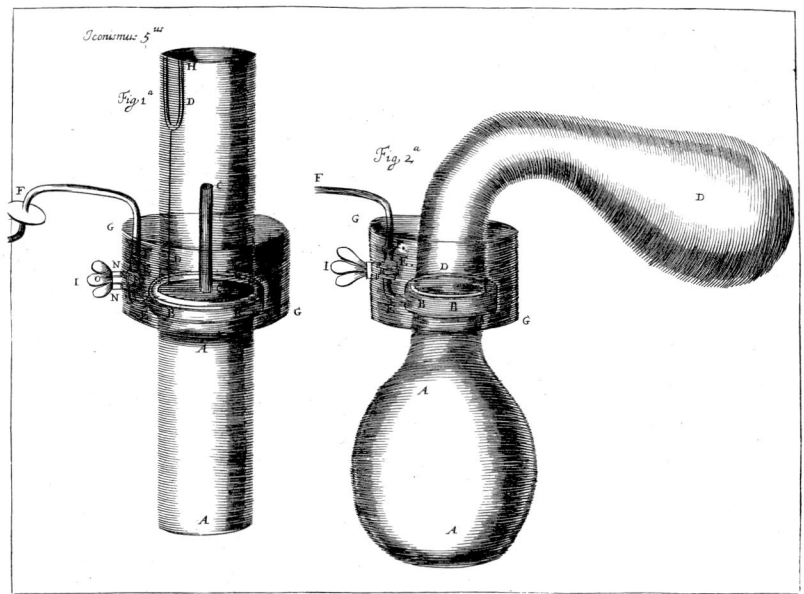

293 Robert Boyle (1627–1691) war der erste Chemiker, der versuchte, im Vakuum zu destillieren, indem er eine Destillationsapparatur mit einer Luftpumpe verband. Da er größte Schwierigkeiten hatte, seine Apparatur mit nassem Leder, das von einem kleinen Wasserbecken umgeben war, abzudichten, befand sich der Stutzen zum Absaugen der Luft nicht wie heute am Ende der Vorlage, sondern reichlich ungünstig an der Stoßstelle zwischen Retorte und Rezipienten. Robert Boyle: Opera varia, 1677

294 Über die Jahrhunderte hinweg widmeten Chemiker dem Bau von Destillationsanlagen größte Aufmerksamkeit. Hier wird die Konstruktion von einem Sandbad vorgestellt, oben, und von einem beheizten Wasserbad, unten.

295 Für mancherlei chemische und physikalische Zwecke wurde eine Elektrisiermaschine verwendet, die so etwas wie ein Star großer Vorlesungen bis weit in das 19. Jh. hinein war. Fußend auf wohl eher alchemistischen Vorstellungen war Otto v. Guericke (1602–1686) auf die Idee gekommen, sich als ein Bild der Erde eine Kugel aus Schwefel gießen zu lassen. Dabei entdeckte er, daß sich diese bei geschickter Reibung elektrisch auflud. Später zeigte sich, daß man den bröckeligen Schwefel durch Glas ersetzen konnte. Durch Reiben drehender Glaskugeln oder Scheiben ließen sich hohe Spannungen erzielen.

296 An der ungarischen Universität Kolozvar hat sich diese Sammlung chemischer Gerätschaften aus dem letzten Viertel des 18. Jh.s erhalten, mit Schmelztiegeln, Retorten und einer Woulffeschen Flasche. Die Kühlschlange an dem flaschenförmigen Destilliergefäß scheint eine verkleinerte Fassung eines insbesondere bei Schwarzbrennern beliebten Modells zu sein.

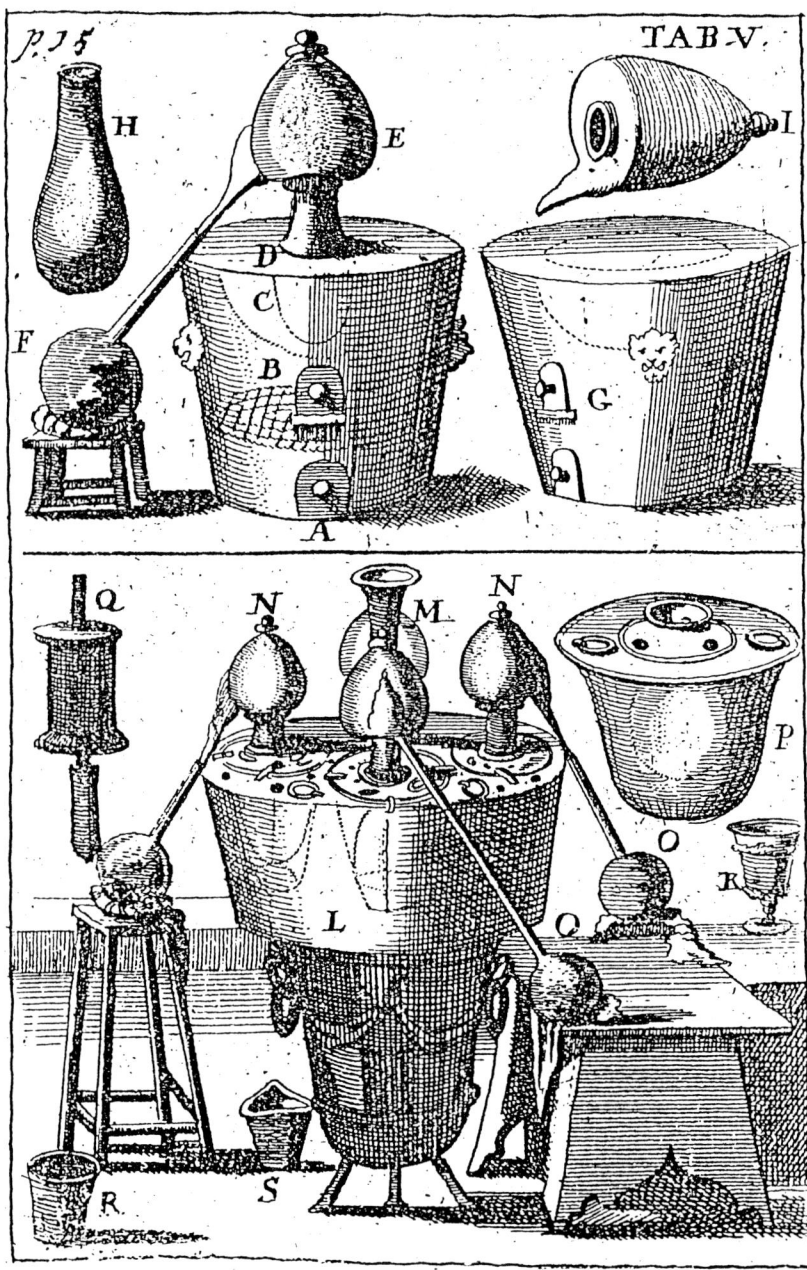

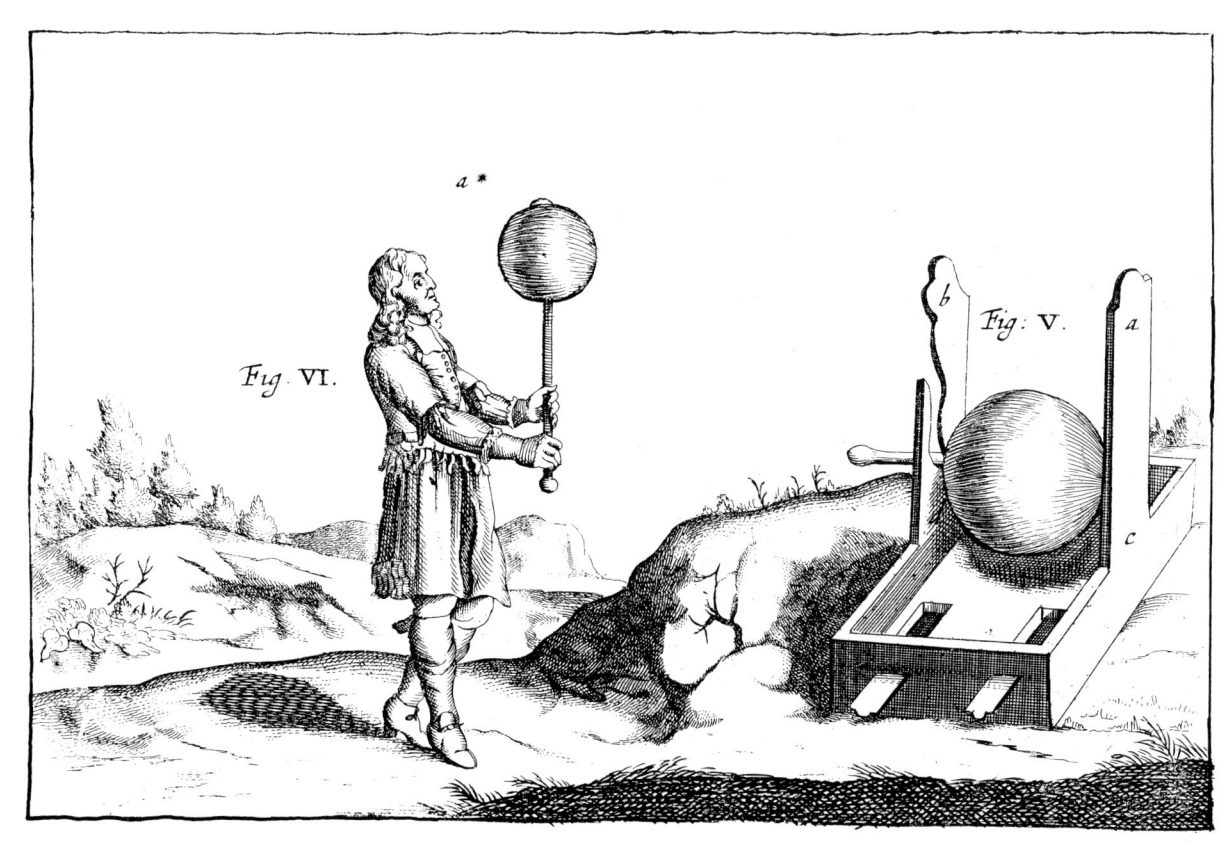

297 Der englische Pfarrer Stephen Hales (1677–1761) hatte 1727 die pneumatische Wanne zum Auffangen von Gasen in chemischen Reaktionen entwickelt, die sich für die Entfaltung der Gaschemie im 18. Jh. äußerst segensreich auswirken sollte. Eine besonders elegante, aus Marmor geschliffene »Halessche Wanne«, wie sie auch genannt wurde, besaß Lavoisier, um Gase über Quecksilber als Sperrflüssigkeit zu handhaben. Rekonstruktion, Abteilung Chemie, Deutsches Museum, München

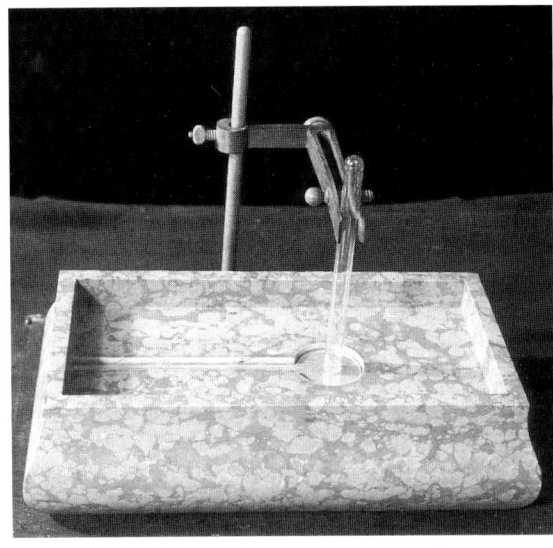

298 Seine Tätigkeit als Generalsteuerpächter führte während der Französischen Revolution zur Verhaftung des wohl größten Chemikers seiner Epoche, Antoine Laurent de Lavoisier (1743–1794) durch die plündernden Schergen des »Comité Revolutionnaire«. Gelassen sitzt der Verhaftete im Schlafrock und mit Zipfelmütze – dies entsprach der betont zivilen Gelehrtenmode dieser Zeit – vor seinen chemischen Gerätschaften. Der Text zu dieser Abbildung überliefert eine berühmte Anekdote: Lavoisier habe das Revolutionstribunal gebeten, man möge ihm gestatten, für fünfzehn Tage in sein Laboratorium zurückzukehren, um vor seiner Hinrichtung noch Gelegenheit zu finden, eine Reihe von überaus wichtigen Versuchen zu vollenden, an denen er seit Jahren gearbeitet habe. Daraufhin habe Cofinhal, Präsident des Tribunals, erwidert, die Republik brauche weder Gelehrte noch Chemiker. So fiel Lavoisiers Kopf am 16. Floréal des Jahres II unter dem Fallbeil der Guillotine. Radierung von Duplessis-Bertaux in »Collections complètes des tableaux historiques…«, 1802. Bibliothek des Deutschen Museums, München

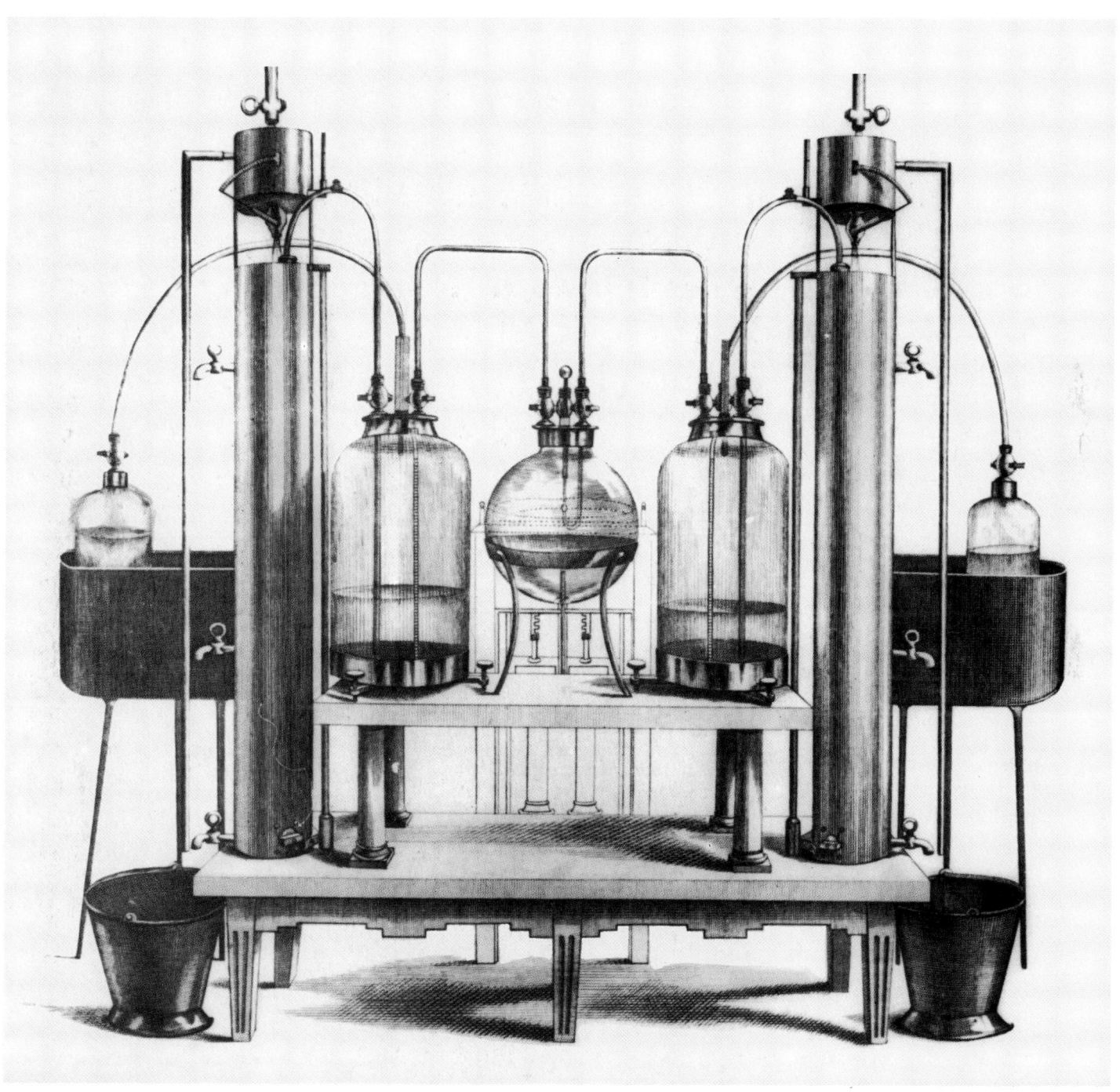

299 Antoine Laurent de Lavoisier wies zwar den richtigen Weg für die weitere Entwicklung der Analytik, scheiterte aber stets an der allzu aufwendigen Konstruktion seiner Apparaturen. Lavoisiers Biographen behaupten, dank seiner Wohlhaben- heit sei er häufig ein Opfer seiner Instrumenten- bauer geworden, die ein Interesse daran hatten, aufwendige und dementsprechend teure Geräte zu bauen. A.L. de Lavoisier, Œuvres complètes, Paris 1876

300 Besondere Verdienste um die Erforschung der Gaschemie erwarb sich der englische Theologe Joseph Priestley (1733–1804). Insbesondere beschäftigte ihn die »fixe Luft«, das Kohlendioxid, dessen Entstehung als Verbrennungsprodukt er durch Auffangen aus seinem eigenen Kaminfeuer mit Hilfe der schlichten Versuchsanordnung (rechts im Bild) bewies.

301 A.L. de Lavoisier bemühte sich, chemische Reaktionen so weit irgend möglich mit der Waage messend zu verfolgen. Dementsprechend versah er sein Laboratorium mit hochempfindlichen Waagen. Conservatoire des Arts et Métiers, Paris

302 Öffentliche Experimentalvorlesung für Handwerker im großen Saal des Conservatoire des Arts et Métiers in den vierziger Jahren des vorigen Jahrhunderts. Die Tradition der großen Vorlesung für Hörer aller Stände entwickelte in der Mitte des 19. Jh.s eine sozialpolitische Komponente, als man begann, gezielt auch für die unteren Klassen Lehrveranstaltungen anzubieten. Auf dem Tisch ist ein großes gaschemisches Experiment mit einem Reaktionsgefäß und zwei Gasometern aufgebaut. Da sich die Volumina der hier vorbereiteten Gase wie 1:2 verhalten, darf man annehmen, daß die Bildung von Wasser aus Wasserstoff und Sauerstoff vorgeführt wurde.

303 Zu Seite 228: Johann Wolfgang Döbereiner (1780–1849) hatte 1823 herausgefunden, daß durch Glühen von Platinsalmiak erhaltenes, schwammförmiges Platin ein Gemisch von Wasserstoff und Sauerstoff bei normaler Temperatur entzündet. Aus dieser Erkenntnis entwickelte er das Döbereinersche Feuerzeug, das bald außerordentlich beliebt wurde und zu Zehntausenden hergestellt wurde. Drückt man auf den großen Hebel, öffnet sich ein Hahn, Wasserstoff strömt gegen dünne Platindrähte und entzündet sich dabei an der Luft. Dadurch steigt die Schwefelsäure im inneren Gefäß hoch, benetzt das dort hängende Zink, und es bildet sich wieder neuer Wasserstoff, der die Oberfläche der Säure nach unten drückt, bis diese das Zink nicht mehr berührt. Damit kommt die Bildung des Wasserstoffes zum Erliegen, der so immer zur Verfügung steht.

304 Zu Seite 229: Johann Wolfgang Döbereiner schenkte ein Exemplar des von ihm erfundenen Feuerzeuges Goethe, der sich am 7.10.1826 dafür bedankte: »…da Ihr so glücklich erfundenes Feuerzeug mir täglich zur Hand steht und mir der entdeckte so wichtige Versuch von so tatkräftiger Verbindung zweierlei Elemente… immerfort auf eine wundersame Weise nützlich wird…« Bald darauf schrieb Döbereiner: »… Meine Platinfeuerzeuge werden immer beliebter. Gegen 20000 derselben sind bereits teils in Deutschland, teils in England in Gebrauch.« Döbereiners Feuerzeuge entwickelten sich zu einem typischen Gegenstand der biedermeierlichen Wohnkultur. Es gab sie nicht nur in allen Formen und Farben aus Glas, sondern auch in hölzerner Verkleidung, mit Intarsien bzw. im Umdruckverfahren geschmückt.

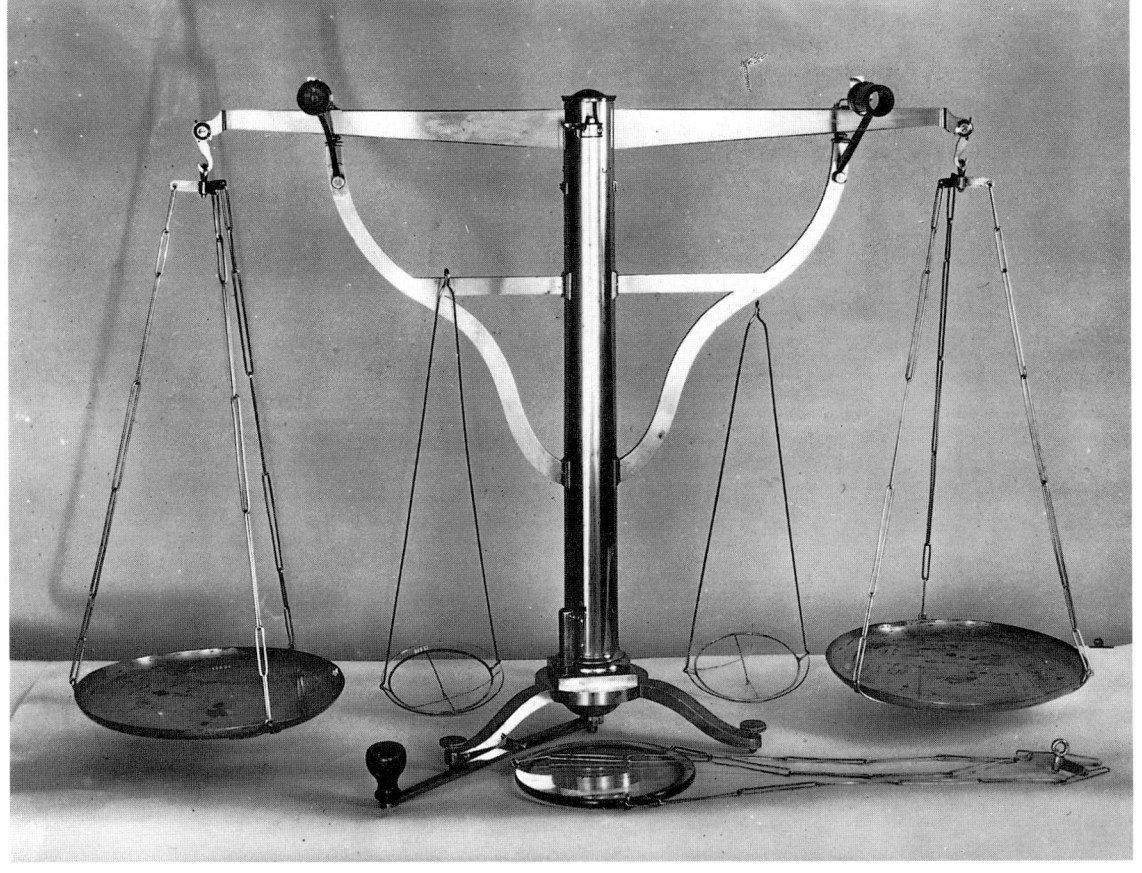

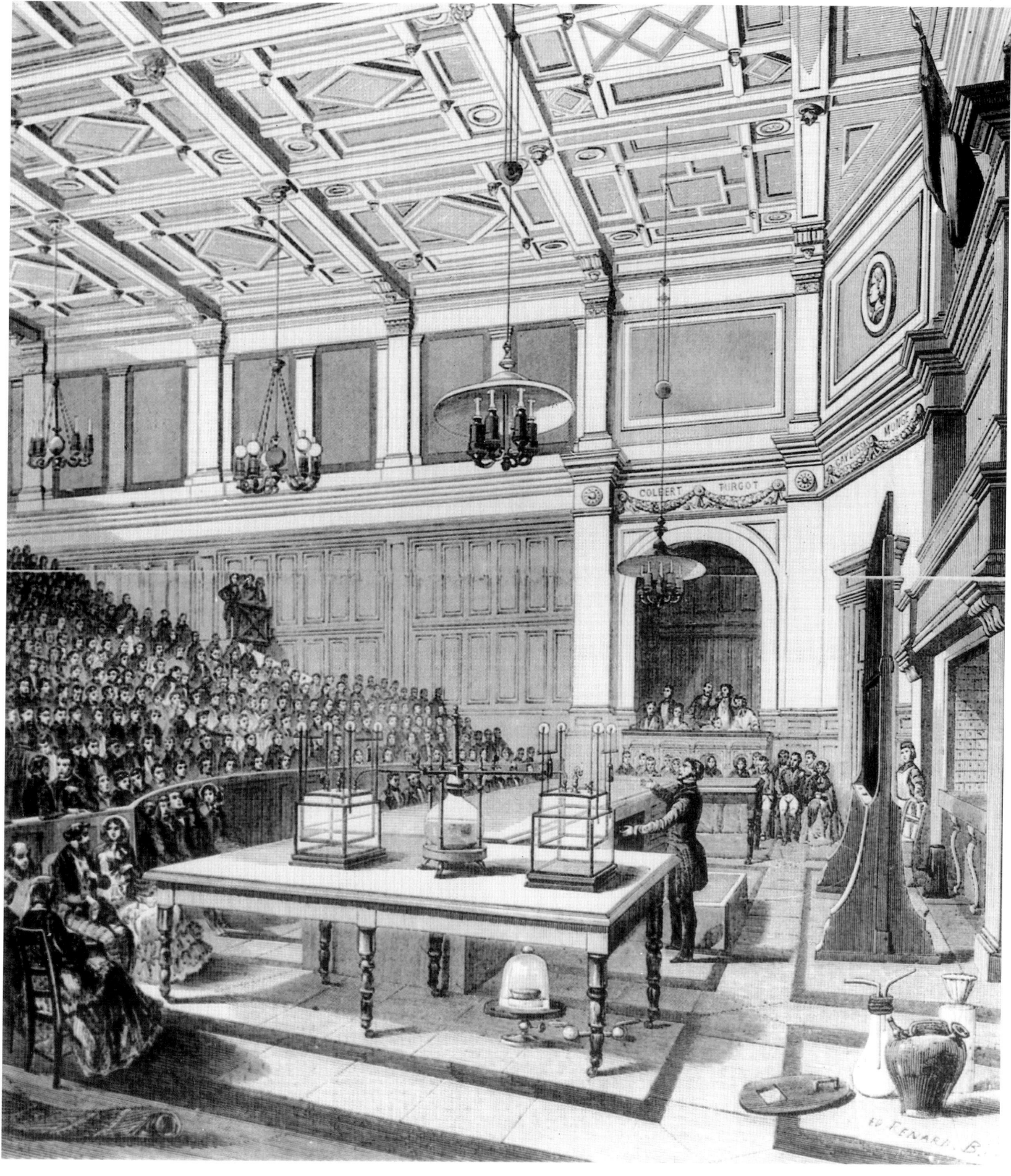

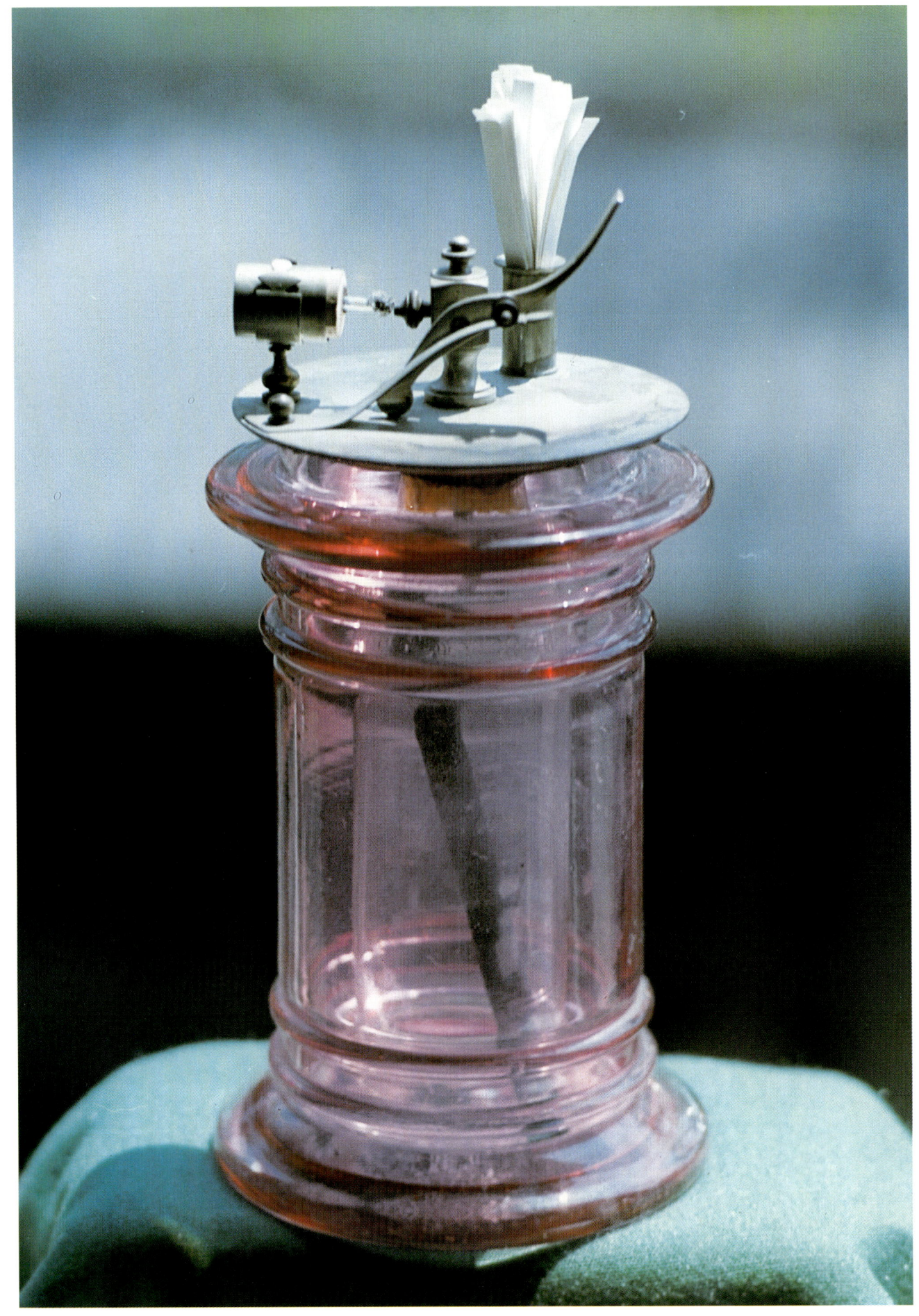

303

305 Alessandro Graf Volta (1745–1827) kam 1784 auf die Idee, zwei seiner Entdeckungen zu einem erfolgreichen, praktischen Gerät zu vereinen. Aus der elektrischen Pistole, der »Bombarda electrica«, und aus seinem »Elektrophor« entwickelte er sein elektrisches Feuerzeug, das bis weit in die siebziger Jahre des vorigen Jahrhunderts ein Bestandteil bürgerlicher Wohnkultur bleiben sollte. In unterschiedlichster künstlerischer Ausstattung, mehr oder weniger gut erhalten, besitzt allein das Deutsche Museum heute noch etwa 60 Exemplare. Das hier vorgestellte Feuerzeug dürfte um 1830 entstanden sein. Das Voltasche Elektrophor ist ein wenig herausgezogen, so daß man den mit Katzenschwänzen zu peitschenden Harzkuchen und den aufgelegten Blechdeckel sehen kann. Bei günstiger Witterung brauchte man angeblich nur selten zu peitschen, weil der Harzkuchen seine Ladung einige Tage bis Wochen beibehalten konnte. Im Innern des bemalten Zylinders (Ermordung zweier englischer Königssöhne im Tower zu London) wird aus Zink und Säure Wasserstoff entwickelt. Bei Betätigung des Druckhebels strömt dieser gegen die Funkenstrecke, durch die gleichzeitig hervorgerufen durch das Abheben des Blechdeckels vom Elektrophor mittels eines kleinen Seilzuges ein Funke überschlägt.

306 Der italienische Naturforscher Felice Fontana (1730–1805) konstruierte 1774, aufbauend auf einer Reaktion, die zwei Jahre zuvor der englische Geistliche Joseph Priestley gefunden hatte, sein »Eudiometer nach Fontana«, mit dessen Hilfe durch Wegfangen des Sauerstoffs die »Güte der Luft« gemessen wurde. Dazu bediente er sich der Umsetzung mit Stickstoffmonoxid, das zuvor aus Kupfer und Salpetersäure gewonnen worden war. Deutlich erkennt man die beiden durch Schieber verschließbaren Meßröhrchen, ein größeres für die zu untersuchende Luft, ein kleineres für die »Salpeterluft«, das Stickstoffmonoxid. In einer pneumatischen Wanne – das Meßrohr liegt ebenfalls in dem Etui – ließ man beide Gase aufsteigen und maß das Restvolumen. Der Luftsauerstoff, das Stickstoffmonoxid und das Wasser bildeten dabei letztlich Salpetersäure. Dieses Instrument (um 1800) stammt aus dem Besitz des Lyceums in Ingolstadt. Abteilung Chemie, Deutsches Museum, München

305

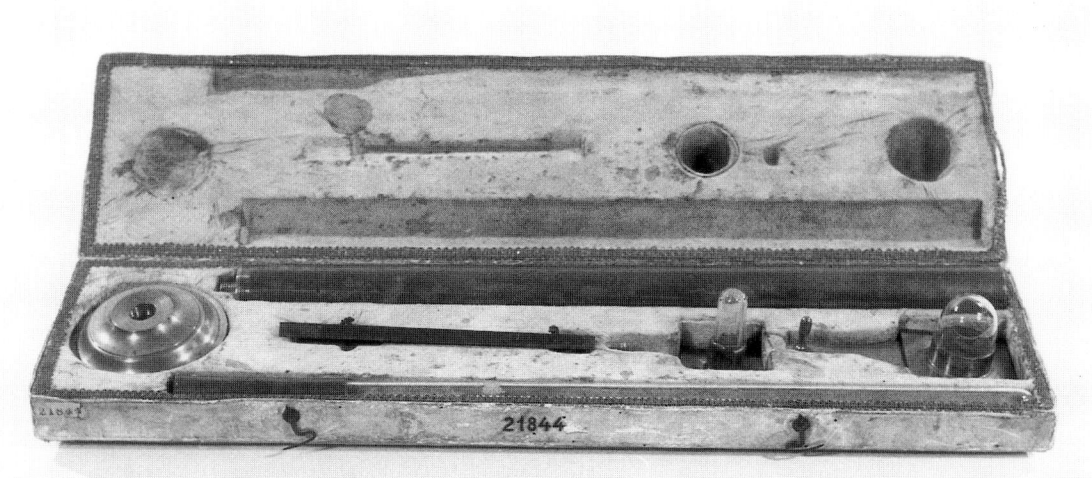

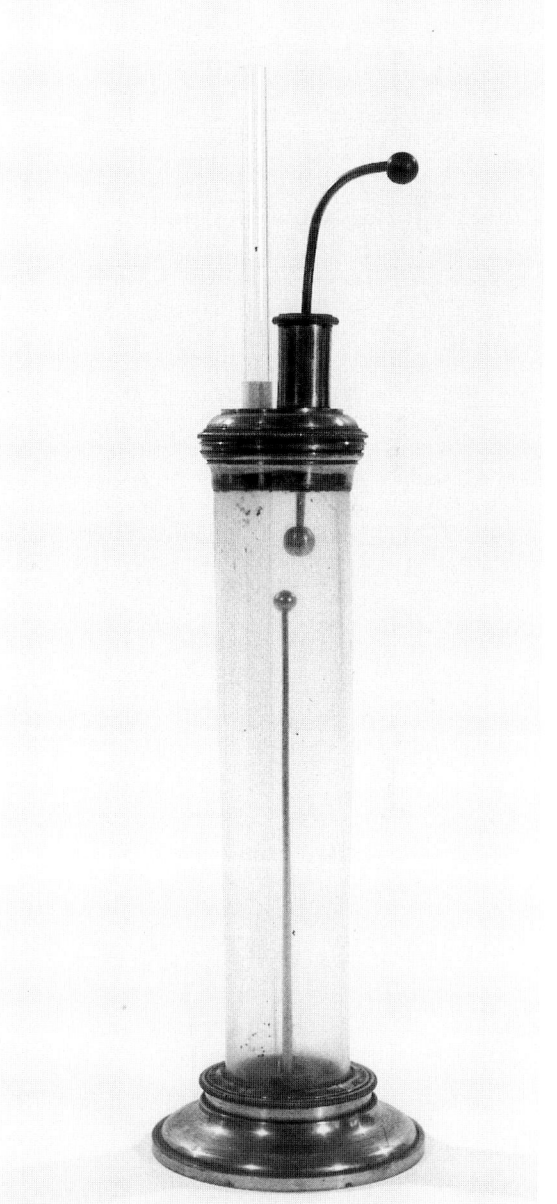

307 Die »Bombarda electrica« nach Volta erlebte manche erstaunliche Veränderung. Das hier vorgestellte Instrument war eine Konstruktion, die der Naturforscher J. K. von Yelin (1771–1826) ersonnen hatte, um einsame Frauen mit einem Schutz gegen Einbrecher auszurüsten. Die Waffe hielt man mit Knallgas gefüllt bereit. Nahte ein Verbrecher, genügte es, die Pistole mit dem Pol ihrer Zündkerze unauffällig an eine geladene Leydener Flasche zu halten. Mit etwas Glück vertrieb der Knall den Dieb.

308 Der amerikanische Gelehrte und Freund Benjamin Franklins, Ebenezer Kinnersley (geb. 1712), schuf dieses Instrument, ein »elektrisches Thermometer«, zum Nachweis der Erwärmung der Luft durch den elektrischen Funken. In einem beidseitig verschlossenen und zur Hälfte mit Wasser gefüllten Glasrohr befindet sich im oberen Drittel eine Funkenstrecke. In die Sperrflüssigkeit ragt ein nach außen offenes Rohr. Schlägt ein Funke über, erwärmt sich die Luft, dehnt sich aus und treibt das Wasser in dem Rohr hoch. Kinnersley wählte eines Tages warmen Alkohol als Sperrflüssigkeit, woraufhin sein Instrument explodierte. Aus dem Besitz der Bayerischen Akademie der Wissenschaften. Abteilung Chemie, Deutsches Museum, München

309 In dem Bestreben, die Messungen der Luftgüte zu verbessern, schlug der Italiener Alessandro Volta 1774 vor, die zu untersuchende Luft in einem »Knallgaseudiometer« mit einem bestimmten Volumen Wasserstoff umzusetzen. Das aus Sauerstoff und Wasserstoff sich bildende Wasser vereinigt sich mit dem Wasser der pneumatischen Wanne. Aus den Ausgangsvolumina der zu untersuchenden Luft und des zugesetzten Wasserstoffs und aus dem nach der elektrischen Zündung mit Hilfe einer Zündkerze verbleibenden Restvolumen läßt sich der Sauerstoffgehalt der Luft ziemlich genau bestimmen. Verschiedene Eudiometerrohre, links mit Zündkerze ein »Knallgaseudiometer«. Aus dem Nachlaß des Johann Bartholomä Trommsdorff. Abteilung Chemie, Deutsches Museum, München

310 Kinnersleys Forschungen über Sumpfgas und die Anregung durch die Explosion von dessen »elektrischem Thermometer« führten den Italiener Alessandro Volta (1745–1827) zur Erfindung der »Bombarda electrica«, der elektrischen Pistole, zur Prüfung der Zündfähigkeit von Gasgemischen. Der niederländische Arzt und Naturforscher Jan Ingenhousz (1730–1799) entwickelte dieses Instrument zu einem Hinterlader weiter, der im Innern des Rohres mit einem Kolben versehen ist, um das Gasgemisch aus einer Schweinsblase, die man auf dem hinten herausragenden Rohr festschrauben mußte, herauszusaugen. So konnte er bis zu achtmal in der Minute feuern. Elektrische Pistole nach Ingenhousz aus dem Nachlaß des Johann Bartholomä Trommsdorff (1770–1837). Abteilung Chemie, Deutsches Museum, München

311 Eine »Bombarda electrica« nach Volta – etwa 30 cm lang – für den Gebrauch in Schauvorlesungen. Aus dem Bestand der Bayerischen Akademie der Wissenschaften. Abteilung Chemie, Deutsches Museum, München

312 Komplette Versuchsanordnung zu einer kleinen elektrischen Kanone nach Langenbucher. Der wie eine Marionette durch Drahtzug zu bewegende Soldat schließt den Stromkreis, so daß die elektrische Ladung der Leydener Flasche über die Funkenstrecke der Zündkerze im Innern der mit Knallgas gefüllten Kanone schlagen kann und ein kleiner Lederball als Projektil ins Publikum geschleudert wird.

313 Etwas verspielte naturwissenschaftliche Experimente waren um 1800 beim Publikum dermaßen beliebt, daß man diese bei dem Versandhaus »Bestelmeier« in Nürnberg per Katalog bestellen konnte. Georg Hieronimus Bestelmeier: »Magazin von verschiedenen Kunst- und anderen nützlichen Sachen, zur lehrreichen und angenehmen Unterhaltung der Jugend, als auch für Liebhaber der Künste und Wissenschaften, welche Stücke meistens vorräthig zu finden bei G. H. Bestelmeier in Nürnberg, 1801–1803.« Rechts (Fig. 20) das Modell eines Laboratoriums, in das ein elektrischer Funke als Blitz einschlägt und den Kolben, in dem eine kleine Pulverladung verborgen ist, zur Explosion bringt.

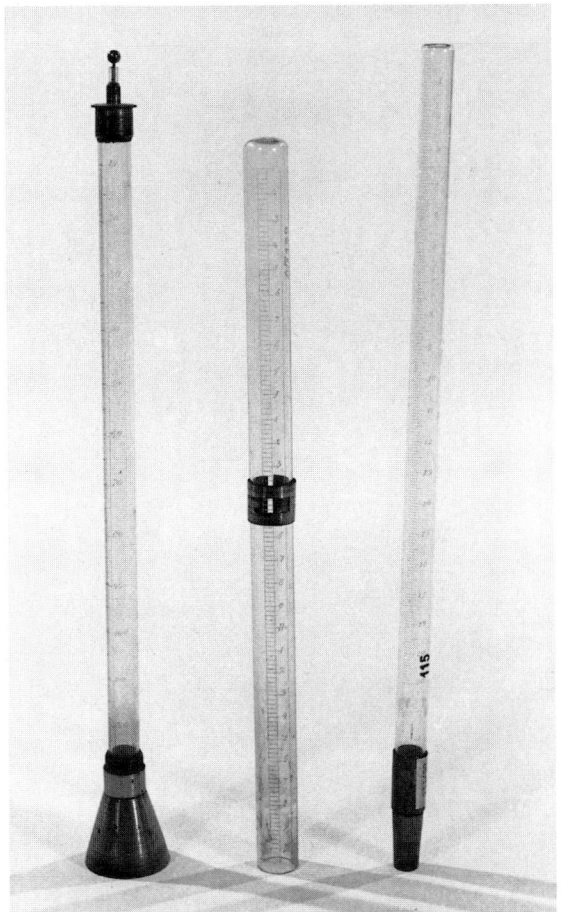

309

310

311

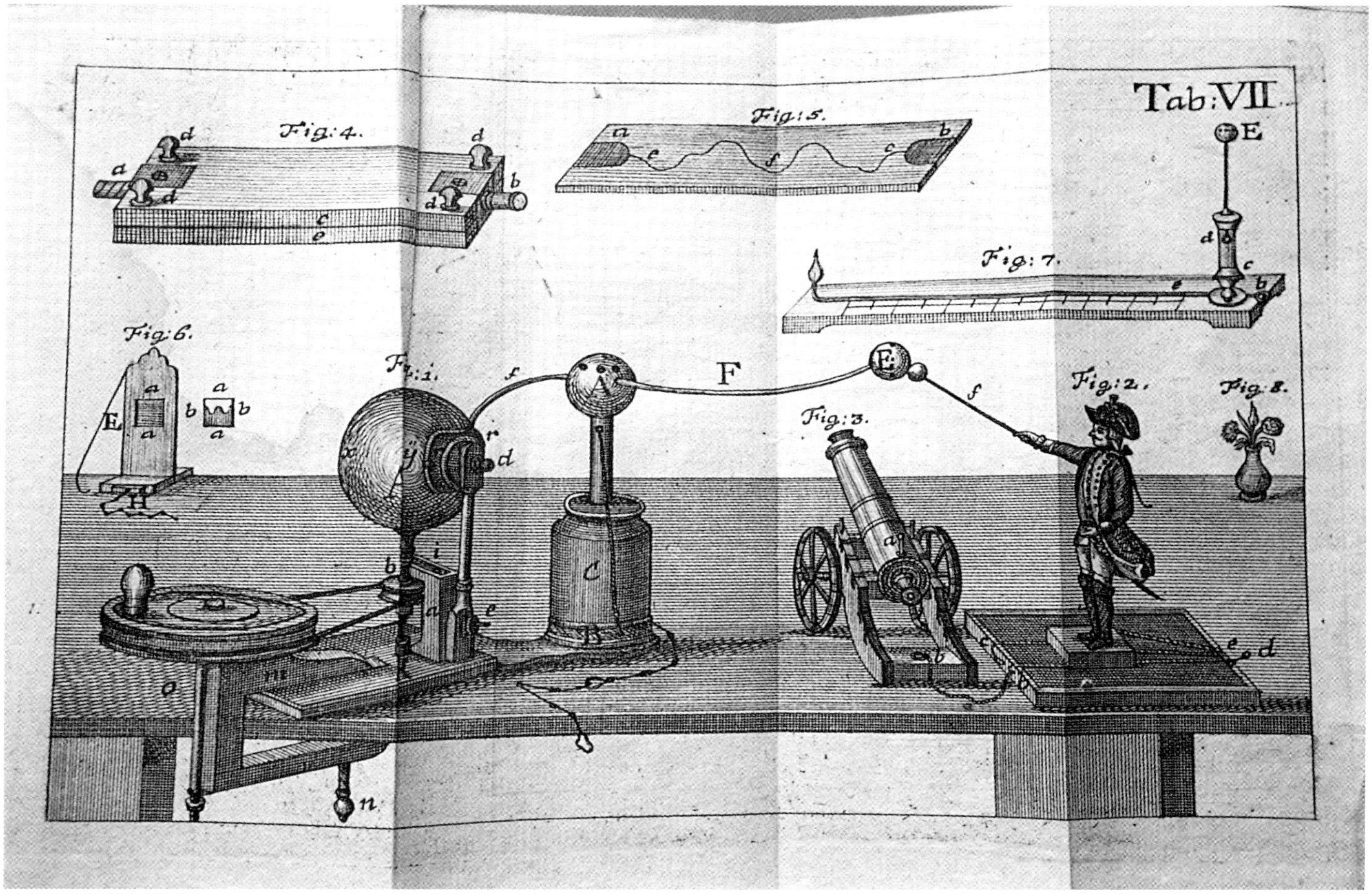
Tab:VII
Fig:4.
Fig:5.
Fig:6.
Fig:7.
Fig:1.
F
Fig:2.
Fig:3.
Fig:8.

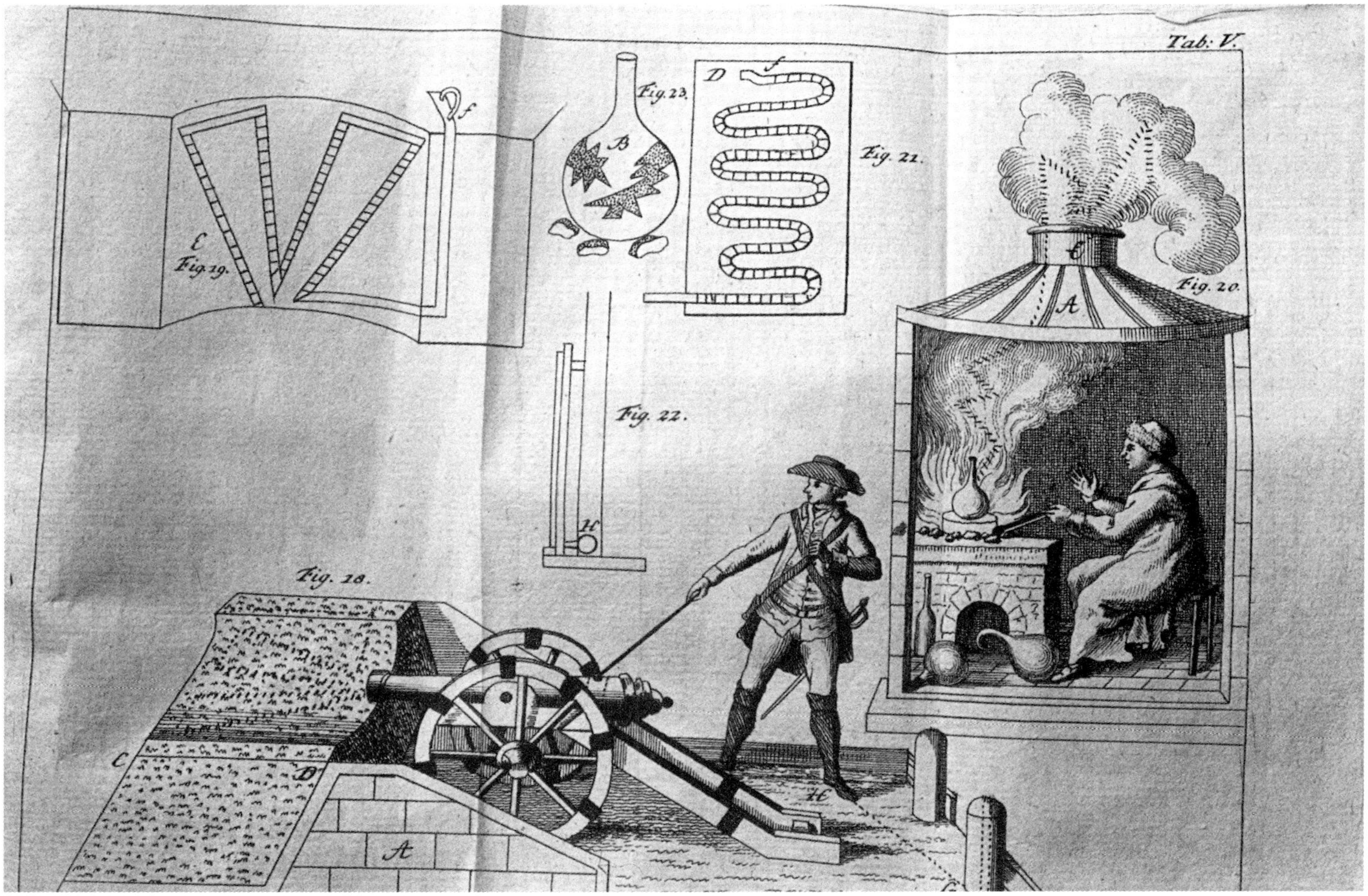
Tab: V.
Fig.23.
Fig. 21.
Fig.19.
Fig. 20.
Fig. 22.
Fig. 18.

314 Eudiometerrohr zu einem Reise-Knallgas-Eudiometer nach Volta, ca. 44 cm. In dieses mit Wasser gefüllte Rohr wurde von unten ein bestimmtes Volumen der zu untersuchenden Luft und ebenso ein bestimmtes Volumen Wasserstoff eingefüllt und mit Hilfe eines elektrischen Funkens zur Explosion gebracht. Dann wurde das ganze Gerät senkrecht im Wasser abgesenkt, und man ließ das Restvolumen in ein ebenfalls zunächst mit Wasser gefülltes Meßrohr aufsteigen. Reise-Knallgas-Eudiometer aus dem Nachlaß von J.B. Trommsdorff. Abteilung Chemie, Deutsches Museum, München

315 Vorratsgefäß zum Mitführen des Wasserstoffs auf Reisen. Das Gerät ließ sich auch als Filtrations-Apparatur verwenden. Aus dem Nachlaß von J.B. Trommsdorff, hergestellt bei der Werkstatt »Otteny« in Jena, um 1800. Aus dem Nachlaß von J.B. Trommsdorff. Abteilung Chemie, Deutsches Museum, München

316 Kiste für das Reise-Knallgas-Eudiometer. Man erkennt das große Eudiometerrohr, das dünnere Meßrohr mit seitlich angesetzter Mensur, den kleinen Schraubenschlüssel zum Festschrauben der Zündkerze, das Meßröhrchen zum Einmessen der Luft und des Wasserstoffs. In der Spanschachtel rechts vorne befindet sich Zinkamalgam, mit dem die Lederkissen der Elektrisiermaschinen eingerieben wurden, damit diese bessere Funken gaben. Aus dem Nachlaß von J.B. Trommsdorff. Abteilung Chemie, Deutsches Museum, München

317 Der englische Geistliche und Naturforscher Joseph Priestley unternahm zahlreiche Versuche, um die Atmung der Pflanzen beziehungsweise von Pflanzenteilen – Blätter, Rinde und Sprossen – zu erforschen. J. Priestley: Experiments and Observations, London 1796

318 Die richtige Beschreibung der Tag- und Nachtatmung der Pflanzen gelang 1779 dem niederländischen Arzt und Naturforscher Jan Ingenhousz (1730–1799). Mikroskopische Darstellung von »Priestleyscher Materie«, in Wahrheit Algen, mit deren Hilfe Ingenhousz bei Bestrahlung mit Tageslicht Sauerstoff erhalten hatte. Jan Ingenhousz: Gesammelte Werke, 1786

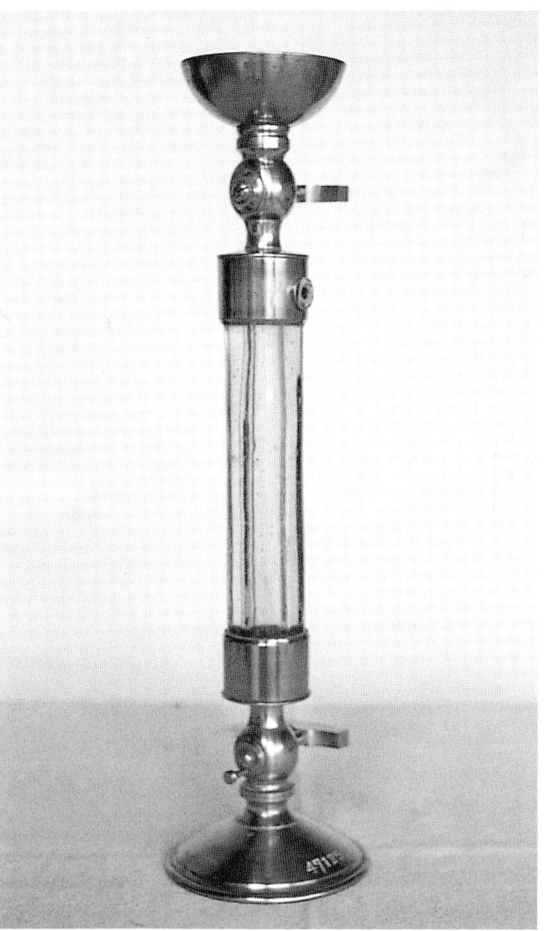

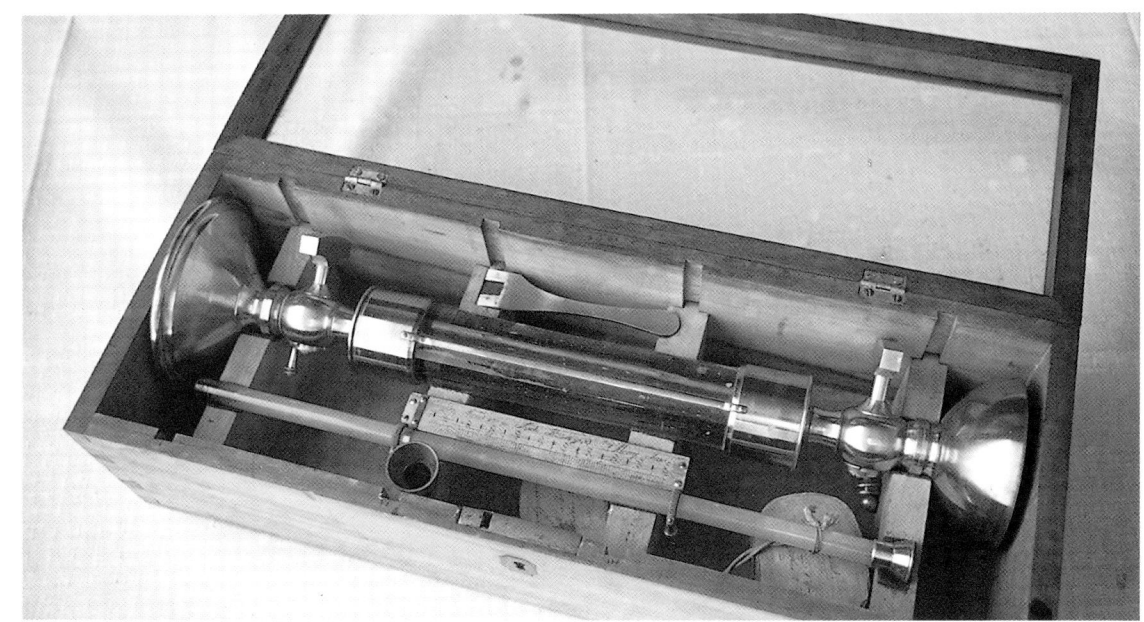

Fig. I.
Fig. II.
Fig. III.
Fig. IV.
Fig. V.
Fig. VI.
Fig. VII.
Fig. VIII.

Tom. II. T. II.
Fig. 1.
2.
3.
4.
5.
6.
7.
8.
9.
10.
11.
12.

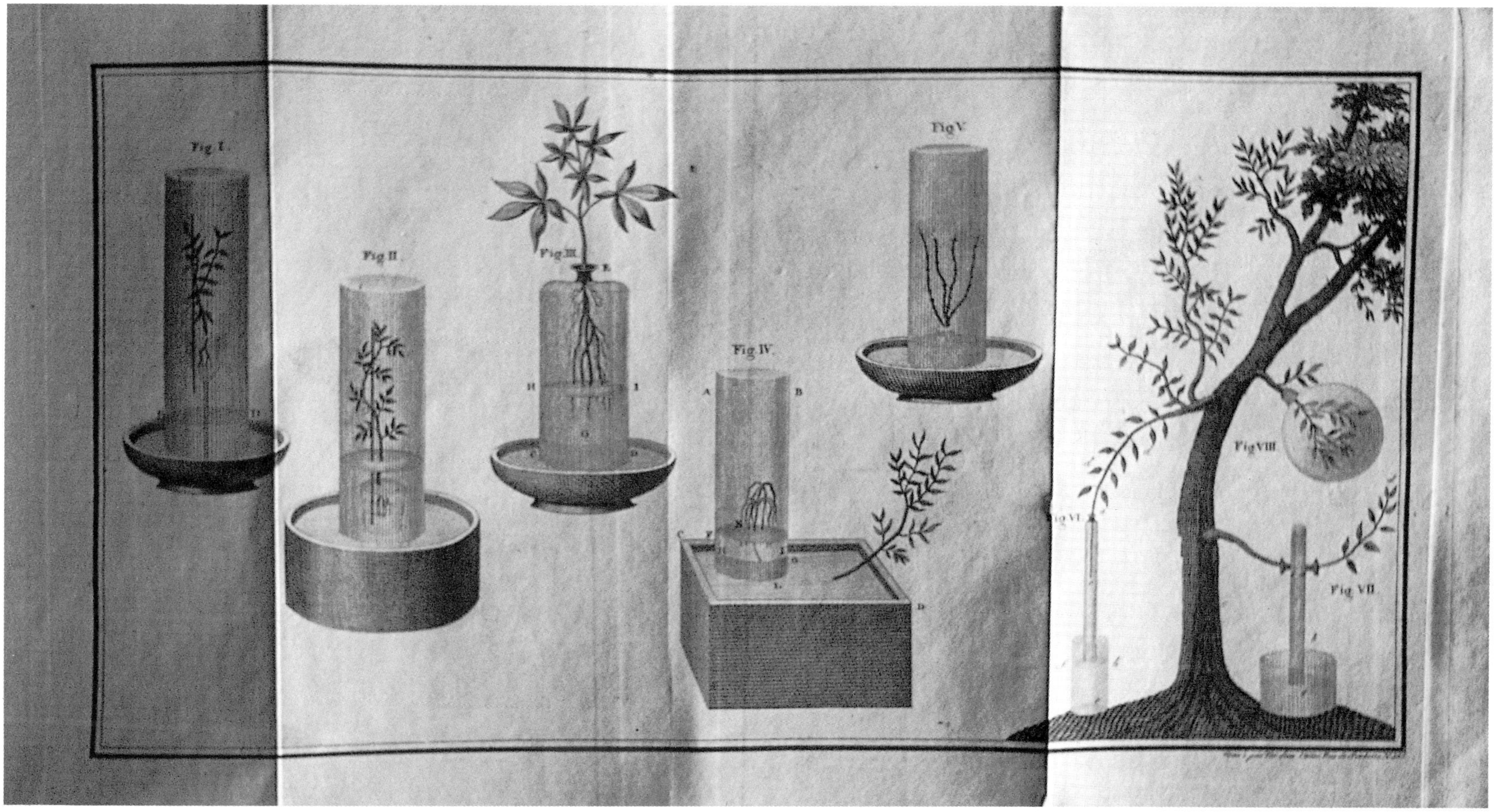

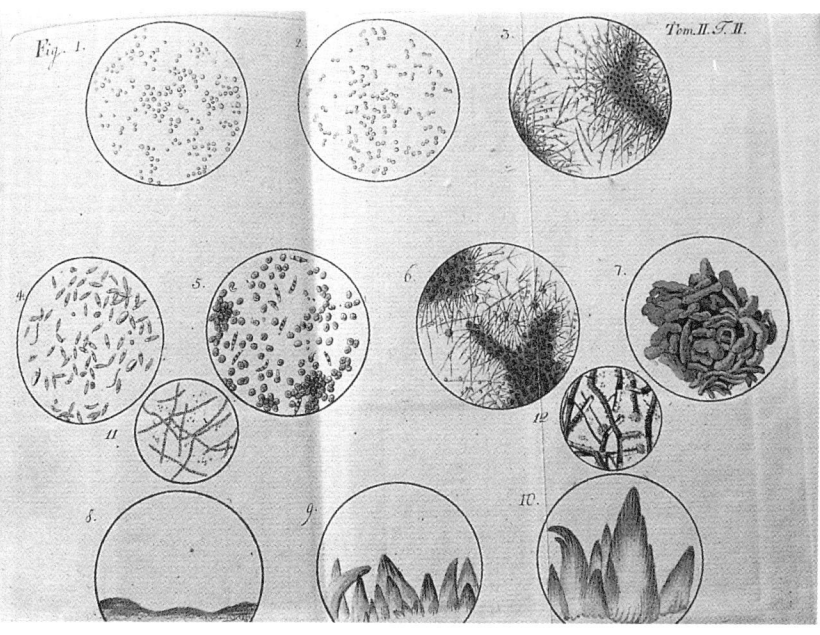

319

319 Etwas von der eigenartigen Faszination der frühen Ballonfahrt, aber auch die Verrücktheiten, zu denen sie zuweilen verführte, gibt diese kolorierte Aquatinta wieder. Aufstieg des M. de Testu-Brissy, auf einem Pferde sitzend, am 16. Oktober 1798 in Meudon. Ballonhistorische Sammlung des Obersten Karl von Brug, Bibliothek des Deutschen Museums, München

320 Die Chemie der Gase schenkte der Menschheit die Entdeckung des Auftriebprinzips in der Luft und damit den Luftballon. Der erste Aufstieg einer bemannten Montgolfiere am 21. November 1783 vor dem Schloß »La Muette«, ausgeführt von den beiden Franzosen Pilâtre de Rozier und dem

Marquis d'Arlandes. Kupferstich, Augsburg. Ballonhistorische Sammlung des Obersten Karl von Brug, Bibliothek des Deutschen Museums, München

321 Der erste Aufstieg eines bemannten Wasserstoffballons vor den Tuilerien in Paris, ausgeführt von Jacques César Charles und Nicolas Robert am 1. Dezember 1783. Kupferstich. Ballonhistorische Sammlung des Obersten Karl von Brug, Bibliothek des Deutschen Museums, München

322 Apparatur zur Füllung einer Charliere mit Wasserstoff durch die Gebrüder Robert, 1783. Der Wasserstoff wird mit Hilfe von Zink und konzentrierter Schwefelsäure in einem durch Weiden-

stricke zusammengehaltenen Faß entwickelt. Die überlaufende Säure hätte sonst die eisernen Faßreifen zerstört. Hier wird der Ballon unmittelbar aus dem Faß mit ungewaschenem Wasserstoff gefüllt. Dieser riß aber jede Menge Säuretröpfchen mit sich, die Löcher in die Ballonhülle fraßen. Bei der großen Kiste am rechten Rand der Abbildung handelt es sich aber schon um eine Waschapparatur zum Auswaschen der Schwefelsäure mit Wasser bzw. Lauge. Barthélémy Faujas de Saint-Fond: Description des expériences de la machine aérostatique…, Paris 1783. Ballonhistorische Sammlung des Obersten Karl von Brug, Bibliothek des Deutschen Museums, München

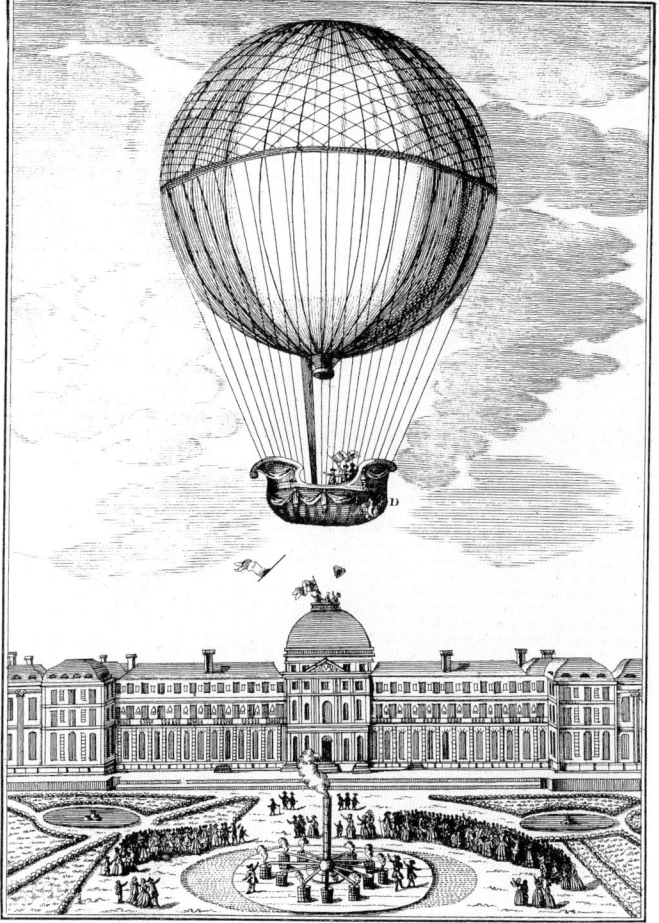

322

237

323 Eine ebenso leistungsfähige wie auch transportable Methode der anorganischen Analyse war die Lötrohranalyse, für die im Laufe der Zeit verschiedenartigste Geräte entwickelt wurden.

324 Bei dem dritten Lötrohr von links handelt es sich um ein Exemplar aus Silber. Das schrägliegende Messinglötrohr in der Mitte ist auf die Empfehlung R. W. Bunsens hin mit einem Kobaltglas ausgerüstet. Das zweite Lötrohr von rechts ist ein in drei winzige Teile zerlegbares Reiselötrohr. Das Gebilde in der Mitte oben ist ein automatisches Lötrohr, bei dem Alkoholdampf seitlich in eine Ölflamme geblasen wird. Abteilung Chemie, Deutsches Museum, München

325 Geräte zum Zerkleinern, Schaufeln und Sieben von Mineralien zur Lötrohranalyse. Teile aus einem Lötrohrbesteck nach Karl Friedrich Plattner (1800–1858), Freiberg in Sachsen, um 1890. Abteilung Chemie, Deutsches Museum, München

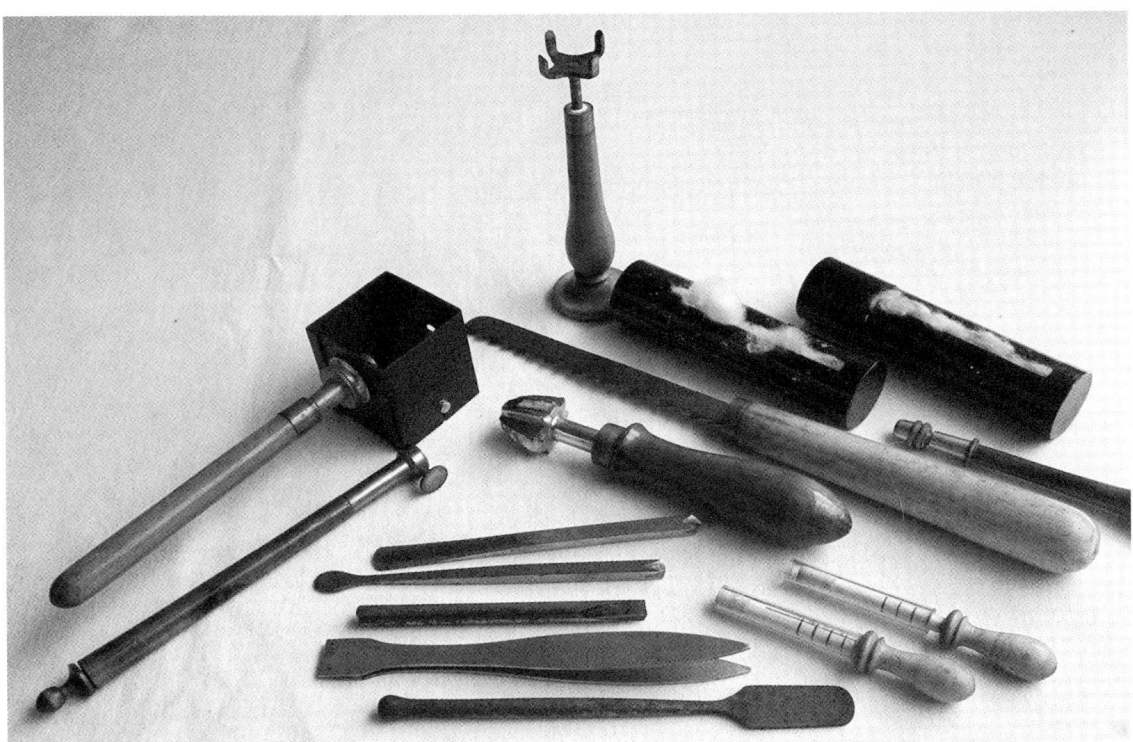

326

326 Reagenzkasten für die Lötrohranalyse, um 1900, etwa 21 cm lang. Mit einem solchen Kästchen sowie Lötrohr und Kerze oder Lampe begab man sich in Steinbrüche und Bergwerke, um unmittelbar vor Ort bequem analytisch arbeiten zu können. Abteilung Chemie, Deutsches Museum, München

327 1814 erfand der englische Naturforscher und Sekretär der Royal Society, William Hyde Wollaston (1766–1828), den Äquivalent-Rechenschieber zur Erleichterung beim stöchiometrischen Rechnen. Da er es gestattet, ausgehend von einer chemischen Verbindung und ihren Reaktionen, gleichsam unbegrenzt zu jeder anderen chemischen Verbindung weiterzurechnen, wenn sich eine beide Substanzen verbindende Reaktion beschreiben ließ, legte er den Gedanken an ein umfassendes System der Äquivalentzahlen nahe und half so, gedanklich den Weg zum Periodensystem der Elemente zu ebnen. Abteilung Chemie, Deutsches Museum, München

328 W.H. Wollaston erfand 1814 auch das Reflektions-Goniometer zum Messen von Kristallwinkeln, das etwa fünfzehn Jahre später von Eilhard Mitscherlich (1794–1863) durch Fixierung der Beleuchtungsquelle und Einbau eines Nonius verbessert wurde. Mitscherlichs goniometrische Untersuchungen führten ihn zur Entdeckung des Isomorphismus. Goniometer aus dem Besitz von E. Mitscherlich, Abteilung Chemie, Deutsches Museum, München

329 Der französische Physiker Jean Baptiste Biot (1774–1862) entwickelte bei seinen Untersuchungen zur Doppelbrechung und der Polarisation des Lichtes, wobei er die Saccharimetrie begründete, das Polarimeter, dessen Ableseskala durch Einbau eines Nonius ebenfalls durch E. Mitscherlich verbessert wurde. Polarimeter aus dem Nachlaß von E. Mitscherlich. Abteilung Chemie, Deutsches Museum, München

330 In der Werkstatt von Prof. Theodor Körner (1864–1938) in Jena wurde dieses Pyknometer zur Bestimmung spezifischer Dichten von Flüssigkeiten angefertigt. Körner arbeitete als Mechanikus der Universität Jena viel für Goethe, der seine Bemühungen nach Kräften unterstützte. Körner war der Lehrherr des jungen Carl Zeiss. Pyknometer aus dem Nachlaß von J.B. Trommsdorff. Abteilung Chemie, Deutsches Museum, München

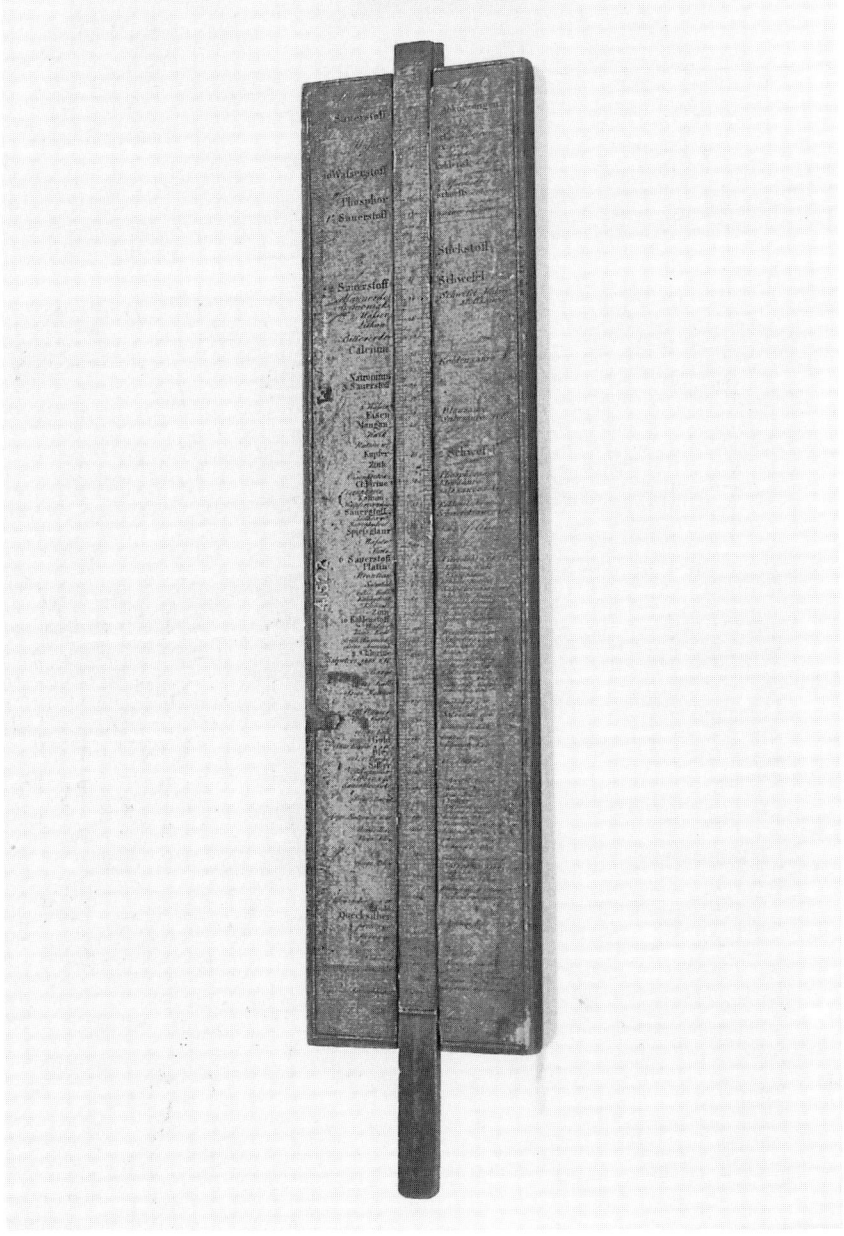

327

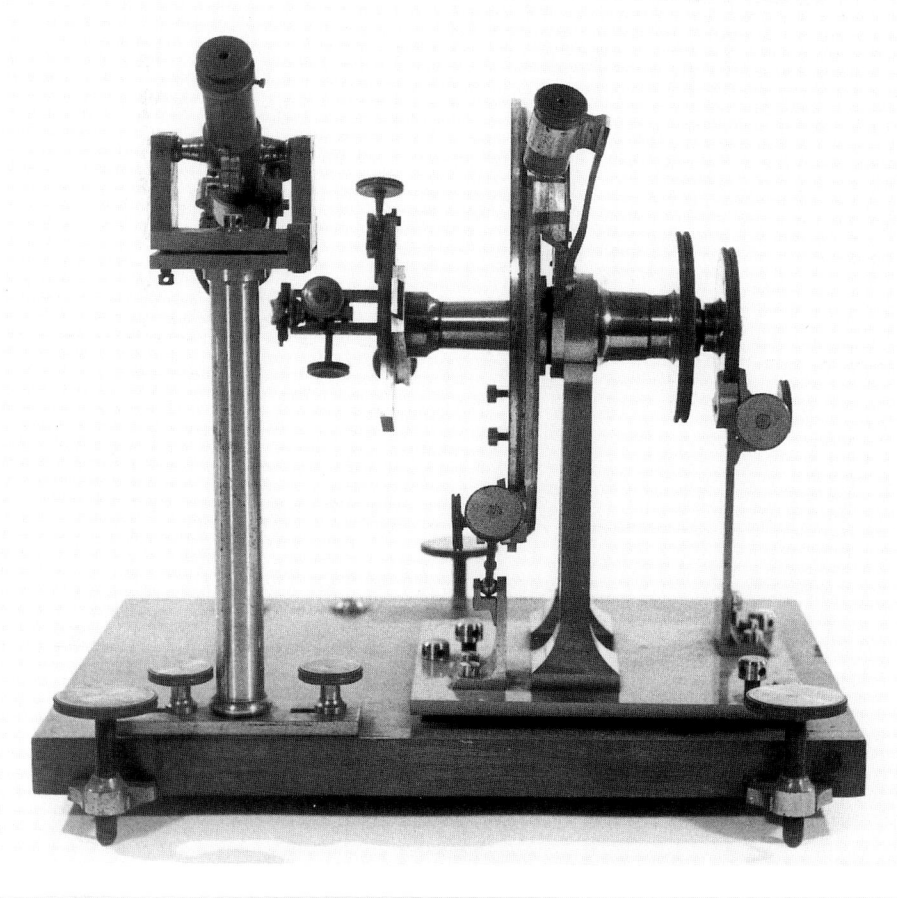

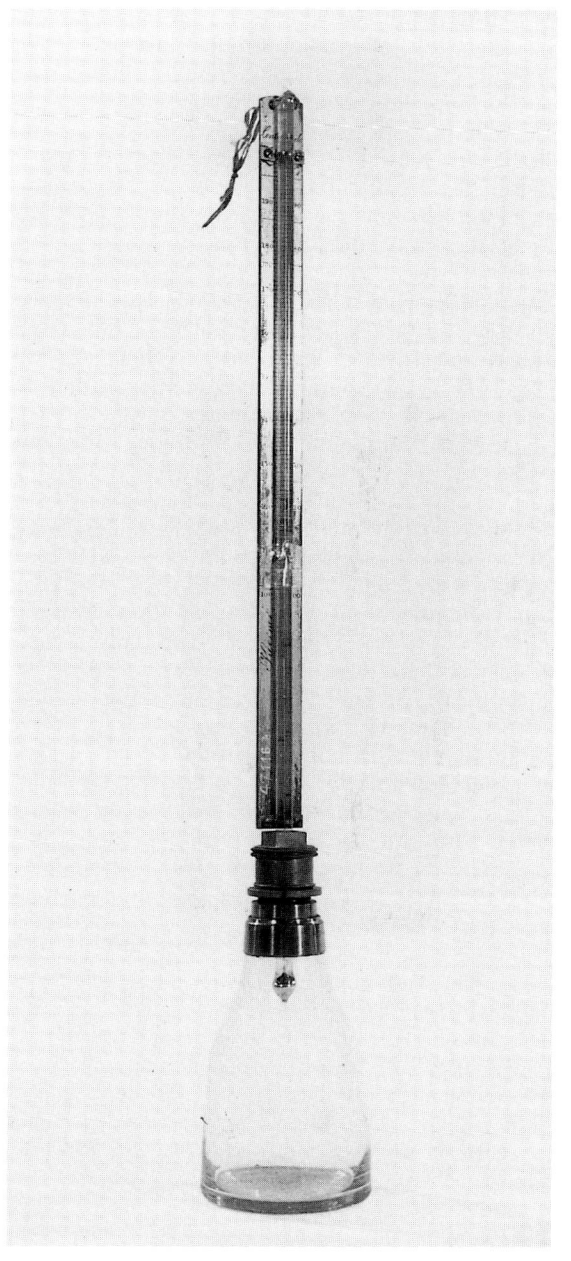

330

331 Zeitlebens wurde der Privatgelehrte und das spätere Mitglied der Bayerischen Akademie der Wissenschaften Johann Wilhelm Ritter (1776–1819) von Armut verfolgt, die ihn zwang, mit kleinsten und bescheidensten Instrumenten zu arbeiten, wie diese eher an eine Mausefalle erinnernde Elektrolysezelle zeigt, die er bei seinen bedeutenden Untersuchungen über die chemische Wirkung der Elektrizität verwendete. Abteilung Chemie, Deutsches Museum, München

332 Die heute so erfolgreiche Einführung spektroskopischer Methoden in die chemische Forschung verdanken wir Robert Wilhelm Bunsen (1811–1899), Professor der Chemie in Marburg und Heidelberg, der zusammen mit Gustav Robert Kirchhoff (1824–1887) die Spektralanalyse entwickelte. Rekonstruktion des ersten Spektrometers nach Bunsen und Kirchhoff, 1859, Abteilung Physik, Deutsches Museum, München

333 Im letzten Weltkrieg zerstörte Apparatur, die Bunsen zusammen mit seinem Schüler, dem englischen Chemiker Sir Henry Enfield Roscoe (1833–1915), bei seinen Untersuchungen über die chemische Wirkung des Lichtes verwendet hat, 1853–1854. Bibliothek des Deutschen Museums, München

334 und 335 Der niederländische Physiko-Chemiker Jacobus Henricus van't Hoff (1852–1911) nutzte die Freizeit, die ihm als arbeitslosem Junglehrer zur Verfügung stand, zur Begründung der Stereochemie. Er wies 1874 nach, daß die Bindungen des Kohlenstoffatoms nicht in einer Ebene liegen, sondern einen Tetraeder bilden. Zum Beweis seiner Theorie baute er zahlreiche kleine Tetraeder-Modelle für die verschiedenen Bindungsmöglichkeiten und Moleküle, die er an prominente Chemiker seiner Zeit verschickte. Kohlenstofftetraeder von van't Hoff zur Demonstration der räumlichen Struktur von Methan, 1874. Pappmodelle, von van't Hoff 1906 geschenkt, Abteilung Chemie, Deutsches Museum, München

336 Während der sieben Jahre, die Kaiser Napoleon III. (1808–1873) in der Festung Ham inhaftiert war, arbeitete er als Privatgelehrter in einem kleinen Laboratorium und wurde so zu einem großen Freund der Chemie, insbesondere der Elektrochemie. Die aus Aluminium geprägte Medaille ließ er zusammen mit dem Offizierskreuz der Ehrenlegion 1854 Friedrich Wöhler (1800–1882) als Dank für die Erstdarstellung des Aluminiums (1827) überreichen. Unter Napoleon III. blühte in Paris die Herstellung von Aluminiumschmuck auf. Diese Brosche erwarb Wöhler in Paris für die Gattin eines befreundeten Göttinger Anatomen. Links im Bild liegt ein zugeschmolzenes und von Wöhler selbst etikettiertes Reagenzgläschen mit einer Probe des legendären ersten vollsynthetischen Harnstoffes (1828).

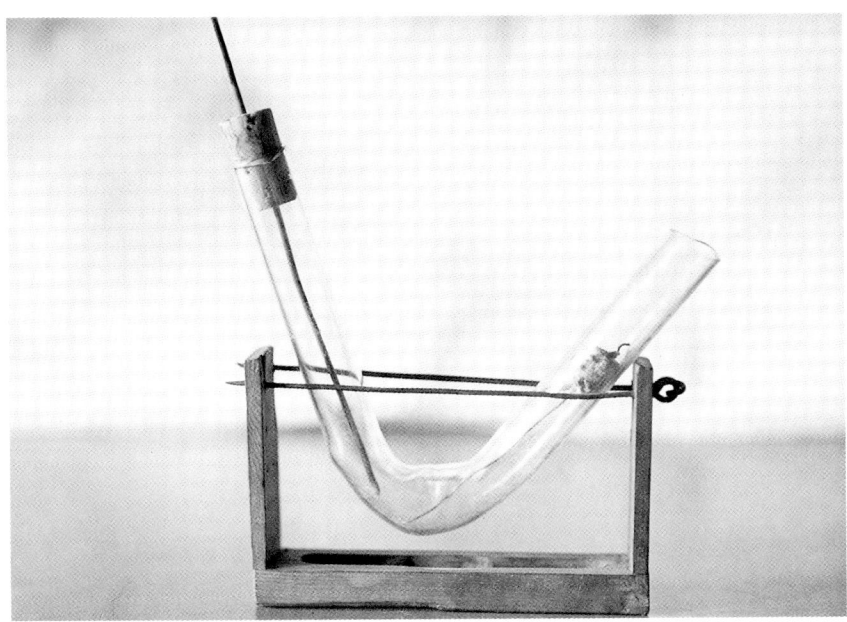

331

332

333

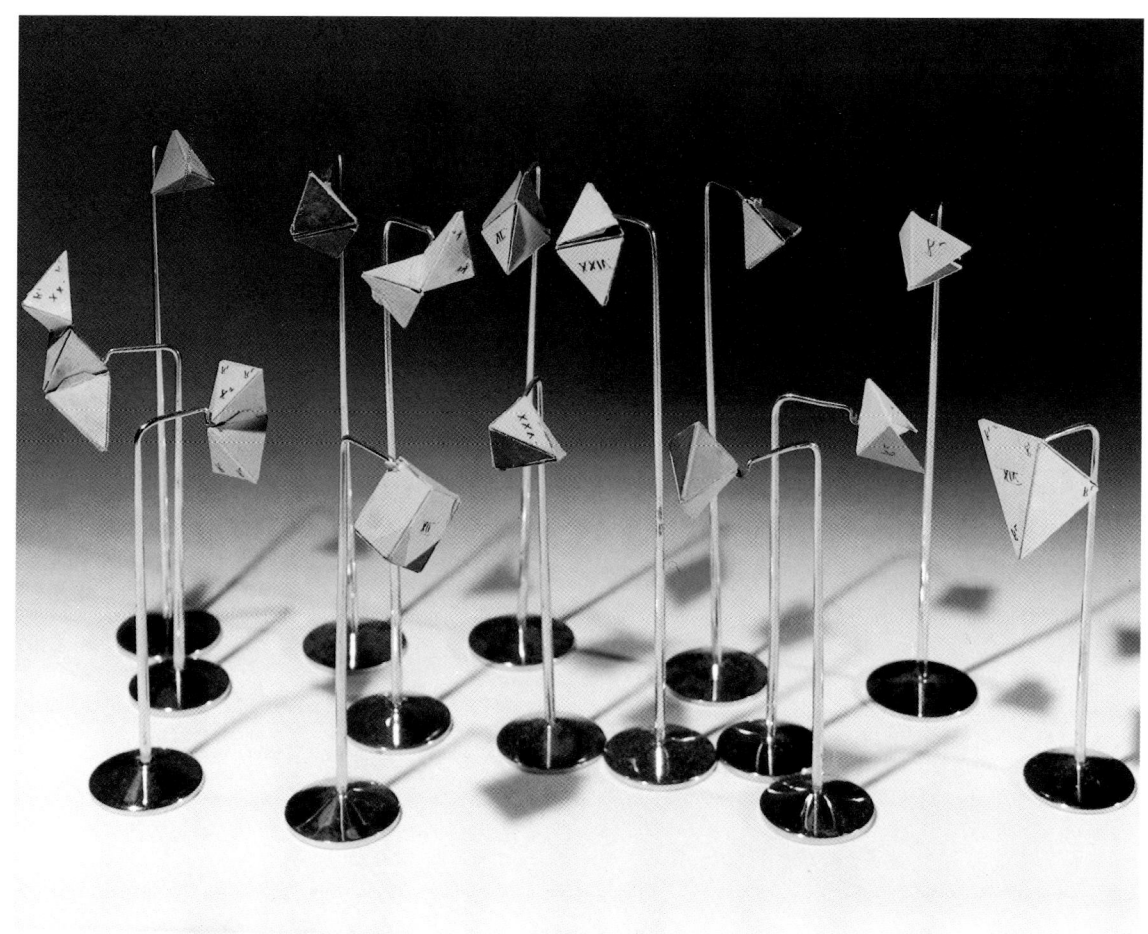

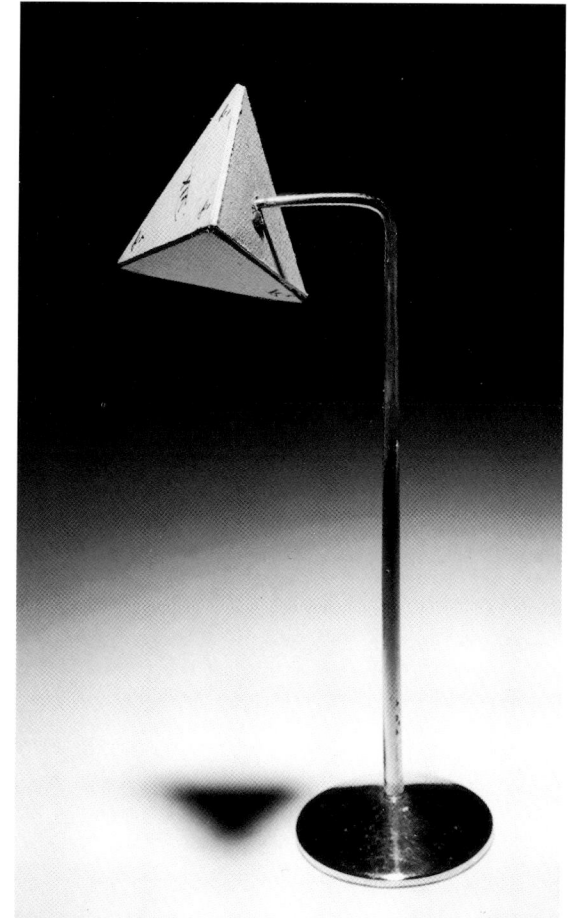

335

Gas, Teer, Farben

337 Friedlieb Ferdinand Runge (1795–1867), Chemiker der Preußischen Seehandlung in Berlin, entdeckte im Teer der Berliner Gasanstalt das Anilin und mit dessen Hilfe die ersten synthetischen organischen Farbstoffe. Runge ist auch der Entdecker der Alkaloide Atropin und dank einer Anregung Goethes des Coffeins. Waage aus dem Besitz Runges mit Chemikalienfläschchen. Abteilung Chemie, Deutsches Museum, München

338 Durch Ineinandertropfen von Chemikalienlösungen erhielt F. F. Runge chemische Reaktionen auf Papier, deren Produkte sich dann von selbst papierchromatographisch trennten. Runge verfolgte diese Experimente aus seiner romantischen Geisteshaltung heraus, glaubte er doch so dem »Bildungstrieb der Stoffe«, dem Geheimnis der Selbstorganisation der Materie auf der Spur zu sein. Seine Zeitgenossen fanden diese Experimente eher spleenig. Erst später erkannte man Runge als Vorläufer der Papierchromatographie, und erst in jüngster Zeit stellte sich heraus, daß er wohl der erste war, der ganz bewußt fraktale Strukturen hergestellt hatte. So wurde Runge lange nach seinem Tod zu einem Ahnherrn der Chaosforschung. Das Buch, zu dem dieses Frontispiz gehörte, schenkte Runge 1855 dem König Friedrich Wilhelm IV. v. Preußen. Die einzelnen »selbständig gewachsenen Bilder« sind in der ganzen Auflage des Werkes Originale, zu deren Herstellung und zum Einkleben Runge Schulklassen beschäftigt haben soll. Bibliothek des Deutschen Museums, München

339

340

341

339   William Henry Perkin (1838–1907) war 1855
Assistent am Royal College of Chemistry geworden.
1856 versuchte er, Chinin zu synthetisieren – durch
die Kolonialkriege des Britischen Empire war ein
ungeheurer Bedarf an diesem Antifiebermittel entstanden, der durch die Gewinnung aus der Rinde
des China-Baumes nicht zu decken war. Bei der
Oxidation von toluidinhaltigem Anilin mit Kaliumbichromat erhielt er neben Anilinschwarz eine violette Substanz, die später Mauvein – nach der Farbe
der Malven – genannt wurde. 1857 gründete er
zusammen mit Vater und Bruder in Greenford
Green bei London eine Fabrik, die im Jahre nach
ihrer Gründung von H. Caro gemalt wurde. Öl auf
Pappe, Abteilung Chemie, Deutsches Museum,
München

340   Heinrich Caro (1834–1910) wurde 1859 Ana-
lytiker bei den Cornbrook Chemical Works der
Firma Roberts & Dale in Manchester, wo es ihm
1860 gelang, mit einer neuen Synthese Perkins

One of the Advantages of GAS over OIL.

Mauvein-Patent zu durchbrechen. Daraufhin wurde er als Teilhaber in die Firma aufgenommen, die 1862 ihre »Mauve-Paste« in den Handel brachte, mit der die Firma De la Rue 1863 Briefmarken mit dem reichlich idealisierten Portrait der Königin Victoria druckte. 1868 trat Caro in die BASF ein als deren erster technischer Direktor. Archiv des Verfassers

341 Heinrich Caro arbeitete als Direktor der BASF sehr eng mit Färbereien und Farbdruckereien zusammen, die ihm zur Überprüfung ihrer koloristischen Ergebnisse häufig ihre färbetechnischen Betriebsjournale zur Verfügung stellten. Dieses Blatt mit Farbdruckproben stammt aus einem Journal der Fa. Heilmann Frères in Mühlhausen im Elsaß und wurde in den ersten Jahren der synthetischen Farben angelegt, d.h., diese Drucke sind unter Verwendung von Naturfarben neben Anilinfarben gedruckt worden. Bibliothek des Deutschen Museums, München

342 Die unvollkommene Technik der frühen Anwendung von Leuchtgas verlockte viele Karikaturisten. Hier wurde die damals diskutierte Möglichkeit tragbarer Gaslampen verspottet. Anonyme Karikatur. Vierziger Jahre des 19. Jh.s, Bibliothek des Deutschen Museums, München

343 Da anfangs die Leitungs- und Versorgungstechnik von Leuchtgas nicht besonders weit entwickelt waren, bei der geringen Leuchtkraft damaliger Gaslampen der Mengendurchsatz der Leitungssysteme aber sehr hoch war, ereigneten sich schwere Unfälle. Anonyme Karikatur, Bibliothek des Deutschen Museums, München

344 Tatsächlich versuchte man an Orten, wo das Verlegen von Gasleitungen teuer oder schwierig war, Leuchtgas in Druckflaschen auf Pferdewagen zu transportieren, was sich indessen nicht recht durchsetzen konnte. Holzschnitt 1865

345 Bei der Destillation des Teers fallen auch höher siedende Fraktionen an, für die man zunächst gar keine Verwendung hatte. Daher war man froh, eine Absatzmöglichkeit für Straßen- und Gehsteigbeläge zu finden. Anfänglich wurden solche Beläge nur in den Städten verwendet, was zur Folge hatte, daß der »Asphalt der Städte« zu einer Art Synonym für den vermeintlichen sittlichen Verfall der Stadtbevölkerung und der von der Stadt ausgehenden moralischen Bedrohung wurde. Aus: Neues Universum, 1881

346 Durch die Gasbeleuchtung, vor allem nach Entwicklung der Glühstrümpfe, gewannen die Städte bei Nacht eine vorher nicht gekannte Helligkeit. Tatsächlich wurde emsig diskutiert, welche Auswirkungen dies auf die Lebensgewohnheiten, insbesondere die Sittlichkeit der Stadtbewohner, habe. Photographie einer Straße in Berlin, Bibliothek des Deutschen Museums, München

347 Keine Erfindung des 19. Jh.s sollte diese Welt so verändern wie das Automobil. Die Idee, durch Verbrennen von Benzin Motoren zu betreiben, führte zu einem Aufblühen der Erdölindustrie, die dann ab Mitte dieses Jahrhunderts als Rohstofflieferant so leistungsfähig werden sollte, daß das Erdöl die klassische Kohle als Grundstoff der organischen Chemie völlig verdrängte. Carl Benz (1844–1929) baute den ersten mit Benzinmotor getriebenen Kraftwagen. Bibliothek des Deutschen Museums, München

BENZ & Cie

RHEINISCHE GASMOTOREN-FABRIK

Gegründet im Jahre 1883. MANNHEIM. Gegründet im Jahre 1883.

Patent-Motor-Wagen „Benz"

Patentirt in Deutschland
sowie in allen anderen Industrie-Staaten der Welt.

348 Der Maschineningenieur Gottlieb Daimler (1834–1900) gründete 1883 eine Versuchswerkstatt in Cannstatt und erhielt Ende desselben Jahres ein Patent auf einen Verbrennungsmotor mit Glührohrzündung, den er 1886 unter anderem in ein Boot einbaute, wo er sich sehr bewährte. Bibliothek des Deutschen Museums, München

349 In Deutschland war es insbesondere die Firma Deutz, die sich des Baus von Gasmotoren annahm. Postkarte, Archiv des Verfassers

350 Der französische Mechaniker Jean Joseph Etienne Lenoir (1822–1900) konstruierte 1860 den ersten betriebsfähigen Gasmotor. Damit war es gelungen, das durch Destillation der Kohle gewonnene Leuchtgas als Energiequelle, insbesondere für das Handwerk, zu nutzen. Der an einem Gasleitungssystem hängende Gasmotor wurde so etwas wie ein Vorläufer des späteren Elektromotors. Deutsches Museum, München

351 bis 354 Bei der Destillation der Kohle entstanden drei Produkte: Koks, Gas und Teer. Der Koks wurde verheizt oder ging in die Eisengewinnung. Das Gas diente zur Beleuchtung oder trieb Motoren. Der Teer wurde wiederum destilliert, und aus diesen Destillationsprodukten entstand durch chemische Umwandlung eine Fülle von Farben, Teerfarben, wie man damals sagte. Die Teerfarbenindustrie ließ sich damals vielfältige Etiketten für ihre Gebinde entwickeln, die heute begehrte Sammelobjekte sind.

1

352

354

355

355 Proben synthetischer Farben aus dem Laboratorium der BASF, Ludwigshafen, von H. Caro oder unter seiner Anleitung angefertigt. Deutlich erkennt man, daß es anfänglich Schwierigkeiten bereitete, blaue und grüne Farben zu synthetisieren. Nachlaß Heinrich Caro, Abteilung Chemie, Deutsches Museum, München

356 H. Caro und die BASF betrieben eine sehr erfolgreiche Forschungspolitik, indem es ihnen gelang, mit prominentesten Chemikern Beraterverträge abzuschließen, so daß nicht nur im Laboratorium in Ludwigshafen, sondern auch in einer Reihe von Hochschullaboratorien für die BASF geforscht wurde. Farbproben aus dem Laboratorium A. v. Baeyers. Nachlaß Heinrich Caro, Abteilung Chemie, Deutsches Museum, München

357 Bis Anfang der sechziger Jahre dieses Jahrhunderts war in Europa der bei der Herstellung von Leuchtgas in den Kokereien anfallende Teer der Rohstoff der organisch-chemischen Industrie. Arbeitsflur einer Leuchtgasfabrik, von dem aus die Retorten nach der Destillation der Steinkohle entladen wurden. Photographie, um 1910

358 Vorlagen zum Auffangen des Teers mit Gasabgangsrohren in einer Leuchtgasfabrik. Der bei der Destillation der Steinkohlen anfallende Rohteer wurde in Kesselwagen per Bahn von den Kokereien zu den chemischen Fabriken verbracht, wo er weiter destilliert wurde. Photographie, um 1910

356

252

357

358

Gerichtschemie,
Lebensmittelchemie

359 Weißer Phosphor ist ein starkes Gift. Bereits eine Menge von 0,1 g kann einen Menschen töten. Daher wurde weißer Phosphor schon in der ersten Hälfte des vorigen Jahrhunderts von Mördern verwendet und so sein Nachweis ein Problem der gerichtlichen Chemie. Er erfolgt nach der »Probe von Mitscherlich«, wobei man den Mageninhalt, versetzt mit Wasser, in einer Destillationsapparatur mit Liebigkühler erhitzt. Dort, wo die Dämpfe mit der Luft in Berührung kommen, sieht man im Dunkeln leuchtende Ringe.

360 Verbesserte Apparatur zum Nachweis von Phosphor durch Entwicklung von Phosphorwasserstoff nach E. Mitscherlich (1794–1863) und weiter verbesserte Methode nach Dussard und Blondlot, die sich die Färbung der aus einer Platindüse brennenden Wasserstoffflamme zunutze macht, welche Phosphor grün leuchten läßt.

361 Jahrhundertelang konnte man vergleichsweise »risikolos« mit Arsen morden, da die Chemie über keinen wirklich brauchbaren Nachweis verfügte. Erst 1836 entwickelte James Marsh (1790–1846), Chemiker am Kgl. englischen Arsenal zu Woolwich, seine »Marshsche Probe«. Aus löslichen Arsenverbindungen und naszierendem Wasserstoff (Zink und Schwefelsäure) entsteht Arsenwasserstoff, der bei Rotglut beziehungsweise in der Wasserstoffflamme zu metallischem Arsen zerfällt, das sich entweder im Glasrohr oder an einer kühlen Porzellanschale abscheidet und so dem Gericht vorgelegt werden kann. Marshsche Apparatur, der Überlieferung nach das Original. Deutsches Museum, München

362 Der englische Schriftsteller Sir Arthur Conan Doyle (1859–1930) befand die »Forensische Chemie«, die sich mit der chemischen Spurensuche und dem Nachweis von Vergiftungen beschäftigt, als so wichtig, daß er seine Romanfigur Sherlock Holmes mit einem kleinen privaten Laboratorium ausstattete, wo dieser seine scharfsinnigen Schlüsse durch chemische Experimente untermauerte. Strand Magazine, London

359

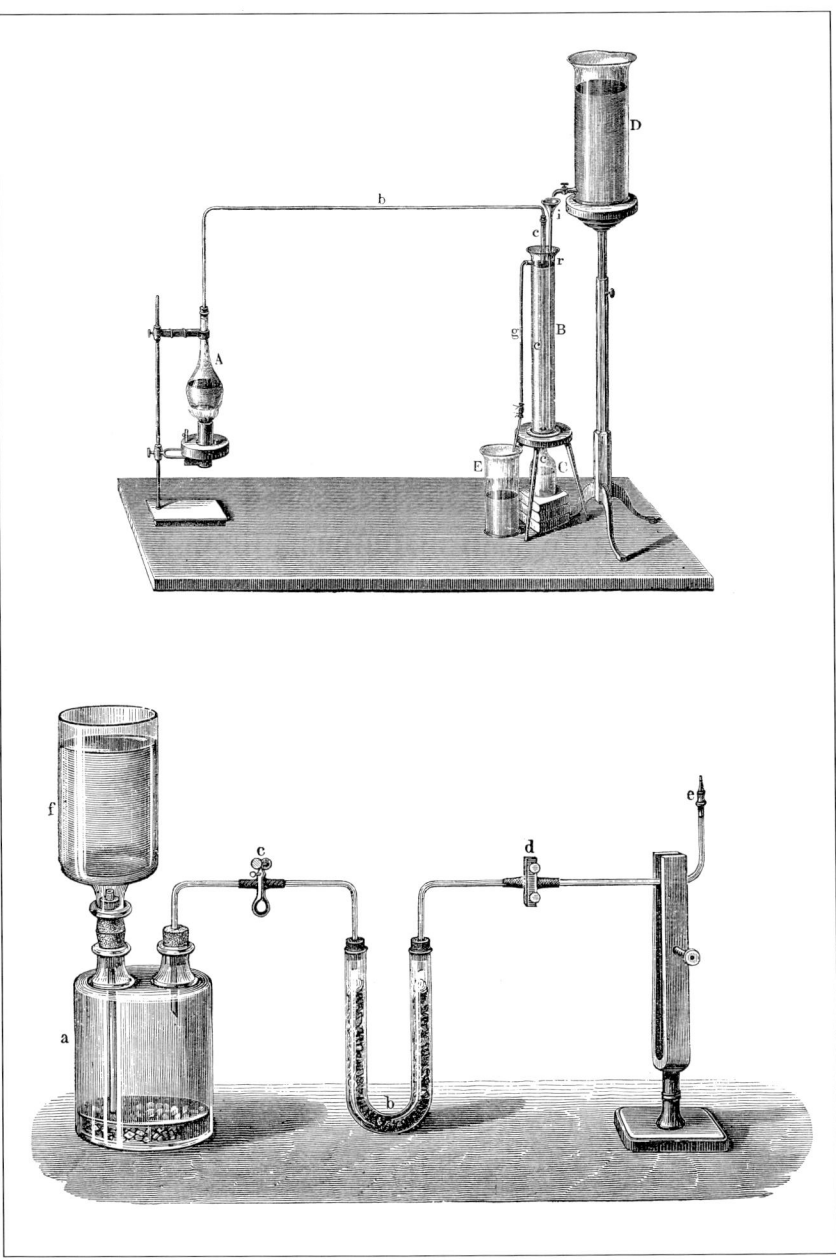

360

254

361

362

363 Der Tatort, Schloß Bitremont in Belgien.

364 Der Belgier Servais Stas (1813–1891) war der erste, dem es 1854 gelang, einen Mord, der mit dem Alkaloid Nikotin begangen worden war, aufzuklären. Der Mord und der Prozeß erregten in der damaligen Presse ungeheures Aufsehen. In dieser schlichten Apparatur hatte der Mörder, Graf Boccarmé, Tabakblätter ausgelaugt und das Nikotin angereichert.

365 Graf Boccarmé war der erste, mit einem Alkaloid mordende Täter, der dank der neuen Nachweismethoden für giftige Alkaloide überführt und der Bestrafung zugeführt worden war.

366 bis 368 Die Forensische Chemie des vorigen Jahrhunderts sah sich zahllosen Problemen gegenüber. Allein in Deutschland wachsen einige hundert Giftpflanzen, aber für keines dieser Gifte gab es brauchbare Nachweisreaktionen. Man begnügte sich in aller Regel mit der Beurteilung der Befindlichkeit des Vergifteten und versuchte, was ganz außerordentlich gefährlich war, von dessen Aussehen auf die Art des verwendeten Giftes zu schließen. Dargestellt sind drei heimische Giftpflanzen: Kreuzblättrige Wolfsmilch, Großer Hahnenfuß und Tollkirsche. Eduard Winkler: Sämmtliche Giftgewächse Deutschlands…, Leipzig 1854

369 Justus von Liebig (1803–1873) steht hier in seinem neugotischen, für ihn erbauten Laboratorium der Bayerischen Akademie der Wissenschaften in München. Dieses Laboratorium besaß schon keine Abzugshaube mehr, sondern am Bildrand rechts ist ein mit Glastüren verschließbarer Abzug zu sehen. Liebig arbeitet an einem gemauerten, mit Steinplatten belegten Tisch und erhitzt mit einem Bunsenbrenner einen Rundkolben. Vor ihm steht eine Kohlenstoff-Wasserstoff-Analysenapparatur mit leicht schräg hängendem Fünfkugelapparat. Liebig beschäftigte sich damals viel mit der Aschenanalyse von landwirtschaftlichen Produkten, die in Bündeln einem am Boden stehenden Korb entquellen und am halboffenen Fenster hängen.

364

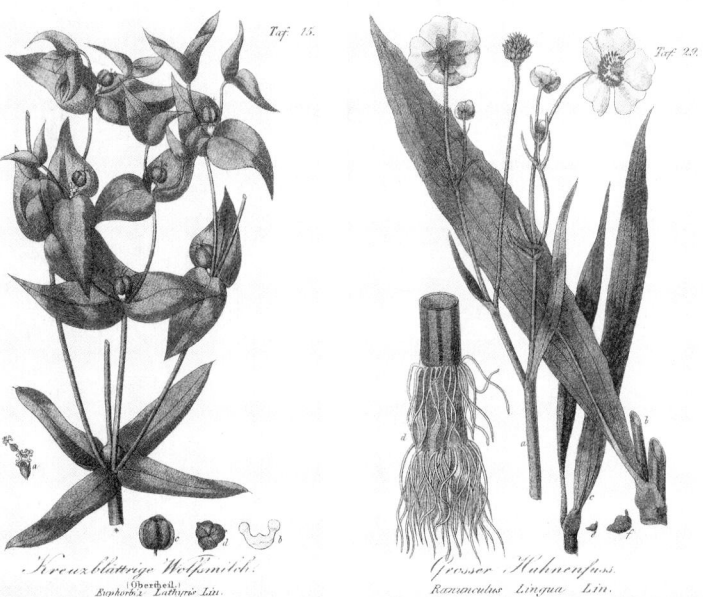

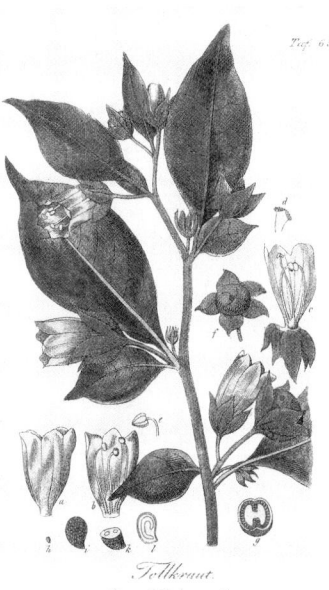

366–368

370 und 371 Vor der Entwicklung brauchbarer Kühlschiffe war es unmöglich, Frischfleisch von Übersee nach Europa zu bringen. Liebig hatte Fleischextrakt ursprünglich als Krankennahrung entwickelt. Dieser Fleischextrakt war zunächst nur ab 1847 durch die Familie Pettenkofer in der Münchener Hofapotheke verkauft worden. Als man 1862 in Fray Bentos eine Fabrik für Fleischextrakt gründete, bot man Liebig eine hohe Beteiligung am Aktienkapital und ein Direktorengehalt, wenn er bereit sei, das Unternehmen zu beraten und der Vermarktung seines Namens zuzustimmen. Die Fray Bentos Comp. entwickelte einen einzigartigen Reklamestil, und ihre Werbematerialien sind Gegenstand wilder Sammelleidenschaft geblieben. Liebigs Namenszug ziert bis heute jede Büchse Liebigs Fleischextrakt, Tütchen aus den dreißiger Jahren, in denen jeweils eine Serie von Liebigbildern zum Verkauf angeboten wurde. Archiv des Verfassers

372 bis 375 Vier Reklamemarken für Liebigs Fleischextrakt. Archiv des Verfassers

376 bis 381 Über Jahrzehnte hinweg unternahm die Fray Bentos Company einen ebenso großangelegten wie erfolgreichen Reklamefeldzug mit ihren Serien von Liebigbildern, die stets mit jeweils sechs Einzelbildern in einem kleinen Tütchen abgegeben wurden. Diese Serie aus den dreißiger Jahren stellt Liebigs Werdegang vor, mit seinem Geburtshaus in Darmstadt, mit dem Jahrmarktquacksalber, von dem er die Anregung erhielt, sich mit der Chemie der Knallsäure auseinanderzusetzen. Es folgen Außen- und Innenansicht des berühmten Laboratoriums in Gießen und schließlich Demonstrationen seiner Erfolge: eine Rinderherde in Uruguay vor und nach der Verarbeitung sowie Felder und Ähren mit und ohne Kunstdüngerbehandlung. Archiv des Verfassers

370

371

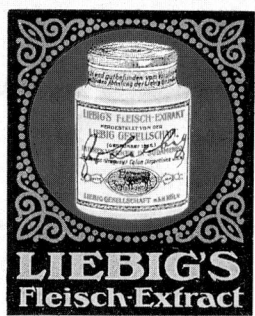

372

373

374

375

JUSTUS von LIEBIG
der große deutsche Forscher
LIEBIG FLEISCH-EXTRAKT – appetitanregend.

JUSTUS von LIEBIG
der große deutsche Forscher
LIEBIG FLEISCH-EXTRAKT – geschmacksverbessernd.

377

JUSTUS von LIEBIG
der große deutsche Forscher
LIEBIG FLEISCH-EXTRAKT – das Wertvollste des Fleisches.

JUSTUS von LIEBIG
der große deutsche Forscher
LIEBIG FLEISCH-EXTRAKT – sparsam.

379

JUSTUS von LIEBIG
der große deutsche Forscher
LIEBIG FLEISCH-EXTRAKT – verdauungsfördernd.

JUSTUS von LIEBIG
der große deutsche Forscher
LIEBIG FLEISCH-EXTRAKT ist gesund.

381

382 Der Liebigsche Fünfkugelapparat, gefüllt mit Kalilauge, der zum Auffangen von Kohlendioxid in der Liebigschen Elementaranalyse dient, wurde schon zu Lebzeiten Liebigs zu einer Art Abzeichen seiner Schüler. Abteilung Chemie, Deutsches Museum, München

383 Trockenapparat nach Liebig zum Trocknen von Pflanzenteilen. Die zu trocknenden Substanzen wurden in U-förmige Glasröhrchen gegeben, die in ein erhitztes Ölbad tauchen, dessen Temperatur von einem am Stativ eingeklemmten Thermometer kontrolliert wird. Das U-Rohr wird an beiden Enden mit einem Calciumchloridrohr versehen, und sodann holt man mit einer Luftpumpe Luft bis zur Gewichtskonstanz der Probe durch die Apparatur. Die Gewichtszunahme des hinteren Calciumchloridrohres zeigt an, welche Gewichtsverminderung auf den Wasseranteil zurückzuführen ist. Instrument aus dem Nachlaß von Emil Erlenmeyer (1825–1909), Abteilung Chemie, Deutsches Museum, München

384 Die Aufgabe, möglichst gleichmäßig qualitätvolle Nahrung zu produzieren, führte schon im letzten Drittel des vorigen Jahrhunderts zum Aufbau der Lebensmittelchemie und zur Einrichtung lebensmittelchemischer Laboratorien bei bedeutenden Nahrungsmittelproduzenten, so auch in Brauereien. Brauereilabor der zwanziger Jahre. Archiv des Verfassers

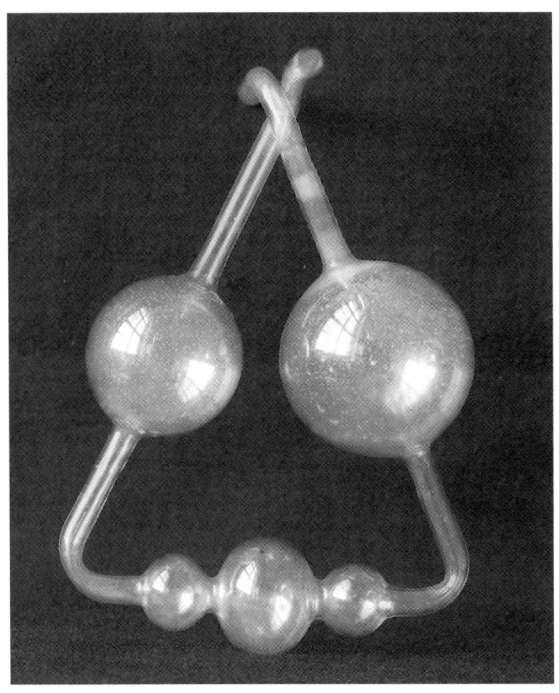

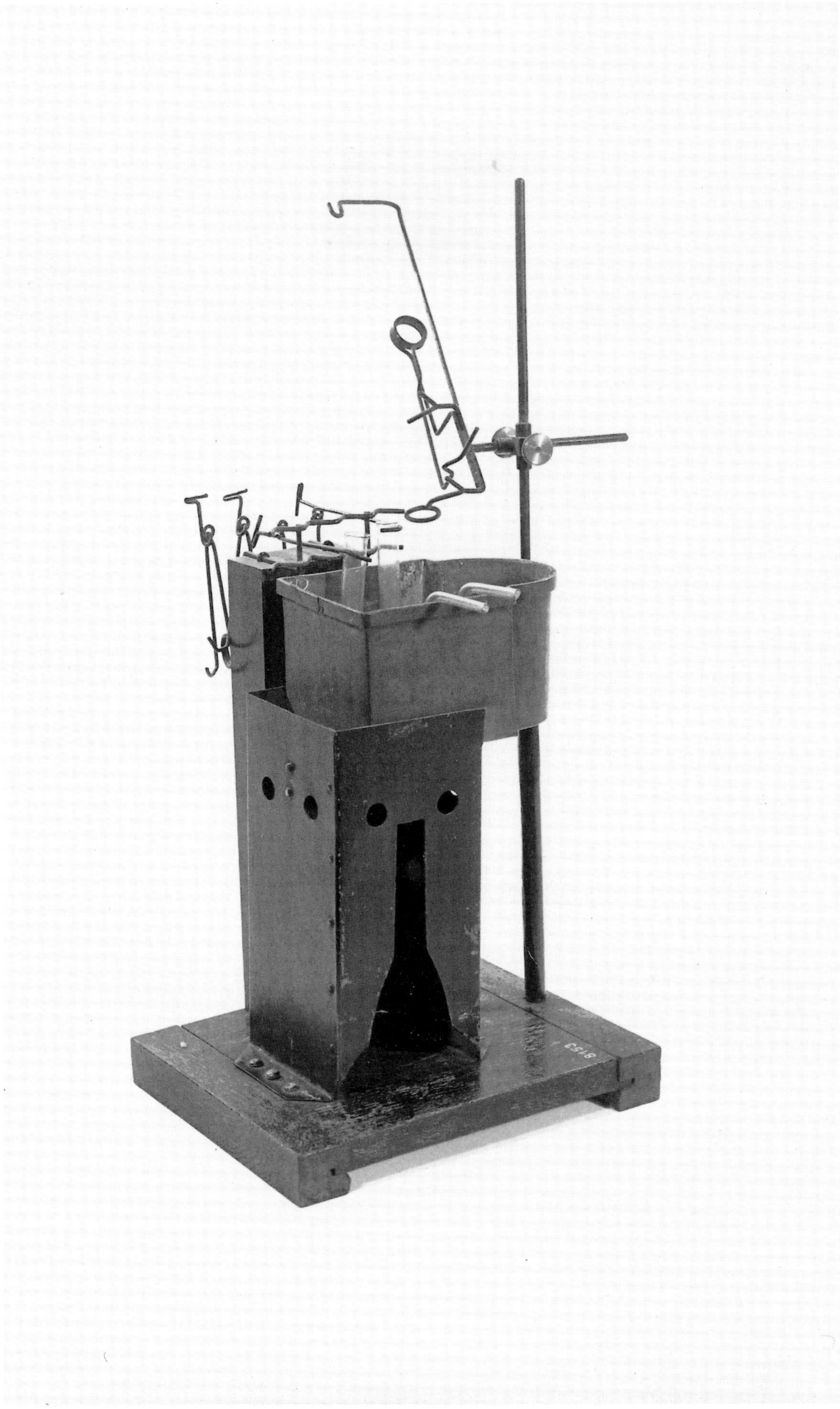

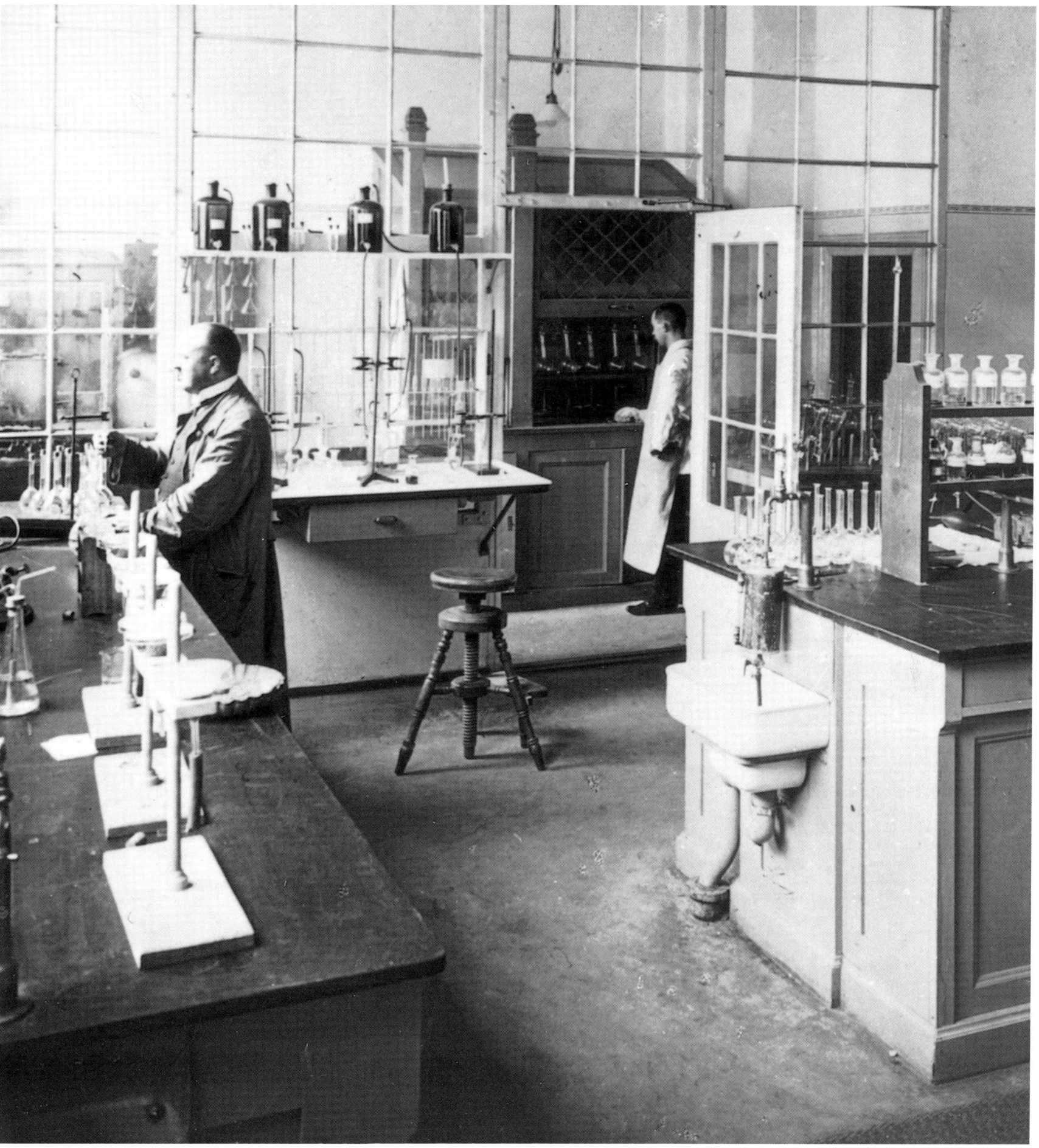

385

386

Es bringt zu höchster Blüte
Den Weinbau das Ammoniak!
Bringt Trauben erster Güte,
Die unerreicht im Geschmack!

F. Schoen.

387

388

385–389 Anfänglich waren die Landwirte nur schwer davon zu überzeugen, Dünger in hohen Mengen einzusetzen. Dies führte zu einer Zusammenarbeit der deutschen Düngemittelfabriken zur Durchführung gemeinsamer Werbekampagnen mit Hilfe von Reklamepostkarten und Reklamemarken. Archiv des Verfassers

390 Auch das Konservieren von Eiern mit Wasserglas und Konservierungsstoffen ist ein chemisches Problem. Reklamemarke der dreißiger Jahre. Archiv des Verfassers

391 Abfüllanlage einer chemischen Fabrik für Kunstdünger in den dreißiger Jahren. Die Anlagen arbeiteten in Verbindung mit Wandertischen, auf denen die Säcke für den Transport von Hand oder maschinell zugenäht wurden. Anlagen dieser Art baute die Firma Heckel-Saarbrücken. Die Stundenleistung lag damals schon bei 2000 Sack. Bibliothek des Deutschen Museums, München

389

390

392 »Exhilarating«, »delicious and refreshing«, ein von den »stärkenden Kräften der wunderbaren Coca-Blätter und der berühmten Cola-Nuß« erfülltes Getränk, ein »Brain-Tonic« gegen Müdigkeit und Kopfschmerzen sei sein »Coca Cola«. Dies behauptete 1886 Colonel Dr. John Styth Pemberton, der auf die an sich naheliegende Idee gekommen war, drei damals übliche Getränke zu vereinen: »French Coca-Wine« – ein beliebtes und nicht ungefährliches Anregungsmittel –, phosphorsäurehaltige »Gedächtnis-Limonade«, die sich allgemein aus der Erkenntnis entwickelt hatte, daß das menschliche Gehirn besonders viel Phosphat enthält, und normale kohlensäurehaltige Limonade. Das Ur-»Coca-Cola« enthielt Alkohol und Rauschmittel und muß in der Tat ein herrliches Getränk gewesen sein, das in dieser Form leider heute verboten wäre. Historische Reklame der Coca-Cola-Gesellschaft

393–397 Der Schweizer Industrielle Julius Maggi (1846–1912) erfand, basierend auf Studien Liebigs und anderer über den Eiweißgehalt der Leguminosen, die Erbswurst, dann einen Brühwürfel, andere Suppen und die Maggi-Würze – und war ein Meister der Reklame. Er selbst entwarf das Warenzeichen seiner Firma, den Maggi-Stern, und die mittlerweile klassische Form der Flasche. Er bemühte sich auch früh um ausgezeichnete Texter. So schrieb eine Zeitlang der junge Frank Wedekind für ihn. Reklamekarten der Firma Maggi

398 Der preiswerten Margarine gelang es bald, sich einen erheblichen Marktanteil gegenüber der Butter zu erobern. Reklamekarte der Firma Schwan. Archiv des Verfassers

392

393

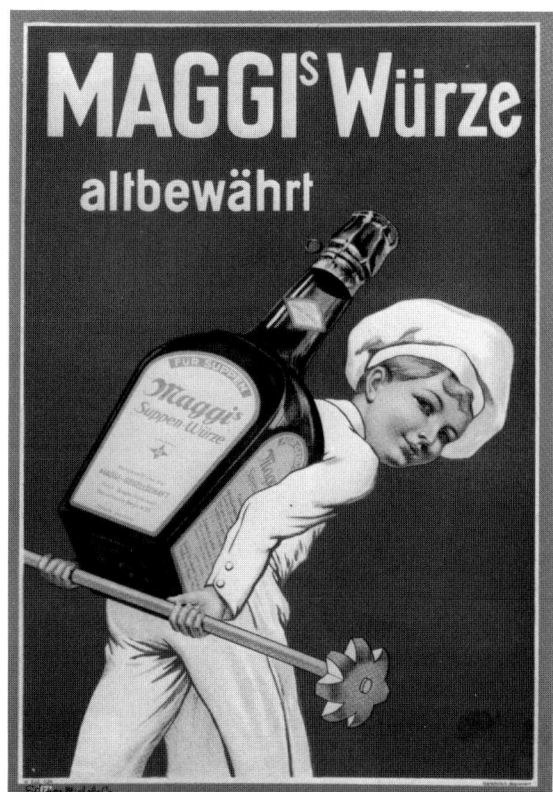

394

395

396

397

398

Medizinische Chemie

399 Der französische Chemiker und Bakteriologe Louis Pasteur (1822–1895) bereicherte die Stereochemie durch die Entdeckung des die Schwingungsebene polarisierten Lichtes links- bzw. rechtsdrehenden Tartrates. Es war ihm gelungen, jeweils reine Kristalle zu züchten, die er von Hand aus dem Kristallgemisch auslas. Von Pasteur gezüchtete Tartratkristalle. Die Beschriftung auf den neuen Gläschen bezieht sich auf den Drehsinn. Aus dem Nachlaß seines Vorlesungsassistenten von Ammon. Abteilung Chemie, Deutsches Museum, München

400 Louis Pasteur, seit 1888 Direktor des Instituts Pasteur und einer der Begründer der modernen Bakteriologie, war mit J. Liebig in einen Streit über die Ursachen der Gärung verwickelt. Pasteur gelang es zu zeigen, daß die alkoholische Gärung durch Mikroorganismen verursacht wird. Mikroskop aus dem Nachlaß Pasteurs. Abteilung Chemie, Deutsches Museum, München

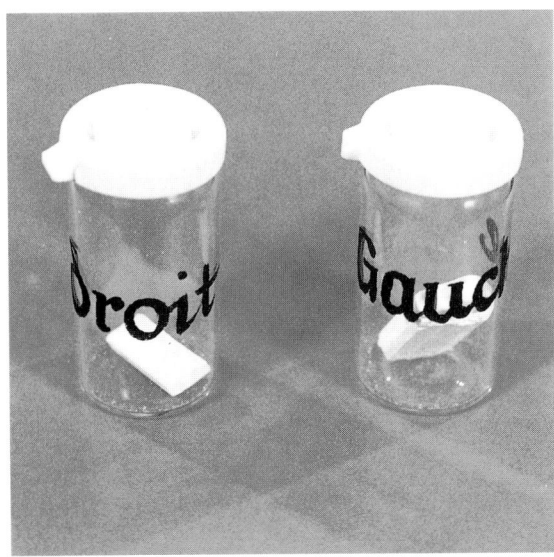

399

400

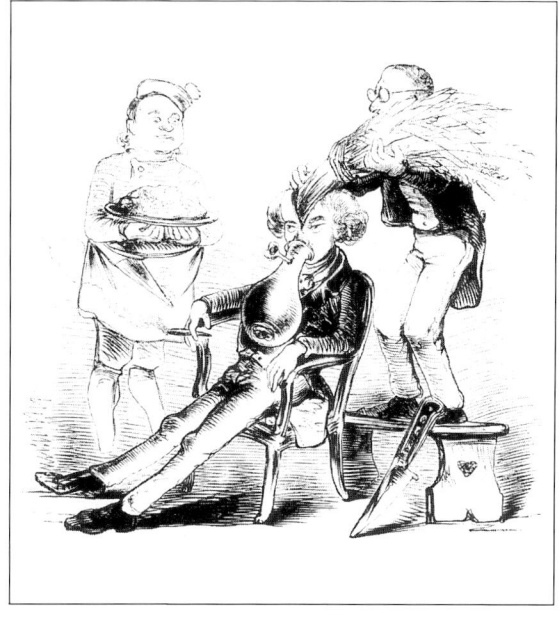

401 Als Mitte des vorigen Jahrhunderts die narko-
tisierende Wirkung eingeatmeten Ethers entdeckt
wurde, wähnten Karikaturisten, daß es fürderhin in
den Kneipen spezielle Tische für Etherschnüffler
geben könne. Tatsächlich wurde Ether intensiv
mißbraucht, was nicht zuletzt an der hohen Be-
steuerung des Alkohols lag. Leipziger »Illustrirte
Zeitung«, 1854

402 Mit Ethernarkose schien den Karikaturisten
schier jeder chirurgische Eingriff möglich. In dieser Karikatur wird einem mäßig begabten Studenten das Stroh aus dem Hirn entfernt. Leipziger
»Illustrirte Zeitung«, 1854

403 Aufnahme der ersten Operation am Massa-
chusetts General Hospital, USA, die unter Ethernarkose ausgeführt wurde. Nach einer Daguerreotypie, um 1850

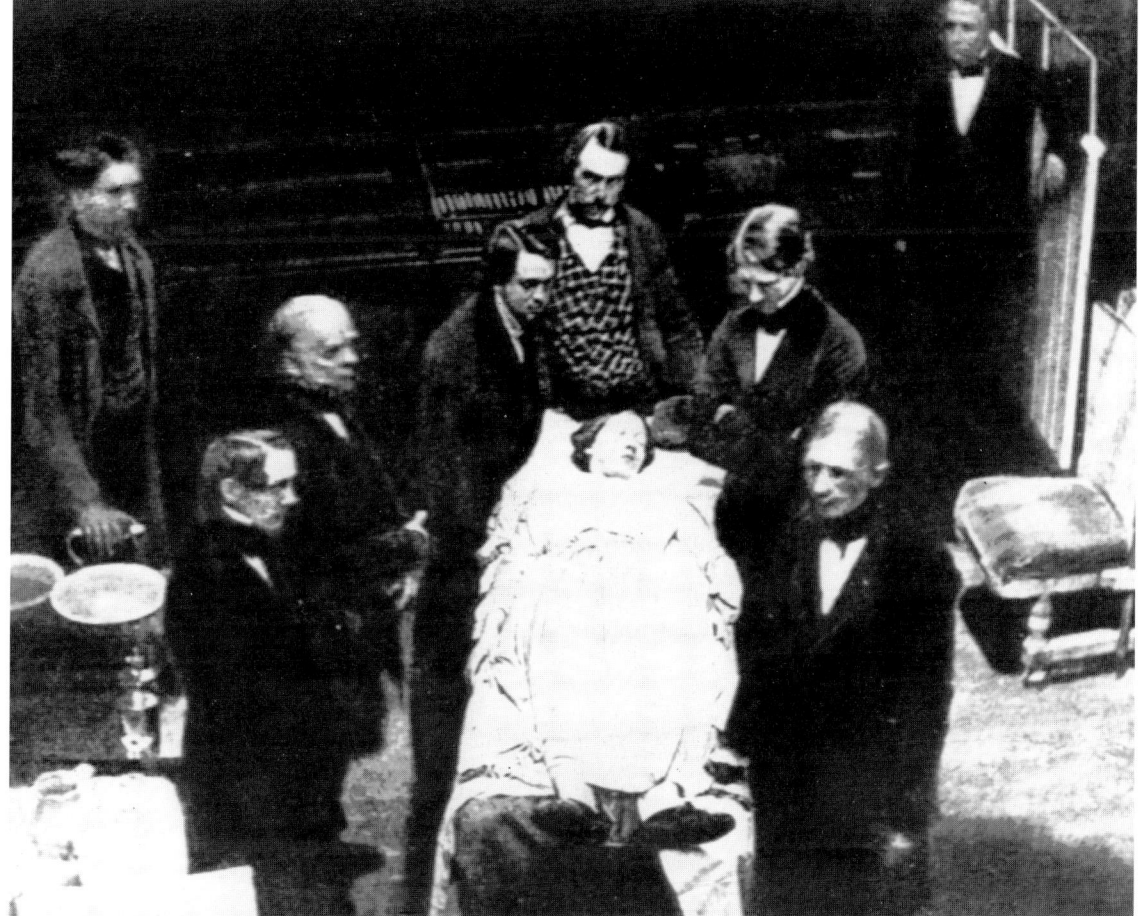

404 Pharmazeutisches Laboratorium eines Krankenhauses aus den zwanziger Jahren. Bibliothek des Deutschen Museums, München

405 Für chemisch-pharmazeutische Arbeiten in Apotheken und kleineren pharmazeutischen Betrieben setzten sich für bestimmte Arbeiten im Laufe des vorigen Jahrhunderts spezielle Herde mit fest eingebauten Apparaturen durch. Diese Herde waren bis vor wenigen Jahrzehnten in Be-

trieb. Das hier gezeigte Beispiel wurde vor einigen Jahren dem Deutschen Museum zum Erwerb angeboten. Deutlich erkennt man die dampfbeheizte Salbenreibschale und eine Destillationsapparatur. Foto Archiv des Verfassers

406 Hans Fischer (1881–1945) war seit 1921 Professor für organische Chemie an der TH München, wo er bedeutende Untersuchungen zur Analyse und Synthese von Pyrrolfarbstoffen des Blutes und der Galle sowie von Chlorophyll unternahm, die ihm 1930 den Nobelpreis brachten. Blick in Fischers Doktoranden-Laboratorium, um 1935. Foto Archiv des Verfassers

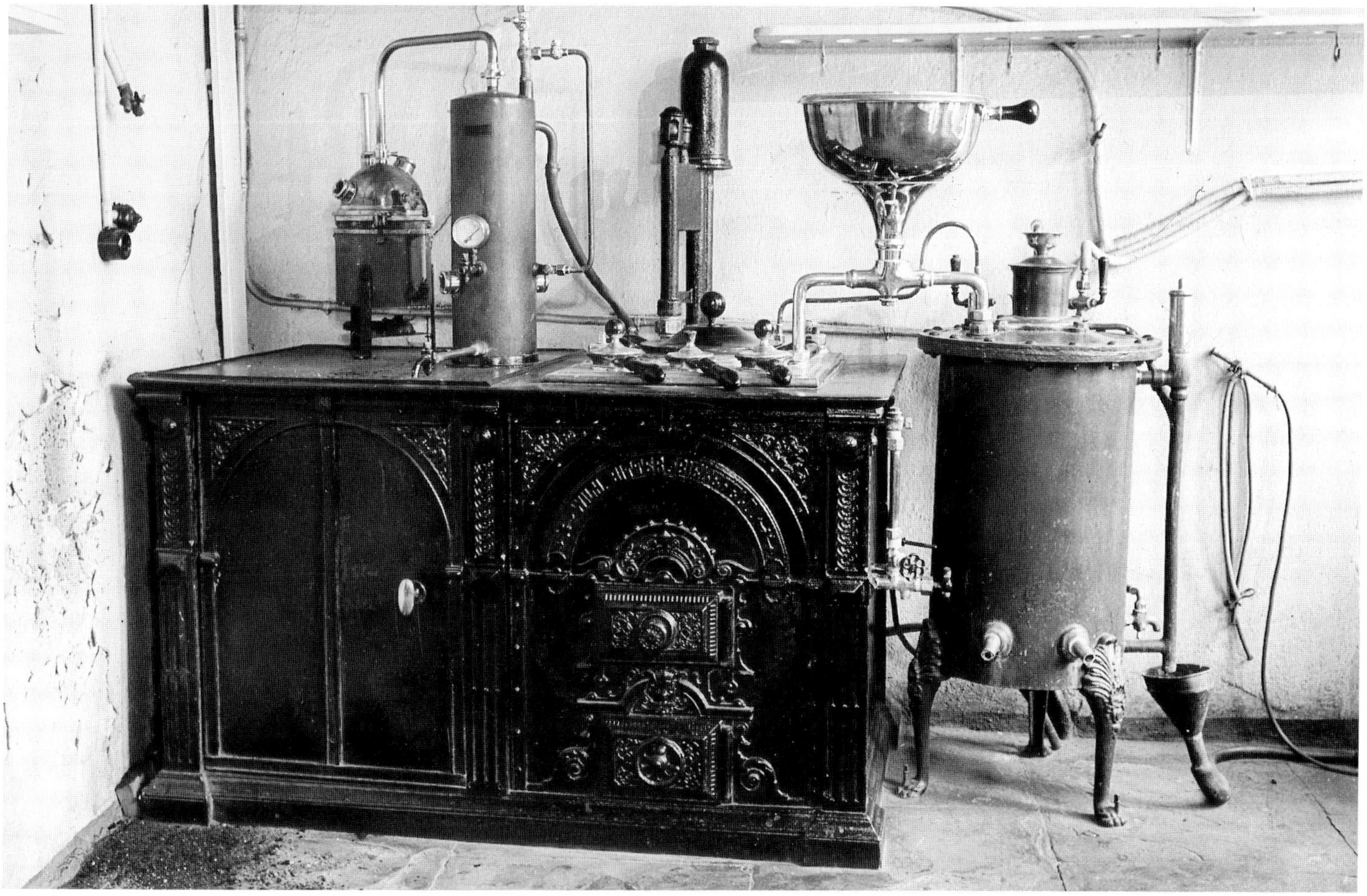

ACHTUNG! ÄTHER ACHTUNG!
äther

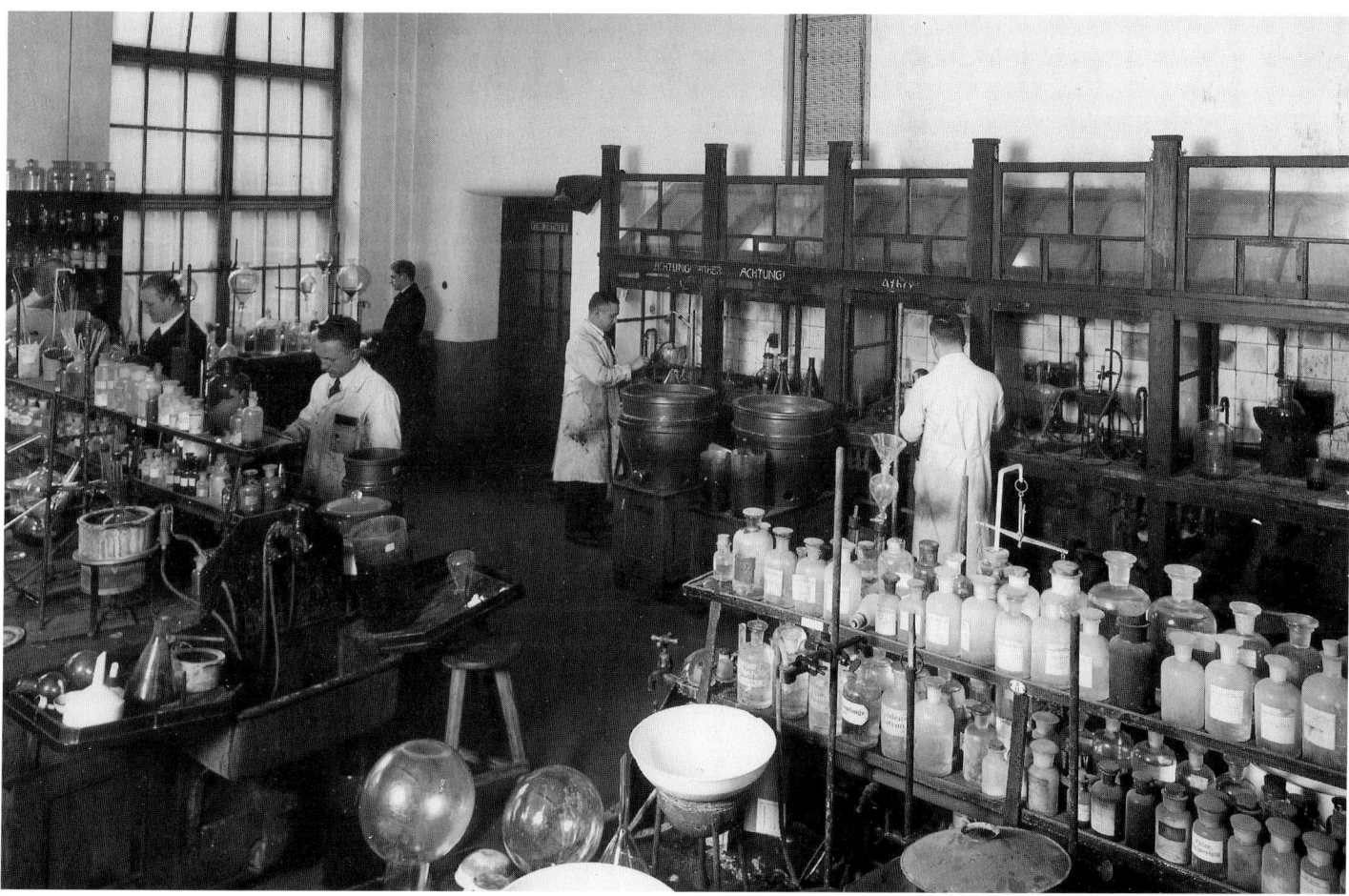

407–409 Die Erfolge der biochemisch-pharmazeutischen Forschung zwischen den beiden Weltkriegen waren erstaunlich groß. Es war seinerzeit üblich, daß die chemisch-pharmazeutische Industrie mit Reklamepostkarten für ihre Produkte warb. Reklamepostkarten der Firmen Bayer, Leverkusen, Tosse, Hamburg, und Gödecke, Berlin. Archiv des Verfassers

410 und 411 In den Jahren zwischen den beiden Weltkriegen unterhielt die I.G. Farben gewaltige Forschungslaboratorien, gewissermaßen Forschungsfabriken. Entlang einem Mittelgang befanden sich auf beiden Seiten eine Unzahl von »Boxen«. Jede Box war für einen promovierten forschenden Chemiker und dessen Laboranten bestimmt. Forschungslabor der vormaligen BASF, um 1930. Archiv des Verfassers

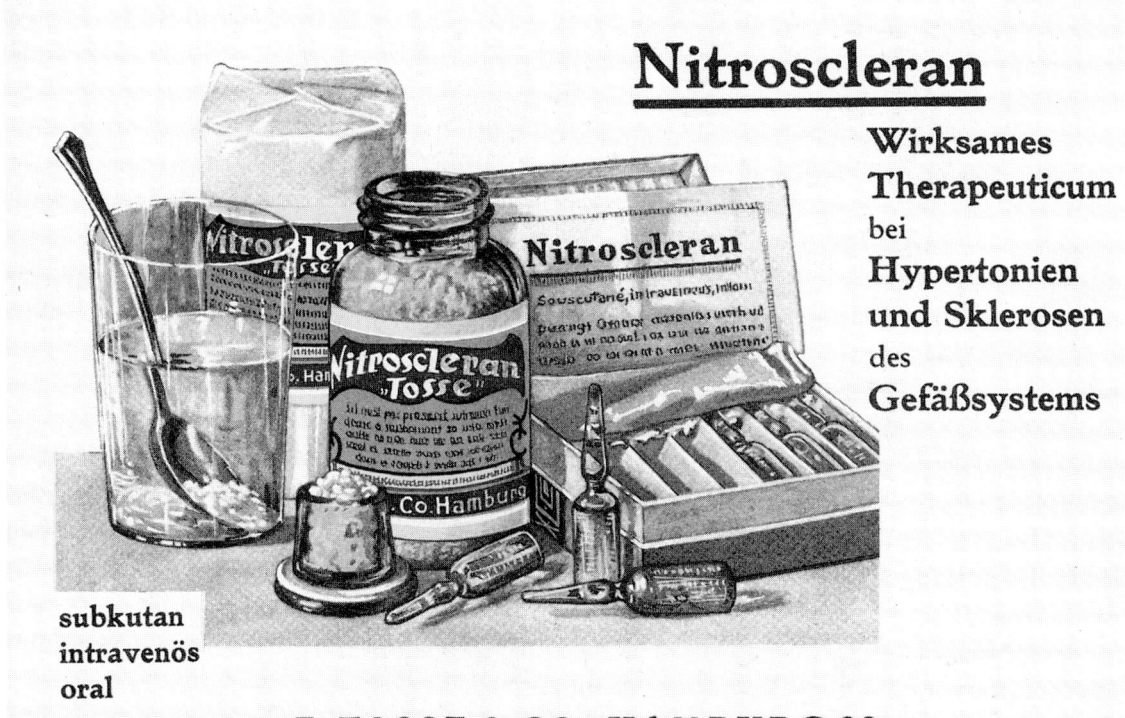

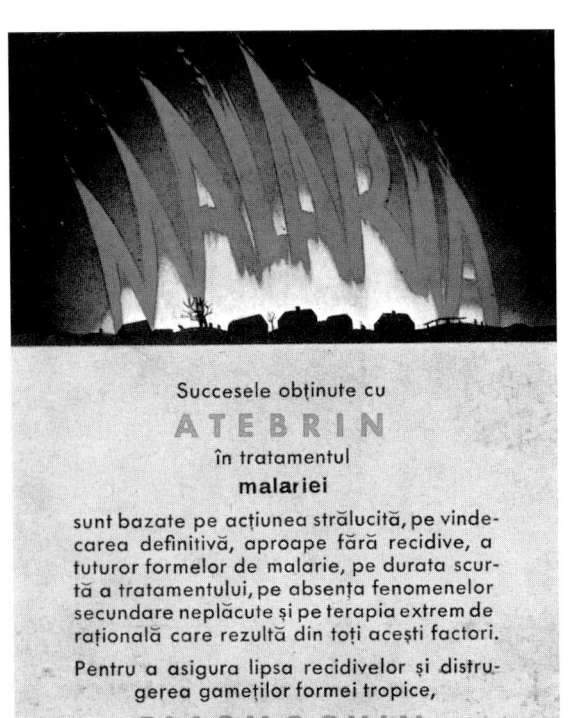

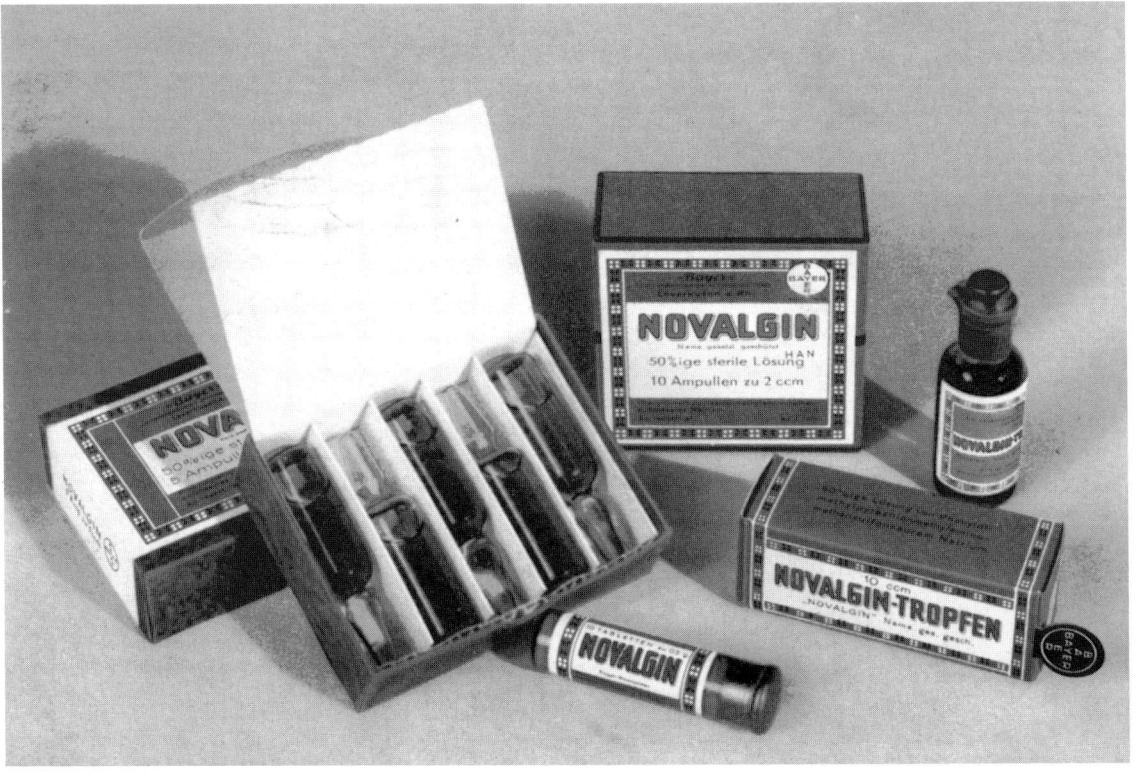

412

412 Heinrich Wieland (1877–1957) war Professor der Chemie an der Universität München und unternahm biochemische Arbeiten über Sterine, Gallensäuren, Alkaloide, Krötengift, das Gift der Knollenblätterpilze sowie zum Chemismus biologischer Oxidationsvorgänge. 1927 wurde er mit dem Nobelpreis ausgezeichnet. Blick in Wielands Laboratorium, der ohne weißen Kittel am Labortisch arbeitet. Schräg hinter ihm seine treue Assistentin Elisabeth Dane, die jahrzehntelang das chemische Mediziner-Praktikum leitete, um 1935. Archiv des Verfassers

413 Reklamepostkarte der Firma Bayer Leverkusen mit der Darstellung eines höchstreinen biochemischen Laboratoriums aus den fünfziger Jahren. Archiv des Verfassers

414–418 In der Bekämpfung der durch Infektionskrankheiten verursachten Seuchenzüge bewährten sich seit dem letzten Drittel des vorigen Jahrhunderts die chemische Reinigung und die chemische Desinfektion, die nicht unwesentlich zur Verlängerung der menschlichen Lebenserwartung beitrugen. Katalog der Firma Lautenschlager, Berlin 1910

413

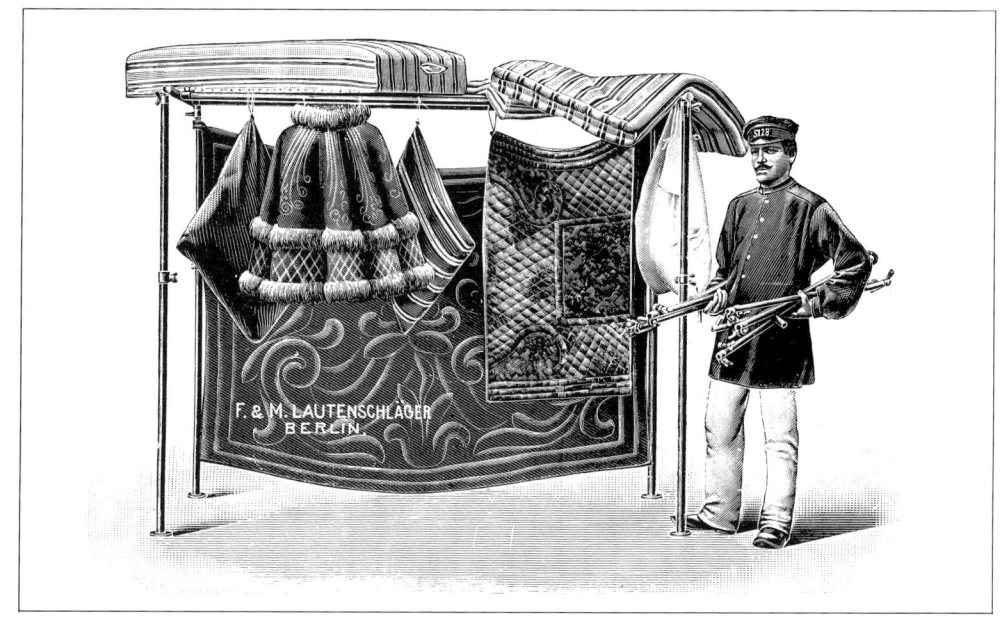

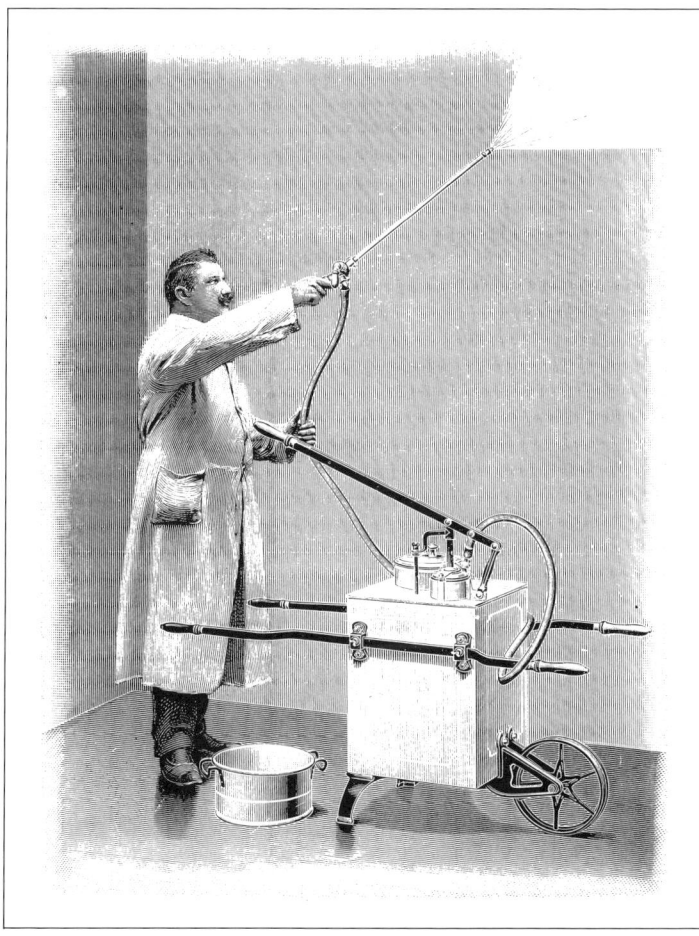

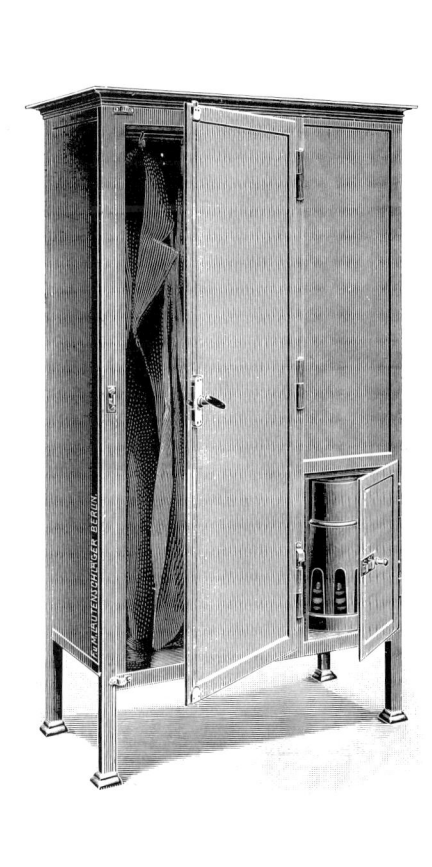

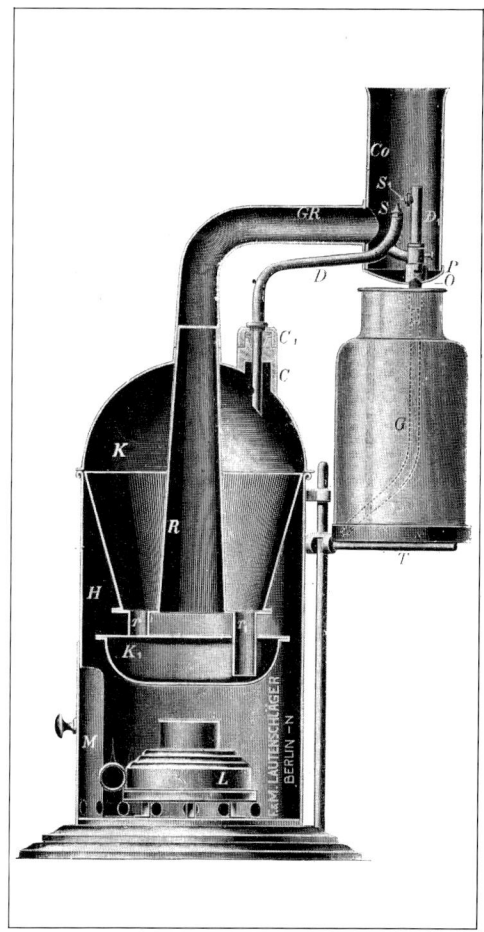

Technische Chemie

419 Chemie ist auch häufig dort vorhanden und sehr wichtig, wo man ihre Anwesenheit nicht gleich bemerkt und würdigt. Gerne bewundert man die Stahlbaukonstruktionen, die ab der Mitte des vorigen Jahrhunderts als Meisterwerke der Technik galten, ohne zu bedenken, daß sie ohne die Hilfe der Chemie und der von ihr entwickelten Anstrichmittel binnen kurzer Zeit jämmerlich verrostet wären. Blick in die Haupthalle des Münchener Glaspalastes während der ersten großen Ausstellung 1854. Bibliothek des Deutschen Museums, München

420 Die 155000 Quadratmeter Oberfläche des Eiffelturmes, erbaut 1887–1889, lassen sich gegen die Unbill der Witterung nur mit einem alle sieben Jahre in rund 40000 Arbeitsstunden neu aufgetragenen Anstrich aus einer Mischung von Eisenoxid, Glimmer, Farbzuschlägen und Leinöl in einer Gesamtmenge von 52 Tonnen schützen. Die Kosten dieser Anstriche übersteigen längst die Gestehungskosten des einstigen Neubaus und belegen so eindringlich die Problematik reiner Stahlbauten. Szene beim Bau des Eiffelturms. Aus: Neues Universum, 1885

421 Auch zum Betrieb von Dampflokomotiven bedarf es chemischer Kenntnisse, zum Beispiel hinsichtlich der Belastbarkeit der Kesselbleche durch den Schwefelgehalt der Rauchgase oder der Kristallisationsvorgänge der im Kesselspeisewasser gelösten Salze. Aus: Neues Universum, 1885

422 Fuchsin-Schmelze der Firma Cassella, um 1880. Man beachte die vornehme Kleidung des Betriebschemikers. Die Tatsache, daß viele Farbstoffe auch pharmakologische Wirkung hatten, führte dazu, daß die Firma Cassella in Zusammenarbeit mit Paul Ehrlich (1854–1915) die Produktion von Chemotherapeutika aufnahm.

423 Da die trockenen, pulverisierten Farbstoffe von Hand von den Tüchern der Filterpressen abgeschabt und dann in hölzerne Fässer geschaufelt wurden, war es unvermeidlich, daß sowohl die Arbeiter als auch die Fabrikhallen von den Farbpulvern eingestaubt wurden. Da aber viele Farbpulver auf die Haut der Arbeiter einwirkten, mußten sich diese am Ende ihrer Schicht einem Vollbad unterziehen. Blick in die Badeanlagen der Firma Cassella, ca. 1890.

422

423

424 Robert Wilhelm Bunsen (1811–1899) entwikkelte die Gasanalyse zu erstaunlicher Vollkommenheit. Die beiden hohen Geräte sind Adsorbtiometer, mit denen er beobachtete, in welchem Umfang gegebene Volumina von Gasen sich bei bestimmten Drücken und Temperaturen in vorgegebenen Mengen einer Flüssigkeit lösen. Das kurze Rohr mit deutlich erkennbarer Zündkerze, die gleichzeitig als Verschluß diente, ist Bunsens Knallgaseudiometer nach Volta. Es ist aus sehr dickem Glas gefertigt und im Gegensatz zu der Konstruktion Voltas absolut geschlossen, was naturgemäß die Beherrschung des Explosionsdrucks erschwert. Instrumente aus dem Nachlaß Bunsens. Abteilung Chemie, Deutsches Museum, München

425 Von Bunsen gebaute und benutzte Bunsen-Batterie mit vier Zellen, in denen jeweils zwei Plattenpaare von Kohle und Zink in Chromschwefelsäure tauchten. Da das System auch bei Nichtentnahme von elektrischem Strom weiterreagiert, mußten die Platten bei ruhender Batterie aus dem Elektrolyten gehoben werden; dazu diente der Hebemechanismus mit Gegengewicht und Bremsfeder. Instrument aus Bunsens Nachlaß. Abteilung Chemie, Deutsches Museum, München

426 Bunsen hatte nach der Entdeckung der Spektralanalyse einen originellen Vorlesungsversuch entwickelt. Er war permanenter Dauerraucher nicht sehr wohlriechender Zigarren, und so kam er auf die Idee, seinen Studenten zu zeigen, daß man beim Blick durch ein Spektroskop in die Glut einer brennenden Zigarre die Banden des Metalls Lithium sehen kann. Die dankbaren Studenten haben die Reste einer solchen Zigarre versiegelt. Abteilung Chemie, Deutsches Museum, München

427 Als Robert Wilhelm Bunsen seine Tätigkeit als Professor der Chemie in Heidelberg 1852 begann, war sein Laboratorium in einem aufgelassenen Kloster untergebracht, und die Arbeitstische seiner Schüler standen auf den Grabplatten toter Mönche. Als er 1889 seinen Lehrstuhl aufgab, verfügte er über einen der größten und bestausgestatteten Institutsbauten Europas. Dem Blick in Bunsens großzügig geräumiges Laboratorium merkt man an, daß er die Chemie immer in Verbindung mit Mathematik sah.

428 Der berühmte französische Chemiker Marcelin Pierre Eugène Berthelot (1827–1907) arbeitete seit 1864 am Collège de France und war zeitweise auch Unterrichtsminister. Von ihm stammen etwa 1800 Arbeiten und 20 Bücher über Thermochemie, Salpetergewinnung, Explosivstoffe, organische Synthesen, Pflanzenchemie, Gärung, Assimilation, Geschichte der Alchemie und vieles mehr. 1866 stellte er erstmals das von dem Engländer Michael Faraday entdeckte Benzol durch Umsetzung in der – später Berthelotsches Ei genannten – Apparatur im elektrischen Lichtbogen aus Acetylen her. Original-Apparatur Berthelots, Abteilung Chemie, Deutsches Museum, München

424

426

425

427

428

Druck- und Reprotechnik

429 Alois Senefelder (1771–1834), ursprünglich Schauspieler und Dichter, erfand 1796/97 die Lithographie und erhielt für ihre Ausübung 1799 ein Privileg des bayerischen Kurfürsten. Nicht nur das Verfahren, unmittelbar vom flachen Stein chemisch zu drucken, war sein Werk, sondern auch die Konstruktion der ersten Pressen, wie diese von ihm gebaute Stangenpresse. Aus dem Besitz Senefelders. Abteilung für Drucktechnik, Deutsches Museum, München

430 Blick in eine Lithographen-Werkstatt zur Zeit Senefelders, um 1810. Lithographie von P. Wagner. Aus: Bischöfliche billingsche Schreibschule. Bibliothek des Deutschen Museums, München

431 Besonders stolz war Senefelder auf die Tatsache, daß man mit Hilfe der Lithographie rein schwarze Flächen zu drucken vermochte, was bei allen anderen damals bekannten Drucktechniken nicht möglich war. Dieser Sachverhalt verführte ihn zu dieser düsteren Gestaltung des Titelblatts seines Werkes »Vollständiges Lehrbuch der Lithographie…«, 1818. Bibliothek des Deutschen Museums, München

432 Lichtdruck-Schnellpresse von Albert & Co., Act.-Gesellschaft, Frankenthal (Rheinbayern), 1873. Reklameholzschnitt der Firma. Bibliothek des Deutschen Museums, München

429

Der Steindruck
erfunden
Zu München von Aloys Senefelder 1796
Durch ihn
Zur chemischen Druckerey erhoben 1798
In diesem Lehrbuche
ausführlich beschrieben
Unter Maximilian Joseph König von Baiern,
1818.
Gott segne mein Werk!
Dem uneigennützigen und eifrigen Beförderer
der Lithographie
Hn. Dir. Friedr. v. Schlichtegroll
widmet dieses Blatt
als öffentliches Denkmal seines Dankes
Aloys Senefelder

431

ALBERT & Co
FRANKENTHAL

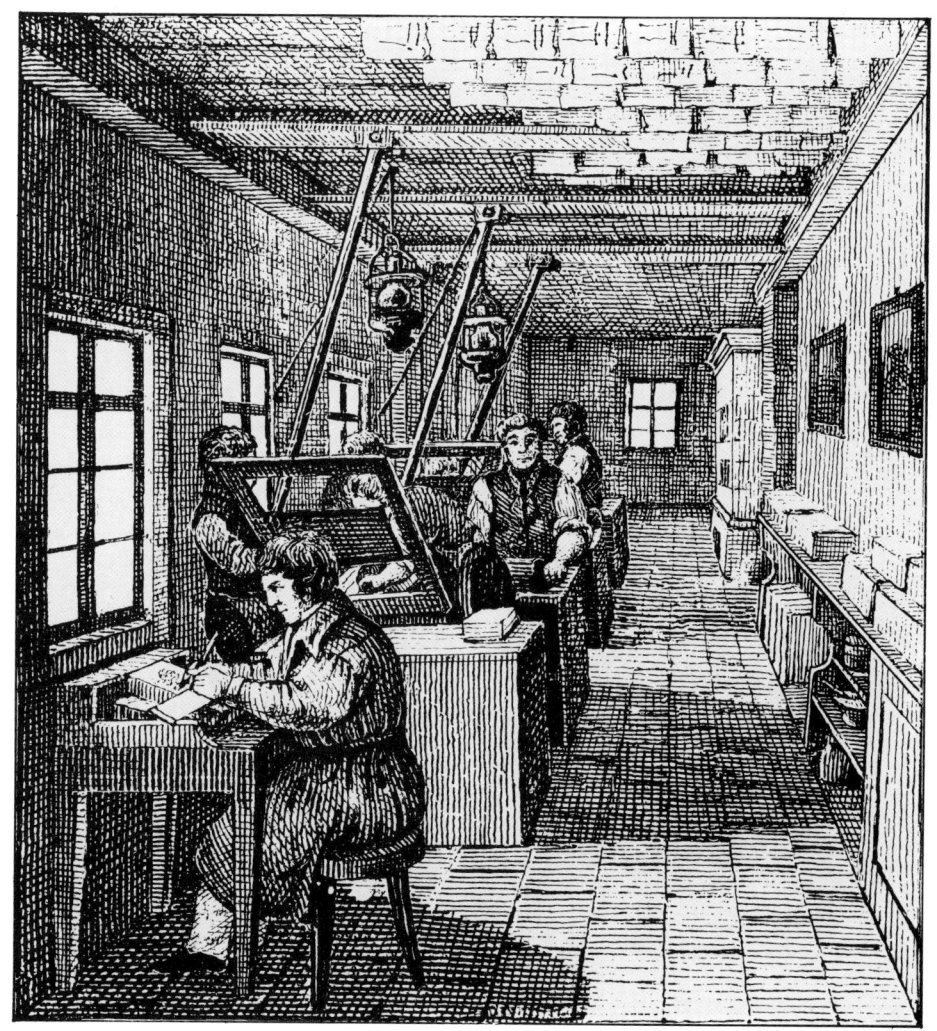

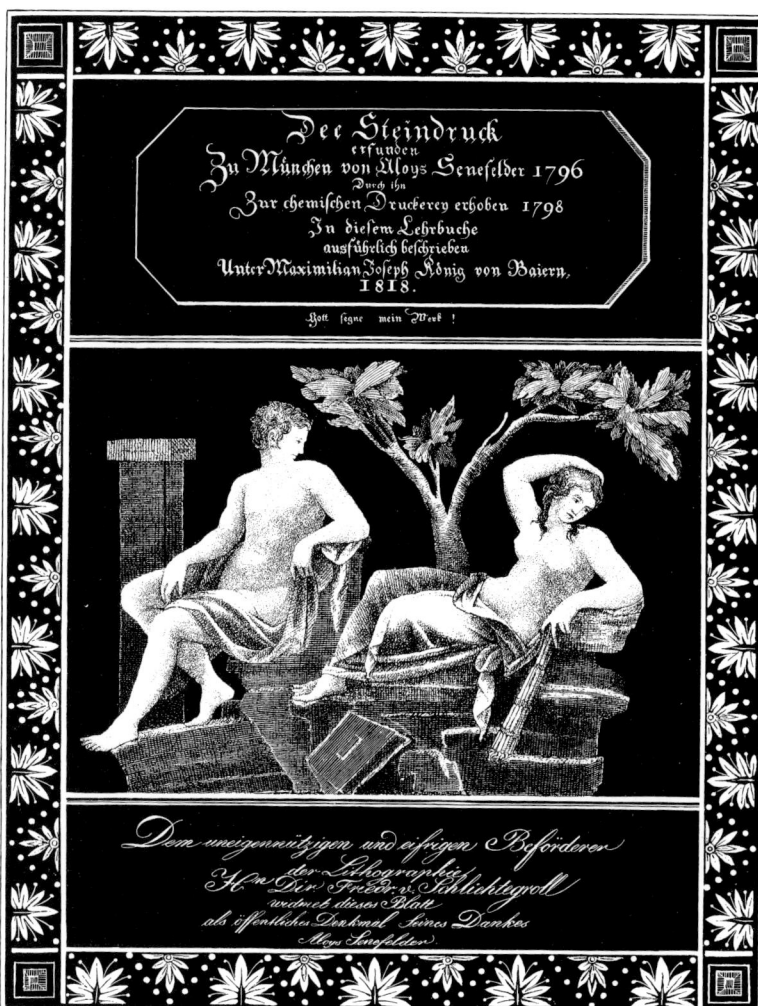

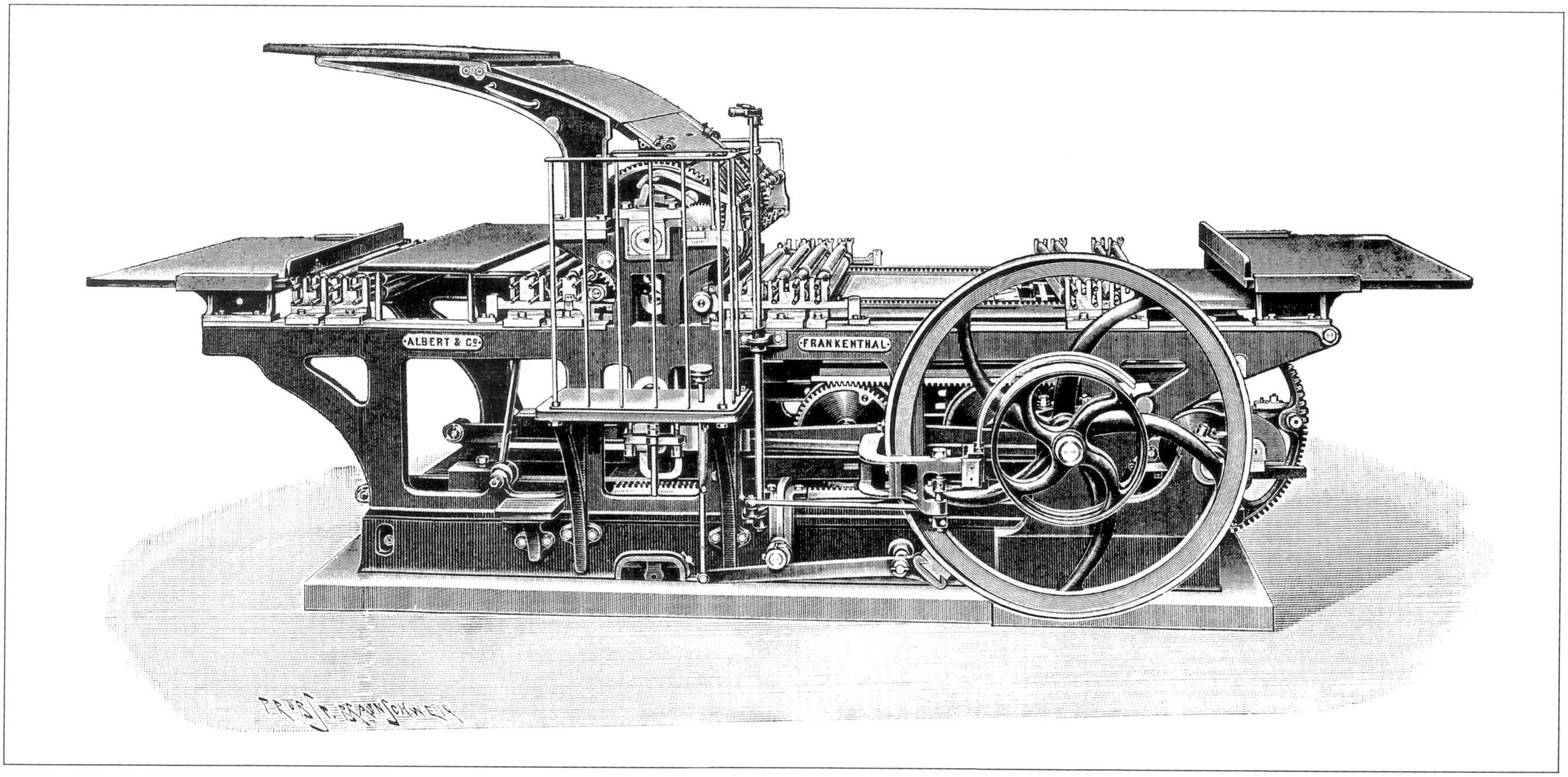

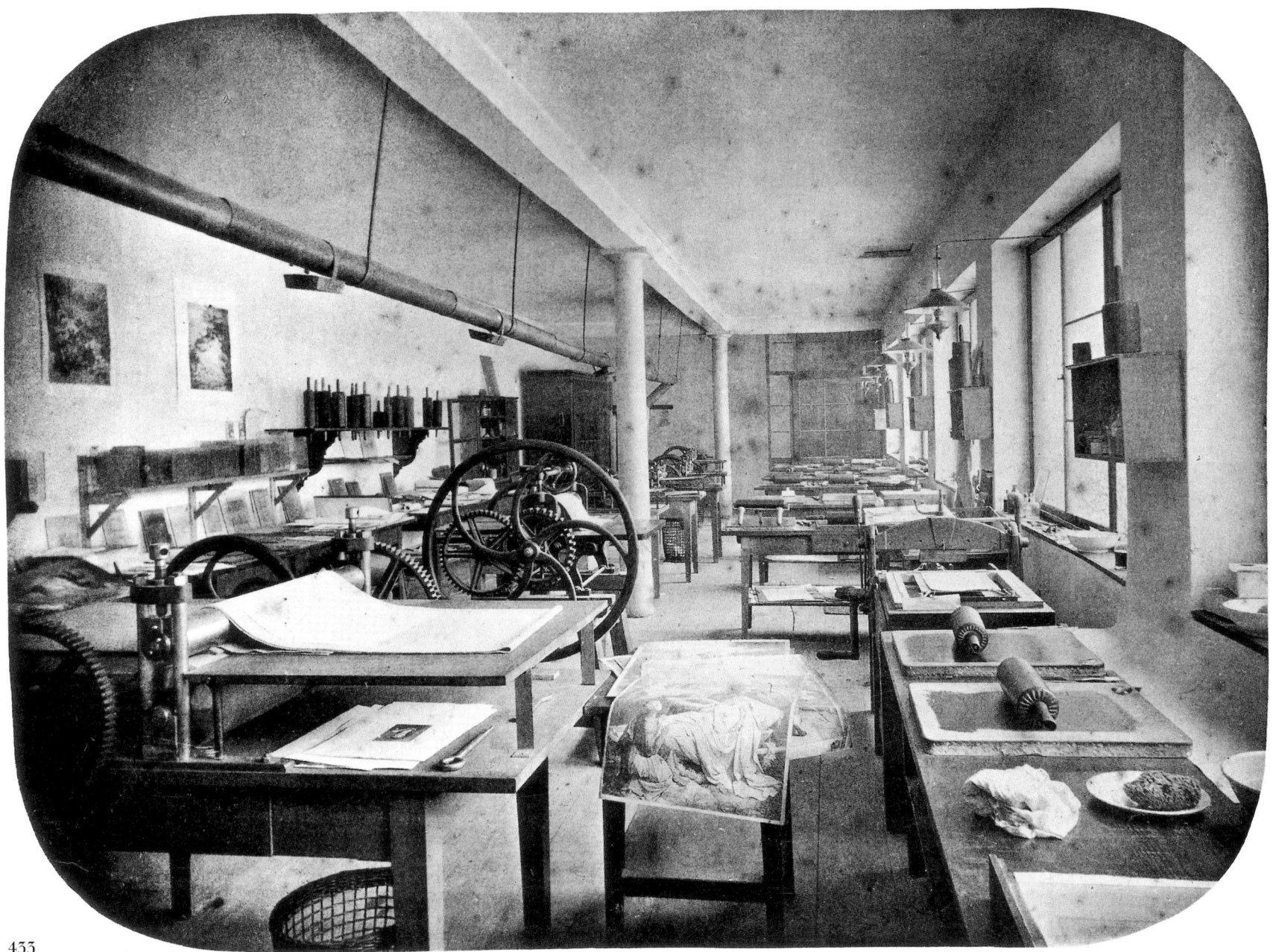

433

433 Josef Albert (1825–1866) vervollkommnete den Lichtdruck zur »Albertotypie«. Bei diesem Verfahren wird unter einem photographischen Negativ eine mit Chromsalzen lichtempfindlich gemachte Gelatineschicht belichtet. Das Gemisch Chromat/Gelatine reagiert dabei, es entsteht Chromoxid und Sauerstoff, wodurch die Gelatine gegerbt und gehärtet wird. Der Sauerstoff bildet in der gegerbten Gelatine feine Gasbläschen, die die Gelatine auftreiben und mit einer für den Druck sehr geeigneten Runzelkörnung versehen. Die nicht gegerbten Gelatineflächen lassen sich auswaschen. So erhält man eine Druckplatte von erstaunlicher Feinheit der Abbildung. Blick in Alberts Münchener Werkstätte, um 1860. Photographische Abteilung, Deutsches Museum, München

434 Dem französischen Physiker und Privatgelehrten Joseph Nicéphore Niépce (1765–1833) gelang die Fixierung einer Photographie, die er mit einer Lochkamera aufgenommen hatte, durch eine lichtempfindliche Asphaltschicht. Seine hier wiedergegebene erste erhaltene Aufnahme mit einer Belichtungszeit von acht Stunden zeigt einen Blick aus seinem Arbeitszimmer über die Wehranlagen des Schlosses bei Chalôn-sur-Saône.

435 Der Franzose Gaspard Félix Tournachon Nadar (1820–1910), berühmter Photograph, bedeutender Wegbereiter der Flugtechnik und Begründer der Luftphotographie, fertigte dieses Portrait des französischen Chemikers Eugène Chevreul (1786–1889) als Teil einer Bilderfolge an dessen hundertstem Geburtstag anläßlich des ersten photographischen Interviews. Chevreul klärte die Struktur der Fette auf und schuf eine physiologische Farbtheorie, die auf die Entwicklung der Malerei tiefe Auswirkungen hatte. Bibliothek des Deutschen Museums, München

436 In der Frühzeit der Photographie verwehrten die langen Belichtungszeiten Aufnahmen im Inneren von Laboratorien. Darum trug um 1855 ein unbekannter französischer Photograph einfach einen ärmlichen Labortisch auf die Straße vor einer kleinen chemischen Fabrik und ließ die beiden dazugehörigen Chemiker ihre Gerätschaften aufbauen. Wir wissen nicht, was man in diesem »Etablissement« hergestellt hat, aber offenbar benötigte man Fässer zum Transport von Chemikalien. An die Außenwand gelehnt, hatte man zwar eine sehr große, aber primitive Destillationsapparatur mit einem roh zusammengemauerten Ofen gebaut. Offenbar kämpfte man mit Siedeverzügen, die ab und an die Destillierhaube abhoben, weshalb man diese mit aufgelegten Steinen beschwert hatte. Eine zweite kleinere Destillierblase, wenig mehr als eine runde Tonne mit verbogenem Rohr, steht fast im Rinnstein. (Fortsetzung S. 282)

Zu Abb. 436: Gedanken an den Umweltschutz verschwendeten die beiden Chemiker offenbar noch nicht. Sie waren, wie ihre befleckte und heruntergekommene Kleidung beweist – Laborkittel kannte man damals noch nicht –, offensichtlich risikofreudiges Arbeiten gewohnt. Man beachte die gewaltigen Löcher, die sorgloser Umgang mit konzentrierten Säuren in die Hosenbeine des vorderen Chemikers mit rundem Hut gefressen hat. Er hantiert gerade mit einem langen Glasrohr und blickt dabei auf die Vorlage seiner auf einem kleinen Tischöfchen sitzenden Retorte. Typisch für diese Zeit ist der zum Großreagenzglas umfunktionierte Sektkelch in der Tischmitte.

437 1860 wurde in »Liesegang's Photographischem Archiv« zur Abkürzung der damals noch enormen Belichtungszeiten bei Portraitaufnahmen ein »Weißfeuer« empfohlen, das durch die Reaktion eines Gemischs von Salpeter, Schwefel und Schwefelantimon erzeugt wurde. Wie man sieht, eine Variante des Schwarzpulverrezeptes, wobei die Holzkohle durch Antimonsulfid ersetzt wird. Zwar brennt das Gemisch mit heller Flamme, doch unter enormer Rauchentwicklung, so daß man diese »Blitzlichtlampe« schließen und mit einem Abzug ins Freie versehen mußte.

438 und 439 Bei dem sogenannten nassen Kollodiumverfahren mußten die photographischen Platten unmittelbar vor der Aufnahme präpariert und gleich danach entwickelt werden, was unwahrscheinliche Anforderungen an Geduld und Können der Photographen stellte. Links: Die Ausrüstung, auf eine Kraxe montiert, 1860. Rechts: Die Ausrüstung, im Inneren eines dunklen Zeltes aufgebaut, 1860. O. Bühler: Atelier und Apparat des Photographen, 1869

440 Blick in eine Dunkelkammer zum Entwickeln photographischer Arbeiten. Aus: P. E. Liesegang, Collodion Verfahren, 1884

441 Kopier- und Entwicklungsmaschine für die »Kilometerphotographie«, gemeint ist in einem endlosen, kontinuierlichen Verfahren. Jahrbuch für Photographie und Reproductionstechnik, 1896

442 Geräte und Hilfsmittel zur Vorbereitung der Glasplatten und zum Aufgießen von Kollodium beim nassen Kollodiumverfahren in einem photographischen Atelier. Otto Bühler: Atelier und Apparat des Photographen, 1869

438

439

441

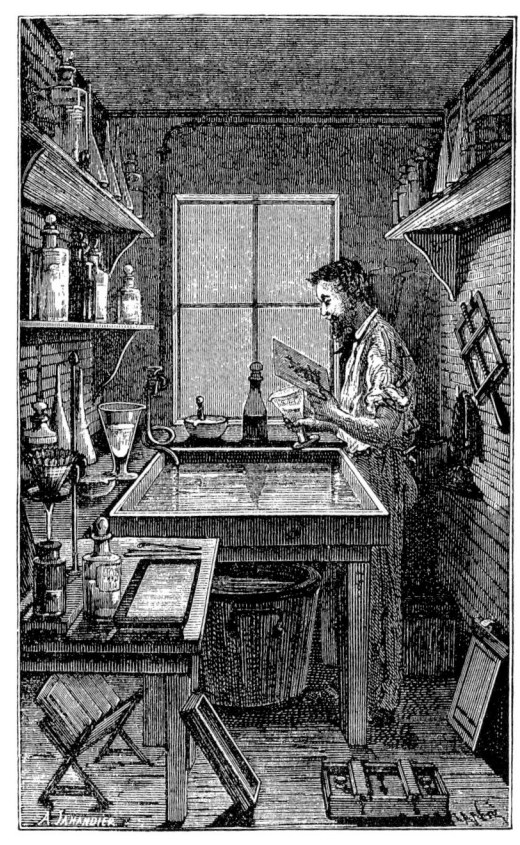

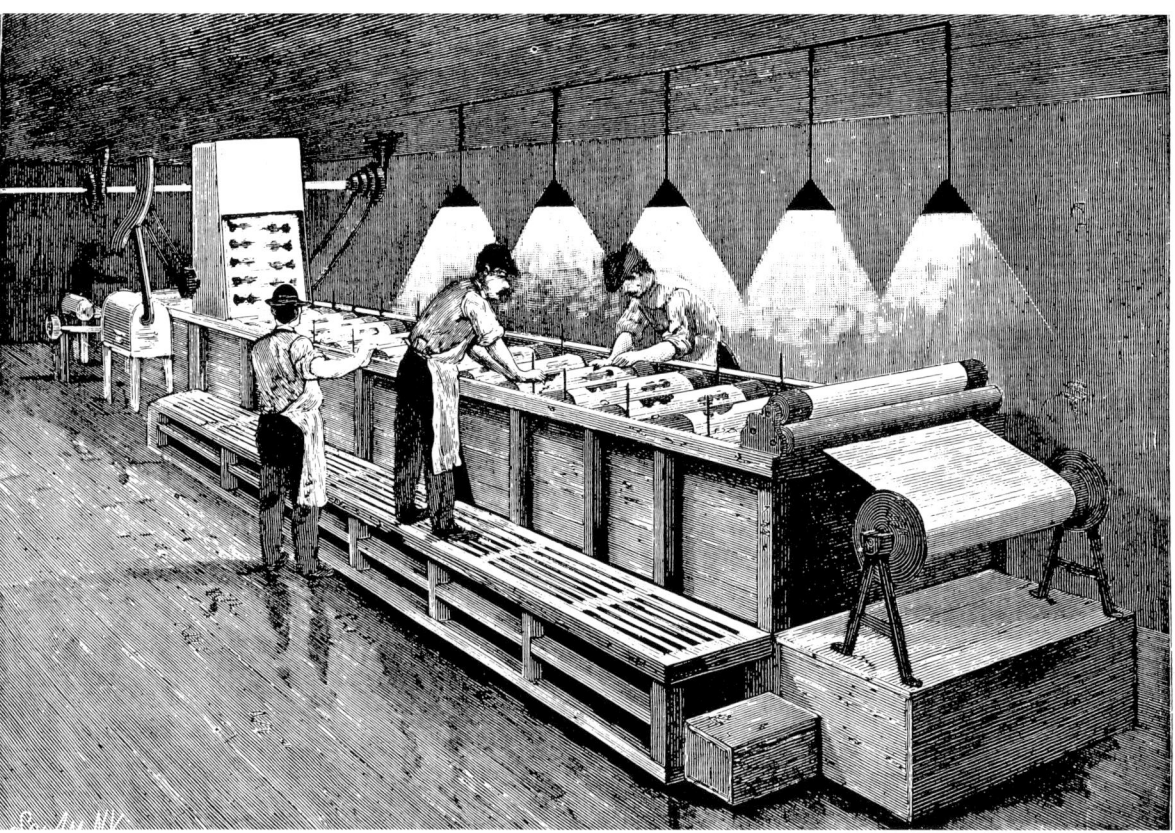

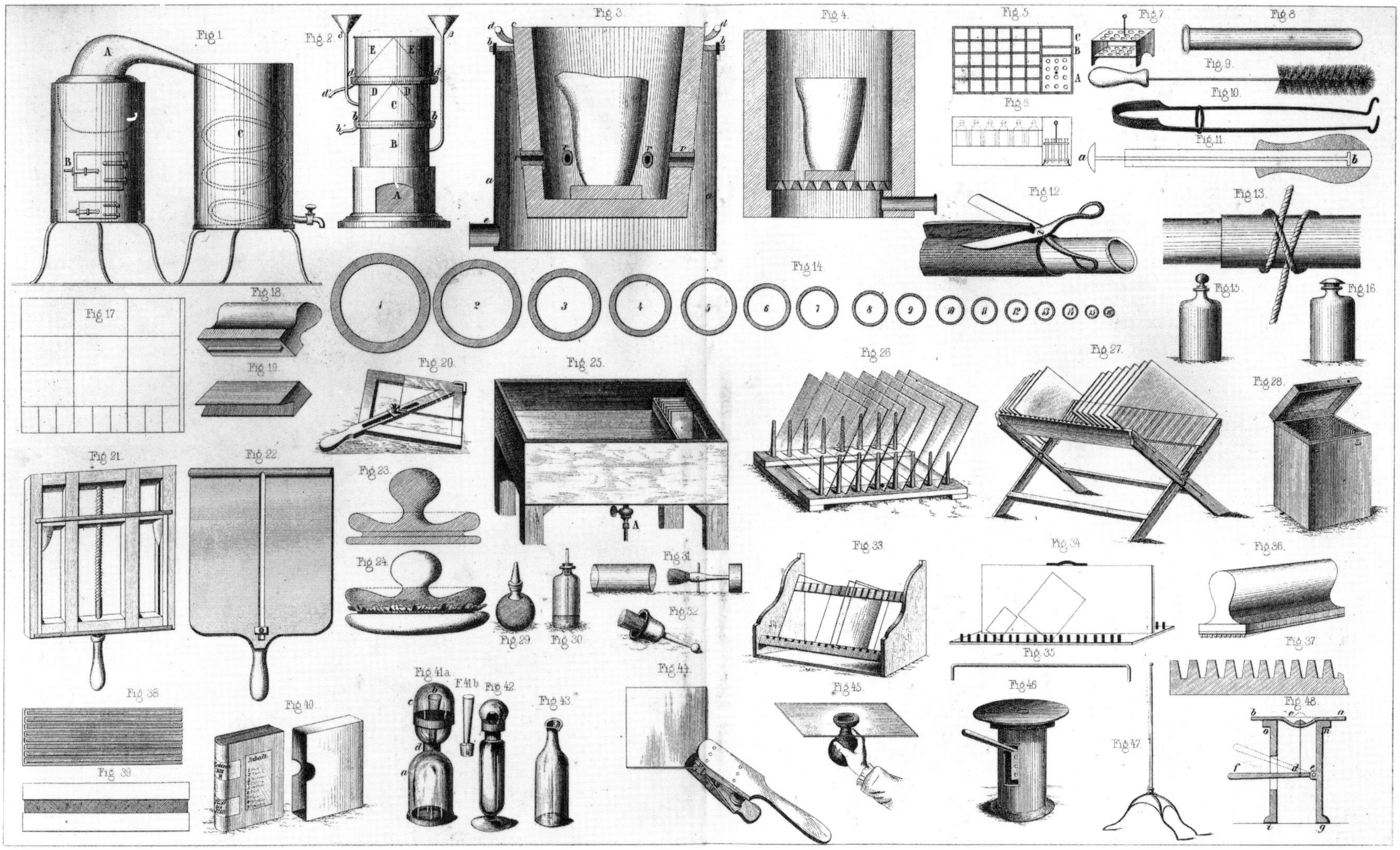
Fig 1.
Fig 2.
Fig 3.
Fig 4.
Fig 5.
Fig 6.
Fig 7.
Fig 8.
Fig 9.
Fig 10.
Fig 11.
Fig 12.
Fig 13.
Fig 14.
Fig 15.
Fig 16.
Fig 17.
Fig 18.
Fig 19.
Fig 20.
Fig 21.
Fig 22.
Fig 23.
Fig 24.
Fig 25.
Fig 26.
Fig 27.
Fig 28.
Fig 29.
Fig 30.
Fig 31.
Fig 32.
Fig 33.
Fig 34.
Fig 35.
Fig 36.
Fig 37.
Fig 38.
Fig 39.
Fig 40.
Fig 41a.
F. 41 b.
Fig 42.
Fig 43.
Fig 44.
Fig 45.
Fig 46.
Fig 47.
Fig 48.

2

443 Diese zwölf Tonnen schwere Kochpresse für Zelluloid arbeitete ursprünglich in einem Vorort von Paris, wurde im Deutsch-Französischen Krieg 1870/71 von einem preußischen Grenadier »erobert« und in eine westdeutsche Kleinstadt verschleppt, wo sie in einer Zelluloidfabrik bis weit in die siebziger Jahre dieses Jahrhunderts gute Arbeit tat und dann vom Deutschen Museum als wohl älteste kunststoffherstellende Maschine übernommen wurde. Abteilung Chemie, Deutsches Museum, München

444 Wahre Apotheosen des »Plastikzeitalters« waren die voll aus Kunststoff bestehenden und mit elektrisch durchleuchteten Kunststoffflächen geschmückten Musikboxen der fünfziger Jahre, wie dieses Gerät der Firma Wurlitzer.

445 Einer der ersten großen Kunststoffmassenartikel in Deutschland war die aus korallrotem Zelluloid gefertigte Schraubbutterdose der preußischen Armee, die während des Ersten Weltkrieges und auch noch später jeder deutsche Soldat im Tornister trug. Darunter frühe Bakelit-Brocken aus den Forschungen der Bakelite-Gesellschaft. Abteilung Chemie, Deutsches Museum, München

446 Ein erstaunlich beliebtes frühes Kunststoffmaterial mit breitester Anwendung war Hartgummi. Hier drei Kämme, wohl aus den siebziger Jahren des vorigen Jahrhunderts. Abteilung Chemie, Deutsches Museum, München

447 Ein von der Menschheit sehr geliebtes chemisches Produkt ist die ursprünglich aus Schellack bzw. Schellacksurrogaten gefertigte Schallplatte, die lange sehr zerbrechlich war. Durch die Verwendung von Polyvinylchlorid wurde sie biegbar und unzerbrechlich (1958). Reklamephoto

448 Proben von farbigen Zelluloid-Röhrchen und Teile eines Zelluloid-Puppengeschirrs, beides wahrscheinlich aus den zwanziger Jahren dieses Jahrhunderts. Abteilung Chemie, Deutsches Museum, München

449 Seit den ausgehenden fünfziger Jahren experimentierte die amerikanische Firma Chevrolet mit Kunststoffteilen an ihren Automobilkarosserien. Bug und Heck der Corvette gingen als die ersten gelungenen, in Serie hergestellten Kunststoff-Karosserieteile in die Automobilgeschichte ein.

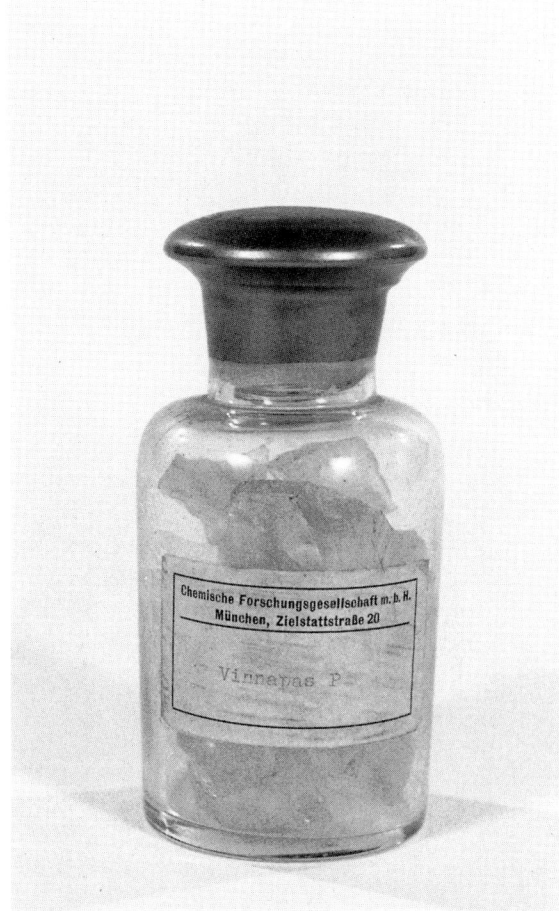

450 Historische Probe einer Phenolharz-Preß-masse der Dynamit-Nobel AG aus den dreißiger Jahren. Abteilung Chemie, Deutsches Museum, München

451 Historische Probe von frühem Vinnapas des Elektrochemischen Consortiums der Wacker-Chemie aus den dreißiger Jahren. Abteilung Chemie, Deutsches Museum, München

452 Kunststoff-Trockenspinnen. Die Masse wird durch feine Düsen in warme Luft gepreßt, die das noch vorhandene Lösungsmittel wegführt, so daß die so entstandenen Fäden bzw. Monofile nach moderner Sprachregelung erstarren. Die Düsen-öffnungen müssen nicht rund sein. Man kann durch die Wahl unregelmäßiger Profile die physikalischen Eigenschaften der Fäden noch zusätzlich beeinflussen.

453 Proben von Phenolkunstharzmassen der Dynamit-Nobel AG. Abteilung Chemie, Deutsches Museum, München

454 Zusammen mit dem Italiener Giulio Natta (1903–1979) erhielt Karl Ziegler (1898–1973) 1963 den Nobelpreis für bedeutende Forschungen auf dem Gebiet der Polymerchemie. Erste Proben von Niederdruckpolyethylen aus Zieglers Laboratorium am Max-Planck-Institut für Kohleforschung, Mülheim/Ruhr.

455 Diese Apparatur zur Darstellung von Niederdruck-Polyethylen wurde von Karl Ziegler entworfen und gebaut. Nachdem sie mit vier Laboranten zur Bedienung auf einigen großen Ausstellungen gezeigt worden war, ist sie der Abteilung Chemie des Deutschen Museums, München, 1954 überlassen worden.

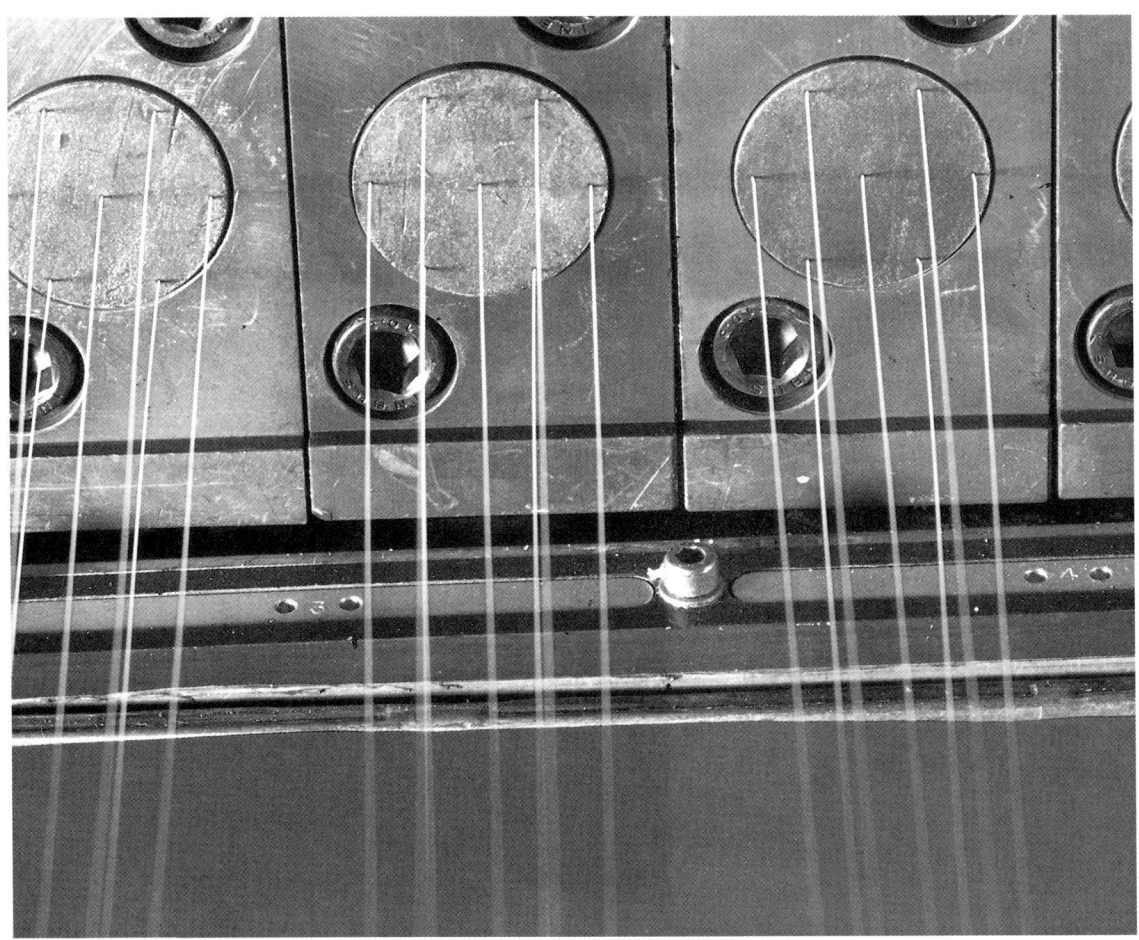

452

Kunstmassen
aus Phenolkondensations-Produkten
(Bakelit, Leukorit etc.)

454

H6
CHEMIE IM AUTOMOBILBAU

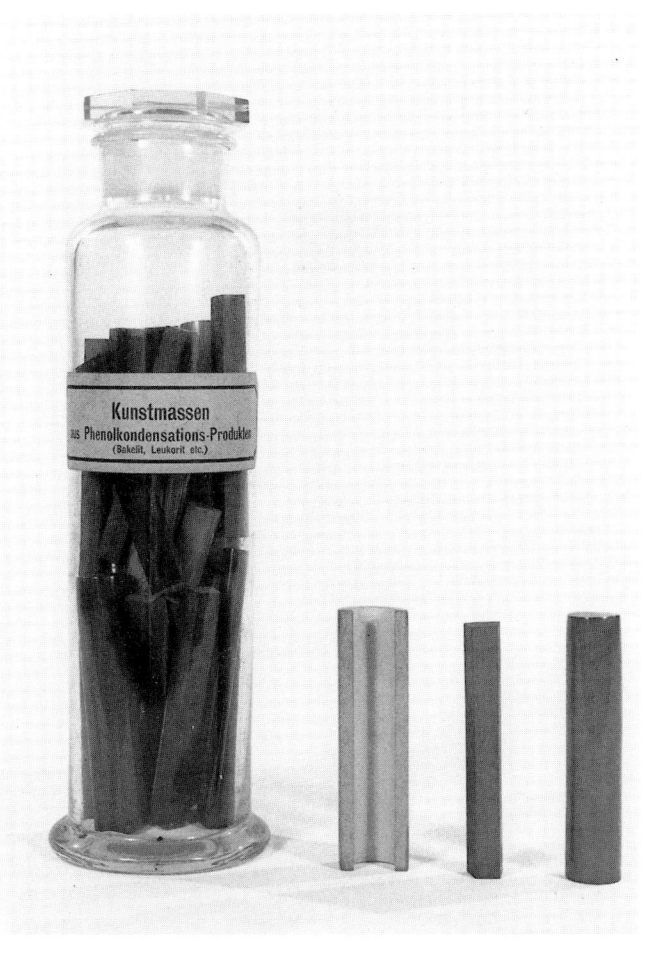

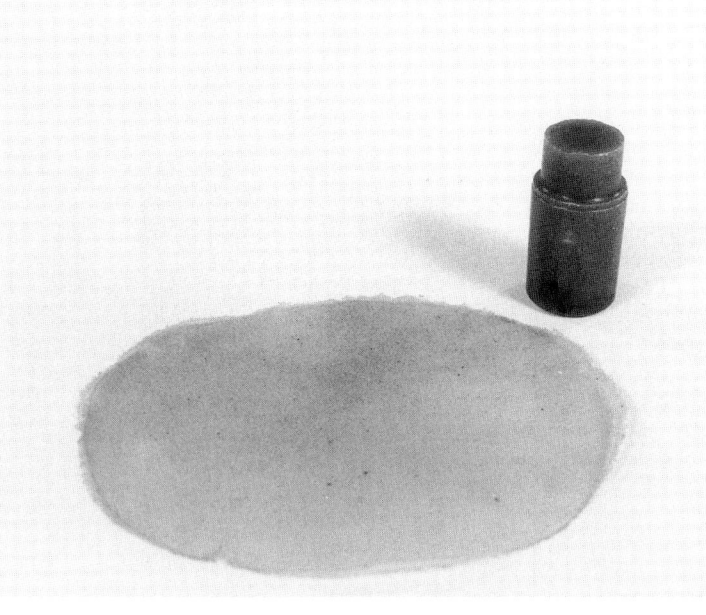

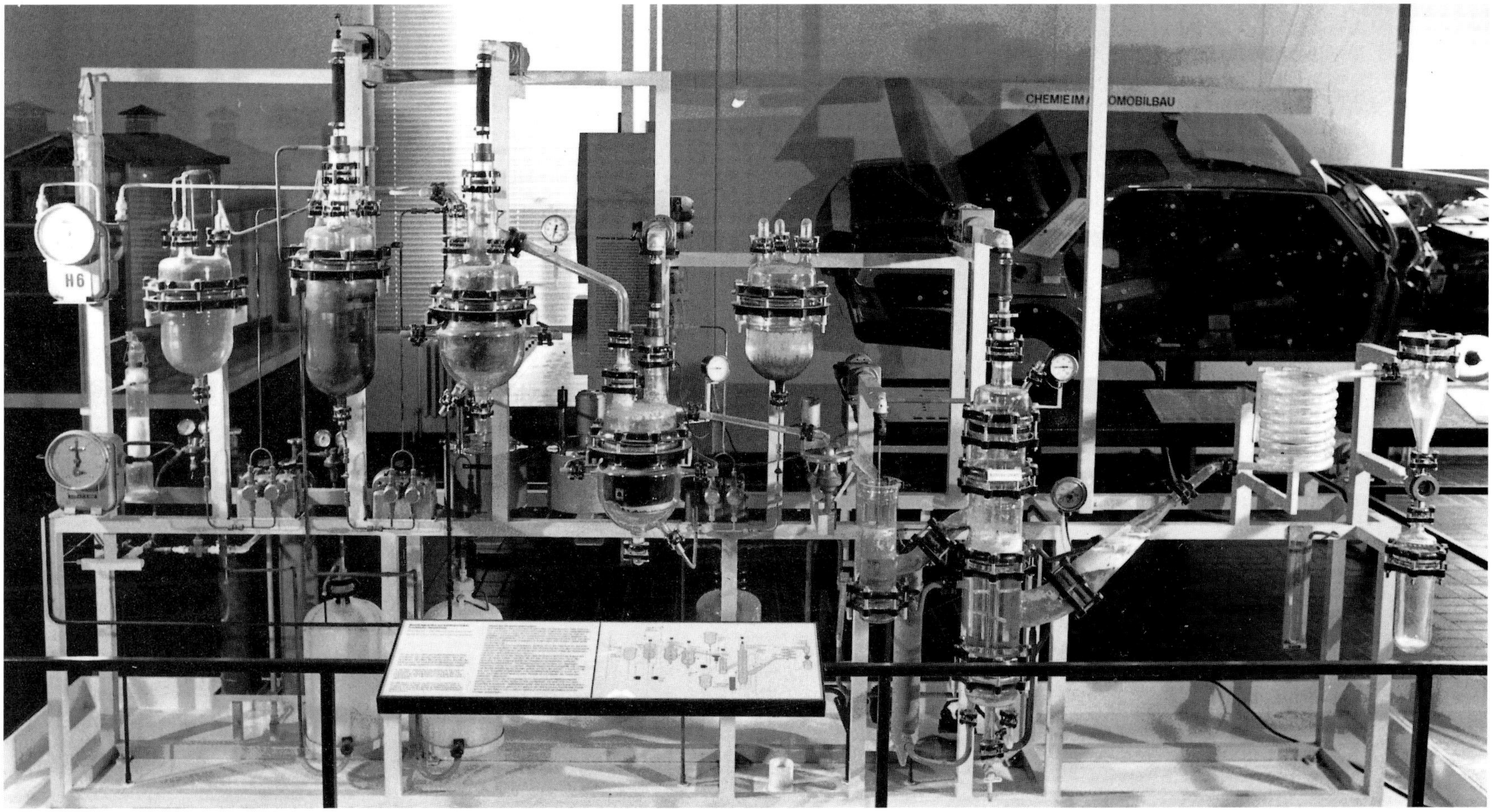

456 Sprengstoffe haben neben ihrer Sprengkraft häufig die erstaunliche Eigenschaft, daß sich ihre Explosivkraft in bevorzugte Richtungen entfaltet. Geübte Sprengmeister machen sich diese Eigenschaften zunutze, um niederzulegende Gebäudeteile gezielt so zu sprengen, daß diese völlig vernichtet werden, danebenstehende Gebäude aber unversehrt bleiben. Sprengung im Rahmen der Abbrucharbeiten des Braunkohlenkraftwerkes Fortuna II/III der Thyssen Sonnenberg, 1990.

457 Niederlegung des sechzehn Stock hohen Travellers-Gebäudes in Boston am 6. März 1988. Die Sprengladung war so dimensioniert, daß die Hochhäuser in der Nachbarschaft nicht beschädigt wurden. Das Gebäude wurde gesprengt, um Platz für einen Neubau zu schaffen, der in das rechte, noch intakte Hochhaus integriert wurde.

458 Peter Hirsch schuf um 1925 das Gemälde eines Chemikers in seinem Laboratorium. Dargestellt wurde ein typisches Labor der I.-G.-Farben-Zeit. Eine kleine Normschliff-Destillationsapparatur mit drehbarer »Spinne« und drei Vorlagen steht neben einer Normschliff-»Makro«-Destillationsapparatur im Abzug. Im Vordergrund links erblickt man einen Ein-Liter-Schliff-Dreihalskolben im Wasserbad mit aufgesetztem Tropftrichter und Brücken sowie einem wasserbetriebenen Rührmotor. Vor dem freundlich verklärt blickenden Chemiker hängt ein riesiger Scheidetrichter in einem Ring an einem Stativ. Er hantiert an einer typischen, aber schlampig unter Verwendung von Gummistopfen aufgebauten Destillationsapparatur ohne Thermometer auf einem Wasserbad, das von einem Bunsenbrenner beheizt wird. Eine komplizierte, kleine, mit Gummidichtungen versehene Extraktion ist im Vordergrund links auf einen großen Schliffkolben aufgesetzt, der auf einem Korkring steht, und rechts außen erkennt man einen gewaltigen Scheidetrichter, der von einem Dreifuß gehalten wird. Zwei Waschflaschen, ein kleiner Trichter mit Faltenfilter und ein Reagenzglasgestell runden die Laborszene ab. Ganz rechts außen ragt ein verschlossener Exsikkator ins Bild. Es handelt sich somit um ein typisches Laboratorium aus der Übergangszeit vom Gummistopfen zum Normschliff. Geschenk der Hans-Fischer-Gesellschaft an Dr. Herbert Berg, der lange Jahre Vorstandsvorsitzender des Deutschen Museums war, von ihm diesem vermacht.

459 Erster Automobilreifen aus synthetischem Methylkautschuk, hergestellt von der Firma Continental, Hannover 1912. Der Überlieferung nach gehörte dieser zu einem Satz Reifen an einem Wagen des Prinzen Heinrich von Preußen. Abteilung Chemie, Deutsches Museum, München

460 Historische Probe von synthetischem Methylkautschuk der Firma Bayer Leverkusen aus dem Jahre 1909, im Stil der Zeit in einem geschliffenen Glaspokal aufbewahrt. Abteilung Chemie, Deutsches Museum, München

461 Seit 1918 war Otto Hönigschmid (1878–1945) Leiter des Atomlabors der Universität München, in dem er die Atomgewichte nahezu der Hälfte aller Elemente mit einer meist noch die dritte Dezimale sicherstellenden Genauigkeit bestimmte.

462 Apparatur zur Bestimmung von Atomgewichten im Laboratorium von Prof. O. Hönigschmid.

459

460

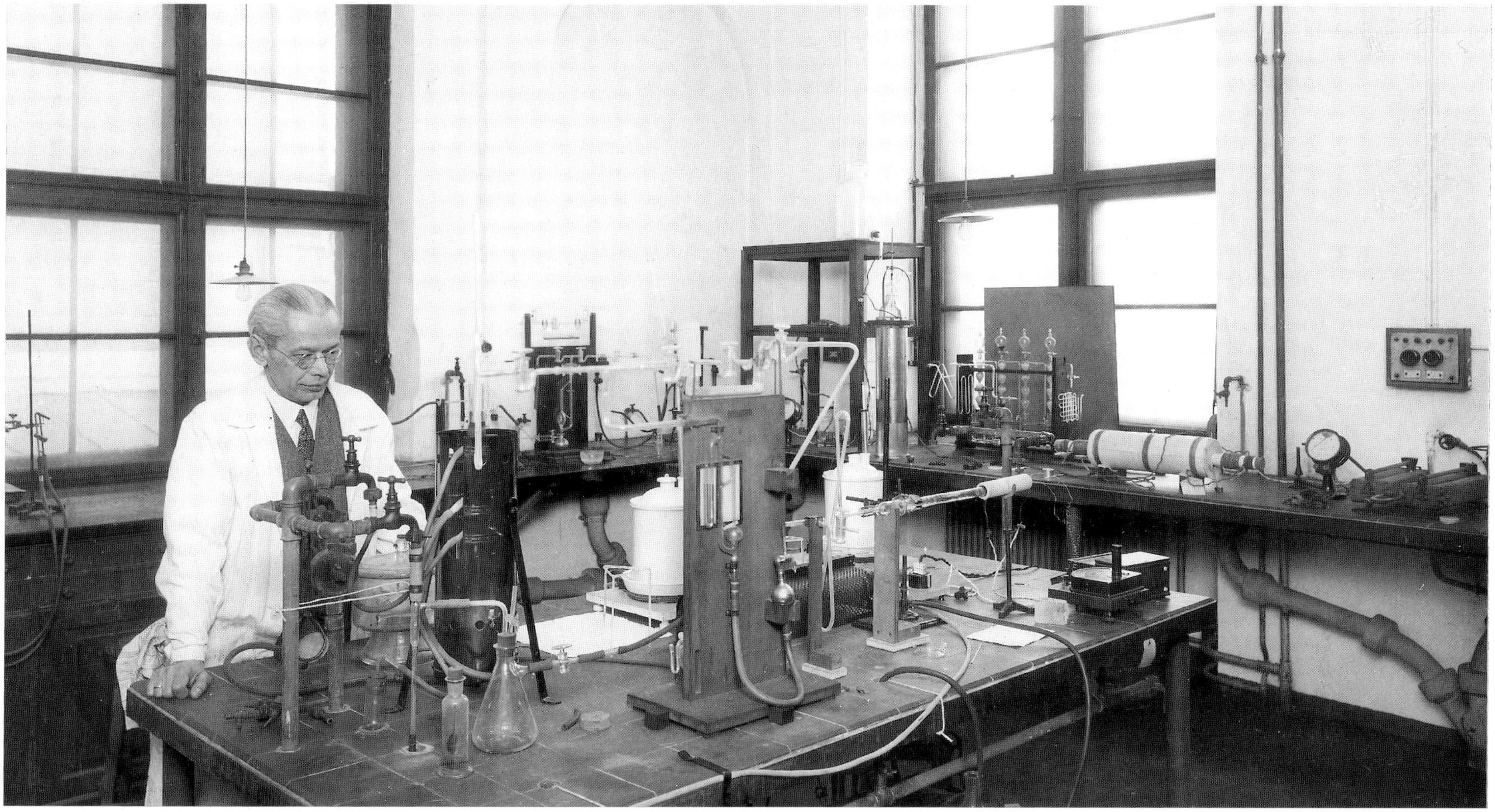

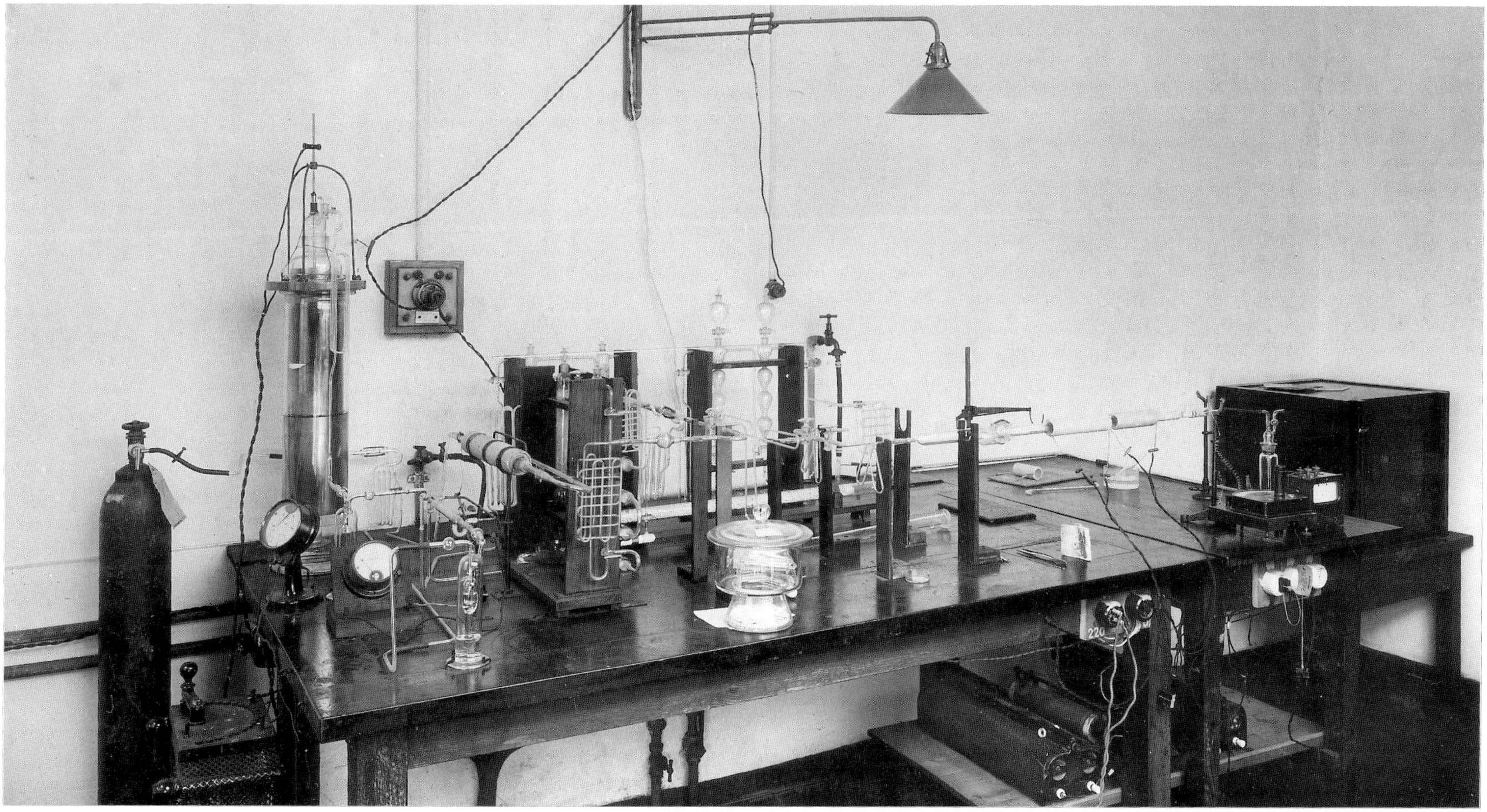

463 Kleiner Druckautoklav mit Heizung und Rührwerk der BASF aus den sechziger Jahren. Bei Geräten dieser Art handelt es sich gewissermaßen um vergrößerte druckfeste »Reagenzgläser« zum Studium unter Druck ablaufender Reaktionen. Werksarchiv BASF, Ludwigshafen

464 Es ist erfahrungsgemäß unmöglich, eine im Reagenzglas erprobte chemische Reaktion unmittelbar in den Produktionsmaßstab einer großen chemischen Fabrik zu übertragen. Daher muß jede Reaktion erst im Technikumsmaßstab »mittelgroß« in einem sogenannten Technikum erprobt werden. Werksarchiv BASF, Ludwigshafen

465 Alfred Stock (1876–1946) entwickelte die Chemie der meist an Luft unbeständigen Bor- und Siliciumwasserstoffe. Um diese gefahrlos unter Stickstoffatmosphäre bzw. unter vermindertem Druck zu handhaben, schuf er zahlreiche Laboratoriumsgeräte wie das »Stock-Ventil« mit Quecksilber, die dann zur »Stock-Apparatur« zusammenwuchsen, so wie sie hier dargestellt ist. Die Nachwelt verdankt ihm die eindringliche Warnung vor dem schleichenden Gift Quecksilber. Bedingt durch die reichliche Verwendung von Quecksilber beim Betrieb seiner Apparaturen hatte er sich selbst vergiftet. Bis zuletzt forschte er an der Aufklärung der Vergiftungssymptome. Die hier aufgebaute Apparatur stand früher in der Abteilung Chemie des Deutschen Museums und wurde während des letzten Weltkrieges zerstört.

Industrielle Chemie

466 Azofärberei der »Farbenfabriken vorm. Friedr. Bayer & Co Leverkusen/Rh.«, um 1920. Reklamepostkarte der Firma Bayer, Archiv des Verfassers

467 Gegen giftigen Bleistaub trägen die Monteure Staubschutzmasken in einem »Akku-Platten-Pastier-Raum« einer Akkumulatorenfabrik. Bis heute ist es der Elektrochemie noch nicht geglückt, unbeschränkt wiederaufladbare Akkus mit niedrigem Leistungsgewicht zu entwickeln.

468 Nicht ohne Risiko war die Übertragung der Destillation im Vakuum aus dem Labormaßstab in den technischen Betrieb. Auf dieser Abbildung, die einen unbekannten chemischen Betrieb der zwanziger Jahre darstellt, kann man links immerhin fünf Vakuumdestillationsapparaturen erkennen.

469 In dem Trockenraum für Akku-Platten müssen die Temperatur und der Feuchtigkeitsgehalt dauernd kontrolliert werden. Unbekannte Akkufabrik der zwanziger Jahre.

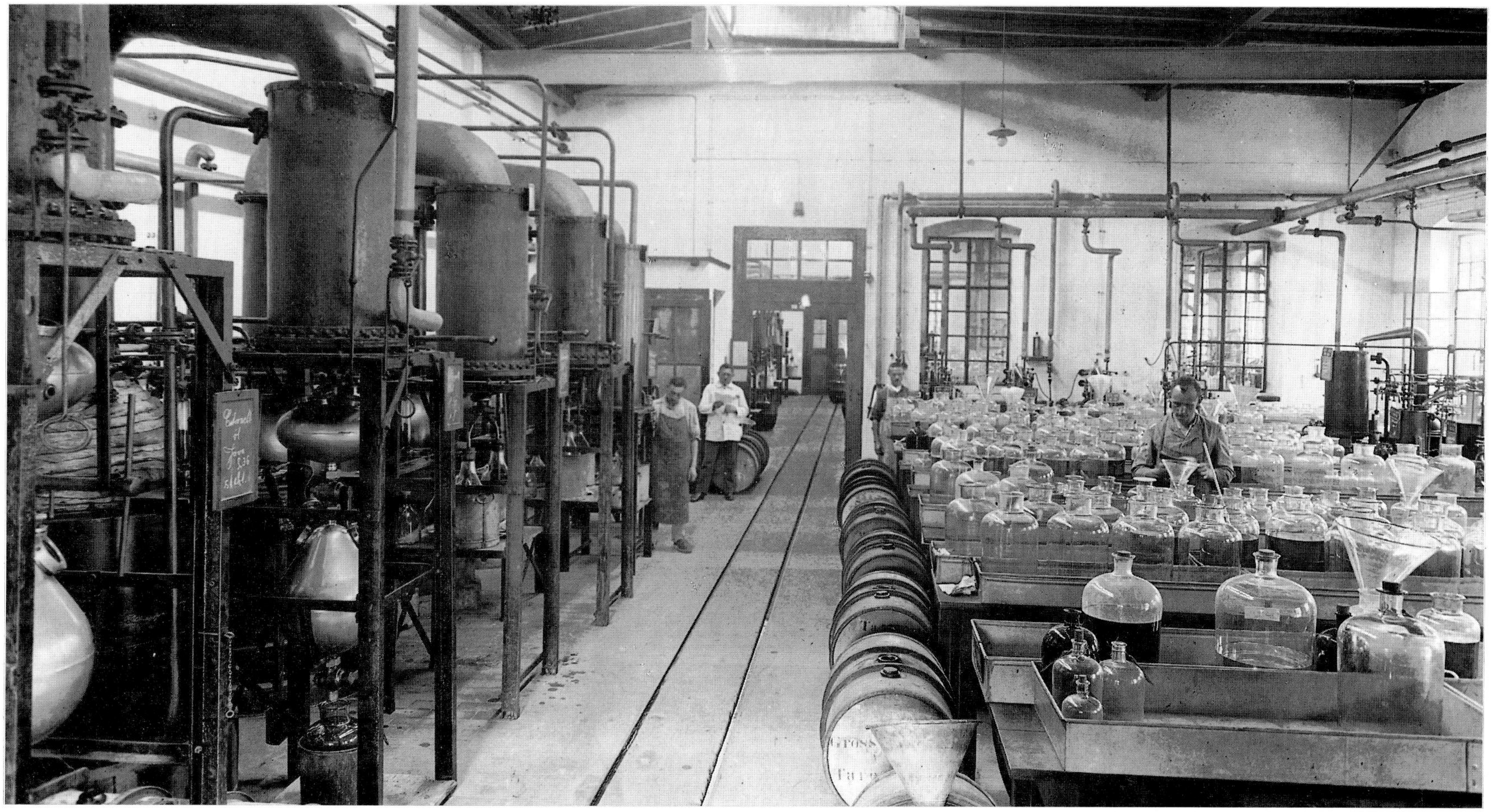

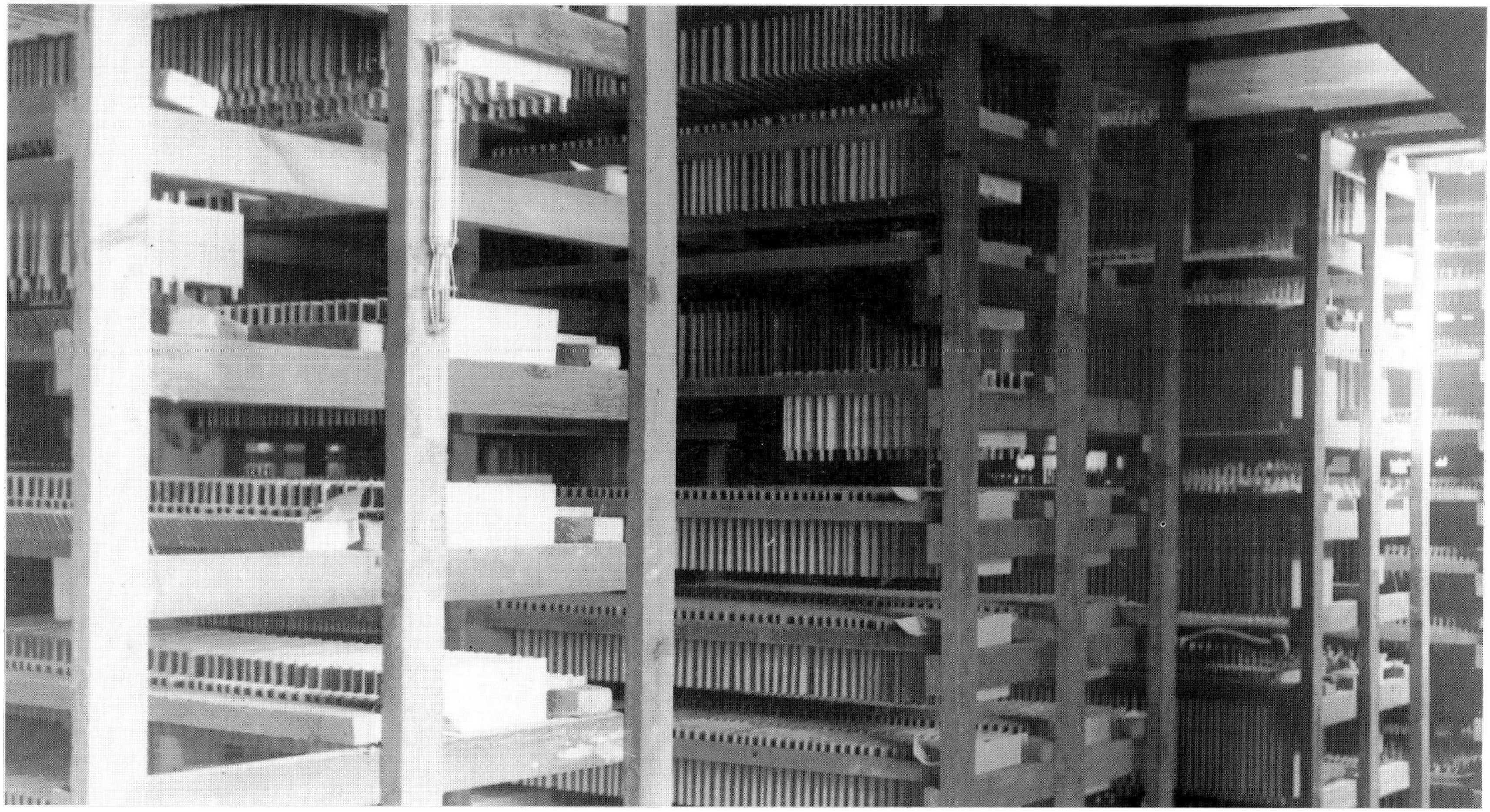

470 Die Handhabung aggressiver Chemikalien in komplizierten Großapparaturen der chemischen Industrie erfordert seinerseits die Entwicklung spezieller Materialien, die diesen auch gewachsen sind. Modell eines Reaktionsturmes aus chemikalienbeständigem Haveg-Kunststoffmaterial.

471 und 472 Die Verbrennung von synthetischem Ammoniak mit dem Sauerstoff der Luft an Platin-Rhodium-Kontakten führt zu Stickstoffdioxid, das mit Wasser Salpetersäure bildet. Diese bzw. ihre Salze, die Nitrate, sind wichtigste Ausgangssubstanzen für die technische Chemie und gehen in die unterschiedlichsten Produkte wie Düngesalze einerseits und Azofarben andererseits. Die sichere Handhabung der Ammoniakverbrennung im großen war anfänglich mit nicht unbeträchtlichen Schwierigkeiten verknüpft. Verbrennungselemente in einer Salpetersäurefabrik der I.G. Farben, kurz vor dem Zweiten Weltkrieg. Die gleiche Fabrik von außen.

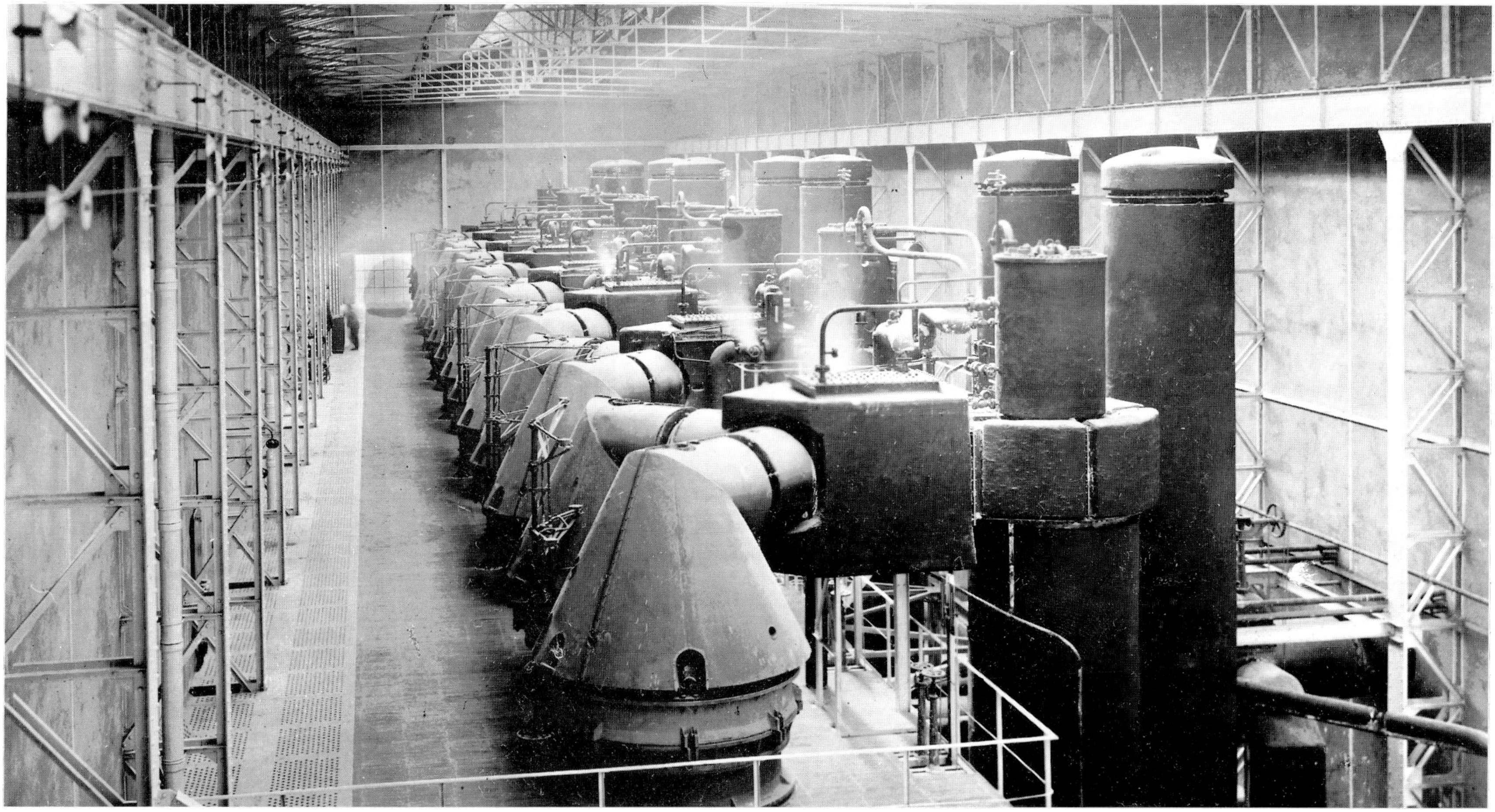

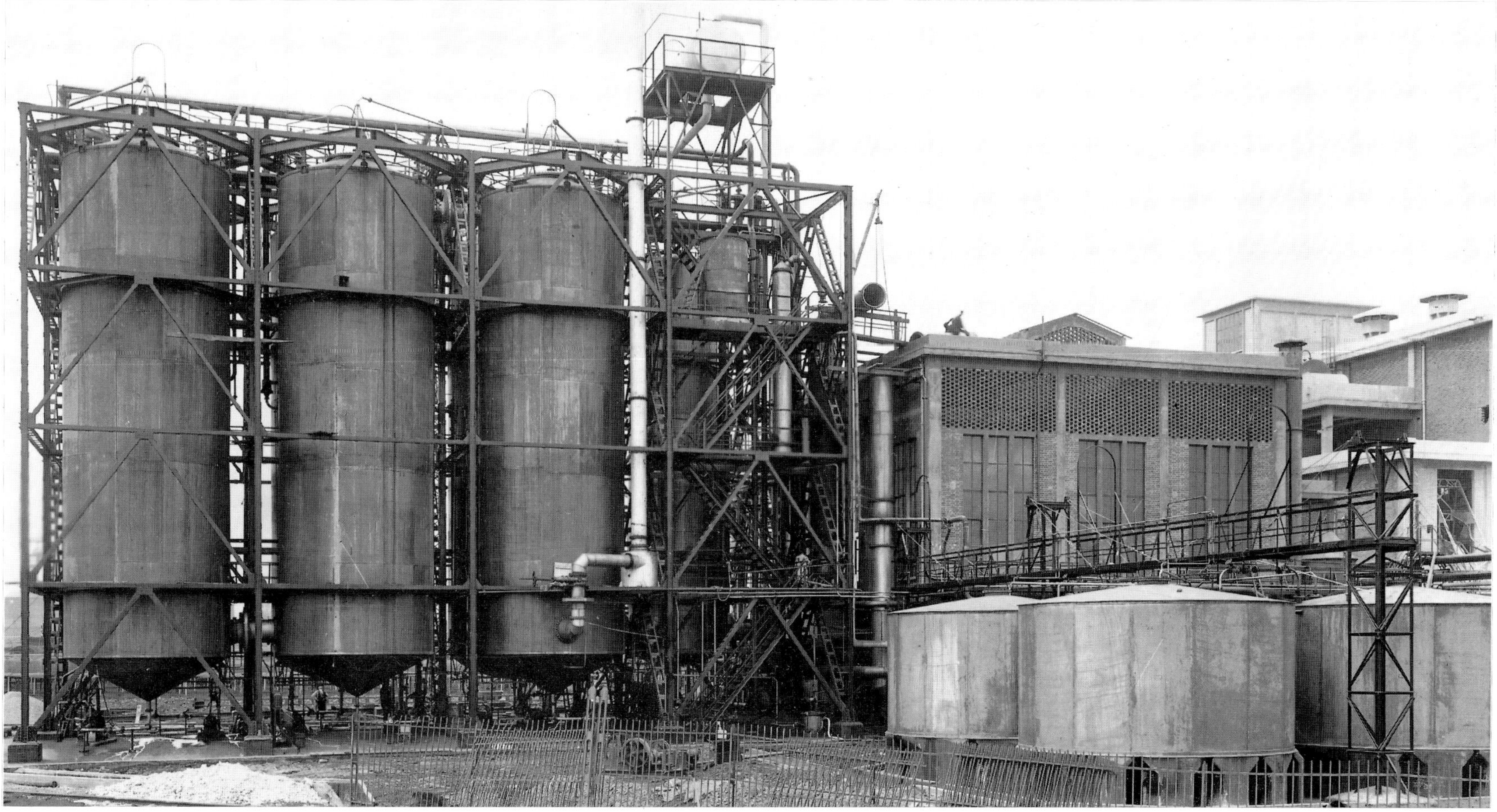

Petrochemie

473 und 474 In der ersten Zeit der amerikanischen Erdölgewinnung in Pennsylvanien – 1862 – waren der Gesamteindruck der noch recht kleinen Öltürme, das Auffangen des gewonnenen Öls in einem großen Faß und der Transport in Whiskyfässern durchaus idyllisch. Doch dieser Eindruck trog. Gerieten Erdölquelle oder Lagerplatz in Brand, so wurde die Situation schnell gefährlich, und die damaligen Hilfsmittel waren sehr bescheiden. Meist versuchte man, dem Feuer zunächst artilleristisch beizukommen, durch Ausschießen der Flammen bzw. durch Zerstören des Bohrlochs durch einen Volltreffer mit einer Granate. Daß sich dieses leichter erzählen als durchführen läßt, liegt auf der Hand. Aus: Das Buch der Erfindungen, Gewerbe und Industrien. Bd. III, Leipzig und Berlin, 1874

475 Da man in der Frühzeit der Erdölindustrie nicht besonders umweltbewußt mit dem gewonnenen Erdöl umging, gleichzeitig in manchen Erdölfeldern, so wie hier bei Baku um 1925, Hunderte von Bohrungen in nächster Nähe niedergebracht worden waren, entstanden von Schlamm und Dreck beherrschte Landschaftsbilder, deren Trostlosigkeit beeindruckt.

476 Die Handhabung des Bohrgestänges erforderte viel Geschick. Zwischenfälle mit dem Bohrwerkzeug und Brüche des Gestänges waren an der Tagesordnung.

477 Heizerstand einer Destillierkesselanlage in einer Erdölraffinerie der zwanziger Jahre.

478 Behälter für die Rektifikationsprodukte einer Erdölraffinerie der zwanziger Jahre. Abbildungen aus dem Programm des Lehrmittelverlages Dr. Franz Staedtner, Berlin. Archiv des Verfassers

474

476

478

479 Da Erdöl von Feld zu Feld, aber manchmal auch innerhalb eines Feldes, eine sehr wechselnde Zusammensetzung haben kann, die eine recht unterschiedliche Vorgehensweise in den Raffinerien erfordert und dementsprechend auch im Preis unterschiedlich bewertet wird, hat man früh Untersuchungslaboratorien speziell für Erdöl eingerichtet, in denen die unterschiedlichen Entflammungspunkte, Viskositäten und ähnliches geprüft wurden.

480 Große rohrförmige Öfen der I.G. Farben zur Kohlehydrierung nach Bergius.

481 Matthias Pier (1882–1965) dehnte das Hydrierverfahren auf schwer siedende Fraktionen des Erdöls aus, um diese in einer »katalytischen Schwerölhydrierung« ebenfalls in Benzin überzuführen und so die Ausbeute an Benzin insgesamt zu erhöhen. Versuchsapparatur von Bergius. Abteilung Chemie, Deutsches Museum, München

482 Friedrich Bergius (1884–1949), Nobelpreis 1931, richtete sich 1910 an der TH Hannover ein Hochdruck-Laboratorium ein, wo er die Entstehung von Kohle bei erhöhtem Druck studierte. Diese Versuche führten ihn schließlich zu dem Umkehrschluß, daß sich natürliche Kohle mit Wasserstoff unter erhöhtem Druck umsetzen ließe. Das Experiment erbrachte die Bildung von gasförmigen und flüssigen Produkten. 1918 gründete Bergius das Konsortium für Kohlechemie, das Großversuche unternahm, die zu beachtlichen Ausbeuten an synthetischem Benzin führten. Die Kohlehydrierung nach Bergius könnte bei zukünftiger Verknappung des Erdöls durchaus wieder aktuell werden, angesichts der enormen noch vorhandenen Kohlevorräte. Blick in das Laboratorium von Bergius. Auf dem Labortisch stehen zwei kleine Versuchsöfen. Bibliothek des Deutschen Museums, München

479

480

481

482

483 Der große Siegeszug des Erdöls liegt in der scheinbar schlichten, aber wichtigen Tatsache begründet, daß es sich pumpen läßt und damit die in ihm steckenden Energiemengen leicht transportiert werden können. Verlegung einer Pipeline in Südpersien, um 1930. A. Zischka: Ölkrieg, Leipzig 1939

484 Die sechziger Jahre brachten die große Umstellung der Chemie in Deutschland von der Basis

Kohle auf Erdöl, da die Kohle, bedingt durch ihre hohen Gestehungskosten, die bergmännische Gewinnung und den schwerfälligen Transport in Eisenbahnwaggons dem Preisdruck des leicht zu fördernden Öls nicht mehr gewachsen war. Hatte man früher nur in den Förderländern Pipelines gebaut, um die Erdölquellen mit den Häfen zu verbinden, so wurde ab den sechziger Jahren ganz Europa mit einem Netz von Pipelines überzogen, das dank der gnadenlosen Konkurrenz der Erdölfirmen untereinander selbst an küstenfernsten Industriestandorten Raffinerien und petrochemische Werke aufblühen ließ, z.B. in Ingolstadt in Bayern. Nachdem man der in diesem Raum tätigen chemischen Industrie zunächst den Niedergang prophezeit hatte, floß schließlich Öl aus Marseille bzw. aus Triest dank der »Transalpina«. Verlegung einer Pipeline im süddeutschen Raum, um 1965

485 Es war nicht die Chemie, es war das Automobil, das den Aufbau der Logistik für eine weltweite Versorgung mit Erdöl und Raffinerieprodukten erzwang. Diese »Tankstelle« der zwanziger Jahre belegt deutlich, daß trotz des großen »Durstes« damaliger Wagen der Benzinbedarf insgesamt noch bescheiden war.

486 In den siebziger Jahren hatte dagegen der Bedarf an petrochemischen Produkten dermaßen zugenommen, daß die ebenso gigantischen wie bizarren Tanklager der Raffinerien gernphotographierte Objekte wurden, von gar nicht wenigen als eine Art abstraktes Riesenkunstwerk empfunden.

Chemie heute

487 Der junge amerikanische Biochemiker James Dewey Watson (geb. 1928) lernte während eines Forschungsaufenthaltes an der zoologischen Station Neapel 1951 den neuseeländischen Physiker Maurice Wilkins (geb. 1916) kennen, unter dessen Einfluß er nach England an das Cavendish Laboratorium ging und sich der Röntgenstrukturanalyse von Nukleinsäuren und Proteinen zuwandte. 1951 hatte Wilkins die Untersuchung von Röntgenstreuungen an aus DNA-Gel (Desoxyribonukleinsäure) gezogenen DNA-Fäden aufgenommen. Er konzentrierte sich auf die Analyse der Beugungsaufnahmen, wohingegen Watson zusammen mit Francis Crick (geb. 1916) versuchte, die aus der Analyse der Röntgenbeugungsbilder gewonnenen Daten in Modelle umzusetzen. 1953 schlugen Watson und Crick ein Doppelhelix-Modell der DNA-Struktur vor, das den gewonnenen Daten voll entsprach. In der DNA-Doppelhelix umwendeln sich spiralförmig zwei DNA-Stränge, wobei diese durch Wasserstoffbrückenbindung zwischen den Basenpaaren Adenin-Thymin und Guanin-Cytosin zusammengehalten werden. Wilkins konnte beweisen, daß DNA unterschiedlichster biologischer Herkunft als Doppelhelix vorliegt. Alle drei Forscher wurden gemeinsam 1962 mit dem Nobelpreis ausgezeichnet. Über die Entdeckungsgeschichte wissen wir dank eines ebenso berühmten wie fröhlichen Buches, das Watson 1968 verfaßte und das zu einem Bestseller wurde, gut Bescheid. Modell, Abteilung Chemie, Deutsches Museum

488 Die immense Bedeutung, die die Herstellung von Antibiotika in chemisch-pharmazeutischen Betrieben für die leidende Menschheit hat, vermag man nur zu ahnen, wenn man einerseits auf die ebenso gigantischen wie bizarren Anlagen blickt und sich gleichzeitig darüber Rechenschaft ablegt, daß die hier gewonnenen Wirkstoffe meist in Milligrammengen wirken. Antibiotika-Betrieb der Farbwerke Hoechst

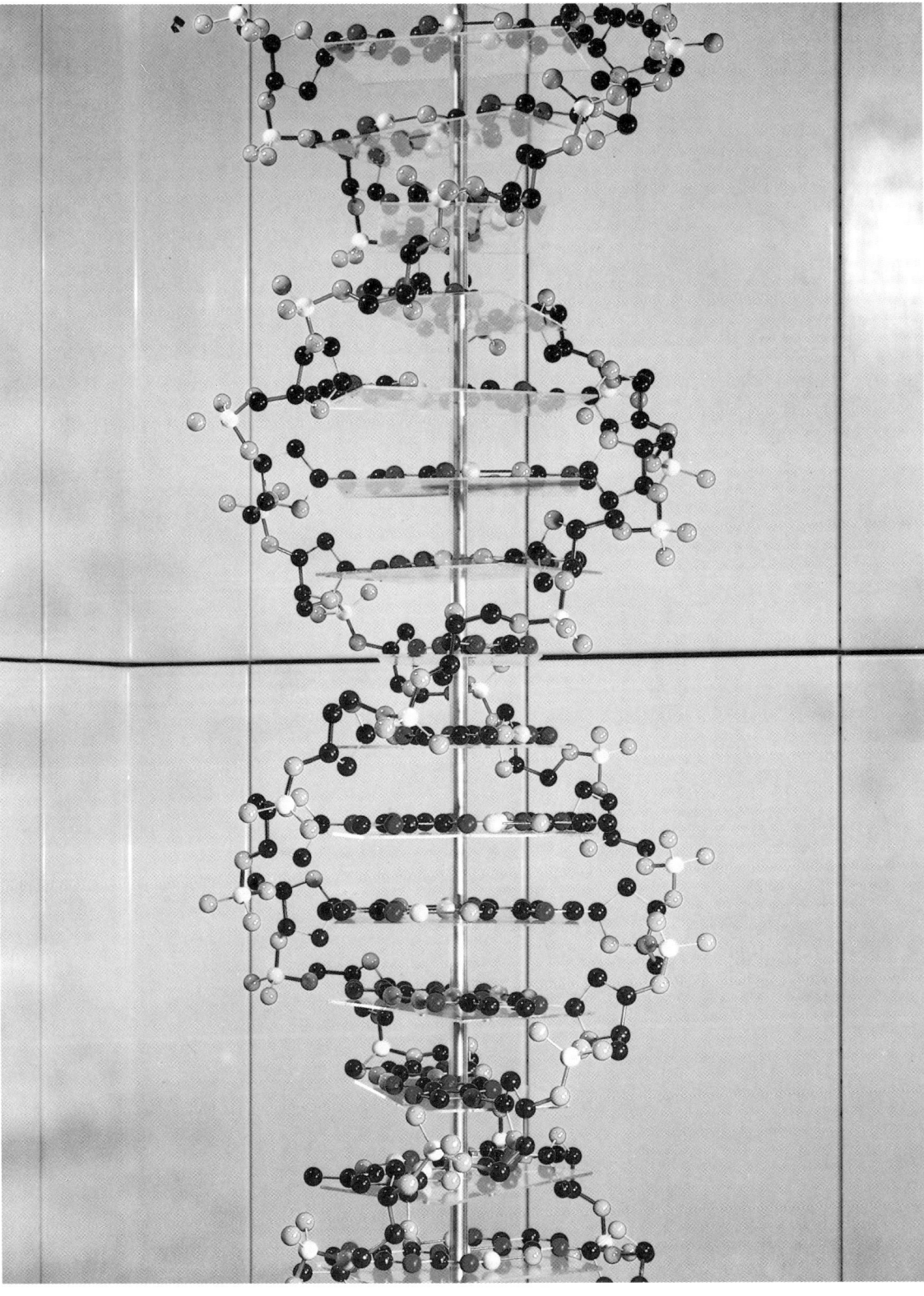

489 Durch den ungeheuren Bedarf des Welthandels stiegen die Tonnagen der »Supertanker« in vorher nie gekannte Dimensionen. Bezogen auf die transportierte Menge Öl ist die Schiffshaut eines Supertankers heute dünner als die Schale eines Eies. Diese Fakten und die offenbar unvermeidbaren Fehler der Schiffsführung brachten der Menschheit eine vorher nicht gekannte neue Form der Katastrophe, die Ölpest. Nach dem Untergang eines riesigen Tankers 1967 erreichte ein kilometerlanger, auf der See treibender Ölteppich die Bretagne und vernichtete das Vogelschutzgebiet der »Sieben Inseln«.

490 Mittlerweile sind die Hauptverursacher der Luftverschmutzung das Auto und die Heizwerke bzw. der Hausbrand – dank energischer Investitionen zur Abgasreinigung nur zu einem kleinen Anteil die chemische Industrie. Die Schädigung der Wälder wird alljährlich in offiziellen Karten festgehalten, und das deutsche Wort »Waldsterben« ist mittlerweile ein Fremdwort in fast allen Kultursprachen.

491 Schiffbruch des japanischen Tankers »Hakuyoh Maru« durch Feuer und Explosion am 12. Juli 1981 auf der Reede von Genua.

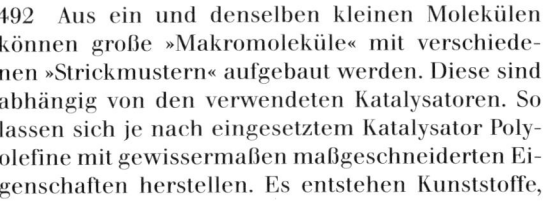
489

492 Aus ein und denselben kleinen Molekülen können große »Makromoleküle« mit verschiedenen »Strickmustern« aufgebaut werden. Diese sind abhängig von den verwendeten Katalysatoren. So lassen sich je nach eingesetztem Katalysator Polyolefine mit gewissermaßen maßgeschneiderten Eigenschaften herstellen. Es entstehen Kunststoffe, die den Bedürfnissen des Verbrauchers optimal angepaßt sind. Blick in ein Laboratorium für Katalysatorentwicklung der BASF, 1984

493   Zu Seite 310: Um die gleichmäßige Qualität chemischer Produkte zu erhalten, müssen eingesetzte Chemikalien möglichst frei von Beimengungen sein und daher aufbereitet und gereinigt werden. Reinigungsanlage für Gase der Wacker-Chemie, Burghausen, um 1975

494   Zu Seite 311: Die Chemie ist heute in der Lage, Kunststoffe so gut wie für jeden Zweck bereitstellen zu können. So wurde 1983 durch Zusatz von Ruß die Leitfähigkeit dieser Makrolon-Folie der Bayer AG Leverkusen um 14 Zehnerpotenzen – also um das Hundertbillionenfache – gesteigert. Die Folie soll nicht – wie hier im Demonstrationsversuch gezeigt – den Tauchsieder ersetzen. Sie eignet sich aber für Fußbodenheizungen oder wärmende Tapeten sowie für zahlreiche Einsatzzwecke in der Elektrotechnik.

495   Moderne Elektronik, mit normierten Schliffen versehene Glasgeräte und normierte Stahlbauteile erlauben den Aufbau großer und trickreicher chemischer Apparaturen im Laboratoriums- und Technikumsmaßstab. Apparatur zur rhythmischen Extraktion von natürlichen ätherischen Ölen, z.B. zur Gewinnung natürlicher Duftkomponenten für die Riechstoffindustrie. Dahinter ist eine Hochleistungsdestillationskolonne für die fraktionierende Destillation mit 20 Kolonnenböden und einem innenverspiegelten, evakuierten, doppelwandigen gläsernen Mantel umgeben. Blick in die Abteilung Technische Chemie, Deutsches Museum, München

496   Die Synthese des Ammoniaks wird aus einem reinen Stickstoff-Wasserstoff-Gemisch bei 500°C und 200 atm. in gewaltigen Stahlrohren durchgeführt, die Wärmeaustauschrohre und Kontaktmasse enthalten. Die bei der Reaktion entstehende Wärme genügt zur Heizung des Rohres, dessen doppelte Wandung aus einem kohlenstoffarmen Innenrohr besteht, das vom Wasserstoff nicht »entkohlt« werden kann. Der äußere Stahlmantel ist mit dünnen Bohrungen versehen, damit er von dem hindurchdiffundierenden Wasserstoff nicht angegriffen werden kann. Aufbau einer Anlage bei der BASF, ca. 1950.

495

497 Chemische Fabrikationsanlagen sind heutzutage dermaßen komplizierte, dreidimensionale Gebilde, daß die Anfertigung von Schnittzeichnungen einer gesamten Anlage die Vorstellungskraft der Techniker auf eine harte Probe stellt. Daher ist es üblich, für jede zu erbauende chemische Anlage maßstabgetreue Modelle anzufertigen. Baumodell einer Anlage zur Gewinnung von Schwefelsäure aus den sechziger Jahren. Abteilung Chemie, Deutsches Museum, München

498 Es gibt heutzutage kein Industrieprodukt mehr, das unparfümiert in den Handel käme. Die in Massen eingesetzten Industrieparfums sind einer der gewinnträchtigsten Zweige der modernen industriellen Chemie. Auch wenn der Verbraucher den Einsatz eines Parfums nicht bemerkt, z.B., wenn er mit seiner Nase das hier vor ihm liegende Buch beschnuppert. Doch auch dieses wurde mit Duftstoffen behandelt, und sei es nur, um unangenehme Gerüche zu überdecken, die von der Herstellung in der Papiermasse zurückblieben. Blick in ein Prüflabor für Riechstoffe der Firma Fritzsche, Dodge & Olcott in New York, 1978

499 Die beliebige Verformbarkeit und der praktisch nahezu unbegrenzte Formenreichtum, der sich mit thermoplastischen Kunststoffen erzielen läßt, verschaffen ihnen weiteste Anwendungen, z.B. in der Verpackungsindustrie. Blick auf einen Extruder sowie auf eine Maschine zum Blasen von Flaschen, beide von der Firma Kautex. Abteilung Chemie, Deutsches Museum, München

500 Es gibt so gut wie keinen Bereich moderner Technik, der nicht von der Chemie mit geeigneten Materialien versorgt würde. Um die winzigsten Partikel von magnetisierbaren Pigmenten auf die speziellen und in schneller Folge immer gezielter werdenden Anforderungen der Audio-Compact-Kassette, der Videokassette, der Magnetplatte oder der Flexy-Disk anzupassen, bedarf es ständig fortschreitender Entwicklungsarbeit. Blick in das Forschungslabor für Magnetpigmente der BASF Ludwigshafen.

501 Zu Seite 316: Die bizarre Front chemischer Produktionsanlagen wirkt durch ihre kühle Ästhetik auf das Auge des Betrachters, aber sie wirkt auch ein wenig beunruhigend. Was bleibt, ist die Frage nach der Zukunft.

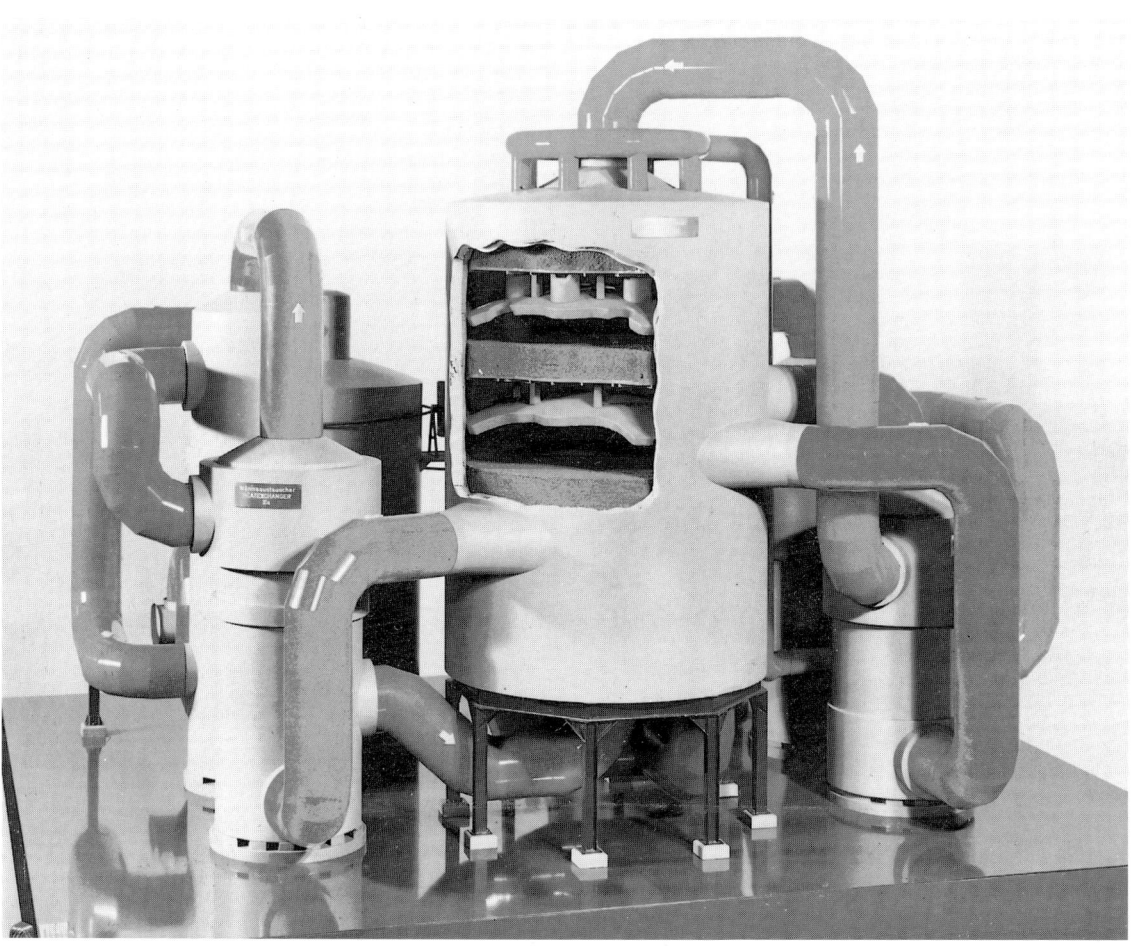

498

501

LITERATUR

Agricola, Georgius: Vom Bergkwerck XII Bücher darin alle Empter / Instrument / Bezeuge vnnd alles zu diesen Handel gehörig vorbildet / vnd klärlich beschriben seindt… Basel 1557. Faksimilenachdruck Leipzig 1985.

Albertus Magnus (zugeschr.): Libellus de alchimia, ascribed to Albertus Magnus. Hrsg. von Sister Virginia Heines. Berkeley und Los Angeles 1958.

Al-Kindi, Ya'Qub B. Ishaq: Kitab kimiya' al-'itr wat-tas'idat. Buch über die Chemie des Parfüms und die Destillationen. Abhandlungen für die Kunde des Morgenlandes, Band XXX. Deutsche Morgenländische Gesellschaft (Hrsg.) Leipzig 1948.

Amberger-Lahrmann, Mechthild / Schmähl, Dietrich: (Hrsg.) Gifte. Geschichte der Toxikologie. Berlin/ Heidelberg/New York/London/Paris/Tokyo 1988.

Amecke, Hans-Bernd: Chemiewirtschaft im Überblick. Produkte, Märkte, Strukturen. Weinheim/Bergstr./ New York 1987.

Amt der NÖ Landesregierung Abt. III/2 – Kulturabteilung: 800 Jahre Franz von Assisi. Krems-Stein 1982. Katalog zur Niederösterreichischen Landesausstellung, NÖ-Landesmuseum, Neue Folge Nr. 122. Wien 1982.

Armitage, F.P.: A History of Chemistry. London/New York/ Bombay 1906.

Ashmole, Elias: Theatrum Chemicum Britannicum. London 1652. Faksimilenachdruck Hildesheim 1968.

Anschütz, Richard: August Kekulé. 2 Bände. Band 1: Leben und Wirken. Band 2: Abhandlungen, Berichte, Kritiken, Artikel, Reden. Berlin 1929.

Bacon, Roger: Opus Majus. Unveränd. Nachdruck nach den Ausg. Leipzig 1887 und Paris 1848–1873. Edited with introduction and analytical table by John Henry Bridges. 2 Bde. Frankfurt a. M. 1964.

Baier, Wolfgang: Geschichte der Fotografie: Quellendarstellungen zur Geschichte der Fotografie. München, 1. Aufl. 1977.

BASF: (Hrsg.) Im Reiche der Chemie. Bilder aus Vergangenheit und Gegenwart. Zum hundertjährigen Firmenjubiläum der Badischen Anilin- & Soda-Fabrik AG, Ludwigshafen am Rhein. Düsseldorf/Wien 1965.

Basilius Valentinus: Chymische Schriften. 2 Bände. Hamburg 1677. Faksimilenachdruck Hildesheim 1976.

Baumann, Carl-Friedrich: Bühnentechnik im Festspielhaus Bayreuth. Reihe »Neunzehntes Jahrhundert« Forschungsunternehmen der Fritz Thyssen Stiftung / Arbeitsgemeinschaft »100 Jahre Bayreuther Festspiele«, Band 9. München 1980.

Bäumler, Ernst: Farben, Formeln, Forscher. Hoechst und die Geschichte der industriellen Chemie in Deutschland. München/Zürich 1989.

Bayer AG: (Hrsg.) Beiträge zur hundertjährigen Firmengeschichte: 1863–1963. Leverkusen 1963/64.

Bayer AG: (Hrsg.) Meilensteine. 125 Jahre Bayer: 1863–1988. (Autor: Erik Verg). Leverkusen 1988.

Bayer AG: (Hrsg.) Historische Farbstoffetiketten. Leverkusen 1988.

Becher, Johann Joachim: Chymischer Glücks-Hafen, oder große chymische Concordanz und Collection von fünffzehenhundert chymischen Processen. Frankfurt am Main 1682. Nachdruck Hildesheim/ New York 1974.

Bergbau-Museum Bochum: (Hrsg.) Timna. Tal des biblischen Kupfers. Ausstellungskatalog Nr. 5. Bochum 1973.

Bernus, Alexander von: Alchemie und Heilkunst. Nürnberg 1948. 3. Auflage 1970.

Berthelot, Marcellin: Introduction à l'étude de la chimie des anciens et du moyen age. Paris 1889. Faksimilenachdruck Brüssel Editions Culture et Civilisation. 1966.

Berthelot, Marcellin: Les origines de l'alchimie. Paris 1885. Faksimilenachdruck Brüssel Editions Culture et Civilisation. 1966.

Berthelot, Marcellin: (Hrsg.) Histoire de sciences. La Chimie au Moyen Age. 3 Bände. Paris 1893. Faksimilenachdruck Osnabrück/Amsterdam 1967.

Berthelot, Marcellin: (Hrsg.) Collection des anciens alchimistes grecs. 3 Bände. Paris 1888. Band 1: Introduction. Band 2: Texte grec. Band 3: Traduction. Faksimilenachdruck Osnabrück 1967.

Berthollet, Claude Louis: Essai de statique chimique. 2 Bände. Paris 1803. Nachdruck New York 1972.

Berzelius, Jöns Jacob: Versuch über die Theorie der chemischen Proportionen und über die chemischen Wirkungen der Elektricität. Dresden 1820. Nachdruck Hildesheim 1973.

Biedermann, Hans: Handlexikon der magischen Künste von der Spätantike bis zum 19. Jahrhundert. Graz 1968. 2. erw. Aufl. Graz 1973.

Biedermann, Hans: Materia Prima. Eine Bildersammlung zur Ideengeschichte der Alchemie. Graz 1973.

Biringuccio, Vannoccio: De la Pirotechnia. Venedig 1540. Nachdruck (Hrsg. Adriano Carugo) Mailand 1977.

Böhm, Walter: Die Naturwissenschaftler und ihre Philosophie. Geistesgeschichte der Chemie. Wien/Freiburg i. Brsg./Basel 1961.

Böhm, Walter: Die Naturwissenschaftler und ihre Philosophie. Geistesgeschichte der Chemie. Wien 1961.

Bonin, Wulf von: Die Nobelpreisträger der Chemie. Ein Kapitel Chemie-Geschichte. München 1963.

Borkin, Joseph: Die unheilige Allianz der I.G. Farben. Eine Interessengemeinschaft im Dritten Reich. (Originaltitel: The Crime and Punishment of I.G. Farben). Frankfurt/Main/New York. Sonderausgabe 1986.

Braudel, Fernand: Die Dynamik des Kapitalismus. (Originaltitel: La dynamique du capitalisme). Stuttgart 1986.

Braire, Michel F.: Das Zeitalter der Photographie. Von Niépce bis heute. München 1965.

Braun, Lucien: Paracelsus. Alchimist – Chemiker. Erneuerer der Heilkunde. (Originaltitel: Paracelse). Zürich 1988.

Breitling, Günter (et al.): The Book of Gold. Luzern/ Frankfurt a. Main 1975. New York 1981.

Brillat-Savarin: Physiologie des Geschmacks. Oder Physiologische Anleitung zum Studium der Tafelgenüsse. 4. Aufl. Braunschweig 1878.

Brown, James Campbell: A History of Chemistry from the Earliest Times till the Present Day. London 1920.

Brötz, Walter / Schönhuber, Axel: Technische Chemie I. Grundverfahren. Weinheim/Bergstr./Deerfield Beach, Florida/Basel 1982.

Brunschwig, Hieronymus: Liber de Arte Distillandi de Compositis. Das buch der waren kunst zu distillieren die Composita vn simplicia. Straßburg 1507. Nachdruck Leipzig 1972 (nach einer Auflage von 1512).

Büchi, Jakob: Die Entwicklung der Rezept- und Arzneibuchliteratur. Veröffentlichungen der schweizerischen Gesellschaft für Geschichte der Pharmazie. Teil 1: Altertum und Mittelalter. Zürich 1982. Teil 2: Die Autoren, ihre Werke und die Fortschritte im 16. Jahrhundert. Zürich 1984. Teil 3: Die Arzneibücher und schweizerischen Pharmakopöen vom 17. bis 20. Jahrhundert. Zürich 1986.

Büchner, Werner / Schliebs, Reinhard / Winter, Gerhard / Büchel, Karl Heinz: Industrielle Anorganische Chemie. 2. durchgeseh. Aufl. 1986. Weinheim/Bergstr./ New York 1986.

Bud, Robert / Roberts, Gerrylynn K.: Science versus practice. Chemistry in Victorian Britain. Manchester 1984.

Bugge, Günther: (Hrsg.) Das Buch der großen Chemiker. 2 Bände. Berlin 1929, 1930. Nachdruck Weinheim/Bergstr. 1965.

Bünau, Günther von / Wolff, Thomas: Photochemie. Grundlagen, Methoden, Anwendungen. Weinheim/ Bergstr./New York 1987.

Burckhardt, Titus: Alchemie. Sinn und Weltbild. Freiburg i. Brsg. 1960.

Burland, Cottie Arthur: The arts of the alchemists. New York 1968, Nachdruck New York 1989.

Buttlar, Adrian v.: Der Landschaftsgarten. München 1980.

Büttner, Johannes / Habrich, Christa: Roots of Clinical Chemistry. A guide through the Historical Exhibition on the occasion of the XIII International Congress of Clinical Chemistry 1987. The Hague/Netherlands. Darmstadt 1987.

Cassella Farbwerke Mainkur AG: (Hrsg.) Ein Farbiges Jahrhundert – Cassella. München 1970.

Classen, A.: Quantitative Analyse. 6. Auflage. Handbuch der analytischen Chemie. II. Teil. Stuttgart 1912.

Cluver, Dethlev: Disquisitiones philosophicae, oder: Historische Anmerckungen über die nützlichsten Sachen der Welt. Hamburg 1707.

Cole, William A.: Chemical Literature 1700–1860. A Bibliography with Annotations, Detailed Descriptions, Comparisons and Locations. London/New York 1988.

Corbin, Alain: Pesthauch und Blütenduft. Eine Geschichte des Geruchs. (Originaltitel: Le Miasme et la Jonquille). Berlin 1984.

Cordier, Victor: Die chemische Zeichensprache einst und jetzt. Graz 1928. Unveränderter Neudruck Vaduz/Liechtenstein 1988.

Cornwall, James E.: Die Frühzeit der Photographie in Deutschland 1839–1869. Die Männer der ersten Stunden und ihre Verfahren. Wiesbaden 1979.

Crosland, Maurice P.: Historical Studies in the Language of Chemistry. London/Melbourne/Toronto 1962.

Dann, Georg Edmund: Martin Heinrich Klaproth 1743–1817. Ein deutscher Apotheker und Chemiker. Sein Weg und seine Leistung. Berlin 1958.

Dann, Georg Edmund: Einführung in die Pharmaziegeschichte. Stuttgart 1975.

Das Neue Universum: (Hrsg.) Die interessantesten Erfindungen und Entdeckungen auf allen Gebieten. 2. Aufl. Stuttgart 1984.

Debus, Allen: The Chemical Dream of the Renaissance. Cambridge 1968.

Deutsche BP AG Hamburg: (Hrsg.) Das Buch vom Erdoel. 4. neu bearb. und erw. Aufl. Hamburg 1978.

Dewitz, Bodo von / Matz, Reinhard: (Hrsg.) Silber und Salz. Zur Frühzeit der Photographie im deutschen Sprachraum: 1839–1860. Kataloghandbuch zur Jubiläumsausstellung Agfa Foto-Historama im Wallraf-Richartz-Museum. Köln/Heidelberg 1989.

Dierbach, Johann Heinrich: Die Arzneimittel des Hippokrates oder Versuch einer systematischen Aufstellung der in allen hippokratischen Schriften vorkommenden Medikamente. Hildesheim 1969.

Doberer, Kurt K.: Die Goldmacher. Zehntausend Jahre Alchemie. München 1987.

Dominghaus, Hans: Die Kunststoffe und ihre Eigenschaften. 3. neubearb. Aufl. Düsseldorf 1988.

Dragendorff, Georg: Die Gerichtlich-Chemische Ermittelung von Giften in Nahrungsmitteln, Luftgemischen, Speiseresten, Körpertheilen etc. St. Petersburg 1876.

Drey, Rudolf A.: Apothekengefäße. Eine Geschichte der pharmazeutischen Keramik. München 1978.

Duby, Georges: Europa im Mittelalter. (Originaltitel: L'Europe au Moyen Age). Stuttgart 1986.

Edschmid, Kasimir: Der Zauberfaden. Neufassung. Wien/München/ Basel 1953.

Egger, Peter: Ein besonderer Saft. Fluch und Segen des Erdöls – gestern – heute – morgen. 2. erw. Aufl. München 1980.

Eliade, Mircea: Schmiede und Alchemisten. (Originalt.: Forgerons et Alchimistes). Stuttgart, 2. Aufl. 1980.

Engel, Michael: Chemie im achtzehnten Jahrhundert. Auf dem Weg zu einer internationalen Wissenschaft. Georg Ernst Stahl (1659–1734) zum 250. Todestag. Staatsbibliothek Preußischer Kulturbesitz/Ausstellungskatalog 23. Berlin 1984.

Engelhardt, Dietrich von: Hegel und die Chemie. Studie zur Philosophie und Wissenschaft der Natur um 1800. Wiesbaden 1976.

Engels, Siegfried / Nowak, Alois: Auf der Spur der Elemente. 2. bearb. Aufl. Leipzig 1977.

Engels, Siegfried / Stolz, Rüdiger: (Hrsg. et al.) ABC Geschichte der Chemie. Leipzig, 1. Aufl. 1989.

Enzensberger, Hans Magnus (Hrsg.): OMGUS. Office of Military Government for Germany, United States. Ermittlungen gegen die I.G. Farbenindustrie AG. Sonderband der Anderen Bibliothek. Nördlingen 1986.

Erichsen, Johannes: (Hrsg., unter Mitarb. von Evamaria Brockhoff) Kilian, Mönch aus Irland – aller Franken Patron. Haus der Bayerischen Geschichte. (Veröffentlichungen zur bayerischen Geschichte und Kultur; Nr. 19). Aufsätze zum Katalog der Sonderausstellung zur 1300-Jahr-Feier des Kiliansmartyriums. Würzburg 1989.

Ernst, Elmar: Das »industrielle« Geheimmittel und seine Werbung. Arzneifertigwaren in der zweiten Hälfte des 19. Jahrhunderts in Deutschland. Würzburg 1975.

Fabricius, Johannes: Alchemy. The Medieval Alchemists and their Royal Art. Kopenhagen 1976.

Fabrik wissenschaftlicher Apparate: Katalog Nummer 100. Berlin/München o.J. (um 1911).

Färber, Eduard: Die geschichtliche Entwicklung der Chemie. Berlin 1921.

Farber, Eduard: (Hrsg.) Great Chemists. New York/London 1961.

Farber, Eduard: Nobel Prize Winners in Chemistry. London 1953. 2. Aufl. London u.a. 1963.

Farber, Eduard: The Evolution of Chemistry. A History of its Ideals, Methods, and Materials. 2. Aufl. New York 1969.

Farbwerke Hoechst AG: (Hrsg.) Historische Etiketten. Frankfurt a. Main 1985.

Faujas de Saint-Fond, Barthélémy: Beschreibung der Versuche mit der Luftkugel, welche sowohl die HH. von Montgolfier, als andre aus Gelegenheit dieser Erfindung gemacht haben/ hrsg. zu Paris von Hrn. Faujas de Saint-Fond. (Originaltitel: Description des expériences de la machine aérostatique des messieurs de Montgolfier et de celles auxquelle cette découverte a donné lieu); übers. von Abbé Uebelakker. Nachdruck der Ausgabe von 1783. (Dokumente zur Geschichte von Naturwissenschaft, Medizin und Technik). Weinheim 1981.

Federmann, Reinhard: Die königliche Kunst. Eine Geschichte der Alchemie. Wien/Berlin/Stuttgart 1964.

Ferchl, Fritz: Chemisch-pharmazeutisches Bio- und Bibliographikon. Gesellschaft für Geschichte der Pharmacie (Hrsg.) Mittenwald 1937.

Ferchl, Fritz / Süssenguth, A.: Kurzgeschichte der Chemie. Mittenwald 1936.

Ferguson, John: Bibliotheca Chemica. A Bibliography of Books on Alchemy, Chemistry and Pharmaceutics. 2 Bände. London 1906. Nachdruck London 1954.

Fester, Gustav: Die Entwicklung der chemischen Technik bis zu den Anfängen der Großindustrie. Ein technologisch-historischer Versuch. Berlin 1923. Nachdruck Wiesbaden 1969.

Fierz-David, H.E.: Die Entwicklungsgeschichte der Chemie. Eine Studie. Basel 1945.

Figurovskij, Nikolaj A.: Die Entdeckung der chemischen Elemente und der Ursprung ihrer Namen. Moskau/Köln 1981.

Fischer, Ernst Peter: Gene sind anders. Erstaunliche Einsichten einer Jahrhundertwissenschaft. Hamburg 1988.

Flechtner, Hans-Joachim: Carl Duisberg. Vom Chemiker zum Wirtschaftsführer. Düsseldorf 1959.

Ford, Colin: (Hrsg.) The Hill/Adamson Collection. An Early Victorian Album. London 1974.

Fox, Robert: The Caloric Theory of Gases. From Lavoisier to Regnault. Oxford 1971.

Franz, Marie-Luise von: Aurora Consurgens – Ein dem Thomas von Aquin zugeschriebenes Dokument der alchemistischen Gegensatzproblematik. [Band 3 von C.G. Jung: Mysterium Coniunctionis]. Zürich/Stuttgart 1957.

Freund, Peter: Allgemeine Probleme der chemischen Industrie. Entstehung – Aufbau – Markt – Forschung. Heidelberg 1975.

Frick, Karl R.H.: Die Erleuchteten. Gnostisch-theosophische und alchemistisch-rosenkreuzerische Geheimgesellschaften bis zum Ende des 18. Jahrhunderts. Graz 1973.

Fruton, Joseph S.: Molecules and Life. Historical Essays on the Interplay of Chemistry and Biology. New York/London u.a. 1972.

Fuchs, G. F. Chr.: Repertorium der chemischen Litteratur von 494 vor Christi Geburt bis 1806 in chronologischer Ordnung angestellt. Band I Leipzig 1806/08. Band II Jena/Leipzig 1811/12. Nachdruck Hildesheim/New York 1974.

Ganzenmüller, Wilhelm: Die Alchemie im Mittelalter. Paderborn 1938. Faksimilenachdruck Hildesheim 1967.

Gabir, Abu Musa ibn Hayyan as-Sufi al-Azdi al-Umawi: Das Buch der Gifte. Arab. Text im Faksimiledruck, übers. und erläutert von Alfred Siggel. Wiesbaden 1958.

Ganzenmüller, Wilhelm: Beiträge zur Geschichte der Technologie und der Alchemie. Weinheim/Bergstraße 1956.

Garbers, Karl / Weyer, Jost: (Hrsg.) Quellengeschichtliches Lesebuch zur Chemie und Alchemie der Araber im Mittelalter. (Quellengeschichtliche Lesebücher zu den Naturwissenschaften der Araber im Mittelalter. Band 1). Hamburg 1980.

Gebhardt, Heinz: Franz Hanfstaengl. Von der Lithographie zur Photographie. Zur Ausstellung im Münchner Stadtmuseum. München 1984.

Gebhardt, Heinz: Königlich bayerische Photographie. 1838–1918. München 1978.

Gessmann, Gustav Wilhelm: Die Geheimsymbole der Chemie und Medicin des Mittelalters. Graz 1899. Nachdruck Walluf bei Wiesbaden 1972.

Ginzburg, Carlo: Hexensabbat. Entzifferung einer nächtlichen Geschichte. (Originaltitel: Storia Notturna). Berlin 1990.

Gmelin, Johann Friedrich: Geschichte der Chemie seit dem Wiederaufleben der Wissenschaften bis an das Ende des achtzehnden Jahrhunderts. 3 Bände. Göttingen 1797, 1798, 1799. Nachdruck Hildesheim 1965.

Glenz, Wolfgang: (Hrsg.) Kunststoffe – ein Werkstoff macht Karriere. München/Wien 1985.

Goerke, Heinz: Arzt und Heilkunde. Vom Asklepiospriester zum Klinikarzt. 3000 Jahre Medizin. München 1984.

Goldschmidt, Artur / Hantschke, Bernhard / Knappe, Erhardt / Vock, Georg-Friedrich: Glasurit-Handbuch. Lacke und Farben der BASF Farben und Fasern AG. 11. völlig neu bearb. und erw. Aufl. Hannover 1984.

Goltz, Dietlinde: Studien zur Geschichte der Mineralnamen in Pharmazie, Chemie und Medizin von den Anfängen bis Paracelsus. Sudhoffs Archiv. Beiheft 14. Wiesbaden 1972.

Goltz, Dietlinde / Telle, Joachim / Vermeer, Hans J.: Der alchemistische Traktat »Von der Multiplikation« von Pseudo-Thomas von Aquin. Untersuchungen und Texte. Sudhoffs Archiv. Beiheft 19. Wiesbaden 1977.

Graebe, Carl: Geschichte der organischen Chemie seit 1880. Berlin 1941. Nachdruck Berlin/Heidelberg/New York 1972.

Gray, Ronald D.: Goethe the alchemist. A study of alchemical symbolism in Goethe's literary and scientific works. Cambridge 1952.

Grimm, Claus: (Hrsg.) Glück und Glas. Zur Kulturgeschichte des Spessartglases. Ausstellungskatalog. Nr. 2/84 Veröffentlichungen zur Bayerischen Geschichte und Kultur. Haus der Bayerischen Geschichte. München 1984.

Gruhn, Günter / Fratzscher, Wolfgang / Heidenreich, Eberhard: ABC Verfahrenstechnik. 1. Aufl. Leipzig 1979.

Guyton de Morveau, Louis Bernard / Lavoisier, Antoine Laurent / Berthollet, Claude Louis / Fourcroy, Antoine Francois: Méthode de nomenclature chimique. Paris 1787. Deutsch: Methode der chemischen Nomenclatur für das antiphlogistische System. Wien 1793. Nachdruck der deutschen Übersetzung Hildesheim 1978.

Habenicht, Gerd: Kleben. Grundlagen, Technologie, Anwendungen. Berlin/Heidelberg/New York/Tokyo 1986.

Haber, Ludwig F.: The Chemical Industry during the

Nineteenth Century. A Study of the Economic Aspect of Applied Chemistry in Europe and North America. Oxford 1958. Nachdruck 1969.

Haber, Ludwig F.: The Chemical Industry 1900–1930. International Growth and Technological Change. London 1971.

Hadert, Hans: BAG Farben-Lexikon. Zürich 1976.

Hafner, Klaus: August Kekulé – dem Baumeister der Chemie zum 150. Geburtstag. Darmstadt 1980.

Halleux, Robert: Les Textes Alchimiques. Typologie des Sources du Moyen Age Occidental. Fasc. 32. Turnhout/Belgien 1979.

Hartlaub, Gustav F.: Alchimisten und Rosenkreuzer. Sittenbilder von Petrarca bis Balzac, von Breughel bis Kubin. Eingeleitet und erläutert. Willsbach und Heidelberg 1947.

Hartlaub, Gustav F.: Der Stein der Weisen. Wesen und Bildwelt der Alchemie. Bibliothek des Germanischen Nationalmuseums zur deutschen Kunst- und Kulturgeschichte. (Hrsg. Ludwig Grote). Band 12. München 1959.

Hartmann, Hans: Georg Agricola 1494–1555. Begründer dreier Wissenschaften: Mineralogie, Geologie, Bergbaukunde. Große Naturforscher Band 13. Stuttgart 1953.

Haynes, Williams: Chemical Pioneers. The Founders of the American Chemical Industry. New York 1935.

Hefele, Bernhard: Drogenbibliographie. Verzeichnis der deutschsprachigen Literatur über Rauschmittel und Drogen von 1800 bis 1984. Band 1: Bibliographie und Einführung. Band 2: Register. München/London/New York 1988.

Heinig, Karl: (Hrsg.) Biographien bedeutender Chemiker. Eine Sammlung von Biographien. Berlin 1968.

Heinisch, Kurt F.: Kautschuk-Lexikon. 2. erg. und erw. Auflage. Stuttgart 1977.

Heinz-Mohr, Gerd: Lexikon der Symbole. Bilder und Zeichen der christlichen Kunst. München, 9. Aufl., 1988.

Heitz, Ewald / Kreysa, Gerhard: Grundlagen der technischen Elektrochemie. Erweiterte Fassung eines Dechema-Experimentalkursus. 2. verb. Aufl. Weinheim/Bergstr./Deerfield, Florida/Basel 1980.

Hjelt, Edvard: Geschichte der organischen Chemie von ältester Zeit bis zur Gegenwart. Braunschweig 1916.

Hemm, Werner: Verfahrenstechnik. Kampratz-Reihe, Technik. 5. überarb. und erg. Aufl. Würzburg 1989.

Henkel & Cie. GmbH, Düsseldorf: (Hrsg.) Waschmittelchemie. Aktuelle Themen aus Forschung und Entwicklung. Heidelberg 1976.

Henker, Michael / Scherr, Karlheinz / Stolpe, Elmar: Von Senefelder zu Daumier: Die Anfänge der lithographischen Kunst. Haus der Bayerischen Geschichte. Veröffentlichungen zur Bayerischen Geschichte und Kultur Nr. 16/88. Ausstellungskatalog. München/New York/London/Paris 1988.

Heraclius: De coloribus et artibus Romanorum. Von den Farben und Künsten der Römer. Hrsg. von Albert Ilg: Quellenschriften für Kunstgeschichte und Kunsttechnik des Mittelalters und der Renaissance. Band 4. Wien 1873. Nachdruck Osnabrück 1970.

Herbst, Willy / Hunger, Klaus: Industrielle Organische Pigmente. Herstellung. Eigenschaften, Anwendung. Weinheim/Bergstr. 1987.

Herz, Walter: Grundzüge der Geschichte der Chemie. Richtlinien einer Entwicklungsgeschichte der allgemeinen Ansichten in der Chemie. Stuttgart 1916.

Herz, Walter: Physikalische Chemie als Grundlage der analytischen Chemie. Die chemische Analyse Band 3. Stuttgart 1913.

Hoffmann, Klaus: Kann man Gold machen? Gauner, Gaukler und Gelehrte. Aus der Geschichte der chemischen Elemente. Leipzig/Jena/Berlin 1979.

Holdermann, Karl: Carl Bosch. Im Banne der Chemie. Düsseldorf 1953.

Holmyard, Eric John: (Hrsg.) Kitab al-'ilm al-muktasab fi zira'at adh-dhahab. Book of Knowledge Acquired Concerning the Cultivation of Gold. By Abu 'l-Qasim Muhammad ibn Ahmad al-'Iraqi. Paris 1923.

Hoppe, Brigitte: Aus der Frühzeit der chemischen Konstitutionsforschung: die Tropanalkaloide Atropin und Cocain in Wissenschaft und Wirtschaft. Deutsches Museum/ Abhandlungen und Berichte. Band 47, Heft 3. München/Düsseldorf 1979.

Hoppe, Heinz A.: Drogenkunde. Handbuch der pflanzlichen und tierischen Rohstoffe. 7. erw. Aufl. Hamburg 1958.

Ihde, Aaron John: The Development of Modern Chemistry. New York 1964.

Institut für Geschichte der Naturwissenschaften der Chinesischen Akademie der Wissenschaften: (Hrsg.) Wissenschaft und Technik im alten China. (Titel d. engl. Ausgabe: Ancient China's Technology And Science/ 1983). Chinesische Originalausgabe 1978. Basel/Boston/Berlin 1989.

Issekutz, Béla: Die Geschichte der Arzneimittelforschung. Budapest 1971.

Jäger, Jörg: Die Kunststoffverarbeitung in den 90er Jahren. Entwicklungs- und Wachstumsperspektiven für die kunststoffverarbeitende Industrie in der Bundesrepublik Deutschland. Hrsg. vom Gesamtverband Kunststoffverarbeitende Industrie e. V. München/Wien 1989.

Jonson, Ben: The Alchemist. Edit. from the Quarto of 1612. With comments on its text by Prof. Dr. Henry de Vocht. Lourain 1950. Reprinted in: Materials for the study of the old English drama. Vol. 22. Vaduz 1963.

Judson, Horace Freeland: The Eighth Day of Creation. The Makers of the Revolution in Biology. New York 1979.

Jung, Carl Gustav: Mysterium Coniunctionis. Untersuchungen über die Trennung und Zusammensetzung der seelischen Gegensätze in der Alchemie. 2 Bände. Zürich 1955/56. 2. Aufl. Zürich/Stuttgart 1968. Nachdruck Olten/Freiburg i. Brsg. 1972. (Gesammelte Werke Band 14).

Jung, Carl Gustav: Psychologie und Alchemie. Zürich 1944. 3. Aufl. Olten/Freiburg i. Brsg. 1972. (Gesammelte Werke Band 12).

Jung, Carl Gustav: Studien über alchemistische Vorstellungen. Olten/Freiburg i. Brsg. 1978. (Gesammelte Werke Band 13).

Kaiser, Ernst: Paracelsus in Selbstzeugnissen und Bilddokumenten. Rowohlts Monographien. Reinbek bei Hamburg 1969.

Kallinich, Günter: Schöne alte Apotheken. 3. Aufl. München 1984.

Kangro, Hans: Joachim Jungius' Experimente und Gedanken zur Begründung der Chemie als Wissenschaft. Ein Beitrag zur Geistesgeschichte des 17. Jahrhunderts. Band VII »Boethius«-Texte und Abhandlungen zur Geschichte der exakten Wissenschaften (Hrsg. Joseph E. Hofmann, Friedrich Klemm, Bernhard Sticker). Wiesbaden 1968.

Kapfelsperger, Eva / Pollmer, Udo: Iß und stirb. Chemie in unserer Nahrung. Mit Ratschlägen für den Verbraucher. Köln 1983.

Karger-Decker, Bernt: Kräuter, Pillen, Präparate. Abenteuer der Arzneimittelforschung. 3. bearb. Aufl. Leipzig 1982.

Katalyse-Umweltgruppe Köln e.V.: (Hrsg.) Chemie in Lebensmitteln. 32. neubearb., verbesserte und aktualisierte Ausg. Frankfurt a. Main 1985.

Keim, Wilhelm / Behr, Arno / Schmitt, Günter: Grundlagen der industriellen Chemie. Techn. Produkte und Prozesse. Frankfurt a. Main/Berlin/München/Aarau/Salzburg. 1. Aufl. 1986.

Keller, Cornelius: Die Geschichte der Radioaktivität. Unter besonderer Berücksichtigung der Transurane. Bücher der Zeitschrift Naturwissenschaftliche Rundschau. Stuttgart 1982.

Khuon, Ernst von: Diese unsere schöne Erde. Leben mit dem Fortschritt. München 1980.

Kingston, Jeremy / Lambert, David: Katastrophen und Krisen. Ereignisse, die die Welt erschütterten. (Originaltitel: Catastrophe and Crisis). Klagenfurt 1980.

Klamann, Dieter: (unter Mitarbeit von Rost R. R. et al.): Schmierstoffe und verwandte Produkte. Herstellung. Eigenschaften. Anwendung. Weinheim/Bergstr./Deerfield Beach, Florida/Basel 1982.

Klemm, Friedrich: Technik. Eine Geschichte ihrer Probleme. Orbis-Band II/5. Orbis Academicus. Problemgeschichten der Wissenschaft in Dokumenten und Darstellungen. Freiburg i. Brsg./München 1954.

Klossowski de Rola, Stanislas: Alchemy. The Secret Art. London 1973.

Klossowski de Rola, Stanislas: The Golden Game. Alchemical Engravings of the Seventeenth Century. London 1988.

Knight, David M.: Atoms and Elements. A Study of Theories of Matter in England in the Nineteenth Century. (The History of Scientific Ideas). London 1967.

Knight, David M.: (Hrsg.) Classical Scientific Papers: Chemistry. Band 2. Papers on the Nature and Arrangement of the Chemical Elements. London und New York 1970.

Kopp, Hermann: Die Alchemie in älterer und neuerer Zeit, I/II. Heidelberg 1886. 2. Nachdruck Hildesheim/New York 1971.

Kopp, Hermann: Geschichte der Chemie. 4 Bände. Braunschweig 1843, 1844, 1845, 1847. Nachdruck Hildesheim 1965.

Kopp, Hermann: Die Entwickelung der Chemie in der neueren Zeit. München 1873. Nachdruck Hildesheim 1966.

Körting, J.: Geschichte der chemischen Gasindustrie. Essen 1963.

Kourilisky, Philippe: Genetik – Gentechnik – Genmanipulation. Riesenmoleküle als Handwerker des Lebens. München 1989.

Krätz, Otto Paul: ABC der organischen Chemie. Hrsg. Wacker-Chemie. München 1979.

Krätz, Otto Paul: Historische chemische und physikalische Versuche – eingebettet in den Hintergrund von drei Jahrhunderten. Reihe »Experimentelle Schulchemie« (Hrsg. Franz Bukatsch / Wolfgang Glöckner), Band 7. Köln 1979.

Krätz, Otto Paul: (Hrsg.) Beilstein – Erlenmeyer. Briefe zur Geschichte der chemischen Dokumentation und des chemischen Zeitschriftenwesens. Neue Münchner Beiträge zur Geschichte der Medizin und Naturwissenschaften (Hrsg. Heinz Goerke / Friedrich Klemm), Band 2. München 1972.

Krätz, Otto Paul / Priesner, Claus (hrsg. und komment.) Liebigs Experimentalvorlesung. Vorlesungsbuch und Kekulés Mitschrift. Weinheim/Deerfield/Florida/Basel 1983.

Krebs, Hans: Otto Warburg. Zellphysiologe, Biochemiker, Mediziner 1883–1970. Große Naturforscher, Band 41. Stuttgart 1979.

Krejca, Ales: Die Techniken der graphischen Kunst. Handbuch der Arbeitsvorgänge und der Geschichte der Original-Druckgraphik. Prag,

Krell, Erich: Handbuch der Laboratoriumsdestillation. Mit einer Einführung in die Pilotdestillation. 3. bearb. und erw. Aufl. Heidelberg/Basel/Mainz 1976.

Krüger, Mechthild: Zur Geschichte der Elixiere, Essenzen und Tinkturen. Veröffentlichung aus dem pharmaziegeschichtlichen Seminar der Technischen Hochschule Braunschweig. 1968.

Kuhlen, Franz-Josef: Zur Geschichte der Schmerz-, Schlaf- und Betäubungsmittel im Mittelalter und früher Neuzeit. Quellenstudien zur Geschichte der Pharmazie. Band 19. Stuttgart 1983.

Kunstbibliothek Berlin: (Hrsg.) Bretter, die die Welt bedeuten. Entwürfe zum Theaterdekor und zum Bühnenkostüm. Bearb. von Ekhart Berckenhagen und Gretel Wagner. Ausstellungskatalog Staatliche Museen Berlin. 78. Veröffentlichung der Kunstbibliothek Berlin. Berlin 1978.

Kunststoff-Museums-Verein e.V.: (Hrsg.) Dynamic Plastics. Vom Bakelite zum High Plast. Ausstellungskatalog Landesmuseum Volk und Wirtschaft, Düsseldorf, Ehrenhof. 2. Aufl., Gelsenkirchen 1989.

Kuratorium zur Veranstaltung der Ausstellung »Prinz Eugen und das barocke Österreich«: (Hrsg.) Prinz Eugen und das barocke Österreich. Marchfeldschlösser, Schlosshof und Niederweiden. Katalog des Niederösterreichischen Landesmuseums, Neue Folge, Nr. 170. Wien 1986.

Landschaftsverband Westfalen-Lippe / Westfälisches Landesmuseum für Kunst und Kulturgeschichte: (Hrsg.) Leichter als Luft. Zur Geschichte der Ballonfahrt. Ausstellungskatalog. Münster 1978.

Ladenburg, Albert: Vorträge über die Entwicklungsgeschichte der Chemie in den letzten hundert Jahren. Braunschweig 1869. 4. Aufl.: Vorträge über die Entwicklungsgeschichte der Chemie von Lavoisier bis zur Gegenwart. 1907. Nachdruck der 4. Aufl. Darmstadt 1974.

Laitinen, Herbert A. / Ewing, Galen W.: A History of Analytical Chemistry. Washington 1977.

Laßwitz, Kurd: Geschichte der Atomistik vom Mittelalter bis Newton. 2 Bände. Leipzig und Hamburg 1890. Nachdruck Hildesheim 1963.

LeGoff, Jacques: Die Intellektuellen im Mittelalter. (Originaltitel: Les intellectuels au Moyen Age). 2. Aufl. Stuttgart 1987.

Leicester, Henry Marshall: Development of Biochemical Concepts from Ancient to Modern Times. Harvard Monographs in the History of the Science. Cambridge, Mass. 1974.

Leicester, Henry Marshall: The Historical Background of Chemistry. New York/London 1956.

Leicester, Henry Marshall / Klickstein, Herbert S.: (Hrsg.) A Source Book in Chemistry 1400–1900. New York/Toronto/London 1952.

Leicester, Henry Marshall: (Hrsg.) Source Book in Chemistry 1900–1950. Cambridge, Mass. 1968.

Lepsius, B.: Deutschlands Chemische Industrie, 1888–1913. Berlin 1914.

Levere, Trevor H.: Affinity and Matter. Elements of Chemical Philosophy 1800–1865. Oxford 1971.

Levey, Martin: Early Arabic Pharmacology. An Introduction based on Ancient and Medieval Sources. Leiden 1973.

Levey, Martin: Chemistry and Chemical Technology in Ancient Mesopotamia. Amsterdam/London/New York 1959.

Lewin, Louis: Die Pfeilgifte. Eine allgemein verständliche Untersuchung historischer und ethnologischer Quellen. Leipzig 1923. 2. Nachdruck Leipzig 1984.

Ley, Willy: The Discovery of the Elements. New York 1968.

Lewin, Louis: Die Gifte in der Weltgeschichte. Toxikologische allgemeinverständliche Untersuchungen der historischen Quellen. Berlin 1920. Nachdruck, 2. Aufl., Hildesheim 1983.

Lieben, Fritz: Geschichte der physiologischen Chemie. Leipzig und Wien 1935. Nachdruck Hildesheim/New York 1970.

Lieben, Fritz: Vorstellungen vom Aufbau der Materie im Wandel der Zeiten. Eine historische Übersicht. Wien 1953.

Lindsay, Jack: The Origins of Alchemy in Graeco-Roman Egypt. London/New York 1970.

Liebig, Justus: Die organische Chemie in ihrer Anwendung auf Agricultur und Physiologie. Braunschweig 1840. Nachdruck Hildesheim 1977.

Lippmann, Edmund Oskar von: Entstehung und Ausbreitung der Alchemie. 3 Bände. Band 1: Berlin 1919. Faksimilenachdruck Hildesheim/New York 1978. Band 2: Berlin 1931. Band 3: Weinheim/Bergstr 1954 (hrsg. von R. v. Lippmann).

Lippmann, Edmund O. von: Zeittafel zur Geschichte der organischen Chemie. Berlin 1921.

Lockemann, Georg: Robert Wilhelm Bunsen. Lebensbild eines deutschen Naturforschers. Große Naturforscher Band 6. Stuttgart 1949.

Löw, Richard: Pflanzenchemie zwischen Lavoisier und Liebig. Münchner Hochschulschriften. Reihe: Naturwissenschaften. Bd. 1. Straubing/München 1977.

Lowry, Th. Martin: Historical Introduction to Chemistry. London 1936.

Lucas, Alfred: Ancient Egyptian Materials. New York 1926. 4. Aufl. Ancient Egyptian Materials and Industries. Hrsg. von J.R. Harris. London 1962.

Lüdy-Tenger, Fritz: Alchemistische und chemische Zeichen. Berlin 1928. Nachdruck Würzburg 1973.

Maddison, R.E.W.: The Life of the Honourable Robert Boyle. London 1969.

Maier, Michael: Atalanta fugiens. Oppenheim 1617. Nachdruck Kassel/Basel 1964.

Martinetz, Dieter / Lohs, Karlheinz: Gift. Magie und Realität. Nutzen und Verderben. München 1986.

Matthews, Leslie G.: History of Pharmacy in Britain. Edinburgh/London 1962.

Meinel, Christoph: (Hrsg.) Die Alchemie in der europäischen Kultur- und Wissenschaftsgeschichte. In: Wolfenbütteler Forschungen (Hrsg. Herzog August Bibliothek). Band 32. Wiesbaden 1986.

Mellor, D.P.: The Evolution of the Atomic Theory. Amsterdam/London/New York 1971.

Mendelssohn, Kurt: Walter Nernst und seine Zeit. Aufstieg und Niedergang der deutschen Naturwissenschaften. (Originaltitel: The World of Walther Nernst. The Rise and Fall of German Science). Weinheim/Bergstr. 1976.

Meyer, Ernst von: Geschichte der Chemie. Von den ältesten Zeiten bis zur Gegenwart. 4. Aufl. Leipzig 1914.

Mez-Mangold, Lydia: Aus der Geschichte des Medikaments. Basel 1972.

Minkowski, Helmut: Aus dem Nebel der Vergangenheit steigt der Turm zu Babel. Bilder aus 1000 Jahren. Berlin 1960.

Mintz, Sidney W.: Die süße Macht. Kulturgeschichte des Zuckers. (Originaltitel: Sweetness and Power). Frankfurt/Main / New York 1987.

Mittasch, A.: Geschichte der Ammoniaksynthese. Weinheim 1953.

Mittasch, A.: Salpetersäure und Ammoniak. Weinheim 1953.

Mittasch, A. / Theis E.: Von Davy und Döbereiner bis Deacon. Berlin 1932.

Mittler, Elmar: (Hrsg.) Katalog zur Ausstellung der Bibliotheca Palatina / Heiliggeistkirche Heidelberg. Heidelberg 1986.

Mraz, Gottfried: Prinz Eugen. Ein Leben in Bildern und Dokumenten. München 1985.

Muir M.M. Pattison: A History of Chemical Theories and Laws. New York/London 1907. Nachdruck New York 1975.

Multhauf, Robert Philipp: The Origins of Chemistry. London 1966. Chicago/New York 1967.

Mutschler, Ernst: Arzneimittelwirkungen. Ein Lehrbuch der Pharmakologie für Pharmazeuten, Chemiker und Biologen. Stuttgart 1981.

Needham, Joseph: (Hrsg.) The Chemistry of Life. Eight Lectures on the History of Biochemistry. Cambridge 1970.

Needham, Joseph: Science and Civilisation in China. Band 5. Chemistry and Chemical Technology. Teil 2: Spagyrical Discovery and Invention: Magisteries of Gold and Immortality. Cambridge 1974. Teil 3: Spagyrical Discovery and Invention: From Cinnabar Elixirs to Synthetic Insulin. Cambridge 1976. Teil 4: Spagyrical Discovery and Invention: Apparatus, Theories and Gifts. Cambridge 1980.

Nettelbeck, Petra und Uwe: Charlotte Corday. Ein Buch der Republik. Mit einer Portraitgalerie der Revolution nach Levacher und Duplessis-Bertaux. Nördlingen 1977.

Netz, Heinrich: Verbrennung und Gasgewinnung bei Festbrennstoffen. Gräfelfing/München 1982.

Neu, John: (Hrsg.) Chemical, Medical and Pharmaceutical Books. Printed before 1800. Madison/Milwaukee 1965.

Neufeldt, Sieghard: Chronologie Chemie 1800–1980 2. Aufl. von Chronologie Chemie 1800–1970. Weinheim/New York 1987.

Neumann, O.A.: Römpps Chemie-Lexikon. 7. Aufl. Stuttgart.

Newman, William: New Light on the Identity of »Geber«. Sudhoffs Archiv 69 (S. 76–90). Wiesbaden 1985.

Nixdorff, Heide / Müller, Heidi: Weiße Westen – Rote Roben. Von den Farbordnungen des Mittelalters zum individuellen Farbgeschmack. Ausstellungskatalog Staatliche Museen Preußischer Kulturbesitz/ Museum für Völkerkunde/ Museum für Deutsche Volkskunde. Berlin 1983.

Norton, Thomas: Ordinal of alchemy. Edited by John Reidy. The Early English Text Society. Publication No. 272. Oxford 1975.

Oberdorffer, Kurt: (Hrsg.) Ludwigshafener Chemiker. Band 1 und 2: Düsseldorf 1958 und 1960.

Osteroth, Dieter: (Hrsg.) Chemisch-technisches Lexikon. Berlin/Heidelberg/New York 1979.

Osteroth, Dieter: Soda, Teer und Schwefelsäure. Der Weg zur Großchemie. Buchreihe »Kulturgeschichte der Naturwissenschaften und der Technik«. Reinbek bei Hamburg 1985.

Ostwald, Wilhelm: Leitlinien der Chemie. Sieben gemeinverständliche Vorträge aus der Geschichte der Chemie. Leipzig 1906. 2. Aufl. Der Werdegang einer Wissenschaft. Sieben gemeinverständliche Vorträge aus der Geschichte der Chemie. 1908.

Ostwald, Wilhelm: Leitlinien der Elektrochemie. Ihre Geschichte und Lehre. Leipzig 1896.

Paracelsus: Bücher vnd Schrifften / des Edlen / Hochgelehrten vnd Bewehrten Philosophi vnnd Medici, Philippi Theophrasti Bombast von Hohenheim / Paracelsi genannt. Hrsg. von Johann Huser. 10 Bände. Basel 1569–91. Nachdruck in 5 Bänden. Hildesheim/New York 1971–73.

Partington, James Riddick: A History of Chemistry. Band 1. Teil 1. London/New York 1970. Band 2: 1961. Band 3: 1962. Band 4: 1964.

Partington, James Riddick: Origins and Development of Applied Chemistry. London/New York/Toronto 1935. Nachdruck New York 1975.

Peetz, Hilla: (Hrsg.) »Nicht ohne uns!« Arbeiterbriefe, Berichte und Dokumente zur chemischen Industrialisierung von 1760 bis heute. Frankfurt a. M./Berlin/ Wien 1981.

Pilgrim, Emma: Entwicklung der Elemente. Mit Biographien ihrer Entdecker. Stuttgart 1950.

Plessner, Martin: Gabir ibn Hayyan und die Zeit der Entstehung der arabischen Gabir-Schriften. Zeitschrift der Deutschen Morgenländischen Gesellschaft 115 (S. 23–35). 1965.

Plessner, Martin: Vorsokratische Philosophie und

griechische Alchemie in arabisch-lateinischer Überlieferung. Studien zu Text und Inhalt der Turba Philosophorum (Boethius. Band 4). Wiesbaden 1975.

Ploss, Emil Ernst: Ein Buch von alten Farben. München 1967.

Ploss, Emil Ernst / Roosen-Runge, Heinrich / Schipperges, Heinrich / Buntz, Herwig: Alchimia – Ideologie und Technologie. München 1970.

Portugal, Franklin H. / Cohen, Jack S.: A Century of DNA. A History of the Discovery of the Structure and Function of the Genetic Substance. Cambridge, Mass./London 1977.

Pötsch, Winfried R. / Fischer, Anne / Müller, Wolfgang (unter Mitarbeit von Cassebaum, Heinz): Lexikon bedeutender Chemiker. Frankfurt a. M. 1989.

Prandtl, Wilhelm: Deutsche Chemiker in der 1. Hälfte des neunzehnten Jahrhunderts. Weinheim 1956.

Prandtl, Wilhelm: Humphry Davy. Jöns Jacob Berzelius. Zwei führende Chemiker aus der ersten Hälfte des 19. Jahrhunderts. Große Naturforscher Band 3. Stuttgart 1948.

Prescher, Hans: Georgius Agricola. Kommentarband zum Faksimiledruck »Vom Bergkwerck XII Bücher« Basel 1557. Persönlichkeit und Wirken für den Bergbau und das Hüttenwesen des 16. Jahrhunderts. Leipzig 1985.

Presser Helmut: Johannes Gutenberg. Reinbek bei Hamburg, 38.–40. Tausend 1984.

Priesner, Claus: H. Staudinger, H. Mark und K. H. Meyer. Thesen zur Größe und Struktur der Makromoleküle. Ursachen und Hintergründe eines akademischen Disputes. Weinheim/Deerfield Beach, Florida/Basel 1980.

Ramsay, O. Bertrand: Stereochemistry. (Nobel Prize Topics in Chemistry. A Series of Historical Monographs on Fundamentals of Chemistry. Hrsg. Johannes W. van Spronsen). London/Philadelphia/Rheine 1981.

Ray, Achara Prafulla Chandra: History of Chemistry in Ancient and Medieval India. Hrsg. von P. Ray. Calcutta: Indian Chemical Society 1956.

Redgrove, Herbert Stanley: Alchemy, Ancient and Modern. London 1911. 2. Aufl. 1922. Nachdruck der 2. Aufl. East Ardsley/England 1973.

Reid, Robert: Marie Curie. Biographie. London 1974/Düsseldorf/Köln 1980.

Reliquet, Philippe: Ritter, Tod und Teufel. Gilles de Rais: Monster, Märtyrer, Weggefährte Jeanne d'Arcs. (Originaltitel: Le Moyen Age: Gilles de Rais, maréchal, monstre et martyr). München/Zürich 1. Aufl. 1990.

Ress, F.M.: Geschichte der Kokereitechnik. Essen 1957.

Rex, Friedemann: Zur Theorie der Naturprozesse in der früharabischen Wissenschaft. Das »Kitab al-ihrag«, übersetzt und erklärt. Ein Beitrag zum alchemistischen Weltbild der Gabir-Schriften (8./10. Jh. n. Chr.) Collection des Travaux de l'Académie Internationale des Sciences. Band 22. Wiesbaden 1975.

Riederer, Josef: (Hrsg.) Archäologie und Chemie – Einblicke in die Vergangenheit. Katalog zur Ausstellung des Rathgen-Forschungslabors SMPK (Staatliche Museen Preußischer Kulturbesitz). Berlin 1987.

Romocki, S. J. v.: Geschichte der Explosivstoffe. Sprengstoffchemie, Sprengtechnik und Torpedowesen. Berlin 1895. Nachdruck, 2. Aufl., Hildesheim 1983.

Roth-Scholtz, Friedrich: Bibliotheca Chemica. Nürnberg und Altdorf 1727–29. Faksimilenachdruck Hildesheim 1971.

Roth-Scholtz, Friedrich: Deutsches Theatrum Chemicum. 3 Bände. Nürnberg 1727–32. Faksimilenachdruck Hildesheim 1976.

Rübberdt, Rudolf: Geschichte der Industrialisierung. Wirtschaft und Gesellschaft auf dem Weg in unsere Zeit. München 1972.

Ruland, Martin: Lexicon Alchemiae. Frankfurt am Main 1612. Faksimilenachdruck Hildesheim 1964.

Ruska, Julius: Arabische Alchemisten. I. Chalid ibn Jazid ibn Mu'awija. II. Ga'far Alsadiq, der sechste Imam. Heidelberger Akten der von-Portheim-Stiftung. Band 6 und 10. Heidelberg 1924. Faksimilenachdruck Wiesbaden 1967.

Ruska, Julius: Tabula Smaragdina. Ein Beitrag zur Geschichte der hermetischen Literatur. Heidelberger Akten der von-Portheim-Stiftung. Band 16. Arbeiten aus dem Institut für Geschichte der Naturwissenschaft IV. Heidelberg 1926.

Ruska, Julius: Turba Philosophorum. Ein Beitrag zur Geschichte der Alchemie. Quellen und Studien zur Geschichte der Naturwissenschaften und der Medizin. Band 1. Berlin 1931. Faksimilenachdruck Berlin/Heidelberg/New York 1970. 2. Aufl. 1983.

Ruska, Julius: (Hrsg.) Al-Razi's Buch »Geheimnis der Geheimnisse«. Quellen und Studien zur Geschichte der Naturwissenschaften und der Medizin. Band 6. Berlin 1937. Faksimilenachdruck Würzburg 1973.

Ruska, Julius: (Hrsg.) Das Buch der Alaune und Salze. Ein Grundwerk der spätlat. Alchemie. Berlin 1935.

Ruska, Julius: Die Alchemie des Avicenna. Isis 21 (S. 14–51). 1934.

Ruske, Walter: 100 Jahre Deutsche Chemische Gesellschaft. Weinheim/Bergstr. 1967.

Russell, C.A.: The History of Valency. Leicester 1971.

Rys, Paul / Zollinger, Heinrich: Farbstoffchemie. Ein Leitfaden. 3. neubearb. Aufl. Weinheim/Bergstr./Deerfield Beach, Florida/Basel 1982.

Ryser, Stefan / Weber, Marcel: Gentechnologie – eine Chronologie. (Hrsg. Hoffmann-La Roche AG, Basel). 2. überarb. Aufl. Basel 1990.

Sachtleben, Rudolf / Hermann, Armin: Große Chemiker. Von der Alchemie bis zur Großsynthese. Stuttgart 1960.

Sattler, Klaus: Thermische Trennverfahren. Grundlagen, Auslegung, Apparate. Weinheim/Basel/Cambridge 1988.

Sayre, Anne: Rosalind Franklin and DNA. New York 1975.

Sezgin, Fuat: Geschichte des arabischen Schrifttums. Band 4: Alchimie. Chemie. Botanik. Agrikultur. Leiden und Köln 1971.

Schacht, Joseph und Bosworth, C. E.: (Hrsg.) Das Vermächtnis des Islams. Band 2. (Originaltitel: The Legacy of Islam). München 1983.

Schaefer, Heinrich W.: Die Alchemie. Ihr ägyptisch-griechischer Ursprung und ihre weitere historische Entwicklung. Nachdruck der Ausgabe von 1887. Wiesbaden 1967.

Scheele, Carl W.: Sämmtliche physische und chemische Werke. Hrsg. von S. F. Hermbstädt. 2 Bände. Berlin 1793. Nachdruck Niederwalluf 1971.

Schelenz, Hermann: Geschichte der Pharmazie. Berlin 1904. Nachdruck Hildesheim 1965.

Schmauderer, Eberhard: Der Chemiker im Wandel der Zeiten. Skizzen zur geschichtlichen Entwicklung des Berufsbildes. Weinheim/Bergstr. 1973.

Schmieder, Karl Christoph: Geschichte der Alchemie. Halle 1832. Nachdruck Ulm 1959.

Schmitz, Rudolf: Mörser, Kolben und Phiolen. Aus der Welt der Pharmazie. 2. Aufl. Graz 1978.

Schmorl, Karl: Adolf von Baeyer 1835–1917. Große Naturforscher Band 10. Stuttgart 1952.

Schneider, Wolfgang: Geschichte der pharmazeutischen Chemie. Weinheim/Bergstr. 1972.

Schneider, Wolfgang: Lexikon alchemistisch-pharmazeutischer Symbole. Weinheim 1962. 2. Aufl. Weinheim u. a. 1981.

Schneider, Wolfgang: Lexikon zur Arzneimittelgeschichte. Band I: Tierische Drogen. 1968. Band II: Pharmakologische Arzneimittelgruppen. 1968. Band III: Pharmazeutische Chemikalien und Mineralien. 1968. Band IV: Geheimmittel und Spezialitäten. Sachwörterbuch zu ihrer Geschichte bis um 1900. 1969. Band V: Pflanzliche Drogen (3 Teilbände). Ergänzungen zu Band III. 1974. Band VI: Pharmazeutische Chemikalien und Mineralien. Ergänzungen zu Band III. 1975. Band VII: Gesamtregister. Die Arzneimittel im Lexikon zur Arzneimittelgeschichte Band I–VI. Frankfurt a. Main 1975.

Schoeler, Adolf: Theoretischer und praktischer Leitfaden der Alchemie. Freiburg i. Brsg. 1955.

Schöler, Walter: Geschichte des naturwissenschaftlichen Unterrichts im 17. bis 19. Jahrhundert. Erziehungstheoretische Grundlegung und schulgeschichtliche Entwicklung. Berlin 1970.

Schorlemmer, Carl: Der Ursprung und die Entwickelung der organischen Chemie. Braunschweig 1889. 2. Aufl.: Der Ursprung und die Entwicklung der organischen Chemie. Hrsg. von C. Duschek und G. Fuchs. Ostwalds Klassiker der exakten Wissenschaften. Band 259. Leipzig 1979.

Schramm, Petra: Die Alchemisten. Gelehrte – Goldmacher – Gaukler. Taunusstein 1984.

Schütt, Hans-Werner: Die Entdeckung des Isomorphismus. Eine Fallstudie zur Geschichte der Mineralogie und der Chemie. Arbor scientiarum. Beiträge zur Wissenschaftsgeschichte. Reihe A: Abhandlungen. Band IX. Hildesheim 1984.

Seaborg, Glenn T.: (Hrsg.) Transuranium Elements. Products of Modern Alchemy. Stroudsburg, Pennsylvania 1978.

Seefelder, Mathias: Opium. Eine Kulturgeschichte. Frankfurt a. Main 1987.

Seider, Richard: Römische Malerei. Die Blauen Bücher. Königstein 1968.

Seymour, Raymond B.: (Hrsg.) Pioneers in Polymer Science. (Chemists and Chemistry). Dordrecht/Boston/London 1989.

Siggel, Alfred: Arabisch-deutsches Wörterbuch der Stoffe aus den drei Naturreichen, die in arabischen alchemistischen Handschriften vorkommen. Berlin 1950.

Siggel, Alfred: Decknamen in der arabischen alchemistischen Literatur. Berlin 1951.

Siggel, Alfred: Katalog der arabischen alchemistischen Handschriften Deutschlands. Handschriften der Öffentlichen Wissenschaftlichen Bibliothek. Veröffentlichung des Instituts für Orientforschung der Deutschen Akademie der Wissenschaften zu Berlin. Berlin 1949.

Sivin, Nathan: Chinese Alchemy. Preliminary Studies. Cambridge/Massachusetts 1968.

Slater, John C.: Solid-State and Molecular Theory: A Scientific Biography. New York/London/Sydney/Toronto 1975.

Spitz, Peter H.: Petrochemicals – The Rise of an Industry. New York 1988.

Spronsen, J.W. van: The Periodic System of Chemical Elements. A History of the First Hundred Years. Amsterdam/London/New York 1969.

Stache, Helmut / Kosswig, Kurt: Tensid-Taschenbuch. 3. neu konzipierte Ausg. München/Wien 1990.

Stoeckhert, Klaus: (Hrsg. unter Mitarbeit von Binder G. et al.). 7. neu bearb. Auflage. München/Wien 1981.

Süssenguth, Armin: Die Alchemie im Licht des 20. Jahrhunderts. Leipzig 1938.

Stoltzius von Stoltzenberg, Daniel: Chymisches Lustgärtlein. Frankfurt am Main 1624. Faksimilenachdruck Darmstadt 1964. Im Anhang: Einführung in die Alchemie des ›Chymischen Lustgärtleins‹ und ihre Symbolik. Von Ferdinand Weinhandl.

Ströker, Elisabeth: Denkwege der Chemie. Elemente ihrer Wissenschaftstheorie. Freiburg i. Brsg./München 1967.

Strube, Irene / Stolz, Rüdiger / Remane, Horst: Geschichte der Chemie. Ein Überblick von den Anfängen bis zur Gegenwart. Berlin 1986.

Strube, Wilhelm: Der historische Weg der Chemie. Von der Urzeit bis zur wissenschaftlich-technischen Revolution. Leipzig/Köln 1989.

Strube, Wilhelm: Die Chemie und ihre Geschichte. Forschungen zur Wirtschaftsgeschichte, Band 5. Berlin 1974.

Szabadváry, Ferenc: Antoine Laurent Lavoisier. Der Forscher und seine Zeit. 1743–1794. (Originaltitel: Labvoisieyr és Kora). Grosse Naturforscher (Hrsg. Heinz Degen), Band 36. Stuttgart 1973.

Szabadváry, Ferenc: Geschichte der analytischen Chemie. (Originaltitel: Az analitikai kémia módszereinik kialakulása. Budapest 1960/Braunschweig 1966.

Tanckius, Joachim: Eröffnete Geheimnisse des Steins der Weisen oder Schatzkammer der Alchymie. Hamburg 1718. Nachdruck Graz 1976.

Tarbell, Dean Stanley / Tarbell, Ann Tracy: The History of Organic Chemistry in the United States 1875–1955. Nashville/Tennessee 1986.

Taylor, Frank Sherwood: A History of Industrial Chemistry. London 1957.

Taylor, Frank Sherwood: The Alchemists. Founders of Modern Chemistry. New York 1949. Nachdruck St. Albans/England 1976.

ter Meer, Fritz: Die I.G. Farben Industriegesellschaft. Ihre Entstehung, Entwicklung und Bedeutung. Düsseldorf, 2. Aufl., 1953.

Thackray, Arnold W.: Atoms and Powers. An Essay on Newtonian Matter-Theory and the Development of Chemistry. Cambridge, Mass. 1970.

Theophilus Presbyter: Schedula diversarum artium. Hrsg. von Albert Ilg. Quellenschriften für Kunstgeschichte und Kunsttechnik des Mittelalters und der Renaissance. Band 7. Wien 1874. Nachdruck Osnabrück 1970.

Theophilus Presbyter: Technik des Kunsthandwerks im zehnten Jahrhundert. Des Theophilus Presbyter diversarum artium schedula. In Auswahl neu hrsg., übers. und erläutert v. Wilhelm Theobald. Berlin 1933. Reprint 1984.

Thomas de Aquino: Abhandlungen über den Stein der Weisen. (übers., hrsg. und mit einer Einleitung vers. von Gustav Meyrinck). Abhandlungen über die Kunst der Alchimie. Leipzig 1925.

Thompson, R. C. Campbell: On the Chemistry of the Ancient Assyrians. London 1925.

Thorwald, Jürgen: Handbuch für Giftmörder. Das Jahrhundert der Detektive. Band 3. München/Zürich 1968.

Trenn, Thaddeus J.: Transmutation. Natural and Artificial. (Nobel Prize Topics in Chemistry. A Series of Historical Monographs on Fundamentals of Chemistry. Hrsg. Johannes W. van Spronsen). London/ Philadelphia/Rheine 1981.

Trommsdorff, Johann Bartholomäus: Versuch einer allgemeinen Geschichte der Chemie. 3 Teile. Erfurt 1806. Nachdruck Leipzig 1965.

Trost, Vera: Skriptorium. Die Buchherstellung im Mittelalter. Bibliotheca Palatina. Begleitheft zur Ausstellung der Universität Heidelberg. Heidelberger Bibliotheksschriften 25. Heidelberg 1986.

Ullmann, Manfred: Die Natur- und Geheimwissenschaften im Islam. Handbuch der Orientalistik. Abt. 1, Ergänzungsband 6, Abschn. 2). Leiden 1972.

Ullmann, Manfred: Katalog der arabischen alchemistischen Handschriften der Chester Beatty Library. Teil I. Beschreibung der Handschriften. Wiesbaden 1974.

Ullmanns Encyklopädie der technischen Chemie: 4. bearb., erw. Aufl. (Hrsg.: Bartholomé, Ernst / Biekert, Ernst / Hellmann, Heinrich / Ley, Hellmut / Weigert, Wolfgang M.) 24 Bände. Band 1: Allgemeine Grundlagen der Verfahrens- und Reaktionstechnik. 1972. Band 2: Verfahrenstechnik I (Grundoperationen). 1972. Band 3: Verfahrenstechnik II und Reaktionsapparate. 1972. Band 4: Verfahrenstechnik und Planung von Anlagen. Dokumentation. 1974. Band 5: Analysen- und Meßverfahren. (Bandhrsg.: Kelker, Hans). 1980. Band 6: Umweltschutz und Arbeitssicherheit. Bandhrsg. Weise, Eberhard). 1981. Band 7: Acaricide – Antihistaminica. 1974. Band 8: Antimon und Antimon-Verbindungen bis Brot und andere Backwaren. 1974. Band 9: Butadien bis Cytostatica. 1975. Band 10: Dentalchemie bis Erdölverarbeitung. 1975. Band 11: Erdöl und Erdgas bis Formazanfarbstoffe. 1976. Band 12. Fungizide bis Holzwerkstoffe. 1976. Band 13: Hormone bis Keramik. 1977. Band 14: Keramische Farben bis Kork. 1977. Band 15: Korrosion bis Lacke. 1978. Band 16: Lagerwerkstoffe bis Milch. 1978. Band 17: Milchsäure bis Petrolkoks. 1979. Band 18: Petrosulfonate bis Plutonium. 1979. Band 19: Polyacryl-Verbindungen bis Quecksilber. 1980. Band 20: Radionuklide bis Schutzgase. 1981. Band 21: Schwefel bis Sprengstoffe. 1982. Band 22: Stähle bis Textilfärberei. 1982. Band 23: Textilhilfsmittel bis Vulkanfiber. 1983. Band 24: Wachse bis Zündhölzer. 1983. Band 25: Autoren- und Sachregister. 1984. Weinheim/Bergstr./Deerfield Beach/Florida/Basel.

Unschuld, Paul U.: Medicine in China. A History of Pharmaceutics. Berkeley/Los Angeles/London 1986.

Valentin, Johannes: Friedrich Wöhler. Große Naturforscher Band 7. Stuttgart 1949.

Vauck, Wilhelm R.A. / Müller, Hermann A.: Grundoperationen chemischer Verfahrenstechnik. 8. durchgeseh. Auflage. Weinheim/Bergstr./New York 1990.

Vaupel, Elisabeth: Carl Graebe (1841–1927) – Leben, Werk und Wirken im Spiegel seines brieflichen Nachlasses. Dissertation der Fakultät für Chemie und Pharmazie der Ludwig-Maximilians-Universität München. 1987.

Verband der Chemischen Industrie: (Hrsg.) Umwelt und Chemie von A–Z. Freiburg 1975.

Verkade, Pieter Eduard: A History of the Nomenclature of Organic Chemistry. (Etudes Historiques sur la Nomenclature de la Chimie Organique. Bulletin de la Société Chimique de France. Paris) Dordrecht/Boston/Lancaster 1985.

Verwaltung der Staatlichen Schlösser und Gärten: (Hrsg.) China und Europa. Chinaverständnis und Chinamode im 17. und 18. Jahrhundert. Katalog zur Ausstellung im Schloß Charlottenburg. Berlin 1973.

Wächtler, Eberhard / Neubert, Eberhard: Die historische Bergparade anläßlich des Saturnusfestes im Jahre 1719. Kommentar und Faksimiledruck. Leipzig 1982.

Wacker: (Hrsg.) Im Wandel gewachsen. Der Weg der Wacker-Chemie: 1914–1964. Zum 50jährigen Bestehen hrsg. von der Wacker-Chemie München. Wiesbaden 1964.

Wagner, Johannes Rudolf: Die chemische Technologie. Leipzig 1868.

Walden, Paul: Chronologische Übersichtstabellen zur Geschichte der Chemie von den ältesten Zeiten bis zur Gegenwart. Berlin/Göttingen/Heidelberg 1952.

Walden, Paul: Drei Jahrtausende Chemie. Berlin 1944.

Walden, Paul: Geschichte der organischen Chemie seit 1880. Berlin 1941. Nachdruck Berlin/Heidelberg/New York 1972.

Walden, Paul: Maß, Zahl und Gewicht in der Chemie der Vergangenheit. Ein Kapitel aus der Vorgeschichte des sogenannten quantitativen Zeitalters der Chemie. Sammlung chemischer und chemisch-technischer Vorträge. N.F. Heft 8. Stuttgart 1931.

Ward, Anne / Cherry, John / Gere, Charlotte / Cartlidge, Barbara: Der Ring im Wandel der Zeit. (Originaltitel: Rings through the Ages). Erlangen 1987.

Weeks, Mary Elvira / Leicester, Henry M.: Dicovery of the Elements. 7th Edition. Easton/Pa. 1968.

Weissermel, Klaus / Arpe, Hans-Jürgen: Industrielle Organische Chemie. Bedeutende Vor- und Zwischenprodukte. 3. überarb. und erw. Aufl. Weinheim/Bergstr./Basel/Cambridge/New York 1988.,

Wehrenalp, Erwin Barth von: Farbe aus Kohle. Stuttgart 1937.

Welsch, Fritz: Geschichte der chemischen Industrie. Abriß der Entwicklung ausgewählter Zweige der chemischen Industrie von 1800 bis zur Gegenwart. Berlin 1981.

Weyer, Jost: Chemiegeschichtsschreibung von Wiegleb (1790) bis Pertington (1970). Eine Untersuchung über ihre Methoden, Prinzipien und Ziele. Arbor scientiarum. Beiträge zur Wissenschaftsgeschichte Reihe A: Abhandlungen. Band III. Hildesheim 1974.

Wichmann, Jörg: Die Renaissance der Esoterik. Eine kritische Orientierung. Stuttgart 1990.

Wiegleb, Johann Christian: Geschichte des Wachsthums und der Erfindungen in der Chemie in der neueren Zeit. Berlin/Stettin 1790/91. 2 Bände.

Wiegleb, Johann Christian: Historisch-kritische Untersuchung der Alchemie. Weimar 1777. Faksimilenachdruck Leipzig 1965.

Wilke, K. Th. (unter Mitarbeit von Bohm, J.): Kristallzüchtung. Berlin 1973.

Winkler, Eduard: Sämmtliche Giftgewächse Deutschlands, Nachdr. Leipzig 1987.

Winnacker, Ernst-Ludwig: Gene und Klone. Eine Einführung in die Gentechnologie. Weinheim 1985.

Winnacker, Karl / Küchler, Leopold: Chemische Technologie. 4. Aufl. 7 Bände. (Hrsg. Harnisch, Heinz / Steiner, Rudolf / Winnacker, Karl). Band 1: Allgemein (1984). Band 2 und 3: Anorganische Technologie I/II (1982/83). Band 4: Metalle (1986). Band 5, 6 und 7: Organische Technologie I//II/III (1981/1982/1986). München/Wien.

Winnacker, Karl: Nie den Mut verlieren. Erinnerungen an Schicksalsstunden der deutschen Chemie. Düsseldorf 1971.

Wintermeyer, Ursula: Die Wurzeln der Chromatographie. Historischer Abriß von den Anfängen bis zur Dünnschicht-Chromatographie. Darmstadt 1989.

Wohlfahrt, Horst: (Hrsg.) 40 Jahre Kernspaltung. Eine Einführung in die Originalliteratur. Darmstadt 1979.

Woller, Reinhard: Umweltsicherheit und Chemie. Köln 1988.

Zahn, Peter von / Rheinholz, Ingolf: Forschung hat viele Gesichter. Düsseldorf 1978.

Zekert, Otto: Berühmte Apotheker. Band I: 15.–18. Jahrhundert. Band II: 19.–20. Jahrhundert. Stuttgart 1955 und 1962.

Zekert, Otto: Carl Wilhelm Scheele. Apotheker, Chemiker, Entdecker. Große Naturforscher Band 27. Stuttgart 1963.

Zeitschriftenartikel:

Pászthory, Emmerich: Über das »Griechische Feuer«, Antike Welt, 17. Jg., Heft 1, 1986, S. 27

Weyer, Jost: Die Alchemie im lateinischen Mittelalter, Chemie in unserer Zeit, 23. Jg., Nr. 1, 1989, S. 16

NAMEN- UND FIRMENREGISTER

SACHREGISTER

BILDNACHWEIS